新工科暨卓越工程师教育培养计划集成电路科学与工程学科系列教材

CMOS

模拟集成电路设计基础

邹志革　刘冬生 ◎编著

Fundamentals of Analog Integrated Circuits Design

华中科技大学出版社
http://press.hust.edu.cn
中国·武汉

内 容 简 介

本书从 CMOS 集成电路设计的基本理论中精炼出 119 个知识点,结合微课和案例仿真的多种形式,深入浅出地讲解了 CMOS 模拟集成电路的基本原理、分析和设计方法。本书采用湖北九同方微电子有限公司提供的云平台 EDA 软件完成了所有电路的仿真。

全书分为十章,基本涵盖了国内普通高校讲授模拟集成电路的课程大纲。第 1 章至第 9 章介绍 MOS 工艺中的器件、单管放大器、差分放大器、电流源和电流镜、放大器的频率特性、反馈结构、运算放大器、频率稳定性和频率补偿、基准电压源和电流源;第 10 章讲述了一个实际带隙基准源电路的设计流程和仿真方法。全书提供了 240 余个二维码,读者扫码可以观看微课视频以及电路仿真案例。

本书可以作为高等院校电子信息类本科生的教材,也可以作为国外经典教材的补充阅读材料和参考书。

图书在版编目(CIP)数据

CMOS 模拟集成电路设计基础/邹志革,刘冬生编著. —武汉:华中科技大学出版社,2024.3
ISBN 978-7-5680-9686-7

Ⅰ.①C… Ⅱ.①邹… ②刘… Ⅲ.①CMOS 电路-模拟集成电路-电路设计-计算机仿真-高等学校-教材 Ⅳ.①TN432

中国国家版本馆 CIP 数据核字(2024)第 053269 号

CMOS 模拟集成电路设计基础   邹志革   刘冬生   编著
CMOS Moni Jicheng Dianlu Sheji Jichu

策划编辑:徐晓琦 汪 粲
责任编辑:余 涛 梁睿哲
封面设计:廖亚萍
责任校对:刘 竣
责任监印:周治超
出版发行:华中科技大学出版社(中国·武汉)   电话:(027)81321913
　　　　　武汉市东湖新技术开发区华工科技园   邮编:430223
录　排:华中科技大学惠友文印中心
印　刷:武汉市籍缘印刷厂
开　本:787mm×1092mm　1/16
印　张:27.75
字　数:691 千字
版　次:2024 年 3 月第 1 版第 1 次印刷
定　价:68.00 元

前　　言

目前,在模拟集成电路设计的教学中,国内高校使用的教材以国外引进为主。最常用的教材包括美国 Razavi 教授的《Design of Analog CMOS Integrated Circuits》、Phillip E. Allen 教授的《CMOS Analog Circuit Design》、Paul R. Gray 教授的《Analysis and Design of Analog Integrated Circuits》等书或者其中文翻译版。这些教材系统性地介绍了模拟集成电路中的基本概念和相关知识,内容全面,逻辑严密,理论性强,是全球公认的模拟集成电路领域最经典的三本教材。然而,很多学生反映即使掌握了这些基础理论,依然难以开展实际的电路设计。原因是,学生对当前主流工艺下的器件特性,以及基于真实工艺能设计的电路性能指标不够清楚。学生在开展具体电路设计时,往往需要参考其他实验指导书。

国内也出现了不少模拟集成电路方面的参考书和教材,但这类教材要么侧重理论讲授,要么纯粹介绍 EDA 工具的使用方法。既能立足课堂的理论教学,又能指导电路设计和仿真的教材还很少见!

本书从 CMOS 集成电路设计的最基本知识点出发,深入浅出地讲解了 CMOS 模拟集成电路的基本原理、基本概念、分析和设计方法。全书分为十章,基本涵盖了国内普通高校讲授模拟集成电路课程大纲的主要内容。第 1 章介绍 MOS 工艺中的器件;第 2 章讲述单管放大器;第 3 章讲述差分放大器;第 4 章讲述电流源和电流镜;第 5 章讲述放大器的频率特性;第 6 章讲述反馈结构;第 7 章讲述运算放大器;第 8 章讲述频率稳定性和频率补偿;第 9 章讲述基准电压源和电流源;第 10 章讲述了一个实际带隙基准源电路的设计流程和仿真方法。本书可以作为电子信息类本科生学习模拟集成电路设计的教材,也可以作为经典教材的补充阅读和参考书。

本书语言通俗易懂,重在引导读者理解 CMOS 工艺下模拟集成电路的基本概念和基本知识。为了便于自学,本书提供了微课视频,所有电路均是真实工艺下的真实电路。读者还可以修改电路参数或者电路结构,再次仿真观察电路特性的变化趋势,从而加深对电路的理解。读者刮开封底的刮刮卡,即可注册学习账号,扫码书中的二维码观看微课视频和查看电路仿真案例。读者可扫描封底二维码,或者关注"九同方电子课堂"微信公众号,即可联系九同方公司,获取 EDA 平台的访问方式。

本书由华中科技大学国家集成电路学院的邹志革副教授和刘冬生教授共同编著。期间,华中科技大学邹雪城教授和雷鑑铭教授对本书给予了诸多关心和帮助,甚至在全书思路、内容安排上都给出了很多有益建议。硕士生谢子杭、吕知航、李龙迪、王攀潮、邹东方、龚子健等人参与了书中案例设计和仿真的工作。全书采用了湖北九同方微电子有限公司的云端 EDA 平台,感谢董事长万波博士、总经理李红先生,以及公司技术团队对本书的支持。华中科技大学出版社的汪粲、余涛、梁睿哲三位编辑在组织出版和编辑中给予了大力支持。在此对他们一并表示衷心的感谢!

当然,模拟集成电路博大精深,而且还在不断发展,新技术、新方法、新问题层出不穷,加之作者水平有限,书中难免出现不妥或者错误,恳请广大读者批评指正,在此表示衷心感谢!

邹志革、刘冬生

2023 年 12 月于喻家山下

目　　录

1 | CMOS 工艺中的器件

1947 年 12 月 23 日,美国物理学家肖克莱在美国著名的贝尔实验室向人们展示了第一个晶体管,从此人类进入了微电子时代。1958 年,美国德州仪器公司(TI)的基尔比用锗材料制成了世界上第一块集成电路。1959 年,美国仙童半导体公司的诺伊斯采用平面工艺和 PN 结隔离技术,制成了第一块硅集成电路。从此,集成电路逐步从实验室走向量产,走向成熟。

MOS 管或者双极性晶体管是集成电路中的核心器件,也是一颗芯片中数量占比最多的器件。CMOS 模拟集成电路中,最重要的器件是 MOS 管。除了 MOS 管,电阻和电容也是构成模拟集成电路的基本器件。了解并熟悉器件特性,是利用这些器件开展电路设计的前提。

本章将站在电路设计的角度,学习 MOS 管的大信号模型和小信号模型。大信号模型的重点内容包括工作在饱和区和三极管区的 MOS 管 *I-V* 特性公式,MOS 管工作区间的识别和区分。小信号模型方面,要求重点掌握跨导,以及其高阶效应导致的小信号输出电阻、衬底偏置效应等相关概念。基于 MOS 管的器件结构,我们还将学习 MOS 管的器件电容。最后,本章将学习集成电路工艺中的电阻和电容器件。

◀ 1.1 MOS 器件的 *I-V* 特性 ▶

1.1.1 原理讲述

金属氧化物半导体场效应管(Metal-Oxide-Semiconductor Field-Effect Transistor,MOSFET),简称 MOS 管,是当今模拟集成电路中最核心、最关键、数量最多的器件。

图 1-1 所示的是最常见的互补金属氧化物半导体(Complementary Metal-Oxide-Semiconductor,简称 CMOS)工艺器件结构示意图。该工艺采用

MOS 器件的 I/V 特性-视频

了 P 型衬底 N 型阱,简称 P 衬 N 阱。图 1-1 中,左侧 P 型衬底上的是一个 NMOS(Negative channel Metal-Oxide-Semiconductor,N 型金属氧化物半导体)管,右侧 N 型阱里的是一个 PMOS(Positive channel Metal-Oxide-Semiconductor,P 型金属氧化物半导体)管。一个完整的 MOS 管,包括四个端口,分别是漏极(Drain,简称 D 极)、栅极(Gate,简称 G 极)、源极(Source,简称 S 极)、衬底(Bulk,简称 B 极)。

NMOS 管位于大片低掺杂浓度的 P 型衬底上,高掺杂浓度的两片 N 型区域构成 MOS

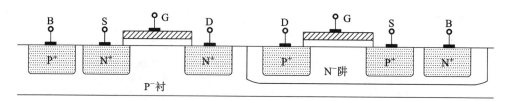

图 1-1　P 衬 N 阱工艺的 CMOS 电路结构示意图

管的源极和漏极。源极是提供载流子的区域,而漏极则是收集载流子的区域。源极和漏极之间区域的上方,是栅极氧化层;而氧化层的上方,则是栅极。为了给衬底施加电压,采用一片高掺杂浓度的 P 型区域,有助于降低连接电阻。

MOS 管工作在开关状态下,能实现各种逻辑运算,这是构成超大规模数字集成电路的基础。除了工作在开关状态,MOS 管还能实现信号的放大。这就要求我们对 MOS 管的输入输出特性,即 MOS 管的 I-V 特性,有清楚的认识。

所谓 MOS 管的 I-V 特性,就是给 MOS 管施加电压时,其输出电流的特性。为了描述 MOS 管的工作状态,我们需要了解其 V_{GS}、V_{DS}、I_{DS}、V_{BS} 等相关变量之间的关系,并希望用数学模型加以描述。有了数学模型后,我们在分析和设计电路时才有依据。

如图 1-2 所示,若存在很小(如 0.1 V)的漏源电压 V_{DS},我们考虑栅源电压 V_G 从 0 开始逐渐上升到电源电压的情况。

由于栅和衬底形成一个电容,当 V_G 逐渐升高时,P 型衬底中的空穴被赶离栅极下方区域而留下负离子,以镜像栅极上的正电荷——从而形成如图 1-3 所示的由负离子组成的耗尽层。耗尽层在出现之前,此区域原来是 P 型衬底,多数载流子是空穴。由于栅极正电荷需要在栅极下方镜像出相反的电荷,从而将对外表现出正电的空穴赶走,即从别处吸引来电子填充空穴(即空穴被耗尽),因此该区域的载流子非常少,对外表现出高电阻的特性。这个区域被称为耗尽层,是指 PN 结中在漂移运动和扩散作用的双重影响下,载流子数量非常少的一个高阻态区域。此时,MOS 管的源极和漏极之间是断开的,即高阻状态。

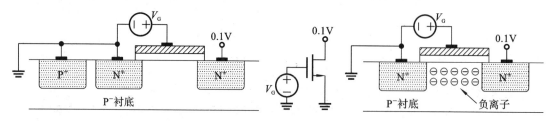

图 1-2　由栅源电压控制的 NMOS 管　　　　　　图 1-3　形成耗尽层的 NMOS 管

随着 V_G 的进一步增加,耗尽宽度和氧化物与硅界面处的电势也会增加,形成类似于两个电容串联的结构。这两个电容分别是栅氧化层电容 C_{ox} 和耗尽层电容 C_{dep},如图 1-4 所示。

当 V_G 再升高,使得界面电势达到一个足够高的值后,P 型衬底和有源区中的电子被吸引到靠近栅极,以镜像栅极上方的正电荷。因而在栅氧层下方形成一个载流子沟道(即电子存在的区域),从而源极和漏极之间"导通"。这个过程如图 1-5 所示,形成的导电沟道称为"反型层"。反型层的命名来源是,原来该区域(P 型衬底)存在的多数载流子是空穴,现在变化为特性相反的电子,从而该区域叫"反型层"。

刚刚形成反型层的栅源电压叫"阈值电压(V_{TH})"。一般来说,栅源电压比阈值电压高

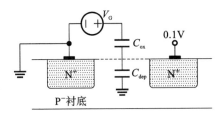

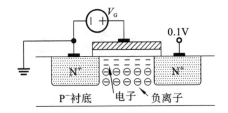

图 1-4　开始形成反型层的 NMOS 管　　　　图 1-5　形成反型层的 NMOS 管

时, MOS 管栅极下方才能形成叫做"反型层"的导电沟道, MOS 管才会导通。对于一个确定的 MOS 工艺, 其 MOS 管阈值电压相对固定。

更严格地说, MOS 管栅极下方的耗尽层、反型层的形成, 是从无到有的过程, 并没有一个固定的值能精确描述形成耗尽层和反型层的栅源电压。此处定义的阈值电压 V_{TH}, 只是一个统计学意义上的电压。

事实上, 当 $V_{GS} < V_{TH}$ 时, MOS 也并非完全不导通, 只是导通程度非常弱而已。在 V_{GS} 比 V_{TH} 稍低的情况下, 我们称 MOS 管工作在"亚阈值导通区"。MOS 管处于亚阈值导通区时, 工作情况也有规律。因为亚阈值导通区的工作情况特殊, 且平时应用比较少见, 其相应特性和应用可参考其他教材, 本书不作详细介绍。

当 NMOS 管的栅源电压 V_{GS} 大于阈值电压 V_{TH} 时, MOS 管处于导通状态。我们分析一下不同漏源电压下 MOS 管的导通情况。

当 V_{DS} 电压比较低时, MOS 管工作在三极管区(有时也称 MOS 管工作在线性区), 其漏源电流与栅源电压和漏源电压均有关系。MOS 管工作在三极管区的 $I\text{-}V$ 特性为

$$I_D = \mu_n C_{ox} \frac{W}{L} \Big[(V_{GS} - V_{TH}) V_{DS} - \frac{1}{2} V_{DS}^2 \Big] \tag{1-1}$$

随着 V_{DS} 的增加, 如果 V_{DS} 略大于 $V_{GS} - V_{TH}$, 则反型层将在漏端终止, 我们称感应产生的导电沟道在漏端"夹断"。当 $V_{DS} > V_{GS} - V_{TH}$ 时, 沟道不再连接, 沟道的平均横向电场不再依赖漏源电压, 沟道上的电压为 $V_{GS} - V_{TH}$。此时, MOS 管的漏源电流不再与漏源电压有关系, 这种现象称为夹断, MOS 管进入饱和区(我们有时也称 MOS 管工作在有源放大区)。MOS 管工作在饱和区的 $I\text{-}V$ 特性为

$$I_D = \frac{1}{2} \mu_n C_{ox} \frac{W}{L} (V_{GS} - V_{TH})^2 \tag{1-2}$$

式(1-1)和式(1-2)描述的是 MOS 工作特性最基本的公式, 也是最简单的公式, 我们称之为 MOS 管的一级模型。通过这两个基本公式, 可以绘制 MOS 管的 $I\text{-}V$ 特性曲线, 如图 1-6 所示。可见, 在同一个 V_{GS} 下, MOS 管工作在饱和区还是在三极管区, 取决于 V_{DS} 与 $V_{GS} - V_{TH}$ 谁大谁小。若 $V_{DS} = V_{GS} - V_{TH}$, 则 MOS 管工作饱和区和三极管区的临界点。由图 1-6 可知, 不同的 V_{GS} 产生不同的饱和区电流, V_{GS} 越大, 则电流越大。

栅源电压高出阈值电压的部分, 我们称为"过驱动电压(Over-Drive Voltage, V_{OD})", 定义为

$$V_{OD} = V_{GS} - V_{TH} \tag{1-3}$$

定义过驱动电压的原因是, 栅源电压只有高过阈值电压的部分才会直接影响 MOS 管的电流, 具体见式(1-1)和式(1-2)。这两个公式中, 与 V_{GS} 有关的项, 均以 $V_{GS} - V_{TH}$ 的方式出

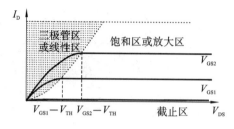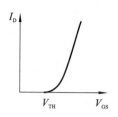

图 1-6　NMOS 管的 I-V 特性曲线

现。所以，在描述 MOS 管的工作情况时，很多时候不会单独使用V_{GS}，而直接使用过驱动电压V_{OD}。

根据前面的学习，我们知道了栅源电压高于阈值电压，MOS 管才能导通。其实这种说法也不是绝对的。除了前面提到的亚阈值工作特性之外，还有另外一种特殊的情况。MOS 管可以分为两类：增强型和耗尽型。前面介绍的 MOS 管，就是增强型的 MOS 管。增强型 MOS 管的沟道掺杂浓度较低，只有加上正的栅源偏压，且大于阈值电压时，才会形成沟道而导电。相反，还有一种耗尽型 MOS 管，即使栅源电压为 0，MOS 管依然有导电沟道，源漏之间是导通的。

为了让 MOS 管电流更加可控，同时实现开关的作用，我们最常用的 MOS 管是增强型的。本书所介绍的 MOS 管也均为增强型 MOS 管。

介绍完 MOS 管的工作原理，大家应该很容易理解 MOS 管的栅极、源极和漏极的名称来源了。栅极，形象地表示控制着源漏电流的"门"。门打开时，载流子能通过；门关上时，载流子不能通过；门虚掩时，少量载流子能通过。源极，就是提供载流子的源头。Drain 的中文意思，既包括消耗的意思，也包括放干、（使）流走的意思，其实就是将载流子从这个端口收集并送走。

另外，从上述分析过程以及 MOS 管的器件结构上来看，MOS 管的源极和漏极是可以互换使用的。具体在电路中哪里是源极，哪里是漏极，则需要根据 MOS 管电流方向来确定。PMONS 管中，参与导电的是带正电荷的空穴，空穴从源极移动到漏极，电流从源极指向漏极；NMOS 管中，参与导电的是带负电荷的电子，电子从源极移动到漏极，电流从漏极指向源极。

1.1.2　关于仿真

在模拟集成电路设计中，我们不得不面对的环节是仿真，即在电脑上，用 EDA（Electronic Design Automation，电子设计自动化）软件来模拟电路的实际工作情况。在集成电路设计的早期，依靠电路设计工程师手工计算来预测电路的工作情况。但随着电路越来越复杂，器件数量越来越多，制造成本越来越高，电路设计工程师必须在生产制造之前就能清楚了解电路是否能正常工作，各项功能和性能是否能满足设计要求，这就只能依靠计算机和 EDA 工具了。

针对模拟集成电路的仿真工具，最早是诞生于加州大学伯克利分校的 SPICE（Simulation Program with Integrated Circuit Emphasis）。SPICE 是最为普遍的电路级模拟程序。

SPICE 是一种功能强大的通用模拟电路仿真器，已经有几十年的历史了。SPICE 的网表格式变成了通常模拟电路和晶体管级电路描述的标准，其第一版本于 1972 年完成，1975 年推出正式实用化的版本，1988 年被定为美国国家工业标准，主要用于 IC、模拟电路、数模混合电路、电源电路等电子系统的设计和仿真。

由于 SPICE 仿真程序采用完全开放的政策，用户可以按自己的需要进行修改，加之实用性好，所以迅速得到推广，已经被移植到多个操作系统平台上，包括在 PC 和 UNIX 平台。基于 SPICE 算法内核，延伸出了很多仿真软件，常见的有 HSPICE、PSpice、Spectre、TSpice、SmartSpice、IsSpice 等，虽然它们的核心算法雷同，但仿真速度、精度和收敛性却不一样，其中以 Synopsys 公司的 HSPICE 和 Cadence 公司的 PSpice 与 Spectre 这三个仿真工具最为著名。

HSPICE 是事实上的 SPICE 工业标准仿真软件，在业内应用最为广泛，它具有精度高、仿真功能强大等特点，但它没有前端输入环境，需要事前准备好网表文件，不适合初级用户，主要应用于集成电路设计。PSpice 是个人用户的最佳选择，具有图形化的前端输入环境，用户界面友好，性价比高，主要应用于 PCB 板和系统级的设计。HSPICE 和 PSpice 均提供 PC 版本的软件，可以安装在 Windows 操作系统下。而在 2000 年之前或更早，在美国研究型大学的计算中心和实验室里见到的都是一排排的 UNIX 工作站，根本没有 PC。虽然 Windows 在办公等日常工具里后来居上占据了主导地位，但像 EDA 工具这样的工程软件依然继续延续在 UNIX 及后来的 Linux 平台上开发和应用，多数并未移植到 Windows 平台上。Cadence 公司推出的 Spectre，就是运行在 UNIX 或者 Linux 平台上的晶体管级电路仿真工具。它具有友好的界面，极好的精度和收敛性，占据着全球最大的市场份额，被集成电路设计界广泛使用。

另外，还有两款国产的模拟集成电路仿真工具，分别是华大九天的 Aeolus-AS，以及九同方的 eSpice。Aeolus-AS 具有跟 Spectre 类似的界面和功能，能够处理上千万个元器件规模的设计，同时支持多核并行。2017 年，华大九天推出的 ACPS，提升了电路仿真速率和精度。九同方公司推出的 eSpice 主要应用于模拟电路和混合信号电路的仿真，能够提供快速且精确的 SPICE 级别的模拟仿真，实现晶体管电路的直流、交流和瞬态仿真。其独特的分块全矩阵求解技术，利用先进的多 CPU 计算平台和计算集群，可以带来无与伦比的可扩展性和多线程功能。eSpice 最大的特点是基于互联网云平台，采用先进的多 CPU 计算机集群，实现多线程的高速计算，便于实现云端仿真布局。

图 1-7 所示的是主要 SPICE 的发展过程。其中的代号如下，UCB：伯克利；gEDA：GNU EDA；Meta：Meta-Software；SNPS：Synopsys；μSIM：MicroSIM；CDN：Cadence；MENT：Mentor Graphics。

基于上述描述，各仿真工具各具特点，最适合初学者使用，用于了解电路工作原理的软件当属九同方的 eSpice。用户只需将云端接入其服务器的网络端，将相关仿真指令提交给云端服务器，服务器即可快速完成仿真。这避免了用户在本地安装相关 EDA 软件，消耗本地 CPU 资源。甚至，无论用户使用什么平台，只要能实现网络（网页）接入，即可实现电路仿真，从而使基于手机完成电路仿真成为可能。本书将基于九同方公司推出的仿真工具 eSpice 完成电路仿真。

为配合 eSpice 仿真工具，九同方公司还推出了用于电路图绘制和电路网表生成的工具 eSchema 和用于查看波形的工具 eWave。

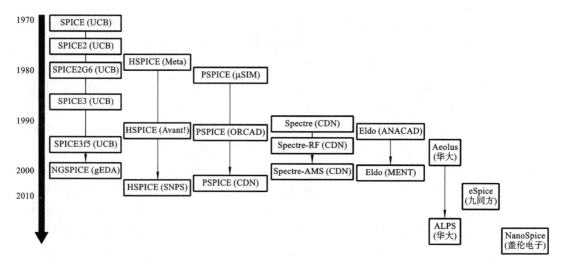

图 1-7　SPICE 的发展历程

1.1.3　仿真实验

MOS 器件的 I/V 特性-案例

　　本节将仿真某个特定尺寸 NMOS 管的 I-V 特性曲线,仿真电路图如 1-8 所示。为真实起见,本书选用了九同方公司与某代工厂合作,得到授权使用的 CMOS 工艺模型。该模型为 49 级模型,复杂程度远超上述的一级模型。

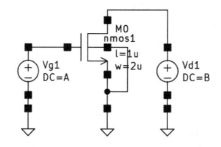

图 1-8　NMOS 管的 I-V 特性曲线仿真电路图

　　为了同时观察 V_{DS} 对电流的影响,以及 V_{GS} 对电流的影响,可以同时对 V_{DS} 和 V_{GS} 进行直流扫描。

　　读者可以发现,虽然仿真使用了更加复杂的 49 级模型,但仿真波形(见图 1-9)很好地体现了一级模型式(1-2)表示的抛物线特性,以及式(1-3)表示的水平直线特性。

　　三极管区的抛物线远离顶点(位于 $V_{DS} = V_{GS} - V_{TH}$ 处),可以近似为直线。这表明:一个二端口器件(漏端和源端),其电流与电压成线性关系,则对外表现为一个线性电阻。饱和区为一条与横轴几乎无关的水平直线,表示该二端口器件为一个电流源。只是,该电流源受栅源电压控制,是一个"受控电流源"。

1.1.4　互动与思考

　　读者可以自行调整 MOS 管参数,观察 I-V 曲线的变化趋势。另外,请读者思考以下问题。

（1）在 I-V 曲线上如何区分 MOS 管工作在哪个区？

（2）仿真中，如果 MOS 管的设置尺寸比该工艺的特征尺寸还小（例如，选用工艺为 180 nm 工艺，但我们要仿真的 MOS 管沟道长度小于 180 nm），将会怎样？

（3）如果将 NMOS 管更换为 PMOS 管，则其 I-V 特性将如何变化？之前用于 NMOS 管的两个大信号公式是否还可以使用？波形会如何变化？

（4）当 $V_{GS} < V_{TH}$ 时，MOS 管真的截止了吗？

（5）依据图 1-9 仿真波形，是否可以"拟合"出 NMOS 管的一级模型来？请给出拟合后的相关工艺参数。

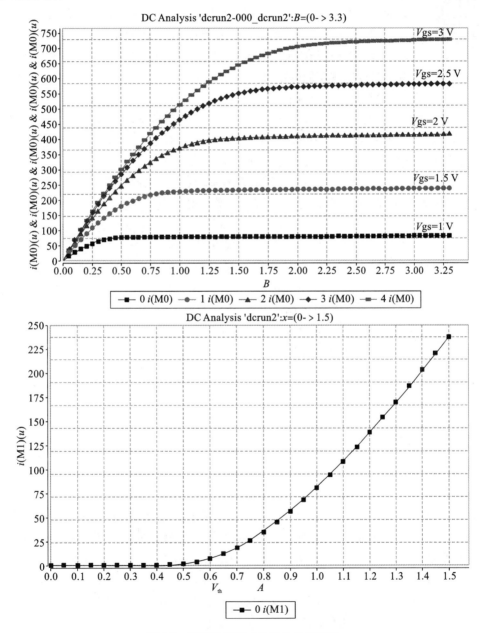

图 1-9　NMOS 管的 I-V 特性曲线波形

◀ **1.2　MOS 管跨导** ▶

1.2.1　原理讲述

MOS 管跨导
-视频

　　在讲述 MOS 管的跨导概念之前，让我们回顾一下如何实现信号的放大。此处的信号，理所当然的是指电信号，包括电压信号和电流信号。进一步来说，因为直流电压和电流携带信息特别少，而交流电压和电流能携带更多的信息，此处的信号特指交流电压和电流信号。交流信号，可以从幅值、频率、相位等多个角度展现不同的信息。

　　如图 1-10 所示，要想将一个交流输入电压（即变化的电压 ΔV_{in}），转变为一个幅值放大的电压信号 ΔV_{out}，实现的方式分为两步。首先，基于电路模型中的通用器件"电压控制电流源（VCCS）"，将一个变化的输入电压 ΔV_{in} 转换为变化的电流 ΔI；然后，将这个变化的电流 ΔI 加载到一个电阻 R 上，则产生一个变化的输出电压 ΔV_{out}。此处的电压控制电流源模型如图 1-11 所示。图 1-11 中，我们用小写的符号 v_{in} 代表变化的信号 ΔV_{in}，即小信号。从而，用电导 G 表示输入电压和输出电流之间的关系。则有

$$\Delta I = G \cdot \Delta V_{\text{in}} \tag{1-4}$$

$$\Delta V_{\text{out}} = \Delta I \cdot R \tag{1-5}$$

从而有

$$A_{\text{V}} = \Delta V_{\text{out}} / \Delta V_{\text{in}} = G \cdot R \tag{1-6}$$

式中：G 表示的是输入电压和输出电流之间的关系，即跨接在输入和输出之间，是电导的量纲。从而，我们称之为"跨导"。从图 1-10 的电压增益的实现方式来看，我们只需两个器件，电压控制电流源和电阻，即可实现电压增益。

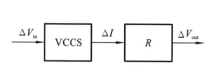

图 1-10　电压增益的实现

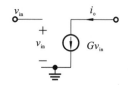

图 1-11　压控电流源符号图

　　如何实现"电压控制电流源"呢？

　　学习了 MOS 管 I-V 特性之后，我们发现，工作在饱和区的 MOS 就是一个电压控制电流源。图 1-12(a) 所示的是工作在饱和区的 MOS 管 I-V 特性曲线。图 1-12(a) 中，与 X 轴平行的实线部分随着 MOS 管漏源端口的电压变化，其漏源之间的电流保持恒定。另外，V_{GS} 的变化可以改变 I_{D}。从而，工作在饱和区的 MOS 管就是一个天然的"电压控制电流源"，用 MOS 管可以轻松实现信号的放大。这是无源器件电阻、电容、电感组成的电路不具备的特性，这也是晶体管的发明具有如此伟大意义的根本原因。

　　MOS 管是一个将输入的栅极电压转换为漏源电流的器件。如果一个 MOS 管能监测到

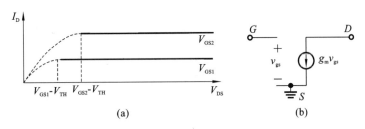

图 1-12　MOS 管的 VCCS 特性和模型

(a)工作在饱和区的 MOS 管表现出 VCCS 特性；(b)MOS 管的简易小信号模型

输入栅极电压的微弱变化,转变为显著的漏源电流作为输出,我们称该 MOS 管具有较高的"灵敏度"。将输入电压的变化转换为输出电流时,我们还希望该输出电流尽可能与输出电压无关。为此,工作在饱和区的 MOS 管,其输出电流基本不随输出电压的变化而变化,可以很好地起到上述"电压转换为电流"的作用。为评价 MOS 管的这个特性,我们定义 MOS 管的"跨导" g_{m},表示为 MOS 管输出电流的变化与输入电压的变化的比值,即

$$g_{\mathrm{m}} = \frac{i_{\mathrm{d}}}{v_{\mathrm{gs}}} = \frac{\partial I_{\mathrm{D}}}{\partial V_{\mathrm{GS}}}\Big|_{V_{\mathrm{DS}}恒定} \tag{1-7}$$

MOS 管的跨导定义,让我们建立起了 MOS 管的栅源小信号电压和漏源小信号电流之间的联系。让我们仅仅关心 MOS 管的电压和电流在微小范围变化时的特性,无须再使用 1.1 节中介绍的两个公式来描述电路特性。利用式(1-7)描述的器件特性,可以建立 MOS 管工作在饱和区,且 V_{DS} 恒定时,在某一个具体的 V_{GS} 和 I_{D} 下的 MOS 管小信号模型,如图 1-12(b)所示。

将饱和区的电流公式(1-3)带入式(1-7),可得到跨导表达式的三种变形:

$$g_{\mathrm{m}} = \mu_{\mathrm{n}} C_{\mathrm{ox}} \frac{W}{L}(V_{\mathrm{GS}} - V_{\mathrm{TH}}) = \mu_{\mathrm{n}} C_{\mathrm{ox}} \frac{W}{L} V_{\mathrm{OD}}$$

$$= \sqrt{2\mu_{\mathrm{n}} C_{\mathrm{ox}} \frac{W}{L} I_{\mathrm{D}}}$$

$$= \frac{2 I_{\mathrm{D}}}{V_{\mathrm{OD}}} \tag{1-8}$$

在电路设计中,MOS 管的跨导是一个非常重要的指标。当一个电路的跨导不满足电路性能要求时,我们需要增大跨导。增大跨导的依据是式(1-8)中的三个公式。

由 $g_{\mathrm{m}} = \mu_{\mathrm{n}} C_{\mathrm{ox}} \dfrac{W}{L} V_{\mathrm{OD}}$ 可知,我们可以选择一个固定的过驱动电压而增大 $\dfrac{W}{L}$,从而对跨导进行线性增大。关注此时的 MOS 管电流也是有益的,MOS 管电流也与 $\dfrac{W}{L}$ 成线性关系,如图 1-13(a)所示。同理,在 MOS 管尺寸一定的情况下,其跨导 g_{m} 随过驱动电压 V_{OD} 增大而线性增大。但此时的电流按过驱动电压的平方倍增加,如图 1-13(b)所示。

由 $I_{\mathrm{D}} = \dfrac{1}{2}\mu_{\mathrm{n}} C_{\mathrm{ox}} \dfrac{W}{L}(V_{\mathrm{GS}} - V_{\mathrm{TH}})^2$ 可知,如果 MOS 管电流恒定,则 $\dfrac{W}{L}$ 与 $(V_{\mathrm{GS}} - V_{\mathrm{TH}})^2$ 成反比。又由 $g_{\mathrm{m}} = \sqrt{2\mu_{\mathrm{n}} C_{\mathrm{ox}} \dfrac{W}{L} I_{\mathrm{D}}}$ 可知,在 MOS 管漏源电流一定时,其跨导与 MOS 管尺寸的平方根成正比。从而,可以通过增大尺寸来减小过驱动电压,即增大了尺寸,电流不变,跨

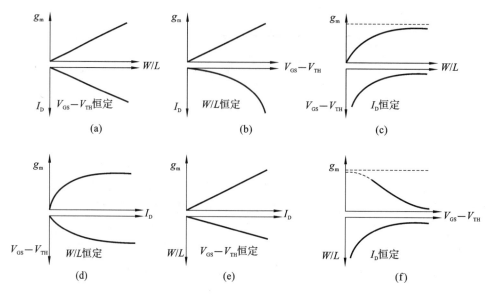

图 1-13   MOS 管跨导与其他变量的关系

导同样增加,这个现象可以用图 1-13(c)描述。因为这种增大跨导的方式是通过减小过驱动电压实现的,所以最终跨导会被限制在一个固定值的范围内。其原因是过驱动电压太小,MOS 管将进入非强反型区,尤其是当 MOS 管工作在弱反型区,就不能用之前的饱和区公式来分析 MOS 管电流和电压之间的关系了。

由 $g_m = \sqrt{2\,\mu_n\,C_{ox}\dfrac{W}{L}I_D}$,我们还有一个结论,即 MOS 管尺寸一定时,跨导与电流的平方根成正比。同时,我们注意到,MOS 管尺寸一定时,为了增加其电流,需要让其过驱动电压增加。其关系曲线可以参照图 1-13(d)。

最后,我们用 $g_m = \dfrac{2\,I_D}{V_{OD}}$ 来分析跨导。如果 MOS 管过驱动电压一定,则跨导与电流成线性关系,而此时电流也与 MOS 管尺寸成线性关系。从而,可以在 MOS 管过驱动电压一定的前提下,通过增加其 $\dfrac{W}{L}$ 来增加电流,并最终增大跨导。其关系曲线可以参照图 1-13(e)。同时,如果 MOS 管电流一定,则跨导与过驱动电压成反比。对于 MOS 管,减小 $\dfrac{W}{L}$,可以在增大过驱动电压的情况下保证电流不变,从而最终增大跨导。其关系曲线可以参照图 1-13(f)。我们也需要注意,过驱动电压过小时,MOS 管的跨导并非无穷大。

我们给出了多种方法来提高 MOS 管的跨导,但这些方法是以牺牲其他指标为代价的。例如,增大 MOS 的 $\dfrac{W}{L}$,就会增大 MOS 管的寄生电容;增大电流,就会增大电路功耗;增大过驱动电压,就会减小 MOS 管可以正常工作在饱和区的剩余电压范围或者摆幅。所以,在电路设计时,应该做到具体问题具体分析。

学习了 MOS 管的跨导之后,我们回到本节最开始提出的问题上:如何用 MOS 管构成一个放大器。在图 1-14(a)所示的电路中,将一个变化的电压加载到 M_1 管的栅极,其漏极和电阻相连,同时作为该电路的输出。通过设置合适的输入电压 V_{in} 直流电平、合适的 MOS

管尺寸,以及合适的负载电阻值 R_{out},让 M_1 管工作在饱和区,从而该 MOS 管可以当作一个压控电流源使用。

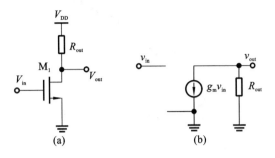

图 1-14 放大器电路

(a)电阻做负载的共源极放大器电路;(b)只关心小信号的等效电路图

如果仅仅关心图 1-14(a)中变化的信号,即小信号,则可以基于图 1-12(b)的电路模型,将图 1-14(a)中的电路图等效为图 1-14(b)。由图 1-14(b)可知,如果输入处施加一个变化的电压信号 v_{in},利用工作在饱和区的 MOS 管的"压控电流源特性",MOS 管就产生变化的电流 $g_m v_{in}$。这个电流会通过 R_{out},在该电阻上产生一个变化的电压 $-g_m v_{in} R_{out}$。最终,产生的增益为

$$A_V = \frac{v_{out}}{v_{in}} = -g_m R_{out} \qquad (1-9)$$

在后续学习中会进一步强调,图 1-14 中的电路要实现式(1-9)的增益,前提是要求 MOS 管工作在饱和区;否则,无法得到这个增益表达式。

1.2.2 仿真实验

本例将仿真 MOS 管的跨导,观察其相对于栅源电压(过驱动电压)的关系,以及其相对于漏源电流的关系。仿真电路图如图 1-15 所示,跨导相对于栅源电压(过驱动电压)的关系曲线如图 1-16(a)所示。这个实际仿真波形与图 1-13(b)的趋势有差异,没能体现理论上的线性关系。其原因是,随着沟道长度的变小,导电沟道的纵向电场和横向电场均会引起电荷载流子的迁移率

MOS 管跨导
-案例

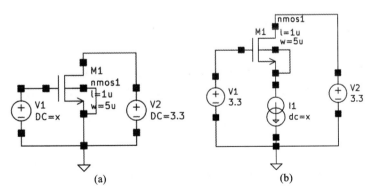

图 1-15 MOS 管跨导的仿真电路图

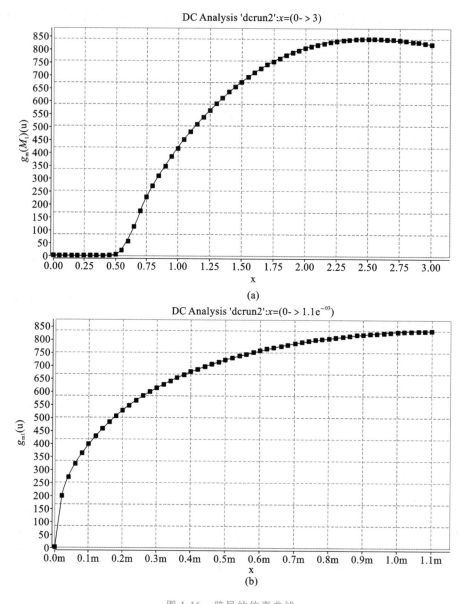

图 1-16　跨导的仿真曲线

(a)跨导相对于栅源电压的关系曲线；(b)跨导相对于漏源电流的关系曲线

降低。沟道长度越小,迁移率降低得越厉害;电场强度(电压)越高,迁移率降低得越厉害。本仿真案例中,当 V_{GS} 位于 $0.5\sim1.0$ V 时,跨导与过驱动电压基本成线性关系。跨导相对于漏源电流的关系曲线如图 1-16(b)所示,这个趋势与图 1-13(d)中的一致。

1.2.3　互动与思考

请读者改变 MOS 管的 W/L,观察上述波形的变化情况。

请读者思考:

(1)在什么情况下,可以在改变过驱动电压的情况下依然保证 MOS 管电流恒定? 如何从电路上实现?

(2)跨导是 MOS 管最重要的参数之一,能保证其相对恒定吗?

(3)式(1-8)表示的跨导中,其中一个表达式显示跨导与过驱动电压成正比,另外一个表达式显示跨导与过驱动电压成反比。请问这个矛盾如何解释?

◀ 1.3 MOS 管的衬底偏置效应 ▶

1.3.1 原理讲述

CMOS 模拟集成电路和数字集成电路的实现中,最通用、流行的工艺叫"P 型衬底 N 型阱(简称 P 衬 N 阱)"工艺。在 CMOS 结构中,我们发现有许多 N 型区域和 P 型区域是紧挨着的。例如,NMOS 管的衬底(P 型)和漏、源(N 型)之间,PMOS 管的衬底(N 型)和漏、源(P 型)之间,以及 P 型衬底和 N 阱之间。图 1-17 标示出了刚才列举的这些 PN 结(二极管)。

MOS 管的衬底
偏置效应-视频

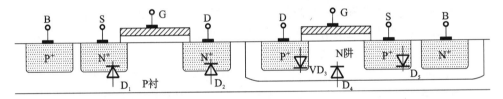

图 1-17　带有寄生 PN 结的 CMOS 电路结构示意图

我们希望 MOS 管的电流仅仅在源极和漏极之间,通过栅极下方的导电沟道流过。也就是说,我们不希望刚才列举的这些 PN 结处于导通状态。要让二极管不导通,就要求加载到二极管上的电压不超过其正向导通电压。为了让图 1-17 中的 5 个寄生二极管全部反向截止,最简单的方式是给 P 型衬底接最低电位(通常是该电路供电电压 GND),而给 N 阱接最高电位(通常是该电路供电电压 VCC)。如何给 MOS 管的衬底和阱提供电位呢?我们需要通过与衬底(或阱)同类型,但导电性更强区域来提供电位。从图 1-17 可以看到,在低掺杂的 P 型衬底上方,有高掺杂的 P+区域,引出去作为 NMOS 管的体极(Bulk,简称 B)。同理,在 N 阱中有一个高掺杂的 N+区域,引出去作为 PMOS 管的体极。从而,MOS 管不能简单的当作一个三端口器件使用,而是一个四端口器件。

图 1-18 所示的是 MOS 管器件符号图。图 1-18(a)给出了最常见的画法,即在 MOS 管中,我们只看其中的 D、G、S 三个端口。有箭头的端口是 MOS 管的源极,箭头的方向代表了电流方向。这种画法,默认的是 NMOS 管的衬底接电路的最低电位,而 PMOS 管的衬底接电路的最高电位。在图 1-18(b)中,把 MOS 管画成了四端口器件,其中 B 就是 MOS 管的衬底端口。图 1-18(c)是另外一种简略的画法,常见于数字电路。此处,MOS 管的源端并没有用箭头加以标示,因为 MOS 管的源和漏对称,可以互换使用;PMOS 管处画一个小圈,表示低电平令其导通。

另外,前文中我们还介绍过,MOS 管分为增强型和耗尽型两类,这两类 MOS 管的器件

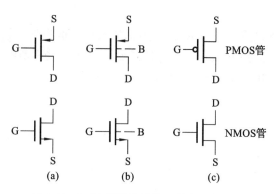

图 1-18　MOS 管器件符号三种常见表示法

符号也应该有所区别。因为本书不涉及耗尽型 MOS 管,所以就用一种符号表示所有的增强型 MOS 管。

　　给 P 型衬底接上最低电位,给 N 阱接上最高电位,同时,NMOS 管的源极和 PMOS 管的源极,往往也是接最低和最高电位。例如,一个常见的 CMOS 反相器电路实现如图 1-19(a)所示。我们注意到,此时两个 MOS 管的 V_{SB} 均为零。正因为该电路的衬底,都接到了电路的最高电位和最低电位,也可以简画为图 1-19(b)。

　　回顾 MOS 管的 *I-V* 特性,MOS 管的电流与耗尽层、反型层的分布有密切关系。同时,如果 MOS 管的源极和体极之间有电压差,会直接影响结电容的势垒,也会影响耗尽层和反型层的分布,从而最终影响 MOS 管电流。

　　如图 1-20 所示的数字与非门,两个 NMOS 管的 V_{SB} 不可能都等于零。因为所有的 NMOS 管都共用了同一个衬底,从而所有 NMOS 管的 B 端都只能接地。

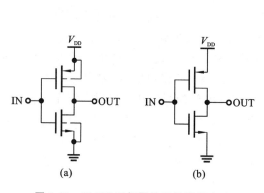

图 1-19　CMOS 反相器的晶体管级电路

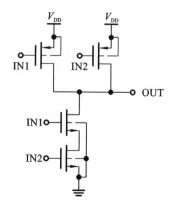

图 1-20　与非门的晶体管级电路实现

　　我们观察到,图 1-20 中有一个 NMOS 管的 S 端和 B 端电位不同。这种情况势必影响该 MOS 管的电流。

　　当 $V_{SB} > 0$ 时,源极周围的耗尽区扩大,耗尽区产生了更多的负电荷,会"抵制"从源端过来的电子,这需要更大的 V_{GS} 来补偿这个效应。从而,即使 MOS 管的 V_{GS} 和 V_{DS} 相同,其电流也与 $V_{SB} = 0$ 的情况不相同。这种现象通常被归纳为对 V_{TH} 的影响,称为"衬底偏置效应",也称为"体效应"。此时阈值电压变为

$$V_{TH} = V_{TH0} + \gamma(\sqrt{2\,\Phi_F + V_{SB}} - \sqrt{2\,\Phi_F}) \tag{1-10}$$

式中，V_{TH0} 为不存在衬底偏置效应（$V_{SB} = 0$）时的阈值电压；Φ_F 为费米能势；γ 为 MOS 管体效应系数。式(1-10)表明，只要 $V_{SB} > 0$，MOS 阈值电压就比不存在衬底偏置效应时的阈值电压高。即在相同 V_{GS} 和 V_{DS} 的情况下，存在衬底偏置效应的 MOS 管，其电流比不存在衬底偏置效应的 MOS 管要小。因为，真正影响 MOS 管电流的不是 V_{GS}，而是过驱动电压 $V_{GS} - V_{TH}$。

该效应还称为"背栅效应"，即衬底可以等效为另外一个可以对 MOS 管的电流进行控制的栅极，只是控制能力相对于真正的栅极要弱得多。这个等效的栅，位于 MOS 管真正的栅极的另外一面，从而该效应也可以称为"背栅效应"。

不考虑工艺和温度带来的偏差，如果忽略衬底偏置效应，或者令 MOS 管的 $V_{SB} = 0$，则 MOS 管的阈值电压恒定。在图 1-21(a)所示的电路中，流过 M_1 的电流为恒定电流 I_1。通过外加输入电压保证 M_1 工作在饱和区，则根据式(1-3)可知，M_1 的过驱动电压必定为恒定值，即 V_{GS}（$V_{GS} = V_{in} - V_{out}$）也为固定值。从而，该电路中 V_{out} 会随 V_{in} 的变化而变化，但保持二者的差值始终为恒定值。还可以从另外一个角度来理解这个现象，忽略器件的沟长调制效应和衬底偏置效应，当 MOS 管中的 V_{GS} 固定，且 MOS 管工作在饱和区时，则流过 MOS 管的电流为定值；反过来，当 MOS 管中的电流为恒定值，且 MOS 管工作在饱和区，则 MOS 管中的 V_{GS} 为定值。

图 1-21(a)所示的电路也叫源极跟随器，通常用作电平转换电路。我们希望，该电路的输出与输入信号始终维持某一恒定的差值。在不存在衬底偏置效应的情况下，如图 1-21(b)所示，就能很好的实现"跟随"的效果。

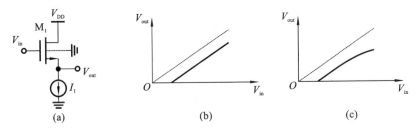

图 1-21 源极跟随器及其关系曲线

(a)源极跟随器；(b)理想源极跟随器的输入输出关系；(c)考虑衬底偏置效应的输入输出关系曲线

然而，MOS 管的衬底接地，由于其源端电压变化（永远大于 0），则会产生衬底偏置效应，导致阈值电压发生变化。随着输出电压 V_{out} 的增加，V_{SB} 也增加，从而导致阈值电压增加。虽然 M_1 的过驱动电压保持恒定，但 V_{out} 与 V_{in} 的差值（即 V_{GS}）将变化，如图 1-21(c)所示。这表明，V_{out} 并未严格跟随 V_{in} 的变化。

对于普通的 P 衬 N 阱 CMOS 工艺，由于所有 P 衬均接相同的最低电位，即 B 端只能接固定的最低电位 GND，只要 S 端不是最低电位，则衬底偏置效应是一定存在的。而 PMOS 管做在 N 阱中，不同的阱可以设置不同的阱电位，从而可以通过设计不同的阱电位而避免衬底偏置效应。除此之外，还有双阱 CMOS 工艺，即 NMOS 管和 PMOS 管均做在不同的阱内，则也可以通过设置不同的阱电位来避免衬底偏置效应。

本节我们学习到了 MOS 管其实是四端口器件，需要通过 B 极提供衬底电位。通常，衬底电位为最高（PMOS 管）或最低（NMOS 管）电位。如果这样，我们在绘制电路图时，用三端口器件可以令电路图更简化清晰。只有当衬底电位不是接最高或者最低电位的 MOS 管时，我们才需要画成四端口器件，并且将 B 端连接到相应的位置。

1.3.2　仿真实验

MOS 管的衬底
偏置效应-案例

本例将要验证 MOS 管衬底偏置效应，以及该效应对源极跟随器的影响，仿真电路图如图 1-22 所示，仿真波形如图 1-23 所示。图 1-22 中，M_0 存在衬底偏置效应，而 M_1 不存在衬底偏置效应，从而 out2 的电压表现出很好的跟随输入电压变化而变化的特点。

我们还可以通过另外一种方式观察衬底偏置效应，仿真电路图如图 1-24 所示，仿真波形如图 1-25 所示。当 V_{SB} 增加时，在 V_{GS} 不变的情况下，其电流是减小的。因为 V_{SB} 增加时，阈值电压增加，相同 V_{GS} 情况的过驱动电压减小，从而漏源电流减小。

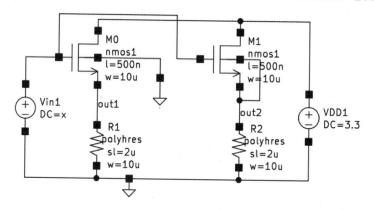

图 1-22　源极跟随器中的衬底偏置效应

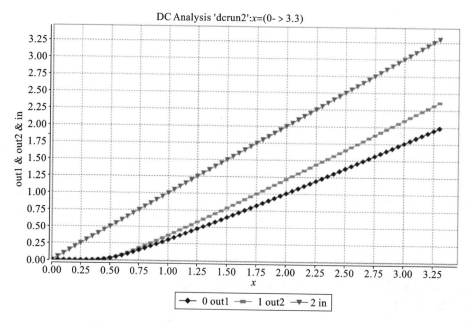

图 1-23　MOS 管衬底偏置效应波形仿真图

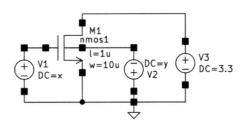

图 1-24　MOS 管衬底偏置效应仿真电路图

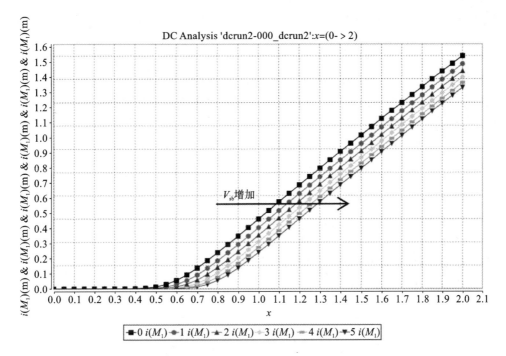

图 1-25　从不同的导通情况看 MOS 管衬底偏置效应

1.3.3　互动与思考

读者可以调整 I_1 和 V_{in} 直流部分、W/L、双阱工艺下的 V_B 等参数来观察衬底偏置效应的变化。

（1）在本例的源极跟随器电路中，如何能尽可能好地让输出电压跟随输入电压变化而变化？

（2）相对于用 NMOS 管构成源极跟随器，用 PMOS 管构成的源极跟随器有哪些优势和劣势？

（3）本小结分析了在 $V_{SB} > 0$ 和 $V_{SB} = 0$ 情况下的阈值电压变化。请问是否存在 $V_{SB} < 0$ 的情况？为什么？

◀ 1.4 沟长调制效应与小信号输出电阻 ▶

1.4.1 原理讲述

沟长调制效应与
小信号输出电阻
-视频

在前面的学习中,我们已经知道:①工作在饱和区的 MOS 管,其电流不再随着漏源电压的改变而改变,其输出电流与输出电压无关,可以看作一个压控电流源;②MOS 管的漏源电流,与导电沟道的形状密切相关,改变导通沟道的载流子数量,将影响电流。

从而我们猜测:MOS 管工作在饱和区时,会出现夹断现象,随着漏源电压的增加,实际的导电沟道逐渐变短,这将会影响 MOS 管的电流。

事实证明这个猜测是正确的。当夹断区的有效沟道长度变化时,漏源电流 I_D 随 V_{DS} 变化而改变,而非一个固定值,该效应称为沟长调制效应。考虑了沟长调制效应后,MOS 管的 I-V 特性应由式(1-3)修正为

$$I_D = \frac{1}{2} \mu_n C_{ox} \frac{W}{L} (V_{GS} - V_{TH})^2 (1 + \lambda V_{DS}) \tag{1-11}$$

式中:λ 被称为 MOS 管的沟长调制系数。式(1-11)表明,当 MOS 管工作在饱和区时,随着 V_{DS} 的增加,漏源电流是线性增加的。

MOS 管的沟长调制效应也可以理解为,当 MOS 管工作在饱和区时,其 I-V 特性曲线不再平行于横轴,而是相对于横轴有一定的斜率(即 λ)。考虑了沟长调制效应的 MOS 管 I-V 特性曲线如图 1-26 所示。

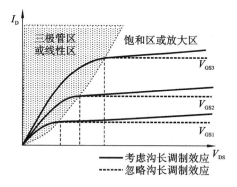

图 1-26　考虑了沟长调制效应的 MOS 管 I-V 特性曲线

如果不考虑沟长调制效应,则工作在饱和区的 MOS 管可以看作理想的电流源,而考虑了沟长调制效应后,MOS 管就不能看作理想的电流源。图 1-27 所示的是理想和非理想电流源的 I-V 特性差异示意图。

如何表示一个非理想的电流源?那就是给电流源并联一个电阻,即电流源表现出有限值的内阻。这称为二端口网络的诺顿等效。

图 1-28 所示的是理想电流源和非理想电流源的电路模型。我们说 MOS 管可以看作是

一个电压控制电流源，并用跨导定义了输入电压与输出电流之间的关系。此处的输入电压和输出电流，指的是变化的信号。从而，我们再次强调一下，MOS 管的跨导是一个小信号参数。那么，与这个小信号参数有关的电流源并联的电阻，也应该是一个小信号概念。

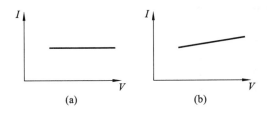

图 1-27　两种电流源的差异

(a)理想电流源；(b)非理想电流源

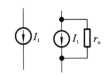

图 1-28　理想电流源和非理想电流源的电路模型

　　由于沟长调制效应引起的 $I\text{-}V$ 特性曲线斜率，使 MOS 管表现出一定的小信号输出电阻 r_o。换句话说，如果忽略 MOS 管的沟长调制效应，则其 $I\text{-}V$ 特性曲线在饱和区部分平行于 x 轴，对外表现的小信号输出电阻 r_o 为无穷大。饱和区部分 $I\text{-}V$ 曲线的斜率即为小信号输出电阻，表现为 $I\text{-}V$ 特性曲线上某点的斜率的倒数，其表达式为

$$r_\text{o} = \frac{\partial V_\text{DS}}{\partial I_\text{DS}} = \frac{1}{\partial I_\text{DS}/\partial V_\text{DS}} \tag{1-12}$$

代入式(1-11)可得

$$r_\text{o} = \frac{1}{\frac{1}{2}\mu_\text{n} C_\text{ox} \frac{W}{L}(V_\text{GS} - V_\text{TH})^2 \lambda} \approx \frac{1}{\lambda I_\text{D}} \tag{1-13}$$

　　式(1-13)给出了计算 MOS 管小信号输出电阻的常用公式。在后续章节中，我们将了解到，MOS 管的沟长调制系数 λ 并不是一个固定值：工艺不同，λ 不相同；同一个工艺下的不同沟道长度，λ 也不相同。

　　如果我们关心变化的信号，则电压控制电流源的特性用跨度 g_m 表征，不够理想的电流源就用与电流并联的小信号输出电阻 r_o 表征。因为 g_m 和 r_o 都是针对变化信号时，MOS 管所表现出的器件特性，我们也把这两个参数叫 MOS 管的小信号参数，其组成的器件模型也叫小信号模型。考虑了 MOS 管沟长调制效应的小信号模型如图 1-29 所示。

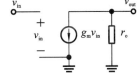

图 1-29　考虑了 MOS 管沟长调制效应的 MOS 管小信号模型

1.4.2　仿真实验

　　本例将仿真得到 MOS 管的 $I\text{-}V$ 特性曲线，仿真电路如图 1-30 所示。对饱和区的 $I\text{-}V$ 曲线求斜率（斜率为 λ），再求倒数，即为 MOS 管的小信号输出电阻 r_o。也可以直接使用仿真结果中的 g_ds 来计算 r_o。仿真波形如图 1-31 所示。从输出电阻 r_o 的仿真曲线可知，当 MOS 管工作在线性区时，小信号输出电阻很小；当 MOS 管工作在饱和区时，小信号输出电阻相对稳定，且较大。

沟长调制效应与小信号输出电阻-案例

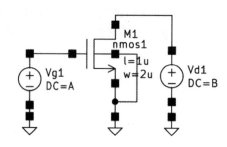

图 1-30　MOS 管 I-V 特性和 r_o 仿真电路图

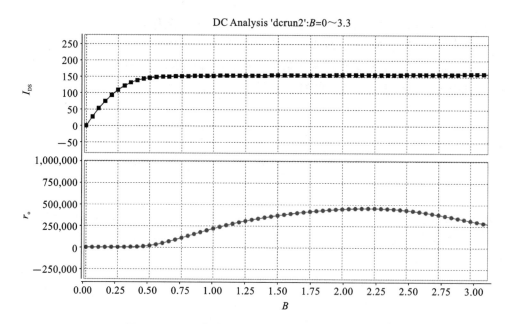

图 1-31　MOS 管的 I-V 特性曲线和小信号输出电阻

1.4.3　互动与思考

读者可以改变 V_{GS}、W/L、L，看 I-V 曲线的变化规律。

在饱和区段，I-V 曲线的斜率的倒数代表着该点的小信号输出电阻。

（1）如何提高 MOS 管的小信号输出电阻值？

（2）MOS 管的小信号输出电阻与 MOS 管沟长 L 是否有关系？

（3）MOS 管的 W 是否影响其小信号输出电阻值？

（4）MOS 管的偏置状态出现变化，是否会影响其小信号输出电阻值？

（5）不同的栅源电压下，MOS 管小信号输出电阻是否不同？

1.5 三极管区 MOS 管的电阻

1.5.1 原理讲述

前面我们学习了工作在饱和区的 MOS 管可以看作一个电流源。那么，工作在三极管区的 MOS 管可以看作什么呢？根据式(1-1)可知，MOS 管输出电流 I_D 和 V_{DS} 之间满足抛物线的平方律关系。越是远离抛物线的顶点，抛物线越近似为直线。图 1-32 所示，抛物线靠近坐标轴原点的部分，可以较好地用直线来拟合。那么，这条直线对外表现出什么特征？一个二端口网络，其输出电压和输出电流成线性关系，则该二端口网络可以等效为电阻。从而，工作在三极管区的 MOS 管，对外表现出线性电阻的特性。特别是，当 MOS 管工作在深三极管区时，这个线性电阻的值相对恒定。电阻值取决于图 1-32 中虚线的斜率，斜率的倒数就是电阻值。该斜率又取决于 V_{GS}，即调节 V_{GS}，就能调节电阻值。

三极管区 MOS 管的电阻-视频

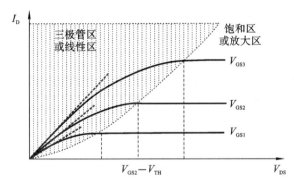

图 1-32 工作的三极管区的 MOS 管特性

由线性区的公式(1-1)，当 V_{DS} 很小时，其高阶项可以忽略，从而可得 MOS 管的电阻 R_{on} 为

$$R_{on} = \frac{\partial V_{DS}}{\partial I_D} = \frac{1}{\dfrac{\partial I_D}{\partial V_{DS}}} \approx \frac{1}{\mu_n C_{ox} \dfrac{W}{L}(V_{GS} - V_{TH})} \tag{1-14}$$

式(1-14)表明，我们通过改变 MOS 管的过驱动电压可以调节其电阻值，也可以调节 MOS 管尺寸来调节电阻值。

小结一下，工作在饱和区的 MOS 管，可以看作是一个不够理想的电流源；工作在三极管区的 MOS 管，可以看作是一个线性电阻。电流源的电流值和线性电阻的阻值，均由 V_{GS} 调节和控制。

在集成电路设计中，我们通常用工作在饱和区的 MOS 管来实现一个恒流源，用工作在饱和区的 MOS 管来代替电阻。

图 1-33 所示的是 MOS 管大信号模型汇总。图 1-33 中，根据不同的漏源电压和不同的

栅源电压,MOS 管可以区分为四个不同的工作区间。其中,在饱和区,MOS 管等效为压控电流源;在三极管区,MOS 管等效为电阻。该电阻也是受栅源电压控制的可变电阻。

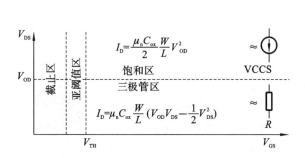

图 1-33　MOS 管一阶大信号模型汇总

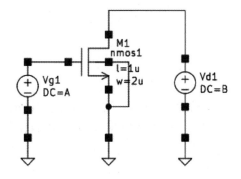

图 1-34　工作在深三极管区的
MOS 管仿真电路图

1.5.2　仿真实验

三极管区 MOS 管
的电阻-案例

在本节中,我们将仿真工作在深三极管区的 MOS 管的导通电阻。仿真电路图如图 1-34 所示,仿真波形如图 1-35 所示。从仿真结果可知,当 V_{DS} < 0.3 V 时,MOS 管大致工作在深三极管区,此时的 MOS 管导通电阻较大。另外,当 V_{GS} 越大,导通电阻越小。当 V_{GS} = 2 V 时,导通电阻大约为 1500 Ω。

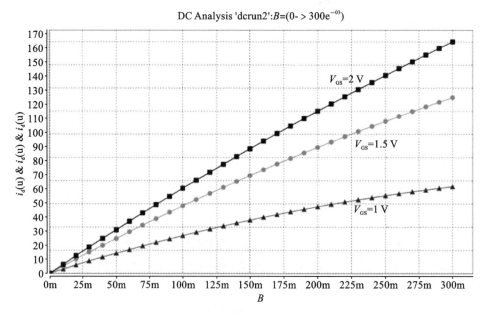

图 1-35　工作在深三极管区的 MOS 管导通电阻仿真波形

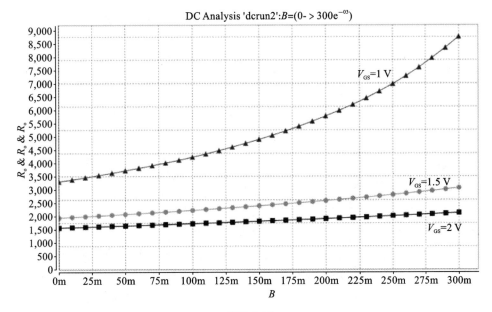

续图 1-35

1.5.3 互动与思考

读者可以通过改变 W/L 和过驱动电压，观察 MOS 的导通电阻的变化。

(1)W/L 改变为原来的 2 倍，R_{on} 会变化多少？

(2)工作在饱和区的 MOS 管是否也有大信号电阻？如何计算？

(3)MOS 管的大信号电阻和小信号电阻有何区别？分别在何时使用？

◀ 1.6 沟长与沟长调制效应 ▶

1.6.1 原理讲述

MOS 管的沟长调制系数 λ 并非定值，而是与沟道长度 L 成反比，即 $\lambda \propto \frac{1}{L}$，且随沟道掺杂浓度的增加而递减。同一种工艺下，晶体管的沟道长度越短，λ 越大，沟长调制效应越明显，晶体管工作在饱和区时的漏源电流受漏源电压的影响越大。

沟长与沟长
调制效应-视频

关于 λ 的表达式或者计算方法，不同的教材给出了不同的说法。例如，Willy Sansen 定义了 $\lambda = \dfrac{1}{V_E L}$，其中 V_E 为类似于双极型晶体管的厄立电压(early voltage)，定义为每单位 L 下的厄立电压值。认为在某特定工艺下，MOS 管的 V_E 为定值。从而，λ 可以直接反比于 L。然而，这个说法也不够准确。例如，Phillp Allen 在其教材中给出了用于手工计算的一个工艺库一级模型,如表 1-1 所示。模型中不同 L 下的 λ 与 L 并不成比例关系。

表 1-1   用于手工计算的 0.8 μm P 衬 N 阱 CMOS 简易工艺库

参数	描述	NMOS	PMOS	单位
V_{TH0}	$V_{BS}=0$ 时的阈值电压	0.7 ± 0.15	-0.7 ± 0.15	V
K'	饱和区跨导参数	$110.0 \pm 10\%$	$50.0 \pm 10\%$	$\mu A/V^2$
γ	衬底阈值参数	0.4	0.57	$V^{1/2}$
λ	沟长调制系数	$0.04(L=1\ \mu m)$ $0.01(L=2\ \mu m)$	$0.05(L=1\ \mu m)$ $0.01(L=2\ \mu m)$	V^{-1}
$2\lvert \phi_F \rvert$	强反型时的表面势	0.7	0.8	V

在实际的电路设计中,由于漏极耗尽层中的电场分布非常复杂,导致计算 λ 比较困难,最管用的方法是通过仿真 MOS 在不同 L 情况下的 $I\text{-}V$ 特性曲线,从曲线中提取 λ 值。提取 λ 值的方法,就是根据仿真曲线,选取饱和区波形上的几个点,读取每个点的 V_{DS}、V_{GS}、I_{DS},然后列写饱和区 MOS 管电流公式,依据多个方程联立可以求解简化的一级模型工艺参数。

1.6.2   仿真实验

沟长与沟长
调制效应-案例

在本例中,我们将要仿真 MOS 管的沟长调制效应,观察不同 L 下的 λ 值。因为 λ 代表了饱和区时 MOS 管的 $I\text{-}V$ 特性曲线的斜率,而斜率的倒数即为 MOS 管小信号输出电阻 r_o,仿真中我们通过仿真 r_o 来更形象地表征 λ。仿真电路图如图 1-36 所示,仿真结果如图 1-37 所示。为了更好的观察饱和区的器件特性,我们对 V_{DS} 从 0.5 V 扫描到 3.3 V。为了观察 λ 与 L 的关系,我们对 L 从 0.18 μm 扫描到 2 μm。

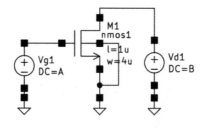

图 1-36   MOS 管 λ 和 r_o 仿真电路图

1.6.3   互动与思考

读者可以通过改变 L,观察 $I\text{-}V$ 曲线的斜率变化,从而了解 L 和小信号输出电阻 r_o 的关系。

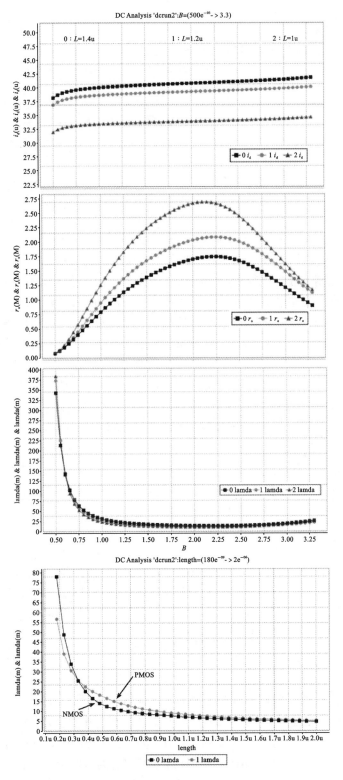

图 1-37　MOS 管 λ 和 r_o 仿真波形图

请读者思考：

(1) L 改变为原来的 2 倍，r_o 会变化多少？

(2) r_o 与 MOS 管的宽度 W，以及 MOS 管的偏置状态有关系吗？

(3) 如何提高 MOS 管的小信号输出电阻 r_o？

◀ 1.7 MOS 器件电容 ▶

1.7.1 原理讲述

MOS 器件电容
-视频

众所周知，集成电路的工作速度有一定的上限。例如，我们购买计算机时，关心的是 CPU 的主频，即 CPU 的时钟频率。计算机的操作在时钟信号的控制下分步执行，每个时钟信号周期完成一步操作，时钟频率的高低在很大程度上反映了 CPU 运算速度的快慢。CPU 电路是典型的超大规模数字集成电路，其工作时受到 MOS 器件特性和电路设计等因素的影响，导致其只能工作在有限的频率下。如果信号频率过高，超出了电路能承受的速度，则数字电路可能出现信号紊乱导致出错。

模拟电路和数字电路类似，工作速度受限的基本原因是电路中存在电容，构成常见的 RC 网络。在工作时由于存在大量的 RC 网络，电容充放电即电容上的电压变化需要时间。如图 1-38 所示的 RC 网络中，如果施加数字方波信号，则输出响应会出现上升和下降沿的时间延迟。

集成电路中的电容有多个来源，其中 MOS 器件因为结构原因，存在多个电容。MOS 管导通后，除了源极和漏极之间，其他任何两极之间均存在寄生电容。MOS 管不导通时，甚至其源极和漏极之间也存在电容。图 1-39 所示的是一个 NMOS 管中存在的所有电容。

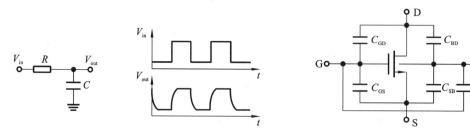

图 1-38 RC 网络及其阶跃响应　　　　　图 1-39 NMOS 管中的器件电容

在不同的电路应用中，我们有时对电容的精度需求不高，可以直接使用 MOS 管来实现。有时候我们希望尽可能避免出现寄生电容，从而提高电路工作速度，以及避免由此产生的电路稳定性、频率特性变差的问题。这需要我们对 MOS 管的寄生电容有所认识。

图 1-40 为 NMOS 器件的剖面图示意图，给出了相应的电容分布。图 1-40 中，还示意了 MOS 器件的三个尺寸：沟道长度 L、沟道宽度 W、有源区长度 E。注意：为了简单起见，本书并未区分栅极实际长度和沟道有效长度。

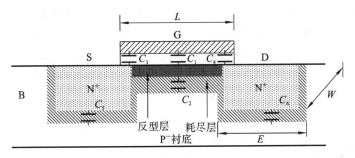

图 1-40　MOS 器件电容分布

在这些电容中,可以简单的分为两类:本征电容和非本征电容。本征电容就是让 MOS 管正常工作,决定其 I-V 特性的电容。MOS 管工作时,依靠其栅极氧化层构成的电容,在栅极下方感应出耗尽层和反型层,才能形成导电沟道。因此,MOS 的本征电容包括栅极氧化层电容 C_1 和导电沟道和衬底形成的耗尽层电容 C_2。在 MOS 管 I-V 特性公式中的 C_{ox} 参数,即为单位面积下的栅极氧化层电容值。C_{ox} 越大,则栅源电压下能感应出的导电沟道越大,从而带来更大的漏源电流 I_{DS}。

非本征电容不会对 MOS 器件正常工作带来贡献,甚至有时候会给器件的正常工作带来麻烦。非本征电容包括 C_3 和 C_4,以及 PN 结势垒电容 C_5 和 C_6。

下面,我们来分析一下 MOS 器件中存在的这些电容值的计算方法。

(1)栅和沟道之间的氧化层电容,也称之为 MOS 管的栅电容。它与栅极的面积,以及氧化层的介电常数有关,在图 1-40 中用 C_1 表示,其值定义为

$$C_1 = C_{ox}WL \tag{1-15}$$

式中:C_{ox} 为单位面积的栅极氧化层电容值。集成工艺的发展,是希望器件能越来越"灵敏"(参见本书 1.2 节),其中一个努力方向是从器件工艺上加以改进,实现更高 C_{ox} 的 MOS 器件。利用平板电容器的原理,减小栅极氧化层厚度,采用更高介电常数的栅极氧化层材料,能提高 MOS 器件的 C_{ox}。

由式(1-15)可知,MOS 器件的栅极面积越大,其 C_1 越大。

(2)衬底和沟道之间的耗尽层电容 C_2 与沟道尺寸有关。在 MOS 管不同的工作区间,耗尽层厚度的分布也不尽相同,从而其耗尽层电容也不是固定值。简单起见,C_2 表示为

$$C_2 = C_dWL \tag{1-16}$$

式中:C_d 为单位面积的耗尽层电容值。

(3)当今 CMOS 工艺都采用了一种被称为"自对准工艺"的技术,从而使得源极和漏极会"深入"到栅极下方去一些,深入的尺寸与工艺有关。这带来了另外一类电容,即多晶硅栅极与源极和漏极的交叠而产生的覆盖电容。该电容也属于平板电容,由于沟道长度方向的尺寸在某个特定工艺下是固定值,因此该电容仅仅需要关注 MOS 管宽度 W,定义为

$$C_3 = C_4 = C_{ov}W \tag{1-17}$$

式中:W 为 MOS 管的宽;C_{ov} 为单位宽度的覆盖电容值。

(4)源/漏区与衬底之间的 PN 结势垒电容 C_5 和 C_6,这两个电容与有源区的面积成正比。定义为

$$C_5 = C_6 = WEC_j \tag{1-18}$$

式中：E 为源区或者漏区在 L 方向上的尺寸；C_j 为单位面积的势垒结电容值。从器件结构来看，其实除了源极和漏极在其底部存在与源极和漏极的投影面积 WE 相关的电容之外，其侧壁也是存在 PN 结电容的。这部分侧壁电容通常较小，分析时可以忽略。

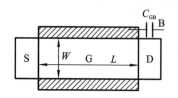

图 1-41　栅极和衬底之间的寄生电容 C_{GB} 构成示意图

另外，MOS 管在制造时，其栅极除了会超出源区和漏区，带来前述的覆盖电容之外，还会超出其导电沟道区域。如图 1-41 所示，图中阴影部分为栅极多晶硅超出导电沟道的部分，其构成栅极和衬底之间的寄生电容 C_{GB}。该值由该工艺下要求栅极从有源区延伸出去的尺寸决定。虽然有源区两侧都有延伸出去的多晶硅栅极，但 C_{GB} 通常很小，在电路分析时往往可以忽略。

将上述电容，对应到 MOS 管的端口之间是有意义的。然而，当 MOS 管工作在不同区域时，其栅极下方的耗尽层和反型层的分布不同，带来了端口之间电容值的变化，我们需要针对不同情况区别分析。

图 1-42 中，MOS 管工作在截止区，其反型层还未形成。则栅和衬底之间的电容 C_{GB} 为栅极氧化层电容 C_1 和耗尽层电容 C_2 的等效串联。栅极和源极之间的电容 C_{GS} 和栅极与漏极之间的电容 C_{GD} 相同，均只有覆盖电容 C_3、C_4。源极和漏极，与衬底之间存在 PN 结势垒电容 C_5、C_6。

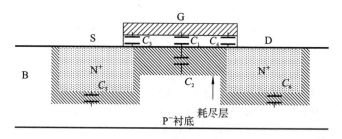

图 1-42　MOS 管工作在截止区时的电容分布

图 1-43 中，MOS 管工作在线性区，其反型层已经形成且未夹断。因为导电沟道形成，栅极氧化层电容 C_1 会通过导电沟道，连接到源极和漏极。考虑到 MOS 管的对称性，C_1 可以平均分到栅源电容 C_{GS} 和栅漏电容 C_{GD} 上。从而，$C_{GS} = C_3 + \frac{1}{2}C_1$。而 C_{GB} 则几乎可以忽略不计，因为此时的耗尽层电容和栅极氧化层电容之间被导电沟道隔开了。此时的 C_{BS} 则除了 C_5，还包括部分 C_2，通常取其一半。C_{BD} 同 C_{BS}。

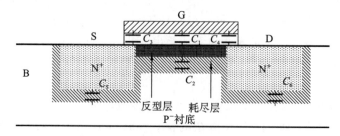

图 1-43　MOS 管工作在线性区时的电容分布

图 1-44 中，MOS 管工作在饱和区，其反型层已经形成并已经在漏极附近夹断。由于导电沟道在漏极附近夹断，则说明沟道的分布并不均匀对称。从而，在计算栅源电容 C_{GS} 时，只需考虑大部分 C_1，通常定义为 $C_{GS} = C_3 + \frac{2}{3}C_1$。而计算栅漏电容 C_{GD} 时，因为夹断，则不用考虑 C_1。因为导电沟道的不对称，此时的 C_{BS} 则除了 C_5，还包括大部分 C_2，$C_{BS} = C_5 + \frac{2}{3}C_2$。计算 C_{BD} 时，也只需考虑 C_6，而无需考虑 C_2。同线性区情况一样，饱和区的 C_{GB} 则几乎可以忽略不计，因为此时的耗尽层电容和栅极氧化层电容之间被导电沟道隔开了。

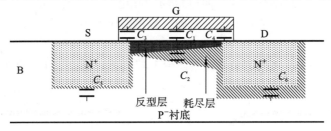

图 1-44 MOS 管工作在饱和区时的电容分布

上述分析中，MOS 管中最大的器件电容是与 MOS 管栅极氧化层电容相关的 C_1。从而，端口之间的电容中，最大的是 C_{GS} 和 C_{GD}，而 C_{GB} 通常可以忽略。

图 1-45 表示了当 MOS 管工作在三个不同区域下的 C_{GS} 和 C_{GD} 电容值。图中的 $\frac{2}{3}$、$\frac{1}{2}$ 均为大致估计值。

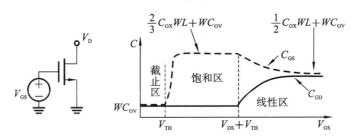

图 1-45 NMOS 管中的栅极器件电容

MOS 用作电容时，通常是将 D 和 S 短接作为一端，G 作为另外一端。连接方式如图 1-46 所示。显然，当 $V_{GS} > V_{TH}$ 时，MOS 管工作在强反型状态下，导电沟道已经形成。但是，由于

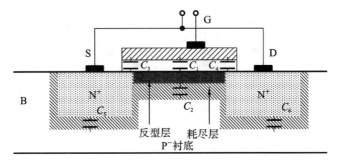

图 1-46 MOS 电容连接方式

$V_{DS} = 0$，MOS 管工作在深线性区，或者更严格的说法是 MOS 管工作在导通但无电流的状态下。此时，MOS 电容为 C_{GS} 和 C_{GD} 的并联等效电容。即 $C_{MOS} = C_{GS} + C_{GD}$。当 $0 < V_{GS} < V_{TH}$ 时，MOS 管工作在亚阈值区，C_1 的贡献随着 C_{GS} 的降低而逐渐减弱。一个比较有趣的现象是，如果我们给 C_{GS} 施加负压，则负压值超出一定值之后，MOS 管再次表现出强反型的状态。原因是这种方式形成的 MOS 电容是一个无极性电容。

虽然这种连接方式能充分利用极薄的栅极氧化层而构成单位面积下较高的电容值，但是随着两端之间电压的变化，MOS 管沟道特性出现变化，对外表现出的电容值也出现变化。不幸的是，由于下极板是低掺杂的，表面电位随加在电容上的电压的改变而大幅变化，即电容具有一定的电压系数。在某些不要求精确电容值的应用场合，可以使用 MOS 器件电容来减小面积消耗。

MOS 器件电容与 V_{GS} 之间的关系曲线如图 1-47 所示。这是一个仿真得到的实际波形图。

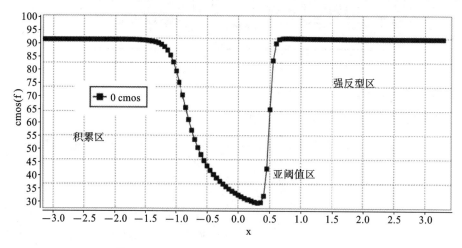

图 1-47　MOS 器件电容与 V_{GS} 之间的关系曲线

1.7.2　仿真实验

本例将仿真 MOS 管的器件电容 C_{GS} 和 C_{GD}，仿真电路图如图 1-48 所示，以及仿真将 S 和 D 相连时的 MOS 电容 C_{MOS}。由于 V_{GS} 改变时会影响电容值，本例的仿真将对 V_{GS} 进行扫描。仿真波形如图 1-49 所示。

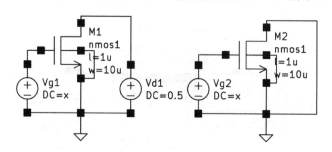

图 1-48　MOS 器件电容仿真电路图

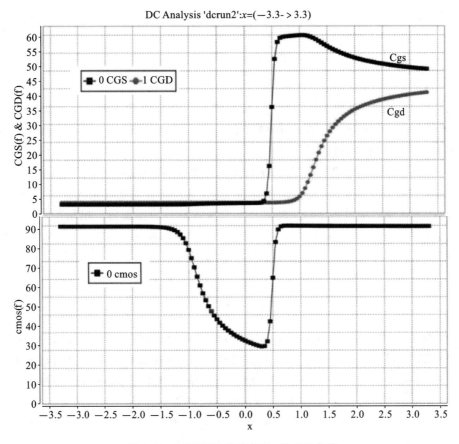

图 1-49 MOS 器件电容与 V_{GS} 的关系曲线

1.7.3 互动与思考

读者可以通过改变 W、L，观察各电容曲线的变化趋势。

请读者思考：

(1) 特定工艺下特定尺寸的 MOS 管，如何获得最大的电容值？

(2) 平时我们都说 MOS 管的源极和漏极具有对称性，可是为什么 C_{GS} 和 C_{GD} 却有如此大的差异呢？

(3) 将 MOS 管的源极和漏极短接作为一端，栅极作为另外一端，可以当作电容使用。请问该 MOS 电容值是多少？恒定吗？

◀　1.8　MOS 管的特征频率 f_T　▶

1.8.1　原理讲述

与双极型晶体管器件不同的是，MOS 器件属于电压控制型器件，工作速度在早期要更慢些。但随着 CMOS 工艺的发展和成熟，目前已经与双极型晶体管器件不相上下。

MOS 管的特征
频率 fT-视频

MOS 器件中存在着栅极氧化层电容、耗尽层电容，以及其他大量寄生电容，这导致了 MOS 管工作速度受限。MOS 管的栅极输入存在该 MOS 管最大的电容，在栅极输入信号频率较低时，MOS 管能很好地将栅源输入电压信号转变为输出的漏源电流信号，MOS 管正常工作。当栅极输入信号频率高到一定程度后，MOS 管输入阻抗从大变小，从而导致流入栅极的电流变大，输出电流会变小，跨导转换的效率将快速降低。因此，我们需要关注 MOS 管能正常工作的最高频率，通常用 MOS 管的特征频率 f_T 来衡量。

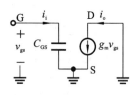

图 1-50　MOS 管特征频率
分析电路图

MOS 管的特征频率 f_T，定义为 MOS 管的电流增益（输出小信号电流与输入小信号电流之比）降低到 1 时的器件工作频率。MOS 管的电流增益降低的主要原因是栅极输入阻抗会随频率增加而减小。为计算 MOS 管的特征频率 f_T，绘制图 1-50 所示的小信号等效电路。为了计算的简单，此处忽略了次要因素 C_{GD}，仅考虑主要因素 C_{GS}。因为工作在饱和区时，C_{GD} 仅包括源极上方寄生的覆盖电容，其远小于 C_{GS}，从而可以忽略。由前一节的仿真结果可知，工作在饱和区的 MOS 管，其 $C_{GS} \approx 20 C_{GD}$。

$$i_i = C_{GS} s \, v_{gs} \tag{1-19}$$

$$i_o = g_m \, v_{gs} \tag{1-20}$$

则电流增益为

$$\beta = \frac{i_o}{i_i} = \frac{g_m}{C_{GS} s} \tag{1-21}$$

为了计算 MOS 管特征频率 f_T，取电流增益为 1，则

$$|\beta| = \frac{g_m}{C_{GS} \, \omega_T} = 1 \tag{1-22}$$

从而

$$f_T = \frac{1}{2\pi \, \omega_T} = \frac{g_m}{2\pi C_{GS}} \tag{1-23}$$

让 MOS 管工作在饱和区，从而有

$$g_m = \mu \, C_{ox} \, \frac{W}{L} (V_{GS} - V_{TH}) \tag{1-24}$$

当 MOS 管工作在饱和区时，其栅极氧化层电容只有部分（此处以取 $\frac{2}{3}$ 为例）贡献到

C_{GS}，同时忽略源极上方寄生的覆盖电容，即

$$C_{GS} \approx \frac{2}{3}WL\,C_{ox} \tag{1-25}$$

将式(1-24)和式(1-25)代入式(1-23)，得

$$f_T \approx \frac{3}{4\pi}\frac{\mu}{L^2}(V_{GS}-V_{TH}) \tag{1-26}$$

可见，晶体管的特征频率与 MOS 管的过驱动电压 V_{OD} 成正比，与 MOS 管沟道长度的平方成反比，与 MOS 管载流子迁移率成正比。

如果希望提高 MOS 管的工作频率，可以选用高的过驱动电压，或者缩小其沟道长度。

选用高的过驱动电压，则意味着产生更大的电流和更高的功耗，在许多应用场合受到限制。因此，设计中需要在功耗和频率之间做折中考虑。

在摩尔定律的指引下，当今集成电路工艺的主流发展趋势是等比例缩小 MOS 管的特征尺寸 L，从而带来的好处除了大幅提高芯片集成度之外，还可以大幅提高电路的工作频率。

另外，本书 1.9 节将告诉我们，MOS 管的跨导效率与过驱动电压 V_{OD} 成反比。为提高跨导效率，往往需要选择更低的过驱动电压。从本例结论可知，通过提高过驱动电压来提高 MOS 管的特征频率，是以低的跨导效率为代价的！

1.8.2　仿真实验

本例将仿真 MOS 的特征频率，观察过驱动电压和 MOS 管尺寸对特征频率的影响。仿真电路图如图 1-51 所示，仿真波形如图 1-52 所示。仿真结果显示，在相同的过驱动电压下，L 越大，其特征频率越低。在同一 L 下，过驱动电压越高，则特征频率越高。

MOS 管的特征
频率 fT-案例

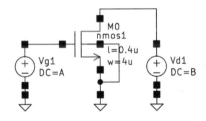

图 1-51　MOS 管特征频率仿真电路图

1.8.3　互动与思考

读者可以通过改变 MOS 管的 W 和 L，以及 V_{DS}，观察其特征频率的变化趋势。请读者思考提高 MOS 工作特征频率的方法。

请读者思考：

(1)在 0.18 μm 工艺下，一个典型 MOS 管通常选择 0.1~0.3 V 的过驱动电压，对应的特征频率大致在什么范围？

(2)请对比一下，L 为 0.18 μm 和 0.36 μm 的两个 MOS 管，其特征频率相差多少？

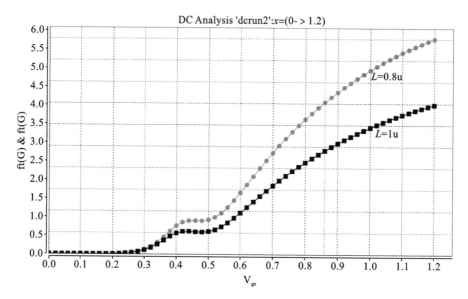

图 1-52　MOS 特征频率仿真波形

（3）为了简单起见，分析 MOS 管特征频率时忽略了次要因素 C_{GD}。请解释这种考虑的合理性。如果考虑 C_{GD}，请计算 MOS 管的特征频率。

1.9　跨导效率 g_m / I_D

1.9.1　特性描述

跨导效率 gm/ID
-视频

　　MOS 管工作在饱和区时，本质上是一个压控电流源，其控制系数就是 MOS 的跨导 g_m。因此，我们也称 MOS 管的跨导为 MOS 管的灵敏度，用于衡量一个小的输入电压的变化，能产生多大的输出电流的变化。所以，MOS 管的跨导是一个非常重要的指标。

　　但是，考虑到电路对功耗的要求，电路设计工程师还需要关注 MOS 管的"跨导效率（g_m / I_D）"，即每消耗一定电流时，MOS 管能提供多大的跨导。因此，有时候用 g_m / I_D 作为描述 MOS 管性能的另外一个重要参数。

　　当 MOS 管工作在饱和区时，根据跨导的表达式（1-8），稍作变换，得到

$$\frac{g_m}{I_D} = \frac{2}{V_{OD}} \tag{1-27}$$

　　注意：当 MOS 管工作在非强反型饱和区，或者并不符合长沟道近似时，上式并不成立。

　　由式（1-27）可知，为实现高的跨导效率，需要给 MOS 管施加小的过驱动电压。但是，当过驱动电压较低时，MOS 管可能会从强反型的工作状态转变为弱反型的工作状态，甚至进入亚阈值导通状态。此时，式（1-27）就无法描述跨导效率了。

　　另外，为了实现高的跨导效率，需要给 MOS 管施加小的过驱动电压，但这会导致 MOS

管的工作速率变慢,因为 MOS 管特征频率 $f_{\mathrm{T}} \approx \dfrac{3}{4\pi} \dfrac{\mu}{L^2} (V_{\mathrm{GS}} - V_{\mathrm{TH}})$。

因此,工作速率和跨导效率是一对需要根据具体应用需求去折中考虑的量。

1.9.2   仿真实验

本例将通过仿真得到 MOS 管跨导效率与过驱动电压的关系曲线,仿真电路图如 1-53 所示。为了便于理解,在同一个坐标系中还给出了过驱动电压大于 0 时的 $\dfrac{2}{V_{\mathrm{OD}}}$ 波形。

从图 1-54 的仿真波形可知,跨导效率与过驱动电压存在一一对应关系。当 MOS 管的过驱动电压较高(高于 0.1 V)时,实际仿真波形与式(2-27)预示的结果非常吻合。然而,当过驱动电压较低时,实际波形与一级模型公式有较大差异。另外,当过驱动电压为 0,甚至为负数时,依然存在着一定的跨导效率,而且此时的跨导效率甚至高于饱和区的跨导效率。

跨导效率
gm/ID-案例

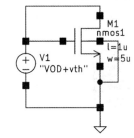

图 1-53   跨导效率仿真电路图

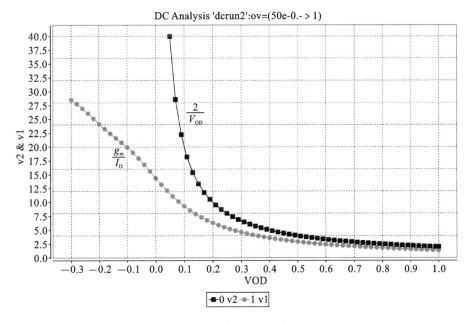

图 1-54   跨导效率实际波形和理论波形

1.9.3   互动与思考

请读者改变 MOS 管的 W 和 L,观察其跨导效率变化趋势。

请读者思考:

(1)如何提高 MOS 管跨导效率?

(2)BJT 管也存在跨导效率,请问 MOS 管的跨导效率,应该比 BJT 管高还是低?哪种工艺设计模拟电路更容易达到高的性能?

（3）何种情况下，能利用 $2/V_{OD}$ 来计算 MOS 管的跨导效率?

（4）MOS 管的 L 变大两倍，MOS 管跨导效率会变大两倍么?

◀ 1.10 MOS 管的本征增益 ▶

1.10.1 特性描述

MOS 管的本征增益-视频

当晶体管接成共源极放大器时，所能达到的低频小信号增益最高值，叫 MOS 管的本征增益。其表达式为 $g_m r_o$，根据式（1-8）和式（1-13），本征增益可表示为

$$g_m r_o = \frac{2}{\lambda V_{OD}} \tag{1-28}$$

本征增益的计算方法，读者可以参考本书 2.1 和 2.2 章节。此处不做推导。

由式（1-28）可知，MOS 管的本征增益与过驱动电压 V_{OD}、沟长调制系数 λ 成反比。考虑到沟长调制系数 λ 反比于 MOS 管沟长 L，因而本征增益会随着 L 的增加而提高。从而，降低 V_{OD} 并增加 L，可以提高 MOS 管的本征增益。但是，由本书 1.8 节可知，降低 V_{OD} 会降低 MOS 管的工作速度，增加沟长 L 也会进一步降低 MOS 管的工作速度。从而，我们在开展电路设计时需要进行折中考虑。而且，增益和速度的折中，一直是我们模拟集成电路设计人员关注的焦点。

由于 $g_m/I_D = 2/V_{OD}$，MOS 管的本征增益跟 MOS 管的跨导效率的设计中，过驱动电压的选择机制相同。两者的区别是本征增益还与沟长有关。

本节告诉我们，随着 MOS 管特征尺寸的不断缩小，MOS 管的本征增益越来越小，会给我们的设计带来越来越大的挑战。

另外，我们还需要关注，过小的 V_{OD} 会导致 MOS 管进入亚阈值导通区，亚阈值导通区的 MOS 管工作特性与饱和区的特性差异巨大，之前的相关公式和理论均不再适用。

1.10.2 仿真实验

MOS 管的本征增益-案例

本例将通过仿真得到 MOS 管本征增益与 MOS 管 V_{GS} 的关系曲线。MOS 管本征增益仿真电路图如图 1-55 所示。图 1-56 给出了不同沟长时 MOS 管本征增益与 V_{GS} 的关系曲线，图 1-57 给出了不同沟长时 MOS 管本征增益与 V_{DS} 的关系曲线。

V_{GS} 改变时，MOS 管的过驱动电压也会改变，从而改变 MOS 管的本征增益。为说明问题，可以仿真两个不同 L 的本征增益。仿真结果显示，L 较大时，其本征增益较大，在 V_{GS} 很小时达到最大的本征增益值。可是，图中有一定本征增益的值不可信，即 V_{GS} 很小的时候。当 $V_{GS} < V_{TH}$ 时，MOS 管工作在亚阈值导通区，MOS 管的跨导会变小，甚至接

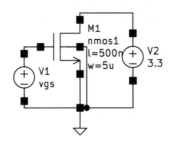

图 1-55　MOS 管本征增益仿真电路图

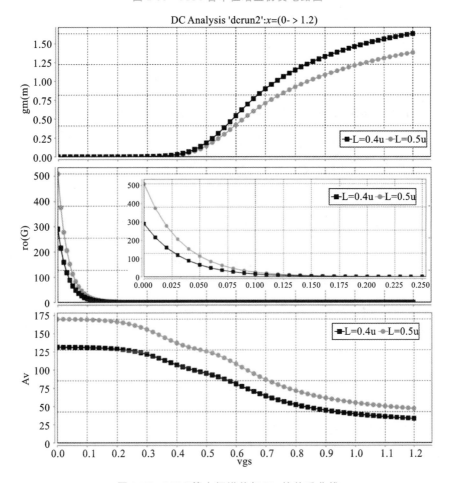

图 1-56　MOS 管本征增益与 V_{GS} 的关系曲线

近于 0。因为 MOS 管几乎不导通，其导通内阻非常大。仿真曲线显示，$V_{GS} = 0.5\,V$ 时，$r_o \approx 0.6\,M\Omega$；$V_{GS} = 0\,V$ 时，$r_o \approx 300\,G\Omega$。从而，即使 V_{GS} 和 MOS 管跨导很小，本征增益也非常大。所以，本征增益仿真波形中，只有 MOS 管工作在饱和区（即 $0.5\,V \ll V_{GS} \ll 3.3\,V$）时的本征增益才是可信的。

本例还将仿真 MOS 管本征增益与 MOS 管 V_{DS} 的关系曲线。从前面的理论分析可知，若 MOS 管工作在饱和区，当 L 和 V_{OD} 是定值时，其本征增益应该是定值。然而，从仿真波形可以看到，只有在 V_{DS} 较大时，本征增益才比较可观，但也不是定值。随着 V_{DS} 的进一步增大，本征增益反而降低，其原因在于势垒降低效应。

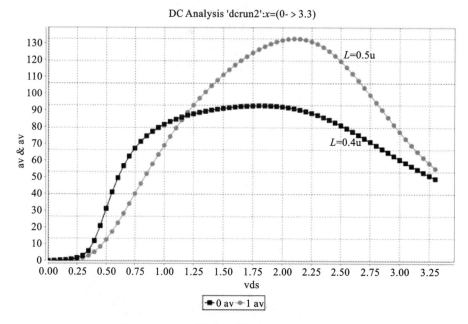

图 1-57　MOS 管本征增益与 V_{DS} 的关系曲线

1.10.3　互动与思考

读者可以分别改变 W、L、V_{OD}，观察 MOS 管本征增益的变化趋势。

(1)请问如何提高一个 MOS 管的本征增益？

(2)在 0.18 μm 工艺下，一个典型 MOS 管工作在 0.1～0.3 V 过驱动电压下，其本征增益大致在什么范围？

(3)MOS 管的 L 变大两倍，MOS 管本征增益会变大两倍么？

◀　1.11　MOS 管内阻和传输门　▶

1.11.1　特性描述

MOS 管内阻和
传输门-视频

除了实现信号放大之外，作为开关是 MOS 管的另外一大用途。有了开关才能实现数字信号的逻辑运算。那么，我们对开关器件的要求有哪些？

最简单的要求：开关导通时，其内阻为 0；开关断开时，其内阻无穷大。如果再要求高一点，则要求从导通到断开，或者从断开到导通，没有延时。

如图 1-58 所示的 PMOS 管，如果栅极 s 加载高电平，则开关断开；如果 s 加载低电平，则开关导通。NMOS 管正好反过来。但这个说法是理想情况下的结论，因为 MOS 管导通时，其内阻不可能为 0。

MOS 管的导通电阻，可以定义为

$$R_{\text{DS,on}} = \frac{V_{\text{DS}}}{I_{\text{D}}} \tag{1-29}$$

希望 MOS 管导通时 $R_{\text{DS,on}}$ 为 0，因为无法实现 $I_{\text{D}} = \infty$，则只能要求 $V_{\text{DS}} = 0$。

显然，让 $V_{\text{DS}} = 0$，则 MOS 管只能工作在"导通无电流"的状态。这与真实开关的导通状态不同。

需要特别注意的是，此处定义的电阻，是 MOS 管工作在静态（大信号）时的电阻，与之前学习的 MOS 管的

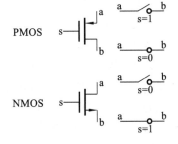

图 1-58　用作开关的 MOS 管

小信号电阻完全不同。因为小信号电阻描述的是信号变化（小信号）时的电阻。图 1-59 描绘了 MOS 管在静态工作点 A 下的两种不同的电阻。其中，将 A 点与原点 O 相连的线段 AO 的斜率的倒数，是大信号电阻 $R_{\text{DS,on}}$，而 A 点的切线斜率（即饱和区线段 BC 的斜率）的倒数，就是小信号电阻 r_o。显然，工作在饱和区时，无论 MOS 管的沟长调制效应是否显著，其小信号电阻 r_o 都很大，远大于大信号电阻 $R_{\text{DS,on}}$。

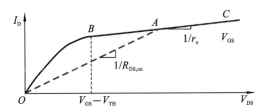

图 1-59　工作在饱和区的 MOS 管大信号电阻和小信号电阻

同理，我们可绘制工作在线性区的 MOS 管大信号电阻和小信号电阻示意图，如图 1-60 所示。图中静态工作点 A 的小信号电阻 r_o 比较接近大信号电阻 $R_{\text{DS,on}}$，尤其是，当 MOS 管工作在深线性区时，$r_\text{o} \approx R_{\text{DS,on}}$。

回到 MOS 管的导通电阻，用作理想开关时，其 $V_{\text{DS}} = 0$，显然，这是图 1-60 中的原点 O 的情况，此时 MOS 管电流为零，这好像与我们的应用需求是不符合的。

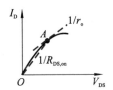

图 1-60　工作在线性区的 MOS 管大信号　　　电阻和小信号电阻

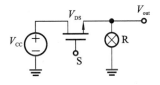

图 1-61　用 NMOS 管控制阻性负载

图 1-61 中，用一个 NMOS 管去控制一个灯的亮和灭。灯是一个阻性负载。显然，开关断开时，电流几乎为 0，灯不亮；开关导通时，流过开关的电流同时流过灯，点亮灯。从而，用作开关的 MOS 管有电流流过，则必然 $V_{\text{DS}} > 0$。即，MOS 管消耗功耗

$$P_{\text{MOS}} = I_{\text{DS}} \cdot V_{\text{DS}} = \frac{V_{\text{DS}}^2}{R_{\text{DS,on}}} \tag{1-30}$$

在这类应用中，MOS 管除了消耗功耗，减小灯的亮度（或者功耗）外，没有什么大的影响。

如图 1-62，如果用开关去控制一个容性负载 C，即常见的采样保持电路，情况会如何？

显然,当 MOS 管刚导通时,C 上的电压降为 0,则此时的 $V_{\text{DS}} = V_{\text{CC}}$,$I_{\text{DS}}$ 最大,MOS 管存在一定的导通电阻 $R_{\text{DS,on}}$,则 V_{CC} 以时间常数 $R_{\text{DS,on}}C$ 给电容充电。随着 C 上电压慢慢增加,则 V_{DS} 逐渐减小,I_{DS} 也随之逐渐减小。直至最终电容的电压接近 V_{CC},V_{DS} 降低到 0,I_{DS} 也减小到 0。从 MOS 管的整个工作过程来看,MOS 管只在最终进入稳定状态时,才是我们平时认为的理想开关。图 1-63 给出了 t_1 时刻启动开关后的电容电压和 MOS 管电流波形。

再进一步观察图 1-62 的电路,我们发现一个问题。为了让 NMOS 管导通,我们需要给其栅极高电平 V_{CC}。该电路中,最高电平是电源电压 V_{CC}。MOS 管导通的前提是其 $V_{\text{GS}} > V_{\text{TH}}$,MOS 管 $V_{\text{GS}} = V_{\text{CC}} - V_{\text{out}}$。显然,最终 V_{out} 无法达到 V_{CC},最高值约为 $V_{\text{CC}} - V_{\text{TH}}$。

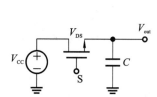

图 1-62 用 NMOS 管控制容性负载

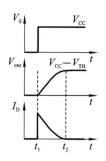

图 1-63 图 1-62 中的信号波形

另外,本电路还有两个特性:① V_{out} 达到 $V_{\text{CC}} - V_{\text{TH}}$ 的时刻 t_2,应该是无穷长。因为 V_{out} 越是接近 $V_{\text{CC}} - V_{\text{TH}}$,给电容充电的电流越是小,电容电压上升越是慢。② 因为 MOS 管的 $V_{\text{GS}} = V_{\text{DS}}$,所以 MOS 管工作在饱和区。饱和区的导通内阻并不小,且大于三极管的导通内阻。

因为 NMOS 开关无法将电源电压 V_{CC} 传递到输出端,最高能传递的电压是 $V_{\text{CC}} - V_{\text{TH}}$,所以考虑更一般的情况,我们假定传递的输入电压是 $V_{\text{in}} = 2\,\text{V}$,如图 1-64 所示。显然,跟刚才的情况不同,最终 V_{out} 能接近 2 V。此时,$V_{\text{DS}} \approx 0$,MOS 管工作在深三极管区。因为 V_{DS} 很小,忽略 V_{DS} 的平方项,此时的 MOS 管导通电阻可以基于三极管区的 MOS 管公式推导为

$$R_{\text{DS,on}} = \frac{V_{\text{DS}}}{I_{\text{DS}}} = \frac{1}{\mu_{\text{n}}\,C_{\text{ox}}\,\dfrac{W}{L}(V_{\text{GS}} - V_{\text{TH}})} = \frac{1}{\mu_{\text{n}}\,C_{\text{ox}}\,\dfrac{W}{L}(V_{\text{CC}} - V_{\text{in}} - V_{\text{TH}})} \tag{1-31}$$

式(1-31)表明,在某工艺下 MOS 管尺寸确定后,影响 MOS 管导通电阻的唯一量为 V_{in}。当 $V_{\text{in}} = V_{\text{CC}} - V_{\text{TH}}$ 时,MOS 管的导通电阻达到最大值。显然,NMOS 管在传输较低电压方面的优势更明显。

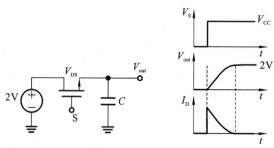

图 1-64 MOS 管传递更一般电压的情况

刚才分析过了 MOS 管开关传递高电平的情况,传递低电平的情况具有相似性。结论列举如下:

(1)用 PMOS 管传递高电平更有优势;

(2)PMOS 管传递的最低电平为 $|V_{\text{THP}}|$;

(3)PMOS 管传递高电平时的导通内阻小。

从而,我们理所当然地想到,可以将 NMOS 和 PMOS 管的优势互补,实现所有输入信号的最佳传递。实现方式如图 1-65 所示,将 NMOS 和 PMOS 并联,并用相反的信号去分别控制。这其实就是数字电路中的传输门,是最基本的逻辑单元之一。在模拟电路中,传输门也大量应用在开关电容电路中。

图 1-65 所示的传输门,由一个 NMOS 和一个 PMOS"并联"组成。理想的传输门将输入信号没有任何误差地传递到输出端。然而,由于开关工作速度问题,以及导通电阻问题,导致输出信号与输入信号之间存在误差。

通过选择大宽长比的器件,并减小输出端驱动的负载电容,能有效提供工作速度,但总体的工作速度受限于器件工艺特征尺寸。

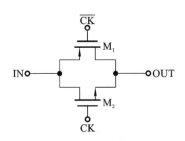

图 1-65　传输门电路构成

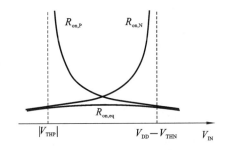

图 1-66　传输门的等效导通电阻

图 1-66 绘制出了随着输入电压 V_{in} 变化时的 NMOS 管和 PMOS 管导通电阻变化趋势,以及并联之后的总的等效电阻 $R_{\text{on,eq}}$。从该图可知,如果将两个电阻并联,则总的等效电阻主要由较小的那个电阻决定。等效导通电阻 $R_{\text{on,eq}}$,是一个不易受输入电压影响的导通电阻,并且阻值更小,用作开关显然优于单个 MOS 管。

图 1-66 也大致给了 PMOS 管和 NMOS 管尺寸的设计规律。我们可以选择合适的 MOS 管尺寸,使 $R_{\text{on,N}} \approx R_{\text{on,P}}$,即

$$\mu_{\text{n}} C_{\text{ox}} \left(\frac{W}{L}\right)_{\text{N}} = \mu_{\text{p}} C_{\text{ox}} \left(\frac{W}{L}\right)_{\text{P}} \tag{1-32}$$

1.11.2　仿真波形

刚才我们从模拟电路角度说明了数字电路中传输门的设计思想。本例将仿真传输门的导通电阻。仿真电路图如图 1-67 所示,仿真波形如图 1-68 所示。图示尺寸的传输门导通电阻在 270 Ω 以上。

MOS 管内阻和
传输门-案例

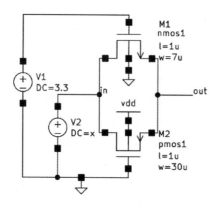

图 1-67　传输门导通电阻仿真电路图

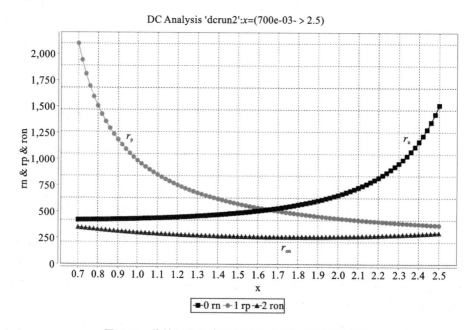

图 1-68　传输门导通电阻与输入电压的关系仿真波形

1.11.3　互动与思考

请读者改变两个 MOS 管的尺寸,观察等效导通电阻值的变化。

请读者思考:

(1)如何选择最优的 NMOS 管和 PMOS 管尺寸,从而让输出能更好地跟随输入信号? 选择尺寸的主要依据是什么?

(2)传输门的信号能双向传输吗? 为什么?

◀ 1.12　MOS 管的并联与串联 ▶

1.12.1　特性描述

在电路设计中,我们经常遇到 MOS 管电流需要增大 100％ 的情形。从 MOS 管的 *I-V* 特性来看,增大电流的方式有多个途径:①改变 MOS 管的 W/L;②改变 MOS 管的 V_{GS};③改变 MOS 管的 V_{DS}。显然,后面两个方法不太靠谱,因为通过改变 MOS 管的电压来改变电流,其线性度不好,还有可能因为各种二级效应、工作区间改变而导致效果不佳。与之相对,改变 MOS 管的 W/L,可以轻松、精确地实现电流的按比例变化。

所以,如果想让 MOS 管电流变大,我们仅仅增大 W 即可。在其他所有因素不变的情况下,增大 W,即可增大电流。无论 MOS 管工作在饱和区还是三极管区,W 与电流均成线性关系。

图 1-69(a)的 MOS 管,其饱和区电流公式为

$$I_D = \frac{1}{2} \mu_n C_{ox} \frac{3W}{L} (V_{GS} - V_{TH})^2 \tag{1-33}$$

图 1-69(b)中三个尺寸相同的 MOS 管并联,则工作在饱和区时,总的电流为三个 MOS 管电流之和

$$I_D = 3 \times \frac{1}{2} \mu_n C_{ox} \frac{W}{L} (V_{GS} - V_{TH})^2 \tag{1-34}$$

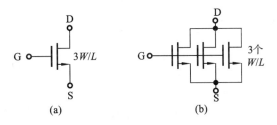

图 1-69　MOS 管的并联

显然,工作在饱和区的图 1-69(a)和(b)电路具有完全相同的 *I-V* 特性。同理,我们还可以分析出当 MOS 管工作在截止区、线性区时也具有一致的 *I-V* 特性。因此,我们可以认为图 1-69(a)和(b)所示的 MOS 管在理论上完全等效。

在实际电路设计中,我们往往需要很大宽长比的器件,为减小器件的失配和误差,通常采用多个 MOS 管并联,来等效一个较大宽长比的器件。电路图输入时,我们不需要画出多个 MOS 管并联的形式,只需在 MOS 管的参数中定义并联个数 M 值即可。例如,下面的 SPICE 描述就表示 2 个 MOS 管并联:

M1　Nd　Ng　GND　GND　modelname　W＝10u　L＝0.18u　M＝2

图 1-70(b)中 M_1 和 M_2 串联,假定两个 MOS 管的尺寸均为 W/L,导通时,忽略 M_2 的

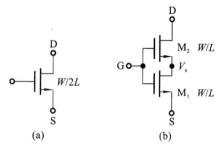

(a)　　　　(b)

图 1-70　MOS 管的串联

衬底偏置效应,其过驱动电压分别为 $V_{OD1} = V_{GS} - V_{TH}$,$V_{OD2} = V_{GS} - V_x - V_{TH}$。

如果两个 MOS 管均不导通,则器件无论是否串联均无意义。有意义的前提是 M_1 和 M_2 均导通,即 $V_{OD1} > 0$,$V_{OD2} > 0$。

由 $V_{OD2} = V_{GS} - V_x - V_{TH} > 0$ 可知 $V_x < V_{GS} - V_{TH}$。显然,M_1 始终工作在线性区,而 M_2 却可能存在着两种可能的情况。

第一种情况:假定两个 MOS 管均工作在线性区,则电流公式为

$$I_{D1} = \mu_n C_{ox} \frac{W}{L} \left[(V_{GS} - V_{TH}) V_x - \frac{1}{2} V_x^2 \right] \tag{1-35}$$

$$I_{D2} = \mu_n C_{ox} \frac{W}{L} \left[(V_{GS} - V_x - V_{TH})(V_{DS} - V_x) - \frac{1}{2} (V_{DS} - V_x)^2 \right] \tag{1-36}$$

将式(1-36)稍微变形得

$$I_{D2} = \mu_n C_{ox} \frac{W}{L} \left[-(V_{GS} - V_{TH}) V_x + \frac{1}{2} V_x^2 + (V_{GS} - V_{TH}) V_{DS} - \frac{1}{2} V_{DS}^2 \right] \tag{1-37}$$

因为 M_1 和 M_2 电流相等,则

$$(V_{GS} - V_{TH}) V_x - \frac{1}{2} V_x^2 = -(V_{GS} - V_{TH}) V_x + \frac{1}{2} V_x^2 + (V_{GS} - V_{TH}) V_{DS} - \frac{1}{2} V_{DS}^2 \tag{1-38}$$

即

$$(V_{GS} - V_{TH}) V_x - \frac{1}{2} V_x^2 = \frac{1}{2} \left[(V_{GS} - V_{TH}) V_{DS} - \frac{1}{2} V_{DS}^2 \right] \tag{1-39}$$

将式(1-39)代入式(1-35),可得

$$I_{D1} = \mu_n C_{ox} \frac{W}{L} \frac{1}{2} \left[(V_{GS} - V_{TH}) V_{DS} - \frac{1}{2} V_{DS}^2 \right] \tag{1-40}$$

即,图 1-24(b)M_1 和 M_2 串联电路,等效为一个尺寸为 $\frac{W}{2L}$,且工作在线性区的 MOS 管。

第二种情况:假定 M_1 管工作在线性区,M_2 工作在饱和区,则 M_2 的电流公式为

$$I_D = \frac{1}{2} \mu_n C_{ox} \frac{W}{L} (V_{GS} - V_x - V_{TH})^2 \tag{1-41}$$

因为两个电流相等,则式(1-41)和式(1-35)相等,从而

$$(V_{GS} - V_x - V_{TH})^2 = 2 \left[(V_{GS} - V_{TH}) V_x - \frac{1}{2} V_x^2 \right] \tag{1-42}$$

即

$$(V_{GS} - V_{TH})^2 = 2 \left[2(V_{GS} - V_{TH}) V_x - V_x^2 \right] \tag{1-43}$$

将式(1-43)代入式(1-35),则

$$I_{D1} = \frac{1}{2} \mu_n C_{ox} \frac{W}{L} \frac{1}{2} (V_{GS} - V_{TH})^2 \tag{1-44}$$

式(1-44)表明,M_1 和 M_2 的串联电路等效为一个尺寸为 $\frac{W}{2L}$,且工作在饱和区的

MOS 管。

综上，把 N 个尺寸为 W 和 L 的 MOS 管串联，并将栅连接在一起，其特性与一个尺寸为 W 和 $N \cdot L$ 的 MOS 管相同。

注意：串联中的 NMOS 管，每个 MOS 管的源极电压均不同，但所有 MOS 管的衬底电位均为 GND。因此，每个 MOS 管表现出不同的衬底偏置效应。可见，上述 NMOS 管的串联等效分析存在一定的误差。对于 PMOS 管而言，如果令每个 MOS 管位于单独的阱里，从而可以让每个 PMOS 管的 V_{SB} 为零。

1.12.2　仿真实验

本例将仿真 MOS 管并联和串联的情况，基于 I-V 特性曲线来观察并联和串联的效果。同时，为了看清楚 MOS 管的衬底偏置效应对等效串联的影响，此处仿真了两种不同衬底电位接法的电路。仿真电路图如图 1-71 所示，仿真波形如图 1-72 所示。波形显示，MOS 管的并联形式能表现出完全一致的 I-V 特性，但 MOS 管的串联则表现出一定的误差。即使避免了衬底偏置效应，MOS 管的串联也存在一定误差。

MOS 管的并联与串联-案例

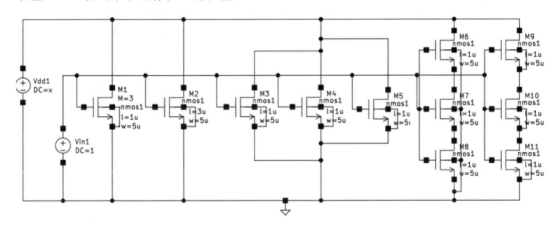

图 1-71　MOS 管并联和串联仿真电路图

1.12.3　互动与思考

请读者改变 MOS 管的尺寸，观察串联和并联的 MOS 管的 I-V 特性的变化。

请读者思考：

（1）多个 MOS 管的并联，与单个 MOS 管相比，是否存在误差？

（2）MOS 管的串联与单个 MOS 管相比，是否有误差？误差产生的原因是什么？

（3）由于普通的 CMOS 工艺中 P 型衬底只能接最低电位 GND，即串联的 NMOS 管中必定存在衬底偏置效应。该效应是否让串联器件与期望值有误差？如何校正该误差？双阱工艺实现的 MOS 管串联是否能克服该弊端？

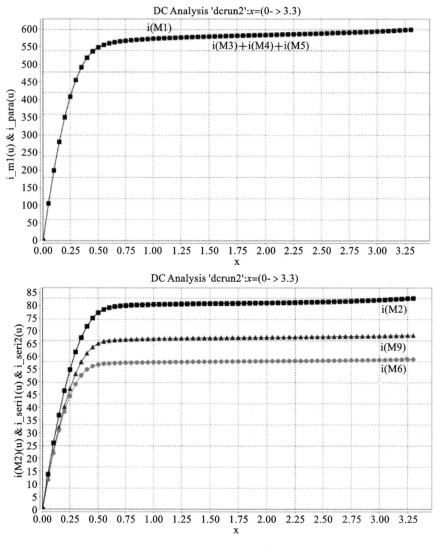

图 1-72　串联和并联仿真波形

◀ 1.13　工艺角模型 ▶

1.13.1　特性描述

工艺角模型-视频

　　不同的批次之间，不同的晶圆之间，以及同一个晶圆上不同芯片之间，甚至同一颗芯片上不同的 MOS 管及其他无源器件，其参数均存在一定的误差。为了在一定程度上减轻电路设计任务的难度，工艺工程师们对器件划出多个不同的性能区间。设计者采用不同区间的器件性能参数，对电路进行各种仿真,看仿真结果是否落在可接受性能范围之内。这里划出的不同性能区间,在集成电路中被称为"工艺角"(Process Corner)。

MOS器件工艺角的划分思想是:把NMOS和PMOS晶体管的工作速度(即载流子速度,该速度由工艺决定)波动范围限制在由四个角所确定的矩形内。这四个角分别是:快速NMOS和快速PMOS,慢速NMOS和慢速PMOS,快速NMOS和慢速PMOS,慢速NMOS和快速PMOS。位于这四个角的中心代表典型NMOS和典型PMOS。从而,上面的这5种情况分别表示为FF、SS、FS、SF、TT。图1-73给出了工艺角划分的示意。具有较薄的栅氧、较低阈值电压的晶体管,就落在快速工艺角附近,因为在相同的外界电压情况下,该情况下的电流更大。

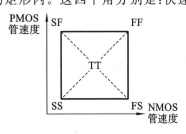

图1-73　MOS管不同工艺角划分

通常的工艺角库文件(SPICE格式)结构如表1-2所示。

表1-2　工艺角库文件结构

```
. lib tt
……            ＊ tt工艺角下的各种参数描述
. lib "XXX. lib" MOS    ＊将上述参数加载到XXX. lib库中
. endl tt
. lib ff
……            ＊ ff工艺角下的各种参数描述
. lib "XXX. lib" MOS    ＊将上述参数加载到XXX. lib库中
. endl ff
……            ＊其他工艺角描述
```

工艺偏差出现的情况很复杂,比如掺杂浓度、制造时的温度控制、刻蚀程度等,所以造成同一个晶圆上不同区域的情况不同,以及不同晶圆之间不同情况的发生。这种制造上的随机性,只有通过统计学的方法才能评估覆盖范围的合理性。模拟集成电路特别强调"PVT"(即工艺、电源电压、温度)的鲁棒性设计。其中P,在电路仿真中用不同工艺角得以体现。而V和T,则采用电压DC扫描和温度扫描。

说到工艺偏差的仿真,不得不提蒙特卡罗(MonteCarlo,MC)仿真。蒙特卡罗仿真是一种器件参数变化分析,使用随机抽样统计来估算数学函数的计算方法。蒙特卡罗分析又称容差分析,它是对电路所选择的分析(直流、交流、瞬态分析)进行多次运行后,进行统计分析。

第一次运行蒙特卡罗分析时,使用所有元器件的标称值进行运算,而后的数次运行使用元器件的容差值进行运算,将各次运行结果与第一次运行结果相比较,得出由于元器件的容差而引起输出结果偏离的统计分析。

蒙特卡罗分析需要一个良好的随机数源,该随机源可以人为自行设定,但由于不同工艺的随机性也有差异,往往由代工厂提供。也就是说,代工厂在推出成熟的工艺及模型之前,会通过多次流片并测试其器件性能,得到器件性能的统计规律,并将该规律加入其工艺模型中。虽然这种方法往往包含一些误差,但是随着随机抽取样本数量的增加,结果也会越来越精确。

还有另外一种分析,即灵敏度/最坏情况分析,也是统计分析的一种,它与蒙特卡罗分析属同一类性质。所不同的是,MC分析是变量同时发生变化,而灵敏度/最坏情况分析是变量一个一个地变化,即每进行一次电路分析只有一个元器件参数发生变化,这样也可以得到电路的灵敏度。因此,在.WCASE语句中不需要指定执行次数,执行次数完全由变量个位数决定。一般情况下,执行次数为变量个数加2(一个是第一次标称值运算,另一个是最后一次最坏情况分析)。

除了MOS管存在工艺角之外,其他所有元器件,也都存在制作的误差,也会用工艺角来模拟其误差情况。例如,电阻和电容的模型都包括最小值、典型值、最大值,类似与MOS管的S、T、F工艺角。

注意:NMOS管和PMOS各有三种工艺角,电阻和电容等所有器件均有多个工艺角。另外,温度和电源电压也会影响电路性能。然而我们在对MOS管做工艺角仿真时,无须做所有的排列组合,只需考虑典型情况(TT工艺角),以及可能存在的最恶劣情况(SS、FF、SF、FS)。如果最恶劣情况的仿真结果也能满足电路设计需要,则设计达标。

1.13.2 仿真实验

工艺角模型-案例

熟悉MOS管的 *I-V* 特性是开展电路设计的基础。通过观察NMOS和PMOS在不同工艺角下的 *I-V* 特性曲线,也可以评估其由于工艺角带来的电路设计误差。为此,为了简化,本例专门仿真3个不同工艺角下的NMOS管 *I-V* 特性曲线。仿真电路图如图1-74所示,仿真波形如图1-75所示。

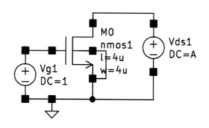

图 1-74 MOS管不同工艺角仿真电路图

1.13.3 互动与思考

在原有仿真电路参数不变的情况下,可改变器件温度,再看看其 *I-V* 特性如何变化。

请读者思考:

(1)如果某工艺角下的电路性能不能达标,该如何处理?

(2)不同工艺角下的MOS管,明显的性能差异包括哪些?

(3)电路设计工程师如何避免由于工艺角仿真中出现的误差?

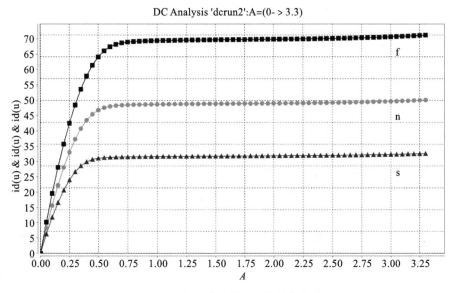

图 1-75　不同工艺角的 *I-V* 特性曲线波形

◀ 1.14　MOS 工艺下的晶体管 ▶

1.14.1　特性描述

集成电路自 1957 年发明后,其在发展进化中分化为两条主要的工艺路线,即双极型晶体管(Bipolar)和金属氧化物半导体场效应管(MOSFET)。

双极型晶体管又称三极管,顾名思义,就是有三个极。类似于 MOS 管分为 NMOS 和 PMOS 两大类,三极管也分为 NPN 三极管和 PNP 三极管。

NPN 三极管的构成示意图如图 1-76(a)所示。图中,N 型半导体、P 型半导体、N 型半导体三个区域紧紧挨着,形成两个背靠背的 PN 结,就构成 NPN 型三极管。三极管三个电极分别称为集电极(Collector,简称 C)、基极(Base,简称 B)和发射极(Emitter,简称 E)。该三极管的符号如图 1-76(b)所示。

在具体实现上,NPN 三极管也有相应要求。首先,三极管不是两个 PN 结的简单拼凑,两个二极管是组成不了一个三极管的。其次,三个区也有浓度要求。发射区为高掺杂浓度的 N 型区域,便于发射结发射电子;发射区半导体掺杂浓度高于基区的掺杂浓度,且发射结的面积较小;基区为尺度很薄的 P 型区域,掺杂浓度比发射区的低;集电结面积大,与发射区为同一性质的 N 型掺杂半导体,但集电区的掺杂浓

MOS 工艺下的
晶体管-视频

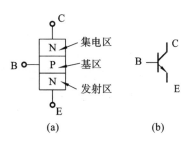

图 1-76　NPN 三极管的构成示意图

度要低,面积要大,便于收集电子。

消费类电子、泛在计算、物联网、便携式电脑、移动通信等产品在过去的几十年中蓬勃发展,导致的集成电路产品发展趋势包括:低功耗、低成本、高复杂度、高速、高性能。无疑,CMOS工艺在这些趋势面前表现出了巨大的竞争力。从而,当今主流的集成电路工艺是CMOS工艺。

CMOS工艺下,能否实现Bipolar器件的兼容呢?让我们尝试从标准CMOS器件结构中找出背靠背的NPN或者PNP区域。能找到的区域只有PMOS管的有源区、N阱、P衬,在图1-77中用虚线框标示出来。虚线框处的区域,最上面是高浓度的P^+区域,中间是低浓度的N^-阱,最下面是低浓度的P^-阱。从图1-77还可以看出,最上方的P^+区域面积最小,最下方的P^-阱面积最大。这恰好可以满足PNP晶体管的工作要求。去掉其他不需要的区域,只保留构成PNP晶体管的区域,如图1-78所示,就是标准CMOS工艺下实现的PNP管。实现该晶体管,无需任何其他工艺流程,也无需增加其他掩膜板(Mask)。图中也根据PNP晶体管的实现要求,标出了其三个端口:集电极C、基极B和发射极E。特别提醒,因为P衬N阱的标准CMOS工艺所有NMOS管共用同一个衬底电位GND,所以,这个PNP晶体管的集电极C也只能接GND,这有可能会限制该晶体管的使用范围。基于该PNP的实现方式,其有时称为"衬底PNP",或者"纵向PNP"。

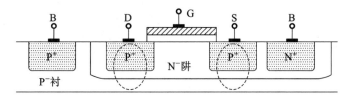

图1-77 出现可能存在"PNP"的区域

在图1-78所示的PNP管中,存在两个背靠背的PN结。其中EB的PN结正偏,而BC的PN结反偏,PNP晶体管才能导通工作。

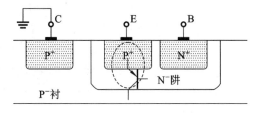

图1-78 标准CMOS工艺下的PNP管

在标准CMOS工艺中,双极型晶体管的性能有限,且只能实现集电极C接地的衬底PNP,则其使用受限,往往只能用在测量温度,或者在带隙基准源中,并不会用在信号的放大,以及开关等常规用途。因此,本书不详细介绍双极型晶体管的工作原理,以及其I-V特性的推导。此处,只是简单给出其电流和电压的关系式

$$I_C = \left(I_S \exp\frac{V_{BE}}{V_t}\right)\left(1+\frac{V_{CE}}{V_A}\right) \tag{1-45}$$

式中:I_C表示集电极电流;I_S表示BE的PN结反向饱和电流,对特定材料而言是恒定值;V_t为热电压,常温下也是定值,大约为25.6 mV;V_A表征了基区宽度调制效应,称为厄尔利

(Early)电压。式(1-45)最大的特点是，V_t 是一个相对恒定的值，与工艺几乎没有关系，也就是说，不同工艺下的 V_t 是定值。根据式(1-45)，可以绘制出如图 1-79 所示的电流和电压的关系曲线，其中图 1-79(a)所示的是集电极电流 I_C 与基射极电压 V_{BE} 的关系曲线，图 1-79(b)所示的是集电极电流 I_C 与基射极电压 V_{CE} 的关系曲线。

因为基区浓度低，所以流进基区的电流非常小，从而集电极电流和发射极电流几乎相等。集电极和基极电流之比为器件的电流增益 β 为

$$I_C = \beta I_B \tag{1-46}$$

双极型晶体管最大的缺点是其发射极和集电极电流必须依靠基极电流。因此，我们也说晶体管是电流控制性器件，这与 MOSFET 靠电压控制器件工作的情况是不同的。从而，即使晶体管不工作，其基极电流也不可少。如果一个电路中晶体管数量庞大，则功耗就相当可观了。

图 1-79 所示的波形图与 MOS 管的 I-V 特性曲线非常相似。这也说明，晶体管和MOSFET 管一样，都能实现信号放大、控制信号导通和关断等功能。

与 MOS 管类似，给出晶体管的小信号模型如图 1-80 所示。图中，r_π 表示晶体管的基极小信号输入电阻，g_m 表示晶体管的等效跨导，r_o 为晶体管的小信号输出电阻。它们的定义与 MOS 管也相同

$$g_m = \frac{i_{ce}}{v_{be}} = \frac{\partial I_C}{\partial V_{BE}}\bigg|_{V_{CE}恒定} = \frac{I_C}{V_t} \tag{1-47}$$

$$r_o = \frac{\partial V_{CE}}{\partial I_C} = \frac{1}{\partial I_C/\partial V_{CE}} = \frac{V_A}{I_C} \tag{1-48}$$

输入电阻计算如下

$$r_\pi = \frac{\partial V_{BE}}{\partial I_B} = \beta\frac{\partial V_{BE}}{\partial I_C} = \frac{\beta}{g_m} \tag{1-49}$$

MOS 管中存在大量的寄生电容，晶体管也不例外，此处不再赘述。

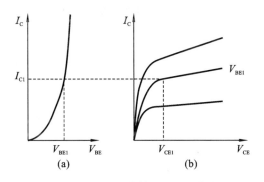

图 1-79 双极型晶体管的 I-V 特性曲线

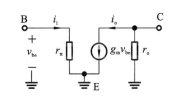

图 1-80 双极型晶体管的 I-V 特性曲线

两类器件的器件构成，工作原理，制造工艺流程等诸多方面均不同，在应用上也各具特点，汇总如下：

(1)场效应管是电压控制电流器件，由 V_{GS} 控制 I_D，其放大系数 g_m 一般较小，因此场效应管的放大能力较差；三极管是电流控制电流器件，由 I_B 控制 I_C，其放大系数 g_m 往往更大。

(2)场效应管栅极在低频下无输入电流；而三极管的基极无论高频还是低频下总会输

入一定的电流。因此场效应管的栅极输入电阻比三极管的输入电阻高,且晶体管的功耗较大。

(3)场效应管是由多子参与导电;三极管有多子和少子两种载流子参与导电,而少子浓度受温度、辐射等因素影响较大,因而场效应管比晶体管的温度稳定性好、抗辐射能力强。在环境条件(温度等)变化很大的情况下应选用场效应管。

(4)场效应管在源极金属与衬底连在一起时,源极和漏极可以互换使用,且特性变化不大;而三极管的集电极与发射极互换使用时,其特性差异很大,β 值将减小很多。

(5)场效应管和三极管均可组成各种放大电路和开关电路,但由于前者制造工艺简单,且具有耗电少,热稳定性好,工作电源电压范围宽等优点,因而被广泛用于大规模和超大规模集成电路中。

(6)三极管导通电阻大,场效应管导通电阻小,只有几百毫欧姆,在现用电器件上,一般都用场效应管做开关来用,其效率是比较高的。

(7)场效应管可以作为线性电阻使用。

1.14.2 仿真实验

MOS 工艺下的
晶体管-案例

本例请读者仿真晶体管的 I-V 特性曲线,观察其集电极电流 I_C 与基射极电压 V_{BE}、基射极电压 V_{CE} 的关系曲线。仿真电路图如图 1-81 所示,波形如图 1-82 所示。

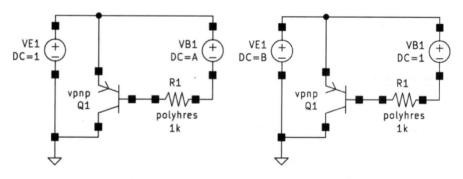

图 1-81　双极型晶体管的 I-V 仿真电路图

1.14.3 互动与思考

在原有仿真电路参数不变的情况下,可改变器件温度,或者更换不同发射极面积的晶体管,观察其 I-V 特性如何变化。

请读者思考:

(1)晶体管的 I_S 表示 BE 的 PN 结反向饱和电流,这个电流与什么因素有关?

(2)CMOS 工艺中的双极型晶体管,仅有衬底 PNP 吗?是否存在其他晶体管?

(3)如何验证晶体管的跨导比 MOS 管的跨导更大?

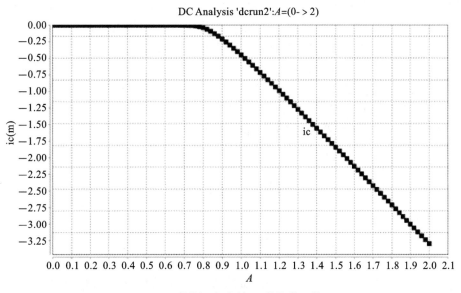

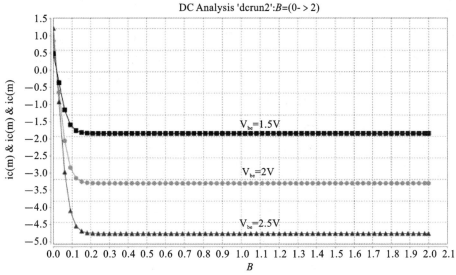

图 1-82　双极型晶体管的 *I-V* 特性仿真波形

◀ 1.15　无源电阻 ▶

1.15.1　特性描述

我们已经学习了 MOSFET 管和双极型晶体管,这两类器件均为有源器件,在集成电路中发挥着不可替代的关键作用。然而,集成电路中还不能缺失电阻、电容、电感等器件。这类器件统称为无源器件。

无源电阻-视频

所谓有源器件,指器件的特性需要在器件加载电源时才能表现出来,而且,加载不同的电源,表现出不同的特性。而无源器件,指器件的特性是固定的,与其是否加载电源,加载什么电源无关,其特性是不变的。例如,电阻的阻值与电源无关。

CMOS工艺中,有很多种方法实现电阻。能导电的区域,理论上都可以用作电阻。看看标准CMOS工艺的器件层剖面结构(见图1-83),用虚线框圈出了图中拥有载流子或者电子的区域。这些区域大致分为四类:①低掺杂浓度的衬底和阱;②高掺杂浓度的有源区和衬底区域;③多晶硅栅极;④图中并未标出的金属连线。

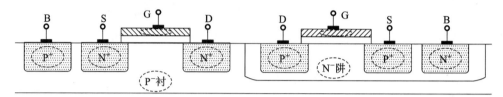

图 1-83   标准 CMOS 工艺中可以导电的区域

然而,这些区域并不是都能用作电阻,如衬底区域,因为所有 NMOS 管共用,只能接地,从而能实现的电阻包括如下五类:

(1)阱电阻。在低掺杂浓度的 N 阱中,做两块高掺杂浓度的 N+ 区域,将两个 N+ 区域引出,即为电阻的两个端口。高掺杂浓度,是为了减小 N 阱的接触电阻,类似于 MOS 管中提供阱电位的 B 极。因为 N 阱的掺杂浓度低,所以参与导电的自由电子数量少,N 阱电阻的方块电阻值非常大。图 1-84 给出了阱电阻的剖面图和版图的示意图。

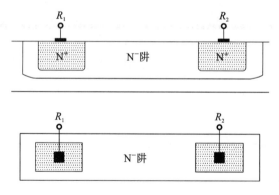

图 1-84   阱电阻剖面图和版图示意图

此处,有必要解释一下“方块电阻”的概念。在集成电路中,设计人员只用也只能关注其平面方向上的尺寸。从而,一块电阻的区域,沿着电阻的两个端口直接的电流方向上有尺寸 L 和与之垂直方向的尺寸 W,具体参见图 1-85。图中,$L/W = 4$,我们也可以说沿着电阻的

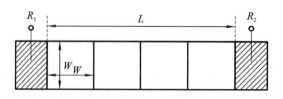

图 1-85   方块电阻定义

两个端口之间有四个方块,即四个正方形。此处的方块数,决定了电阻的值。所以,我们用方块电阻值(Ω/□)来表示某种电阻的电阻值与消耗面积之间的关系。显然,如果某种电阻的方块值大,则单位面积内能实现更大的电阻。方块值一定的情况下,为了实现更大的电阻,往往设计更大的 L 和更小的 W。

需要提醒的是,电阻的 W 太小会带来较大误差。所以,电路设计中需要某确定的电阻值(即方块数)时,我们可以选不同的 W,再去确定 L。选择 W 需要折中考虑电阻实现精度和芯片版图面积。

(2)P+扩散电阻。N 阱里,可以实现高掺杂的 P 型区域,也就是 PMOS 管的源极或者漏极的区域。如果做成条状,就能实现 P+扩散电阻,也可以称之为 PSD 电阻。图 1-86 是 P+扩散电阻剖面图和版图示意图。因为这类电阻做在阱里,阱电位是必须有的,因此,图中还标出了用于接阱电位的 B 极。显然,扩散电阻的空穴浓度高,其方块电阻值相较于 N 阱电阻而言要小。

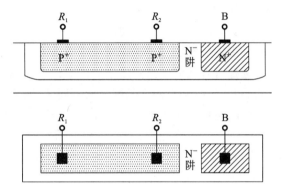

图 1-86　P+扩散电阻剖面图和版图示意图

(3)N+扩散电阻。类似与 P+扩散电阻,在 P 型衬底上的 N+区域,也可以实现 N+扩散电阻,实现方式如图 1-87 所示。

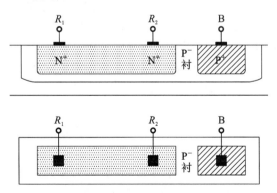

图 1-87　N+扩散电阻剖面图和版图示意图

(4)多晶硅电阻。最常用作 MOS 管栅极的部分,也可以用作电阻。如图 1-88 所示,原本用作 NMOS 管或 PMOS 管栅极的部分,均可做成长条状,构成图中的两个电阻。现代 CMOS 工艺,可以做出高品质的多晶硅电阻。还可以通过改变掺杂浓度或者改变晶粒结构,轻松实现方块电阻值的调节。高阻值的多晶硅电阻各方面的性能表现均不错,是用途最广泛的一类电阻。

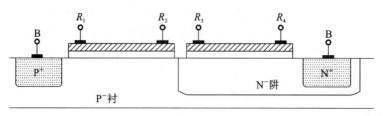

图 1-88　多晶硅电阻剖面图示意图

（5）金属电阻。金属可以用于信号互连，也可以作为小电阻直接使用。只是，金属电阻的方块值很小，只有在精度要求非常高、电阻值要求非常小的场合下才适合使用。金属电阻也可以用激光切割或者 FIB，从而用于需要做电阻修调的场合。

影响电阻性能的因素有四个：①方块值。方块值将电阻值和实现的面积之间建立起了关系。如果需要大的电阻值，通常选择方块值大的电阻，可以有效节省芯片面积。②温度系数。有的电阻随温度上升而阻值变大，我们称这类电阻为正温度系数（PTC）电阻，反正称之为负温度系数（NTC）电阻。集成电路工艺很难做出零温度系数的电阻。电路设计中，我们需要根据电路的温度特性，选择有合适温度系数的电阻。③误差，也叫"变化"。不同批次的晶圆之间，同一批次的不同晶圆之间，甚至同一晶圆上的不同芯片，不同位置的电阻，都会出现差异。当前工艺下，方块电阻值的误差在 ±25％ 左右非常正常。因为工艺导致的电阻误差，通常用电阻的工艺角来表征。④寄生效应。例如，阱电阻与衬底之间有一个巨大的 PN 结，阱电阻与 GND 之间就存在了较大的寄生电容。端口连接处还存在寄生电阻。

1.15.2　仿真实验

无源电阻-案例

电路设计中，不要直接给出电阻的电阻值，这样的理想值没有实际意义。我们需要根据电路的功能需求，根据电阻的不同方块值、不同温度系数、不同电压系数、不同精度等诸多因素，进行综合考虑，选择合适的电阻类型，再选择合适的电阻 L 和 W。尽量选择特征线宽的整数倍的 L 和 W 尺寸。

本例将选择两个不同温度系数的电阻，仿真其温度系数。仿真电路图和波形图分别如图 1-89 和图 1-90 所示。

1.15.3　互动与思考

在原有仿真电路参数不变的情况下，改变器件的 W 和 L，观察其温度系数波形如何变化。

请读者思考：

（1）正温度系数的电阻和负温度系数的电阻串联，总电阻的温度系数如何？

（2）具体电路设计中，如何减小电阻的误差？

图 1-89　电阻温度系数
仿真电路图

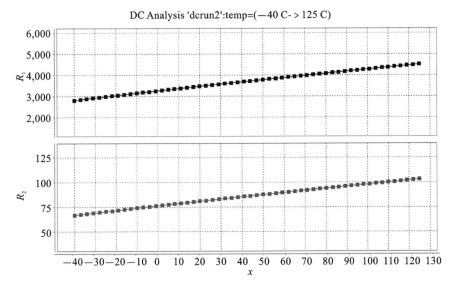

图 1-90 电阻温度系数仿真波形

◀ **1.16 无源电容** ▶

1.16.1 特性描述

除了电阻,电容也是一类常见的无源器件,在 RC 振荡器、频率补偿、开关电容、滤波、稳压、软启动等诸多电路中有广泛用途。

虽然电容可以用 MOS 管实现,但无源电容在某些方面具有有源电容不具备的优势,如与电压无关、电容线性度好、电容精度高等。

无源电容-视频

我们首先看看 CMOS 工艺下可以实现哪些电容。无源电容无法利用 PN 结,只能利用"平板电容器"原理来构成电容。图 1-91 中的 C_1 和 C_2 两个端口之间形成电容。上极板是多晶硅栅极,介质层是栅极氧化层,下极板是低掺杂的 N 阱。为了减小 N 阱的寄生电阻,可以在栅极氧化层下方,围绕多晶硅做一圈 N+。特别提醒读者,图 1-91 所示的 MOS 栅极电容,乍一看特别像 MOS 管,但其实结构完全不一样。MOS 管是在 N 阱中做的两个高掺杂的 P+ 区构成 MOS 管的源和漏,而此处是在 N 阱中做了两个高掺杂的 N+ 区。显然,P 衬上也可以做类似的 MOS 栅极电容,但需要注意的是,这类 MOS 栅极电容的下极板因为对

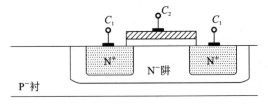

图 1-91 MOS 栅极电容

应衬底,所以只能接 GND。如果电路设计中允许下极板接地,也可以选用这类 MOS 栅极电容。

现代的 CMOS 工艺中,可以实现两层多晶硅,也可以实现多层金属走线。利用这多层多晶硅,或者多层金属线,也可以构成电容。例如,图 1-92 中,就用两层多晶硅和两层金属线,构成多晶硅-多晶硅电容和金属-金属电容。多晶硅-多晶硅电容的中间夹层是介质,这类电容通常也叫做 PIP(多晶硅-介质-多晶硅)电容。如果是多层金属(超过两层)的 CMOS 工艺,还可以使用层叠电容,即将多层金属,间隔取出作为电容的一端。例如,图 1-93 中,取 C_1 作为电容的一极,C_2 作为电容的另外一极,可以在单位面积上实现更大的电容值。图中所示直接用不同层金属组成的电容,也叫 MOM(金属-氧化物-金属)电容。

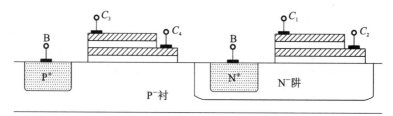

图 1-92　多晶硅电容和金属电容

在先进的模拟和射频集成电路中,出现了一类更高容值、更高精度的电容,即 MIM(金属-介质-金属)电容。MIM 电容的剖面图如图 1-94 所示。图中,M_T 和 M_{T-1} 是两层相邻的金属层,因为两层之间的氧化层厚度较厚,直接实现的金属层叠电容容值较小。以 M_{T-1} 为平板电容的下层板,通过额外的光学掩模板制作薄薄的介质层和 CTM(电容顶层金属)层,并将 CTM 层通过过孔与 M_T 层相连。图中的 C_1 和 C_2 是 MIM 电容的引出端口。

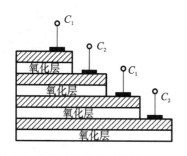

图 1-93　多层金属组成的层叠 MOM 电容

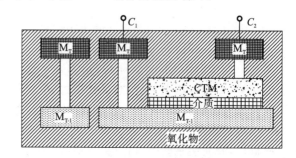

图 1-94　多层金属组成的层叠 MIM 电容

既然可以直接将相邻层的金属引出制作 MOM 电容,也可以采用其他方式实现电容。图 1-95(a)所示的为采用同一层金属线实现的插指状 MOM 电容。插指状可以更有效的增加单位面积电容值。图 1-95(b)所示的是将不同层金属做成柱状,依靠柱状金属之间的“边缘”构成电容器。图中,C_1 和 C_2 分别表示该电容器的两个端口。这种边缘电容器,既利用了纵向的平板电容,也利用了横向的平板电容,在单位面积内能实现更大的电容值,而且不同层金属之间的氧化层厚度通常大于同一层金属的线间距,因此边缘电容的横向平板电容值,会大于纵向平板电容值。

这里只是从理论上给出了实现的方式。在某个特定的 CMOS 工艺下具体能实现哪些电容,以工艺模型文档为准。

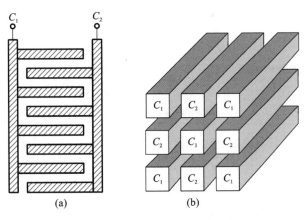

图 1-95 其他形式的 MOM 电容

电容最重要的特性是单位面积的电容值,单位为 $pF/\mu m^2$。图 1-96 为某两层的平板电容,图中标出了面积稍小的一个平板的长和宽的尺寸。两者相乘即为该平板电容的面积,再乘以单位面积的电容值,就得到该电容的电容值。

跟电阻一样,电容也存在很多的寄生效应。例如,电容的下极板往往和衬底或者阱之间存在寄生电容。另外,所有的极板都有寄生电阻。所以,为了减小寄生电阻,可以尽可能多的用接触孔。例如,图 1-94 中,上极板和下极板均用了一排接触孔。

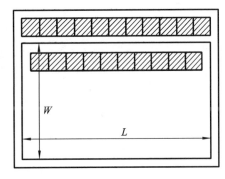

图 1-96 多层金属组成的层叠电容

如果还想进一步减小寄生电阻的影响,可以在上极板和下极板上各用一圈接触孔。

与电阻一样,电容也存在误差。不同晶圆,不同芯片,不同电容之间,均存在误差。为评估电容误差对电路的影响,代工厂也会给出电容的工艺角模型。

1.16.2 仿真实验

本小节我们仿真一个 RC 网络的阶跃电压效应。图中电阻和电容均从工艺库中选取的真实器件,设定合适的电阻值和电容值。输入 V_{cc} 为阶跃信号,观察输出电压的相应情况。仿真电路图如图 1-97 所示,仿真波形如图 1-98 所示。

无源电容-案例

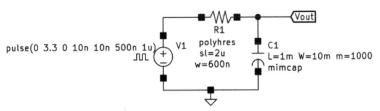

图 1-97 RC 网络仿真电路图

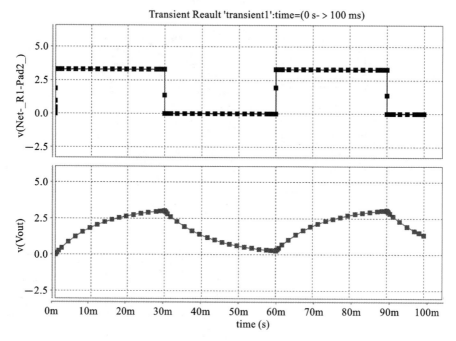

图 1-98　RC 网络阶跃相应仿真结果

1.16.3　互动与思考

改变电阻和电容值,观察输出波形变化情况。

请读者思考:

(1)在标准 CMOS 工艺下,需要在固定面积的情况下能实现尽可能大的电容,你有何思路？如何验证？

(2)电容是否有温度系数？如何验证？

2 | 单管放大器

前一章中,我们学习到 MOS 管工作在饱和区时可以看作是一个电压控制电流源,因此,在 MOS 管的栅极和源极之间加入一个变化的电压,就会在 MOS 管的漏极和源极之间产生一个变化的电流。这其实就已经构成一个跨导放大器,即单个 MOS 管也可以构成简单的放大器。MOS 管是一个四端口器件,在不同端口之间施加电压或者电流,能否将这个输入信号转变为电压或者电流输出呢? 本章我们将学习单个 MOS 管构成的共源极、源极跟随、共栅极放大器,以及简单的将共源极和共栅极结合到一起的共源共栅极放大器。我们将学习这些最基本的放大器的大信号特性和小信号特性。本章的电路虽然简单,但却是构成更复杂电路的基础。

围绕这些基本的放大器,本章我们将学习不同放大器电路的特点,还会学习各种放大器的大信号特性和小信号特性,以及大信号和小信号的分析方法。电路的大信号特性包括:输入信号范围、输出信号摆幅、输出直流工作点;电路的小信号特性包括:放大器的增益、小信号输入电阻、小信号输出电阻、电路跨导。

◀ 2.1 电阻负载共源极放大器 ▶

2.1.1 特性描述

电压放大器在具体实现时通常分为两步:①利用压控电流源,将输入的变化的电压信号转化为变化的电流信号;②将该变化的电流信号加载到一个负载阻抗上。如果该负载是电阻,则产生了变化的电压信号,从而实现了电压信号的"放大"。输出电压的变化与输入电压的变化的比值,即为放大器的电压增益。

电阻负载共源极放大器-视频

将变化的输入电压信号转化为变化的电流信号,最简单的方式就是使用 MOS 管。MOS 管能将栅源电压转换为漏源电流信号,即可组成最简单的放大器。

除了 MOS 管的衬底,其他端口与 MOS 管的电流、电压均为强关联关系。MOS 管的源极、漏极、栅极均可以作为输入信号和输出信号的共用端口。由于栅极不能工作为输出端,因此由单个 MOS 管可以组成共源极、共栅极、共漏极(即源极跟随)共三类放大器。

采用电阻做负载的共源极放大器,体现了共源极放大器的很多特性,我们从该电路入手来开始基本放大器的分析。图 2-1 中的 M_1 为起放大作用的输入 MOS 管,R_D 为负载电阻。R_D 能提供一个从电源到 M_1 的电流通路,还能为输出节点提供一定的电阻。

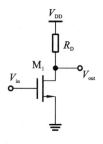

图 2-1　电阻负载共源
极放大器

下面,让我们来分析 V_{in} 从 0 到 V_{DD} 变化时,M_1 工作状态会如何变化,以及输出电压与输入电压有何关系。

(1)当 $V_{in} < V_{TH}$ 时,M_1 未导通,$I_d = 0$,此时

$$V_{out} = V_{DD} - I_d R_D = V_{DD} \tag{2-1}$$

(2)当 $V_{in} = V_{TH}$ 时,MOS 管临界导通。当 $V_{in} > V_{TH}$,而且 $V_{in} < V_{in1}$(当 $V_{in} = V_{in1}$ 时,MOS 管位于饱和区和三极管区的临界点)时,此时 MOS 管的过驱动电压很小,而漏源电压很大(接近 V_{DD}),因此 M_1 工作在饱和区。忽略沟长调制效应,有

$$V_{out} = V_{DD} - \frac{1}{2} \mu_n C_{ox} \frac{W}{L} (V_{in} - V_{TH})^2 R_D \tag{2-2}$$

式(2-2)表明,一旦 MOS 管导通,随着输入电压的增加,输出电压按平方律关系迅速降低。

(3)随着输入电压的进一步增加,当 $V_{in} - V_{TH} = V_{out}$ 时,M_1 工作在线性区和饱和区的交界处。定义此时的输入电压为 V_{in1},有

$$V_{in1} - V_{TH} = V_{DD} - \frac{1}{2} \mu_n C_{ox} \frac{W}{L} (V_{in1} - V_{TH})^2 R_D \tag{2-3}$$

从上式可以计算出 V_{in1},还可以得到该输入电压对应的输出电压 V_{out1}。

(4)当 $V_{in} > V_{in1}$ 时,M_1 工作在线性区,基于线性区 MOS 管的 I-V 特性公式,此时有

$$V_{out} = V_{DD} - \frac{1}{2} \mu_n C_{ox} \frac{W}{L} \left[(V_{in} - V_{TH}) V_{out} - \frac{1}{2} V_{out}^2 \right] R_D \tag{2-4}$$

当 M_1 工作在线性区时,V_{GS} 对 I_D 的控制较弱,即输入电压的变化会导致输出电压的变化,但该变化不如 M_1 工作在饱和区时的变化大。因此,我们通常使 M_1 工作在饱和区以获得大的电压增益。

(5)进一步增加 V_{in},如果 V_{in} 足够大,使 M_1 进入深三极管区。此时 $V_{out} \ll 2(V_{in} - V_{TH})$,有

$$V_{out} = V_{DD} \frac{R_{on}}{R_{on} + R_D} = \frac{V_{DD}}{1 + \mu_n C_{ox} \frac{W}{L} (V_{in} - V_{TH}) R_D} \tag{2-5}$$

可知在深三极管区,$R_{on} \to 0$,$V_{out} \to 0$。

综上所述,输入电压在全范围变化时,输出电压的波形如图 2-2(a)所示。

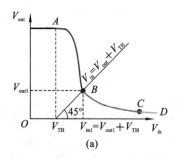
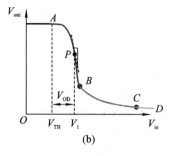

图 2-2　电阻负载共源极放大器的输入输出特性

图 2-2(a)中的 AB 段为 MOS 管工作在饱和区时的输入输出响应曲线,增益比较明显,

对该线段上的某点求导数,即可以得到该工作点下的小信号增益。由于 AB 段不是严格意义上的直线,因此在 MOS 管工作在饱和区的范围内,不同工作点上的增益是不同的。这个概念在本书后续部分"放大器的线性度"中专门讨论。

在前面对输入信号变化时的电路响应分析过程来看,图 2-2 中 AB 段,恰好是 MOS 管工作在饱和区的情况。增益比较显著的现象和 MOS 管工作在饱和区之所以能关联起来,是因为只有 MOS 管工作在饱和区,才可以等效为一个电压控制电流源,表现出可观的跨导特性。图 2-2(b)给出了在饱和区中某一点 P 的切线,该切线的斜率为放大器在该点 P 的电压增益。

上述分析非常重要,因为 MOS 管工作在饱和区是电路能实现信号放大的前提。下面,我们分析一下如何让 MOS 管工作在饱和区。MOS 管工作在饱和区,需要满足两个条件

$$V_{GS} > V_{TH} \tag{2-6}$$

$$V_{DS} > V_{GS} - V_{TH} \tag{2-7}$$

而本电路中,$V_{GS} = V_{in}$,$V_{DS} = V_{out}$,从而有

$$V_{in} > V_{TH} \tag{2-8}$$

$$V_{out} > V_{in} - V_{TH} \tag{2-9}$$

还有一个一定成立的条件

$$V_{out} \leqslant V_{DD} \tag{2-10}$$

在图 2-2 中绘出式(2-8)～式(2-10)表示的三条直线,如图 2-3 所示。图中的线段 AF、EF、AE 分别表示了这三个表达式。三条线段围起来的 $\triangle AEF$ 内部的曲线 AB 段,即为 MOS 管工作在饱和区的情况。

由式(2-9)可知,输入电压越高,输出电压的最低值越高。然而从图 2-3 可知,输入电压越高,则 MOS 管电流越大,在负载电阻 R_D 上的压降也越大,从而 V_{out} 越低。这两种说法是否矛盾?请读者仔细思考。

图 2-4 绘出了电阻负载共源极放大器的信号示意图。输入信号 V_{in} 分为两部分,直流部分在图中用 V_{IN} 表示,正弦波部分则代表小信号部分 v_{in}。输出 V_{out} 也分为大信号部分 V_{OUT} 和小信号部分 v_{out}。图中也画出了输出电压的变化范围,即最高可以高至 V_{DD},最低可以低至 V_{OD}。

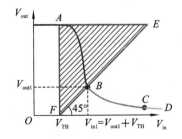

图 2-3　电阻负载共源极放大器中 MOS 管
　　　　　工作在饱和区的限制

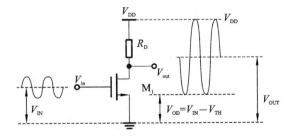

图 2-4　电阻负载共源极放大器中的大信号和小信号

因为 $V_{OUT} = V_{DD} - I_D R_D$,输入偏置电压 V_{IN} 越高,则输出直流电压 V_{OUT} 越低。然而,输入偏置电压 V_{IN} 越高,MOS 管的过驱动电压($V_{OD} = V_{IN} - V_{TH}$)也就越高,从而输出电压的摆动(Swing)范围就越小。因为输出的信号比 V_{OD} 低,MOS 管离开饱和区,放大器就无法正

常工作了。

对于输出电压信号的变化范围,我们定义变量"输出电压摆幅",即保证所有 MOS 管均工作在饱和区时,输出电压的最高值与最低值的差值。图 2-4 电路的输出电压摆幅为 $V_{DD} - V_{OD}$。

电阻负载共源极放大器的大信号基本特性,汇总在表 2-1 中。

表 2-1 电阻负载共源极放大器的大信号特性汇总

序号	参 数	值
1	输入直流工作点	V_{IN}
2	电路电流	$I_D = \dfrac{1}{2} \mu_n C_{ox} \dfrac{W}{L} (V_{IN} - V_{TH})^2$
3	输出电压直流工作点	$V_{OUT} = V_{DD} - I_D R_D$
4	输出摆幅	$V_{DD} - (V_{IN} - V_{TH})$
5	功耗	$P = V_{DD} I_D$

尽管基于图 2-2(b)的原理,对式(2-2)求导可以计算出本例电路的增益,但计算过程略显复杂。计算电路增益最简单、直观的方法是采用小信号等效电路法。

当 MOS 管在饱和区下某一个确定的工作状态时(即 MOS 管的 I-V 曲线上选择固定的一点。在放大器电路中通常选饱和区的某一点,称为 MOS 管的静态工作点,或者称为直流工作点),可以用小信号模型来分析电路中变化的信号。第一章我们学过的 MOS 管跨导 g_m、小信号输出电阻 r_o,均是 MOS 管的小信号参数。

小信号等效电路中的所有信号均为小信号,即变化的信号。小信号等效电路是电路分析中一个非常有用的工具,让很多复杂的分析过程简单明了。小信号等效电路的绘制原则为:恒定电压信号接地,恒定电流信号断开,MOS 管用小信号模型代替,电阻不变。电容的处理需要根据电路信号来具体分析,如果小信号的频率较低,则电容看作断路;如果小信号的频率很高,则电容可以看作短路。如果需要考虑较宽频率范围内的电路工作情况,电容可以用值为 $\dfrac{1}{Cs}$ 阻抗来表示。这里所说的不变的恒定信号,其实就是大信号,或者叫直流信号。

在一个电路中,当大信号(即 MOS 管的偏置)基本固定后,我们在分析电路特性时就只需关心其小信号部分了。此时,如果采用 MOS 管的 I-V 特性公式(1-2)和公式(1-3)来分析电路,计算小信号特性就得依靠微分。微分过程稍显烦琐,好在前人已经给出了 MOS 的小信号模型。利用小信号模型,可以让我们更方便快捷地分析电路的小信号特性。

由第一章的器件特性可知,MOS 管最基本的特性是将输入的栅源电压信号,转变为漏源电流信号作为输出。这句话中所说的"信号",我们最关心的其实是信号中变化的部分。输出漏源电流信号的变化与输入栅源电压信号的变化之比,可以用 MOS 管的跨导 g_m 来表示。这样,就可以推导出 MOS 管最简单、最基本的小信号模型,如图 2-5 所示。图中的 v_{gs} 和 i_d 均为小写字母,表示的是小信号电压和电流。

然而,由于 MOS 管的沟长调制效应,工作在饱和区的 MOS 管不能等效为一个理想的电流源,还表现出一定的小信号输出电阻 r_o。因此,MOS 管的小信号模型也需要增加小信号输出电阻,如图 2-6 所示。

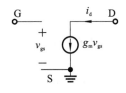

图 2-5　基本的 MOS 管小信号模型

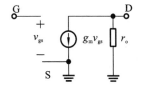

图 2-6　考虑沟长调制效应的 MOS 管小信号模型

MOS 管还存在衬底偏置效应,我们也称之为"背栅效应",是因为衬底也能像栅极一样,对 MOS 管的电流起到一定的控制作用,只是作用较弱。所以,如果考虑衬底偏置效应,MOS 管的小信号模型还应该增加一个与 $g_m v_{gs}$ 并联的受控电流源支路 $g_{mb} v_{bs}$,如图 2-7 所示。这就构成 MOS 管完整的低频小信号模型。

为什么称图 2-7 的小信号模型为低频小信号模型呢?因为这个模型中并未考虑信号的频率特性。由于 MOS 管存在诸多寄生电容,电路的工作频率会受到限制。如果考虑 MOS 管的寄生电容,需要使用如图 2-8 所示的完整小信号模型。

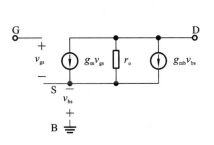

图 2-7　完整的 MOS 管低频小信号模型

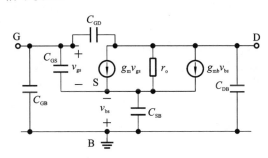

图 2-8　MOS 管完整小信号模型

现在,我们使用 MOS 管的小信号模型来分析电阻负载的共源极放大器的增益。若忽略 MOS 管的沟长调制效应,绘制出电阻负载的共源极放大器的小信号等效电路如图 2-9 所示。

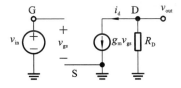

图 2-9　电阻负载的共源极放大器的小信号等效电路

根据小信号等效电路绘制原则,输入信号 V_{in} 只取其小信号部分,用 v_{in} 表示,电压源恒定不变因而作接地处理,MOS 管换成小信号模型(假定 MOS 管某直流工作点下的跨导为 g_m),电阻 R_D 不变,从而有

$$v_{out} = - g_m \, v_{gs} \, R_D \tag{2-11}$$

由此得到放大器的小信号增益为

$$A_V = \frac{v_{out}}{v_{in}} = - g_m \, R_D \tag{2-12}$$

上述分析中,我们忽略了 MOS 管沟长调制效应的影响。如果考虑沟长调制效应,则 MOS 管的小信号模型中需要增加一个与跨导电流并联的 MOS 小信号电阻 r_o,从而可以得到该电路的小信号增益为

$$A_\mathrm{V} = - g_\mathrm{m}(R_\mathrm{D} \parallel r_\mathrm{o}) \tag{2-13}$$

该分析过程比较简单,此处略去。

本例电路中,如果放大器带一个 R_L 的电阻负载,也采用小信号等效电路的方法,可得放大器的小信号增益为

$$A_\mathrm{V} = - g_\mathrm{m}(R_\mathrm{D} \parallel r_\mathrm{o} \parallel R_\mathrm{L}) \tag{2-14}$$

式(2-14)中,$(R_\mathrm{D} \parallel r_\mathrm{o} \parallel R_\mathrm{L})$ 表示输出节点的总电阻,其中,R_D 是输出节点向上看的电阻,r_o 是输出节点向下看的电阻,而 R_L 则是输出节点向后看的电阻。图 2-10 中标示出了这三个电阻。

从这三个不同的增益表达式,可以得到一个很有意义的结论:共源极放大器的增益,等于 MOS 管跨导乘以输出节点的总电阻。这种计算增益的方法,也可以扩展为一个电路的增益等于整个电路的跨导乘以输出节点总的小信号电阻。

我们往往需要评价一个电路的小信号输入阻抗和小信号输出阻抗。电阻负载共源极放大器的小信号输出电阻,就是图 2-10 中从 V_out 节点向左看的总等效电阻,即为 $(R_\mathrm{D} \parallel r_\mathrm{o})$。为了评估方便,我们定义一个电路的小信号输出电阻为不加载输入信号时从输出节点看到的小信号电阻,其计算方式如图 2-11 所示。我们将电路看成一个二端口网络,图中给出了输入为电压的情况。计算方法是不施加输入信号的情况下,在输出端施加一个测试电压 v_x,计算其产生的电流 i_x,则小信号输出电阻 r_out 为

$$r_\mathrm{out} = v_x / i_x \tag{2-15}$$

此处有两点需要提醒:①计算小信号输出电阻,需要将电路转换为小信号等效电路;②不施加输入电压,则输入电压没有变化,需要接地。

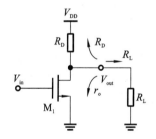

图 2-10　电阻负载共源极放大器的
　　　　　输出节点小信号电阻

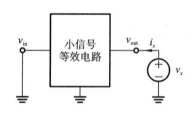

图 2-11　小信号输出电阻计算方式

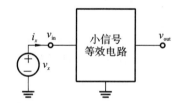

图 2-12　小信号输入电阻计算方式

同理,如果二端口网络电路的输入原本是电流信号,则计算小信号输出电阻时,输入端应该悬空。

小信号输入电阻的计算方式如图 2-12 所示。注意,此时的输出端输出是电压信号,应该悬空。

电阻负载共源极放大器的小信号特性汇总在表 2-2 中。

表 2-2　电阻负载共源极放大器的小信号特性汇总

序号	参　　数	值
1	跨导	g_m
2	增益	$-g_\mathrm{m}(R_\mathrm{D} \parallel r_\mathrm{o})$

续表

序号	参　　数	值
3	输入电阻	∞
4	输出电阻	$R_D \parallel r_o$

2.1.2　仿真实验

　　本例仿真展示了电阻负载共源极放大器的大信号特性,即放大器的输入电压大范围变化时的输出响应。仿真电路图如图 2-13 所示。对该放大器的输入输出电压转换曲线求导数,可以得到电路在不同工作点下的小信号增益。仿真中,通常在输出端接一个负载电容,因为放大器通常需要驱动容性负载。仿真波形如图 2-14 所示。将该电路的输入输出特性曲线对 V_{in} 求微分,得到的是该放大器的增益曲线。从图中可见,放大器的增益并不是一个固定值,随着输入电压的变化增益会变。在 MOS 管工作在饱和区和三极管区的临界点附近,增益达到绝对值最大值。本电路最大增益约为 -9.8。另外,还可以看到,MOS 管工作在截止区和深三极管区时,增益绝对值很小,甚至为 0。

电阻负载共源
极放大器-案例

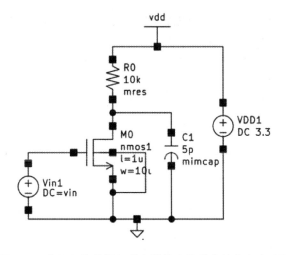

图 2-13　电阻负载共源极放大器的大信号特性仿真电路图

2.1.3　互动与思考

　　读者可以改变 R_D、W、L,观察输入输出转换曲线,以及小信号增益的变化趋势。

　　请读者思考:

　　(1)如何提高电阻负载共源极放大器的小信号增益? 增益变大时,电路哪些特性会变差?

　　(2)该电路的增益绝对值是否可以无限增大? 受到哪些限制?

　　(3)增益的绝对值可能小于 1 吗?

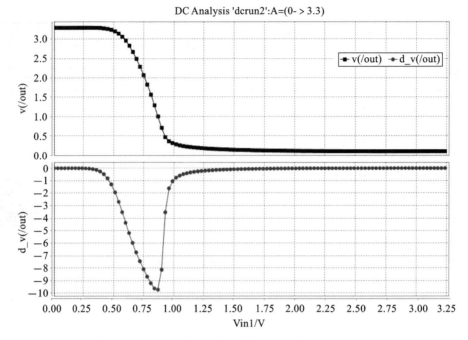

图 2-14　电阻负载共源极放大器的大信号特性仿真波形

（4）如果将本例中的电阻负载换成电感，本电路是否还能当作放大器使用？电感负载的共源极放大器有何特别的特性？

（5）该放大器输入信号的直流电平变化时，小信号增益会变化。读者是否有办法尽可能保证小信号增益的恒定？

（6）在不增加功耗的基础上，如何提高放大器增益绝对值？这会带来何种后果？

（7）输出电压允许工作的区间也叫输出电压范围。请问电阻负载共源极放大器的输出电压范围是多少？

（8）仿真时，我们给该电路带上了一个电容做负载。如果电路的负载是电阻，该放大器的增益会如何变化？

（9）为何计算小信号输出电阻时，输入为电压信号和输入电流信号两种情况下的处理是不同的？

（10）单个 MOS 管构成共源极电路，从栅极看进去的输入电阻和从漏极看进去的输出电阻，分别是多少？

◀　2.2　电流源负载共源极放大器　▶

2.2.1　特性描述

本书 1.10 节告诉我们，一个 MOS 管能实现的最大增益叫本征增益，值为 $g_m r_o$。大家想一想，电阻负载的共源极放大器在何时能实现这个最大增益呢？由式（2-13）可知，本征增益

在 R_D 为无穷大时出现。当然,有人可能说,R_D 为无穷大时,流过 MOS 管的电流为 0,MOS 管无法提供跨导,则增益为零。这个说法,只说对了部分。错误之处在于,R_D 为无穷大,不是只有开路的情况才能实现,其实还有一种情况是能让 MOS 管有电流且产生合适跨导的。因为,理想电流源的输出电阻就是无穷大,具体参考本书 1.4 节。

电流源负载共源极
放大器-视频

用一个理想电流源去替代 2.1 节的电阻负载,就构成了理想电流源负载的共源极放大器,电路如图 2-15 所示。如果该电路能正常工作,MOS 管的跨导为 g_m,则该电路的增益为 $-g_m r_o$。计算方法可以用图 2-16 所示的小信号等效电路。当然,大家也可以直接观察得到这个增益。

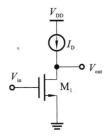

图 2-15　理想电流源负载的共源极放大器

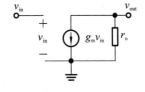

图 2-16　理想电流源负载的共源极
放大器的小信号等效电路

我们知道,工作在饱和区的 MOS 管,对外表现出电流源的特性。然而,这个电流源不是理想电流源,除非忽略沟长调制效应。考虑了沟长调制效应的 MOS 管,如果工作在饱和区,可以看作是不够理想的电流源,用一个电流源和一个有限值的电阻并联来表示。具体参见本书 1.4 节。

用工作在饱和区的 MOS 管,替代图 2-15 中的理想电流源,构成图 2-17 所示的电流源负载共源极放大器。

图 2-17 中,M_1 为输入放大管,M_2 为提供固定偏置电压的 MOS 管,设置合适的栅源电压和漏源电压,让其工作在饱和区,为放大器提供电流源负载。我们首先分析该电路的大信号特性。

为保证 M_1 管工作在饱和区,有

$$V_{out} \geqslant V_{in} - V_{TH} \tag{2-16}$$

为保证 M_2 工作在饱和区,有

$$V_{SD2} \geqslant V_{SG2} - |V_{THP}| \tag{2-17}$$

$$V_{DD} - V_{out} \geqslant V_{DD} - V_{G2} - |V_{THP}| \tag{2-18}$$

即

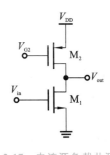

图 2-17　电流源负载共源极
放大器

$$V_{out} \leqslant V_{G2} + |V_{THP}| \tag{2-19}$$

式(2-16)和式(2-19)给出了输出电压允许工作的范围。假定两个 MOS 管的阈值电压的绝对值(PMOS 管的阈值电压为负)均为 0.7 V,在输入输出特性曲线上绘制两式代表的曲线,如图 2-18 所示,这两条线中间的阴影部分即为输出电压允许工作的范围。在该阴影部分内的输入输出曲线部分,才是本电路真正可以正常工作的"工作点"。

我们换个角度来看输出电压的范围大家更好理解。为了让 M_1 和 M_2 两个 MOS 管都能

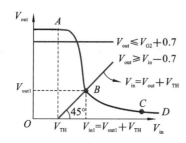 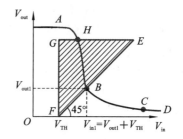

图 2-18　电流源负载共源极放大器的输出电压范围

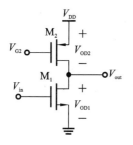

图 2-19　电流源负载的共源极
放大器输出信号摆幅

工作在饱和区,就要求每个 MOS 的 V_{DS},都要大于其过驱动电压。因此图中 V_{out} 最低不能低于 M_1 的过驱动电压 V_{OD1},最高需要比 V_{DD} 低 M_2 的过驱动电压 V_{OD2}。从而,如图 2-19 所示, V_{out} 的摆动范围是 V_{DD} 减去两个 MOS 管的过驱动电压之和,得本电路的输出电压摆幅为

$$V_{swing} = V_{DD} - (V_{OD1} + V_{OD2}) \qquad (2\text{-}20)$$

接着,我们再来看输入信号的要求。关于 V_{in},首先需保证 $V_{in} > V_{TH}$。但不能比 V_{TH} 高出许多。因为 V_{in} 越高,则过驱动电压越高,从而输出电压的最低值越高,最终输出电压摆幅就越小。通常的设计中,我们取过驱动电压为 0.2 V。因为如果过驱动电压过低,则 MOS 管工作在中等反型区,MOS 管的工作速度较慢,具体原因参见 1.8 节。

同理,我们希望 V_{G2} 尽可能高,以便于让 M_2 的过驱动电压的绝对值更低,从而也有助于提高摆幅。

电流源负载的共源极放大器,还有一个致命的问题。图 2-17 中,流过 M_1 的电流与流过 M_2 的电流相同,这是必须保证的。由工作在饱和区的 MOS 管电流公式

$$I_D = \mu_n C_{ox} \frac{W}{L} (V_{GS} - V_{TH})^2 (1 + \lambda V_{DS}) \qquad (2\text{-}21)$$

我们知道, V_{GS} 与电流是强相关性,而 V_{DS} 与电流是弱相关性。换句话说, V_{GS} 的变化对电流影响很大,而 V_{DS} 的变化对电流的影响很小。

选择合适的 V_{in} 和 V_{G2},目标是让两个 MOS 管电流相同。但是,谁也没法保证 V_{in} 和 V_{G2} 两个值永恒不变且没有误差。如果两个电压出现偏差,会出现什么情况?由式(2-21)可知,两个 MOS 管电流有出现不相同的趋势。然而,上下两个 MOS 管电流必须相同。两个 MOS 管的栅极电压是由输入决定的,在电路实际工作时是确定的。为了让电流上下一致,则只能通过改变 V_{DS} 去调节电流。由于 I_D 和 V_{DS} 的弱相关性, V_{DS} 在很大范围内调节,才能带来 I_D 的比较小的变化。因此,电流源负载的共源极放大器的输出电压节点的直流电平是没法确定的,因为我们无法得知两个栅极电压究竟有多大的误差。

其实,MOS 管本身也存在无法预料的误差,1.13 节已经阐述了相关的原因。这些因素导致的 MOS 管电流的变化趋势,都需要依靠调节 MOS 管的 V_{DS} 把电流拉回来,保持上下电流一致。

电流源负载的共源极放大器输出节点无固定的直流电平,为了确保输出节点的直流电平是确定值,可以再并联一个二极管负载(见 2.3 节),或者采用反馈环路来固定该点的直流

电平。反馈的具体实现在本书第 7.9 节介绍。

总体而言,输入电压的选取原则是先依据式(2-22)选择合适的尺寸和偏置电压,再根据需要的输出电压直流电平,利用反馈机制来调节流过 M_2 的负载电流。

$$\mu_n C_{ox} \frac{W_1}{L_1} (V_{in} - V_{THN})^2 = \mu_p C_{ox} \frac{W_2}{L_2} (V_{DD} - V_{G2} - |V_{THP}|)^2 \quad (2\text{-}22)$$

电流源负载共源极放大器的大信号指标汇总在表 2-3 中。

表 2-3　电流源负载共源极放大器的大信号性能汇总

序号	参　数	值
1	输入直流工作点	V_{IN}
2	电路电流	$I_D = \frac{1}{2} \mu_n C_{ox} \frac{W}{L} (V_{IN} - V_{TH})^2$
3	输出电压直流工作点	不确定
4	输出摆幅	$V_{DD} - (V_{OD1} + V_{OD2})$
5	功耗	$P = V_{DD} I_D$

我们可以使用小信号等效电路方法来计算电流源负载共源极放大器的小信号增益。因为 M_2 为工作在饱和区的 PMOS 管,其栅源电压恒定,从而在绘制小信号等效电路时,M_2 可以等效为一个小信号电阻 r_{o2}。电流源负载共源极放大器的小信号等效电路如图 2-20 所示,有

$$A_V = - g_{m1}(r_{o1} \parallel r_{o2}) \quad (2\text{-}23)$$

在 CMOS 工艺中很难制作出高精度的电阻,批次之间的电阻值误差甚至高达 $\pm 40\%$。因此,电阻负载共源极放大器除了在产生一定增益的情况下需要消耗更大的电压降外,还不易得到精确的增益。所以,电流源负载的共源极放大器,用电流源去替代电阻,不仅可以减小负载的电压降,还可以提高增益。这是电流源负载共源极放大器的优势。

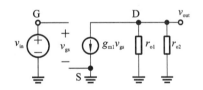

图 2-20　电流源负载共源极放大器
　　　　小信号等效电路

2.2.2　仿真实验

本例将仿真电流源负载共源极放大器的大信号特性,即输入输出特性。对该曲线求导,即可得到各工作点下的小信号增益。仿真电路图如图 2-21 所示,其仿真波形如图 2-22 所示。仿真结果显示,本例的电路增益高达 -90,是前一节电阻负载共源极放大器增益的大约 10 倍。

电流源负载共源极
放大器-案例

2.2.3　互动与思考

读者可以通过改变两个 MOS 管的 W/L,以及 V_{G2},来观察增益、转换特性、输出电压范围的变化。

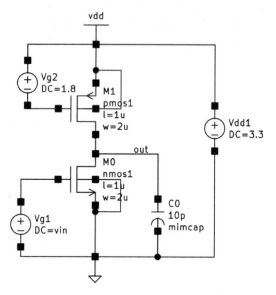

图 2-21　电流源负载共源极放大器大信号特性仿真电路图

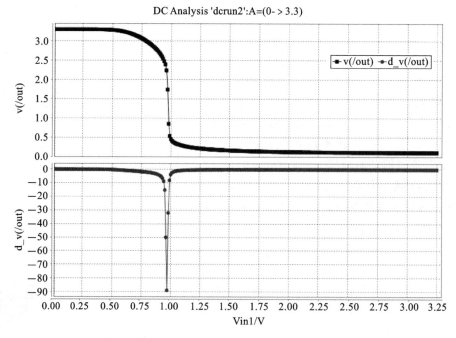

图 2-22　电流源负载共源极放大器的输入输出关系仿真曲线

请读者思考：

（1）在保证所有 MOS 管均工作在饱和区的基础上，如何提高输出电压的摆幅？

（2）如果将负载 PMOS 管换成 NMOS 管，结果又有哪些变化？哪种电路更好？能用 PMOS 管作为放大的输入 MOS 管么？请画出 PMOS 管作为输入管的电流源负载共源极放大器。

（3）是改变 M_1 的尺寸，还是改变 M_2 的尺寸，对增益的影响更剧烈？

（4）电流源负载的共源极放大器的输出节点的直流电平是确定的吗？如果负载电流源的偏置出现偏差（即在忽略沟长调制效应的情况下，放大管 M_1 和负载管 M_2 的偏置电压出现一点偏差，导致两管电流出现不相同的趋势），使得负载电流与 MOS 管电流出现少许差异，会出现什么现象？

（5）与电阻负载的共源极放大器相比，电流源负载的共源极放大器有何优点和缺点？

（6）从仿真结果上，我们发现该电路只能在输入电压非常窄的范围内才具有可观的放大功能。电路在实际工作中如何能保证输入信号正好位于有效放大的区间呢？

◀ 2.3 二极管连接 MOS 管负载的共源极放大器 ▶

2.3.1 特性描述

如图 2-23 所示，我们将 M_2 的栅极和漏极短接（这种连接方式的 MOS 管具有类似于二极管的特性，我们称这种连接方式为"二极管连接"），作为负载接在共源极放大器电路中。

二极管连接 MOS 管负载的共源极放大器-视频

我们首先来分析 M_2 的作用。图中 M_2 的栅极和漏极短接，$V_{GS} = V_{DS}$，MOS 管一旦导通则必定工作在饱和区（请读者思考为什么？）。工作在饱和区的 MOS 管可以看作一个有限输出电阻的电流源，完全可以作为共源极的负载接在电路中。为了使用电阻负载共源极放大器或者电流源负载的共源极放大器的相关结论，下面我们计算从 M_2 漏极看进去的小信号电阻，绘制小信号电路图如图 2-24 所示。图中，既考虑的 MOS 管的沟长调制效应，也考虑的 MOS 管的衬底偏置效应。这是一个完整的低频小信号模型。图中，V_{DD} 直接接地，在输出端加载一个测试用的小信号电压 v_x 和流进去的小信号电流 i_x。从而 $v_{gs} = -v_s = -v_x, v_{bs} = -v_s = -v_x$。

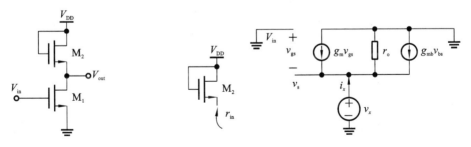

图 2-23 二极管连接负载的共源极放大器   图 2-24 二极管负载的输入阻抗计算电路

基于节点电流公式，并定义 $r_o = 1/g_{ds}$，有

$$i_x = -g_m v_{gs} - g_{mb} v_{bs} + v_x/r_o = \left(g_m + g_{mb} + \frac{1}{r_o}\right) v_x \tag{2-24}$$

从而，从 M_2 的漏端看进去的小信号电导由下式给出

$$y_{in} = \frac{i_x}{v_x} = g_m + g_{mb} + \frac{1}{r_o} \tag{2-25}$$

或者，从 M_2 的漏端看进去的小信号电阻是

$$r_{in} = \frac{1}{y_{in}} = \frac{1}{g_m + g_{mb} + \frac{1}{r_o}} \approx \frac{1}{g_m + g_{mb}} \tag{2-26}$$

式(2-26)中假定 $g_m \gg g_{ds}$。此时，二极管连接的 MOS 管可以看作一个如式(2-26)所示的电阻负载。根据电阻负载共源极放大器的增益表达式，可直接得到二极管负载的共源极放大器的小信号增益

$$A_V = -g_{m1}\frac{1}{g_{m2} + g_{mb2}} = -\frac{g_{m1}}{g_{m2}} \cdot \frac{1}{1 + \eta} \tag{2-27}$$

式中：$g_{mb2} = \eta g_{m2}$。

由跨导表达式 $g_m = \sqrt{\mu_n C_{ox} \dfrac{W}{L} I_D}$，而且，流过 M_1 和 M_2 的电流相同，式(2-27)等效变换为

$$A_V = -\sqrt{\frac{\left(\dfrac{W}{L}\right)_1}{\left(\dfrac{W}{L}\right)_2}}\frac{1}{1 + \eta} \tag{2-28}$$

式(2-28)揭示了该电路一个非常有趣的特性：如果忽略 M_2 的衬底偏置效应，则该电路的增益与偏置电压或电流无关！即当所有 MOS 管工作在饱和区后，无论输入和输出电压如何变化，在某个具体电路中，因为 MOS 管的尺寸是固定值，该放大器的增益仍保持不变。这表明该放大器具有很高的增益线性度。增益线性度的概念在 2.4 节介绍。

将负载的 NMOS 管换为 PMOS 管，构成图 2-25 所示的二极管连接方式，电路将不再受衬底偏置效应的影响，因为两个 MOS 管的 V_{BS} 均为零。

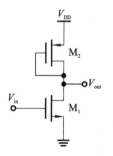

图 2-25 无衬底偏效应的二极管负载共源极放大器

对图 2-25 中的无衬底偏置效应的二极管负载共源极放大器，由式(2-26)有

$$A_V = -\frac{g_{m1}}{g_{m2}} \tag{2-29}$$

也可以表示为

$$A_V = -\sqrt{\frac{\mu_n (W/L)_1}{\mu_p (W/L)_2}} \tag{2-30}$$

相比于式(2-28)，式(2-30)表明图 2-25 所示电路的线性度更好。

下面介绍该电路的另外一个特性。显然，两个 MOS 管电流相同，有

$$\mu_n \left(\frac{W}{L}\right)_1 (V_{GS1} - V_{TH1})^2 = \mu_p \left(\frac{W}{L}\right)_2 (V_{GS2} - V_{TH2})^2 \tag{2-31}$$

两边开根号并变换可得

$$\sqrt{\frac{\mu_n (W/L)_1}{\mu_p (W/L)_2}} = \frac{|V_{GS2} - V_{TH2}|}{V_{GS1} - V_{TH1}} \tag{2-32}$$

对比式(2-32)和式(2-30),有

$$A_V = \frac{|V_{GS2} - V_{TH2}|}{V_{GS1} - V_{TH1}} \tag{2-33}$$

基于上述推导,我们来分析一下采用二极管连接负载共源极放大器的优势和劣势。

二极管连接负载共源极放大器的最突出优势是线性度高,增益只与器件尺寸有关,与输入的直流偏置电压无关,与 MOS 管电流无关。当输入信号的直流电平变化时,信号输入 MOS 管的直流工作点会变化,但该放大器依然能保持恒定的增益,不随偏置电流和电压而变化(前提是 M_1 工作在饱和区)。我们也可以说:输入和输出的函数是线性的。

二极管连接负载共源极放大器的第二个优势是,输出节点的直流电压是确定的。为 $V_{DD} - V_{GS2}$。一旦 MOS 管电流确定,则 M_2 的过驱动电压(也包括 V_{GS})是定值。

二极管连接负载共源极也存在两个不容忽视的劣势如下所述。

(1)高增益要求"强"的输入器件和"弱"的负载器件,造成晶体管的沟道宽度或沟道长度过大而不均衡。

例如,为了达到 10 倍的增益,则要求 $\frac{\mu_n (W/L)_1}{\mu_p (W/L)_2} = 100$,必然要求大约 50 倍的器件尺寸比(一般电子的迁移率比空穴的迁移率高,$\mu_n \approx 2\mu_p$),头重脚轻的电路必然容易导致不均衡和失配的问题。

(2)由式(2-33)可知,增益也是负载管和输入管的过驱动电压之比,高的增益就要求高的负载管过驱动电压,这将严重限制输出电压摆幅。

例如,为了达到 10 倍的增益,由式(2-22)可知 $\frac{|V_{GS2} - V_{TH2}|}{V_{GS1} - V_{TH1}} = 10$,即使 $V_{GS1} - V_{TH1}$ 低至 0.1 V,也要求 $|V_{GS2} - V_{TH2}|$ 为 1 V,从而 $|V_{DS2}| > 1$ V,则 V_{out} 最高值为 $V_{DD} - 1$。这严重限制了 V_{out} 的工作范围。

综上所述,二极管负载共源放大器的特性如表 2-4 所示。

表 2-4 二极管负载共源极放大器的特性汇总

序号	参 数	值
1	输出电压直流工作点	$V_{DD} - |V_{GS2}|$
2	增益	$-\frac{g_{m1}}{g_{m2}} = -\sqrt{\frac{\mu_n (W/L)_1}{\mu_p (W/L)_2}}$
3	输出小信号电阻	$\frac{1}{g_{m2}}$
4	输出摆幅	$V_{DD} - (V_{OD1} + V_{GS2})$

2.3.2 仿真实验

本例将仿真二极管负载共源极放大器的输入输出特性,并通过微分计算小信号增益特性。仿真电路图如图 2-26 所示。仿真波形显示在图 2-27 中。

二极管连接 MOS 管
负载的共源极
放大器-案例

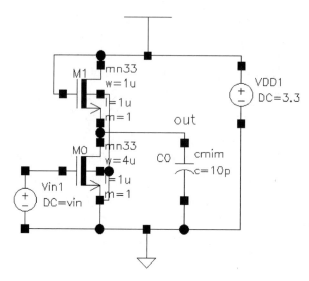

图 2-26　二极管负载共源极放大器仿真电路图

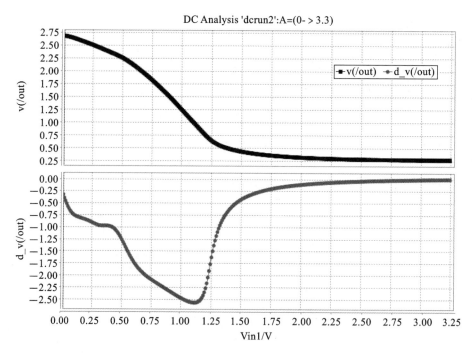

图 2-27　二极管负载共源极放大器仿真波形

2.3.3　互动与思考

读者可以通过改变两个 MOS 管的 W/L 来观察增益、输入输出特性的变化。

请读者思考：

（1）如果将负载的 NMOS 管换成 PMOS 管，结果又有哪些变化？

（2）基于这个特定的电路结构，如何通过改变器件尺寸来提高电路的小信号增益？

（3）由于增益之比等于过驱动电压之比，增益不可能做大。那么这种电路存在的价值是什么？

（4）请尝试设计更大增益（例如增益为 10）的二极管负载共源极放大器。

◀ 2.4　共源极放大器的线性度 ▶

2.4.1　特性描述

如果一个电路的输入信号变化时，其输出相对于输入的增益恒定不变，则我们说该（放大器）电路是线性的。如果输出信号为 v_out，输入信号为 v_in，则其表达式为

共源极放大器的
线性度-视频

$$v_\text{out} = \alpha_1 v_\text{in} \tag{2-34}$$

式中：α_1 为输出相对于输入的小信号增益。线性放大器中，α_1 为恒定值。

然而，现实中难以设计并制造出这样的理想线性放大器，电路中经常出现非线性的特性。图 2-28 显示了理想的线性特性和实际的非线性特性的差异。理想波形的斜率在很大范围内是固定值，而实际波形的斜率只在非常小的范围内（图中圆圈内）是固定值。

图 2-29 直观地显示了放大器中的非线性。图中两种不同输入幅值下电阻负载共源极放大器的输入输出特性曲线。第一种情况输入的电压幅值较小，第二种情况输入的电压幅值较大。可见，后者的输出曲线存在较大的非线性失真。

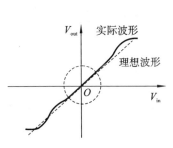
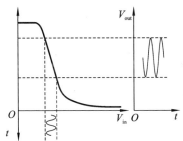
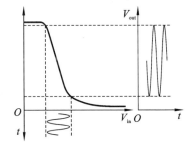

图 2-28　非线性系统的输入
　　　　　输出特性

图 2-29　共源极放大器中的非线性失真

出现非线性的第二个原因是，图 2-28 所示的输入输出传输关系曲线不是严格意义上的直线。随着输入信号直流工作点的偏移，该点的斜率也随之出现变化，这带来了增益的不恒定。

实际放大器的传递函数可以表示为

$$v_\text{out} = \alpha_1 v_\text{in} + \alpha_2 v_\text{in}^2 + \alpha_3 v_\text{in}^3 + \alpha_4 v_\text{in}^4 + \cdots \tag{2-35}$$

这个表达式其实是在我们关心的信号范围内的泰勒展开。高阶项表明了传递函数的非线性。α_2 表示的是系统的二阶非线性系数，α_3 表示的是系统的三阶非线性系数。这些系数与输入信号无关，而由电路的结构、偏置状态、工作环境等因素决定。在一个接近线性放大的系统中，高阶项系数往往比较小。

我们通常用正(余)弦信号作为输入去评估一个系统。假定 $v_{in} = A\cos(\omega_0 t)$，代入式 (2-35)，展开得到

$$v_{out} = \alpha_1 A\cos(\omega_0 t) + \frac{\alpha_2 A^2}{2}\left[1 + \cos(2\omega_0 t)\right] + \frac{\alpha_3 A^3}{4}\left[3\cos(\omega_0 t) + \cos(3\omega_0 t)\right] + \cdots$$

$$(2\text{-}36)$$

可见，输出信号中不仅有基频频率成分 $\cos(\omega_0 t)$，还有高频谐波成分 $\cos(2\omega_0 t)$，$\cos(3\omega_0 t)$，$\cdots$，$\cos(n\omega_0 t)$，$\cdots$

为了评估一个系统的非线性，我们引入二阶谐波失真的概念

$$HD2 = \frac{\text{二阶谐波成分的幅值}}{\text{基频频率成分的幅值}} \tag{2-37}$$

如果二阶谐波成分主要来源于系统的二阶非线性，则式(2-35)的系统的二阶谐波失真为

$$HD2 = \frac{\dfrac{\alpha_2 A^2}{2}}{\alpha_1 A + \dfrac{\alpha_3 A^3}{4}} \approx \frac{1}{2}\frac{\alpha_2}{\alpha_1}A \tag{2-38}$$

此处的计算，假定 $\alpha_1 A \gg \dfrac{\alpha_3 A^3}{4}$，因为 $\alpha_1 \gg \alpha_3$。

类似地，三阶谐波失真为

$$HD3 = \frac{\dfrac{\alpha_3 A^3}{4}}{\alpha_1 A} = \frac{1}{4}\frac{\alpha_3}{\alpha_1}A^2 \tag{2-39}$$

为了衡量一个非线性系统的非线性度，引入总谐波失真的概念

$$THD = \sqrt{\frac{\text{所有谐波的总功率}}{\text{基频频率成分的功率}}} \tag{2-40}$$

由于各谐波成分之间彼此正交，从而所有谐波的总功率等于各谐波成分的功率之和，从而

$$THD = \sqrt{(HD2)^2 + (HD3)^2 + (HD4)^2 + \cdots} \tag{2-41}$$

总谐波失真是衡量一个模拟系统的重要指标。

提高放大器线性度的一种简易方法是采用二极管连接方式的 MOS 管，作为共源极放大器的负载。图 2-30 中的二极管负载共源极放大器，其增益为

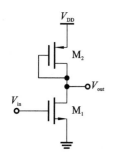

图 2-30　二极管连接负载共源极放大器

$$A_V = -\sqrt{\frac{\mu_n \left(\dfrac{W}{L}\right)_1}{\mu_p \left(\dfrac{W}{L}\right)_2}} \tag{2-42}$$

该增益是恒定值，与电路输入信号的 AC 电平和 DC 电平均无关。因此，该电路具有很好的线性度。当然，该良好线性度是有前提的，即电路中所有 MOS 管都工作在饱和区。如果 M_1 离开饱和区，则式(2-42)不再成立。

2.4.2　仿真实验

本例将仿真电阻负载和二极管负载的两种共源极放大器的增益，从而比较两种放大器在线性度方面的差异情况。仿真电路图如图 2-31 所示，仿真结果显示在图 2-32 中。为了更加

直观地观察电路的增益线性度,需要将两个电路的输出输入特性曲线取微分,看电路在不同输入电压下的小信号增益。为了进一步说明两个电路的线性度,对电路做傅里叶分析,分析结果如图 2-33 所示,结果明显地显示第一个电路比第二个电路的总谐波失真小许多。

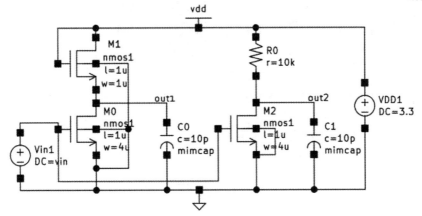

图 2-31　共源极放大器线性度仿真电路图

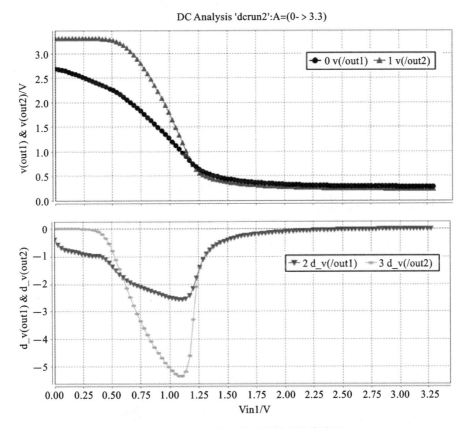

图 2-32　共源极放大器的线性度仿真波形

```
################### fourier analysis begin ###################

fourier components of transient response v(out1)
dc component = 1.7624
harmonic    frequency    fourier     normalized   phase        normalized
no          (hz)         component   component    (deg)        phase (deg)
1           10.0000k     9.9777m     1.0000       -179.6783    0.0000
2           20.0000k     39.9969u    4.0086m      -16.7811     162.8971
3           30.0000k     44.1491u    4.4248m      -166.4716    13.2067
4           40.0000k     25.1605u    2.5217m      -4.6216      175.0567
5           50.0000k     62.4332u    6.2573m      170.8164     350.4946
6           60.0000k     11.5937u    1.1620m      -90.1448     89.5334
7           70.0000k     35.9058u    3.5986m      174.7201     354.3984
8           80.0000k     2.0541u     205.8717u    -162.6176    17.0606
9           90.0000k     1.9776u     198.2036u    -144.3570    35.3213

total harmonic distortion = 977.4546m percent

fourier components of transient response v(out2)
dc component = 3.1329
harmonic    frequency    fourier     normalized   phase        normalized
no          (hz)         component   component    (deg)        phase (deg)
1           10.0000k     26.3522m    1.0000       179.9990     0.0000
2           20.0000k     519.7491u   19.7232m     88.6382      -91.3608
3           30.0000k     3.5556u     134.9257u    165.7299     -14.2691
4           40.0000k     20.5364u    779.3027u    -49.4322     -229.4312
5           50.0000k     128.8034u   4.8878m      -179.6493    -359.6483
6           60.0000k     7.6257u     289.3752u    89.9994      -89.9996
7           70.0000k     106.7212u   4.0498m      -179.8489    -359.8479
8           80.0000k     14.3452u    544.3622u    95.0773      -84.9217
9           90.0000k     161.9807n   6.1468u      141.9632     -38.0359

total harmonic distortion = 2.0744 percent

################### fourier analysis end ###################
```

图 2-33　THD 表示的非线性失真

2.4.3　互动与思考

读者可以自行改变 MOS 管 W/L、R_D，观察上述仿真波形变化情况、两个放大器 THD 的差异，以及 THD 的变化趋势。

请读者思考：

（1）本例的两种电路，哪种电路的增益线性度高？如何从仿真波形上看出线性度好坏？如何从傅里叶分析结果看线性度？

（2）对于一个结构固定的放大器，我们是否可以降低 THD？如果可以，请问如何降低？请通过仿真验证你的思路。

◀　2.5　带源极负反馈的共源极放大器　▶

2.5.1　特性描述

在关注放大器的增益线性度时，我们使用二极管负载的共源极放大器，虽然带来线性度的改善，但该电路存在很多弊端。下面我们再看另外一种电路，这种电路也能提升共源极放大器的增益线性度。

图 2-34 中，在M_1的源端接一个电阻R_S到地。随着输入电压V_{in}（即M_1的栅极电压）的增加，流过M_1的电流也出现增加的趋势，同样在R_S上的压降也会出现增加的趋势。然而，M_1的栅极电压与源极电压的差值，并不会像栅极电压一样上升。也就是说，输入电压的一部分出现在电阻R_S上而不是全部加在M_1的栅源两端，从而导致I_D的变化变得平滑。电阻R_S在此处表现出类似于负反馈的特性，因此称图 2-34 的电路为电阻负载的"带源极负反馈的共源极放大器"，有的教科书也称这个电路为源极简并共源极放大器。相对于普通共源极放大器，带源极负反馈的共源极放大器具有更好的增益线性度。

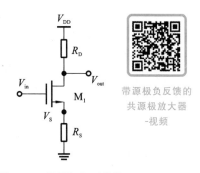

带源极负反馈的
共源极放大器
-视频

图 2-34　带源极负反馈的
共源极放大器

　　分析一个电路中反馈类型的最简单方法是，假定输入增加，最后看电路对输入电压的影响。图 2-34 中，假定V_{in}增加，则I_D增加，从而V_S增加，则电路的V_{GS}相对恒定，这构成了负反馈的机制。图 2-35 给出了这个负反馈的示意图。

图 2-35　源极负反馈电路中的负反馈

2.5.2　仿真实验

　　本例将分别仿真带源极负反馈的放大器和不带源极负反馈的放大器，从而比较这两个电路的增益线性度。仿真电路图如图 2-36 所示，仿真波形如图 2-37 所示。

带源极负反馈的
共源极放大器
-案例

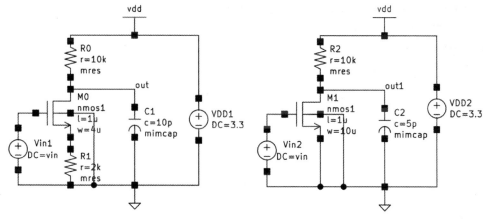

图 2-36　带和不带源极负反馈的共源极放大器仿真电路

2.5.3　互动与思考

　　读者可以自行改变R_D、R_S、W/L，观察V_{out}和V_{in}关系曲线的变化、A_v的变化，比较两类

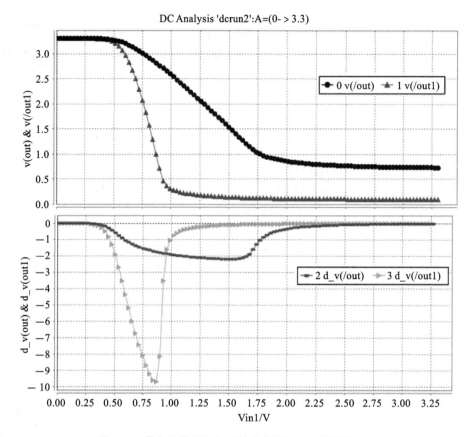

图 2-37　带和不带源极负反馈的共源极放大器仿真波形

放大器的增益线性度。

请读者思考：

（1）从上面的仿真中，发现源极负反馈共源极放大器的线性度的确改善很多，但增益下降很多。是否有办法能在保证足够线性度的前提下，尽可能提高增益呢？

（2）MOS 管的 W/L 对增益和线性度有何影响？

（3）R_D 对增益和线性度有何影响？

◀ 2.6　源极负反馈共源极放大器的跨导 ▶

2.6.1　特性描述

如何计算图 2-34 的带源极负反馈的共源极放大器的小信号增益？

在计算小信号增益时，我们很希望能直接使用电阻负载共源极放大器的相关结论。让我们回顾一下电阻负载的共源极放大器小信号增益，它是 MOS 管跨导与输出节点负载电阻的乘积

$$A_{\text{V}} = \frac{v_{\text{out}}}{v_{\text{in}}} = -g_{\text{m}} \cdot R_{\text{D}} \qquad (2\text{-}43)$$

在本例中,我们可以求出输出节点的电流变化量与输入电压变化量的比值,并将该比值定义为 MOS 管和源极负反馈电阻共同组成的电路的跨导 G_{m}。只需求出该 G_{m} 和输出总电阻,则可以轻松计算出该电路的小信号增益。考虑 MOS 管的沟长调制效应,其 $I\text{-}V$ 特性为

源极负反馈共源极
放大器的跨导
-视频

$$I_{\text{D}} \approx \frac{1}{2} \mu_{\text{n}} C_{\text{ox}} \frac{W}{L} (V_{\text{GS}} - V_{\text{TH}})^2 (1 + \lambda V_{\text{DS}}) \qquad (2\text{-}44)$$

式(2-44)表明,MOS 管的漏源电流与输入 V_{GS} 是平方律关系。对于源极负反馈的共源极放大器,其输出电流为

$$I_{\text{D}} \approx \frac{1}{2} \mu_{\text{n}} C_{\text{ox}} \frac{W}{L} (V_{\text{in}} - I_{\text{D}} R_{\text{S}} - V_{\text{TH}})^2 (1 + \lambda V_{\text{DS}}) \qquad (2\text{-}45)$$

读者可以计算出 I_{D} 关于 V_{in} 的关系式。在一定程度上,发现 I_{D} 与 V_{in} 成线性关系,定义输出电流相对输入电压的变化率为源极负反馈共源极电路的跨导 G_{m},即 $G_{\text{m}} = \dfrac{i_{\text{d}}}{v_{\text{in}}} = \dfrac{\partial I_{\text{D}}}{\partial V_{\text{in}}} \bigg|_{V_{\text{out}}\text{恒定}}$。

通过对大信号公式的微分,经过复杂的计算可以得到

$$G_{\text{m}} = \frac{g_{\text{m}}}{R_{\text{S}}(g_{\text{m}} + g_{\text{mb}} + 1/r_{\text{o}}) + 1} \qquad (2\text{-}46)$$

源极负反馈电路中,由于负反馈的作用,MOS 管的过驱动电压相对恒定。而 MOS 管的跨导 $g_{\text{m}} = 2I_{\text{D}}/V_{\text{OD}}$,随着 V_{in} 增加,I_{D} 也增加,导致 g_{m} 也跟着增加。当 V_{in} 很大时,g_{m} 也很大,另外,若忽略 MOS 管的沟长调制效应和体效应,那么 G_{m} 接近于 $1/R_{\text{S}}$。最终,当 V_{in} 很大时,达到近似于恒定的跨导。

上述基于大信号模型的推导过程比较复杂,也不利于我们对电路本质的认识和理解。下面我们采用小信号模型,绘制图 2-38 的小信号等效电路来计算 G_{m}。电路中,给出了输入信号 v_{in},以及输出电流 i_{out}。二者相除即为电路的跨导。

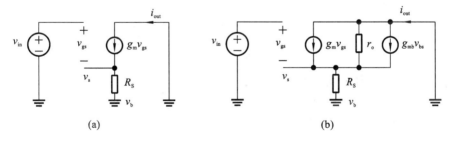

图 2-38　用于计算源极负反馈电路 G_{m} 的小信号等效电路

(a)简化小信号等效电路;(b)完整小信号等效电路

若忽略沟长调制效应和衬底偏置效应,由图 2-38(a)有

$$i_{\text{out}} = g_{\text{m}} v_{\text{gs}} \qquad (2\text{-}47)$$

$$v_{\text{s}} = g_{\text{m}} v_{\text{gs}} R_{\text{S}} \qquad (2\text{-}48)$$

$$v_{\text{in}} = v_{\text{gs}} + v_{\text{s}} \qquad (2\text{-}49)$$

$$v_{\text{gs}} = \frac{v_{\text{in}}}{1 + g_{\text{m}} R_{\text{S}}} \qquad (2\text{-}50)$$

从而得到该电路的等效跨导为

$$G_{\mathrm{m}} = \frac{g_{\mathrm{m}}\, v_{\mathrm{gs}}}{v_{\mathrm{in}}} = \frac{g_{\mathrm{m}}}{1 + g_{\mathrm{m}}\, R_{\mathrm{S}}} \tag{2-51}$$

因为忽略了 MOS 管的沟长调制效应，则 r_{o} 无穷大，从而输出节点的总电阻只有 R_{D}。得到图 2-38 所示电路的增益为

$$A_{\mathrm{V}} = - G_{\mathrm{m}}\, R_{\mathrm{D}} = -\frac{g_{\mathrm{m}}\, R_{\mathrm{D}}}{1 + g_{\mathrm{m}}\, R_{\mathrm{S}}} \tag{2-52}$$

式中：若 $g_{\mathrm{m}}\, R_{\mathrm{S}} \gg 1$，则 $A_{\mathrm{V}} \approx -\dfrac{R_{\mathrm{D}}}{R_{\mathrm{S}}}$。可见，当 $g_{\mathrm{m}}\, R_{\mathrm{S}}$ 的值比较可观时，电路的增益是与外界因素无关的恒定值。

如果考虑 MOS 管的沟长调制效应和衬底偏置效应，即不忽略 λ 和 γ，利用图 2-38(b) 的小信号等效电路，得到源极负反馈电路的跨导为

$$G_{\mathrm{m}} = \frac{i_{\mathrm{out}}}{v_{\mathrm{in}}} = \frac{g_{\mathrm{m}}}{R_{\mathrm{S}}(g_{\mathrm{m}} + g_{\mathrm{mb}} + 1/r_{\mathrm{o}}) + 1} \tag{2-53}$$

绘制图 2-39 小信号等效电路来计算源极负反馈电路的输出电阻，可得

$$r_{\mathrm{out}} = \left[1 + (g_{\mathrm{m}} + g_{\mathrm{mb}})\, r_{\mathrm{o}}\right] R_{\mathrm{S}} + r_{\mathrm{o}} \tag{2-54}$$

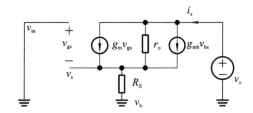

图 2-39　计算源极负反馈电路输出电阻的小信号等效电路

我们注意到：源极负反馈电路的输出电阻比没有负反馈的电路要大得多！但跨导比没有负反馈的电路要小。

最终，求得电路的增益为

$$A_{\mathrm{V}} = - G_{\mathrm{m}}(R_{\mathrm{D}} \parallel r_{\mathrm{out}}) \tag{2-55}$$

$$A_{\mathrm{V}} = - \left\{\left[1 + (g_{\mathrm{m}} + g_{\mathrm{mb}})\, r_{\mathrm{o}}\right] R_{\mathrm{S}} + r_{\mathrm{o}}\right\} \parallel R_{\mathrm{D}} \cdot \frac{g_{\mathrm{m}}}{R_{\mathrm{S}}(g_{\mathrm{m}} + g_{\mathrm{mb}} + g_{\mathrm{ds}}) + 1} \tag{2-56}$$

上式虽然复杂，但仔细观察发现，A_{V} 是 g_{m} 的弱函数。从而，相对于普通共源极放大器而言，带源极负反馈的共源极放大器具有更好的线性度。上式也可以一定程度上化简，例如，$r_{\mathrm{out}} \gg R_{\mathrm{D}}$，则 $R_{\mathrm{D}} \parallel r_{\mathrm{out}} \approx R_{\mathrm{D}}$。

2.6.2　仿真实验

本例将仿真有无源极负反馈两种情况下共源极电路的跨导，仿真电路图如图 2-40 所示，仿真波形显示在图 2-41 中。利用微分公式，计算输出电流相对于输入电压的微分，得到两个电路的等效跨导。结果显示，带源极负反馈的共源极的跨导虽然变小，但几乎不随输入电压的变化而变化。

注：图 2-41 中，电阻负载共源极放大器的 V_{in} 超过 1.1 V 之后，器件离开饱和区，跨导急剧下降。

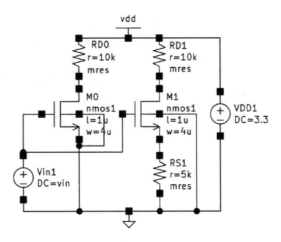

图 2-40　源极负反馈电路的跨导仿真电路图

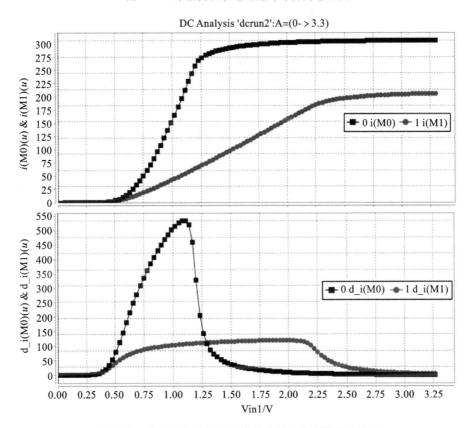

图 2-41　带和不带源极负反馈的共源极放大器跨导波形

2.6.3　互动与思考

读者可以通过改变 R_S、W/L，观察波形变化。

请读者思考：

(1)如何让 G_m 在更大的电压变化范围内接近恒定值？

（2）增加了源极负反馈电阻后，放大器的线性度有较大改善，代价是什么？

（3）类似于 MOS 管的本征增益，也可以计算源极负反馈的共源极的"本征增益"。请计算出理想电流源负载时的"本征增益"。

（4）有人说，源极负反馈电路的输出电阻虽然大幅增加，但其跨导大幅减小，因此该电路带来的"本征增益"相对于一个 MOS 管的本征增益来说，并未提高。那么，本电路存在的意义是什么？

◀ 2.7 电阻负载共源极放大器的 PSRR ▶

2.7.1 特性描述

电阻负载共源极
放大器的 PSRR
-视频

集成电路工作的环境往往比较复杂，其电源和地线上均存在高频噪声或者干扰。例如，电源线也叫电源总线，需要给大片（甚至整个芯片）电路供电。这些电路的电流并不是所有时刻相同，而是不同时刻的电流不同，具有非常大的随机性。电流的随机带来了电源电压的纹波，这些纹波虽然变化幅值很小，但频率很高。

高频的电源纹波信号会对放大器的正常工作带来影响。为此，定义电源抑制比来衡量电源高频噪声对电路带来的危害。

放大器的电源抑制比（PSRR）定义为：放大器从输入到输出的增益，除以从电源到输出的增益。此处的电源，既包括正电源 V_{DD}，也包括负电源 GND 或者 V_{SS}。因此，我们需定义两个电源抑制比，分别代表正电源的电源抑制比和负电源的电源抑制比

$$(\text{PSRR})^+ = \frac{A_V}{A^+} \tag{2-57}$$

$$(\text{PSRR})^- = \frac{A_V}{A^-} \tag{2-58}$$

式中：A^+ 和 A^- 分别代表正电源和负电源到输出端的小信号增益；A_V 代表放大器本身的小信号增益。

对于如图 2-42 所示的电阻负载共源极放大器，其小信号增益为

$$A_V = - g_m (r_o \parallel R_D) \tag{2-59}$$

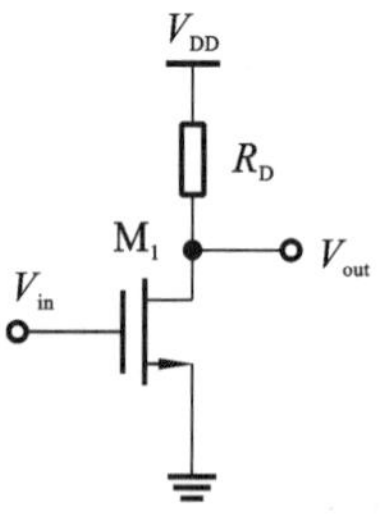

图 2-42 电阻负载的共源极放大器

在计算 V_{SS} 到输出的增益 A^- 时，应该考虑到，所有与 V_{SS} 相连，或者以 V_{SS} 为参考的信号（也称该偏置电压信号是"V_{SS} 电源域"的信号），都存在 V_{SS} 上的小信号噪声。从而，我们除了在电路的 V_{SS} 上加入小信号 v_{ss} 之外，还应该在 NMOS 管的栅极输入上也加入 v_{ss}。V_{SS} 上的噪声完全传递到栅极输入端，这是最恶劣的情况。也有可能会衰减后再传递到栅极输入端，这是令人高兴的好的情况。

我们还可以从另外一个角度看图 2-42 的输入电压

V_{in} 在绘制小信号等效电路时该如何处理。在计算电源增益时，V_{in} 并不施加小信号，只提供合适的偏置电压 V_{IN}。注意，这个偏置电压的基准或者参考是 GND，因此绘制小信号等效电路时，只需要把恒压源 V_{IN} 短接即可。图 2-43(a) 所示电路并不正确，正确的小信号电路如图 2-43(b) 所示，可知 V_{SS} 噪声增益为

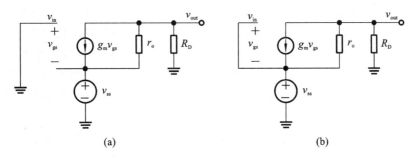

$$(a) \qquad\qquad (b)$$

图 2-43　计算电阻负载的共源极放大器负电源增益 A^- 的小信号等效电路图

$$A^- = \frac{R_D}{r_o + R_D} \tag{2-60}$$

从而计算得到负电源抑制比 $(PSRR)^-$

$$(PSRR)^- = \frac{A_V}{A^-} = - g_m \, r_o \tag{2-61}$$

同理，由图 2-44 的小信号等效电路图，可以计算出正电源抑制比 $(PSRR)^+$

$$(PSRR)^+ = \frac{A_V}{A^+} = \frac{- g_m (r_o \parallel R_D)}{\dfrac{r_o}{r_o + R_D}} = - g_m \, R_D \tag{2-62}$$

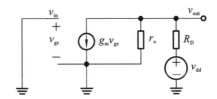

图 2-44　计算电阻负载的共源极放大器正电源增益 A^+ 的小信号等效电路图

电阻负载共源极放大器中，通常有 $R_D \ll r_o$，从而 $A_V = - g_m (r_o \parallel R_D) \approx - g_m R_D$，即 $PSRR^+ \approx A_V$。显然，该电路对 V_{SS} 上噪音的抑制能力，要比 V_{DD} 上的噪音抑制能力强。这也可以理解为 MOS 管的漏源电压的变化对 MOS 管电流的影响很小，而电阻则将 V_{DD} 上的噪声直接传输到了输出节点上。

2.7.2　仿真实验

本例将仿真电阻负载共源极放大器的正负电源抑制比。

截至目前，我们仿真增益采用的方式是做直流扫描，观察输出与输入电压的关系曲线，再对该曲线求导，得出不同输入电压下的小信号增益。

本例，我们采用另外一种仿真增益的方法。我们直接在输入端加一个直流电源，并叠加一个幅值为 1 V 的交流电压。我们观察输出交流电压的幅值，

电阻负载共源极
放大器的 PSRR
-案例

该输出电压就是交流小信号增益(为什么?)。

提醒读者思考,此处加载 1 V 交流电压,是否会导致输出的交流电压太大(例如,如果增益为 10,则输出交流电压的幅值为 10 V)? 是否会超出电源电压? 是否会导致 MOS 管离开饱和区? 其实这三个担心都是多余的。

仿真工具做的直流仿真和交流仿真相互独立,使用的电路模型也完全不同。就跟我们做电路分析一样,直流仿真使用的是大信号模型,交流仿真使用的是小信号模型。两者之间的关系体现在:做大信号分析时,取其中一个直流信号作为电路的"直流工作点",确定 MOS 管处于合适的偏置状态,在该"直流工作点上",我们可以得到 MOS 管的小信号模型和参数。

我们在利用小信号等效电路分析电路时,所有信号都是小信号,也就不存在刚才说的三个担心的问题了。

那么,我们做交流仿真时,扫描什么呢? 既然我们关心放大器的增益,那么我们就要关心在某个直流工作点下,放大器的增益是否会变。基于 1.8 节的相关概念,我们发现不同频率的信号,放大器的响应是不同的。从而,做交流仿真时,我们可以扫描输入交流信号的频率。

在 CMOS 模拟电路中,最常见的输入信号是加载到 MOS 管的栅极的,即输入通常是容性的。从而,一个电路的输出也通常是带容性负载。考虑到放大器一般的工作情况,我们在仿真时,让电路带 10 pF 的电容作为负载。仿真电路图如图 2-45 所示,得到的仿真波形如图 2-46 所示。为了便于理解和比较,此处在一个坐标系中同时给出了 A_v,$(PSRR)^+$,$(PSRR)^-$。

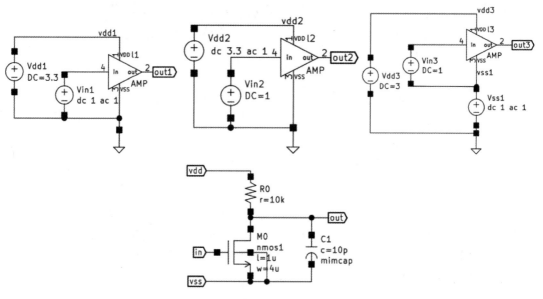

图 2-45 电阻负载共源极放大器的 PSRR 仿真电路图

2.7.3 互动与思考

请读者自行改变 MOS 管的 W、L、R_D 等参数,观察正负电源抑制比是否有变化。

请读者思考:

(1)读者还可以让该电路驱动不同的容性负载,观察电源抑制比的变化趋势。请问如何

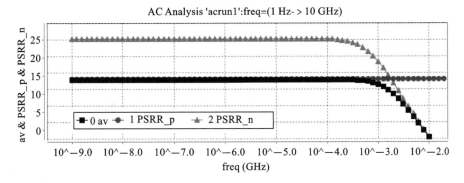

图 2-46　电阻负载的共源极放大器的电源抑制比仿真波形

提高本例电路的电源抑制比？

（2）在计算 GND 到输出的增益时，为什么将放大器的输入端接小信号 v_{ss}？在仿真 A^- 或者 A^+ 时，放大器的输入端 V_{in} 应该分别如何设置？

（3）输入信号超过某个频率之后，放大器的增益为何会下降？

（4）请解释，为何 GND 上也存在噪声？GND 不是我们认为的"参考"么？

◀　2.8　电流源负载共源极放大器的 PSRR　▶

2.8.1　特性描述

图 2-47（a）所示为电流源负载共源极放大器，其小信号增益为

$$A_{V} = - g_{m1}(r_{O1} \parallel r_{O2}) \tag{2-63}$$

为了计算 A^+，绘制图 2-47（b）所示的小信号电路。注意，为了考虑 V_{DD} 上的噪声对电路的影响，凡是与 V_{DD} 有关或者以 V_{DD} 为参考的信号，都需要考虑 V_{DD} 上的噪声信号 v_{dd}。图 2-47（a）的负载管 M_2 的栅极信号 V_b 是以 V_{DD} 为参考的恒定偏置信号，电压 V_{DD} 上的噪声毫无衰减地传递到 V_b 上，即

电流源负载共源极
放大器的 PSRR
-视频

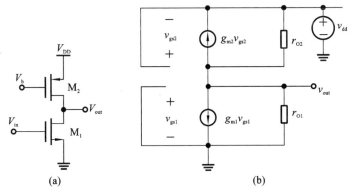

图 2-47　电流源负载的共源极放大器及计算 A^+ 的小信号等效电路

$v_{gs2} = 0$。从而,两个电源抑制比分别可以求出为

$$\text{PSRR}^- = \frac{A_V}{A^-} \approx -\frac{g_{m1}(r_{O1} \parallel r_{O2})(r_{O1} + r_{O2})}{r_{O2}} = -g_{m1} r_{O1} \qquad (2\text{-}64)$$

$$\text{PSRR}^+ = \frac{A_V}{A^+} \approx -\frac{g_{m1}(r_{O1} \parallel r_{O2})(r_{O1} + r_{O2})}{r_{O1}} = -g_{m1} r_{O2} \qquad (2\text{-}65)$$

可见,相对于电阻负载的共源极放大器而言,电流源负载的共源极放大器的正电源抑制要强许多。

为便于读者更好地理解 PSRR 计算方法,计算 PSRR 的原则汇总如下:

(1)既要考虑电源的噪声,也要考虑 GND 的噪声;

(2)凡是以 V_{DD}(或者 GND)为参考的信号,或者叫与 V_{DD}(或者 GND)是相同"电源域"的信号,在做 PSRR 计算和仿真时,均需加载 v_{dd}(或者 v_{ss})的小信号输入。

2.8.2 仿真实验

电流源负载共源极
放大器的 PSRR
-案例

本例将仿真电流源负载共源极放大器的正负电源抑制比,仿真电路图如图 2-48 所示,仿真波形在图 2-49 中。

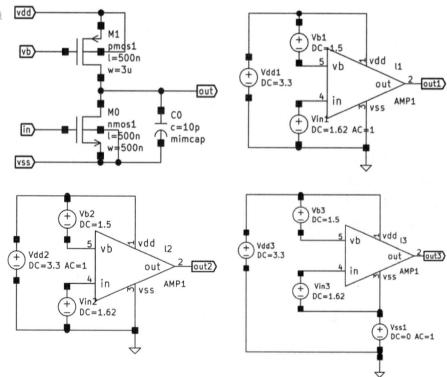

图 2-48 电流源负载共源极放大器的 PSRR 仿真电路图

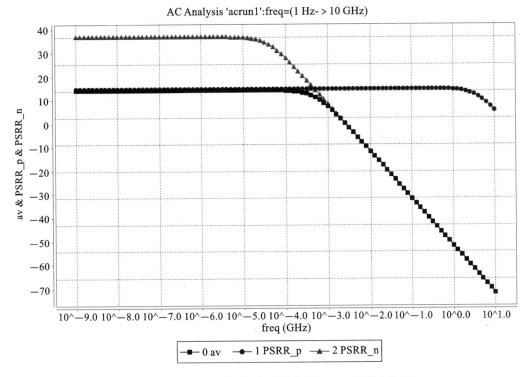

图 2-49　电流源负载共源极放大器的 PSRR 仿真波形图

2.8.3　互动与思考

请读者自行改变 MOS 管的 W_1、L_1、W_2、L_2、V_b 等参数,观察电源和地的两个电源抑制比是否有变化。

请读者思考:

(1)在电路结构不变的情况下,是否有办法提高电源抑制比?

(2)如果让本例的放大器驱动容性负载,那么电源抑制比会如何变化? 你能解释变化的原因吗?

(3)从版图设计的角度,是否能提高电路的电源抑制比?

(4)在 2.2 节,我们提到该电路的输出无确定的直流工作点,需要其他辅助电路才能让电路正常工作。可是,本例电路仿真中,并未加入其他辅助电路,仿真为何没出现问题?

◀　2.9　源极跟随器输入输出特性　▶

2.9.1　特性描述

MOS 管是四端口器件,由于衬底电压对 MOS 管的工作情况影响较小,虽然叫"背栅",但通常很少用来控制 MOS 管的工作。从而,MOS 管常常被

源极跟随器输入
输出特性-视频

看作是三端口器件。三端口器件,第一个端口作为输入,第二个端口作为输出,第三个端口作为公共端,则 MOS 管的工作情况存在如图 2-50 所示的四种可能的工作组态。注意,MOS 管的栅极无法作为输出端,三端口组成的工作组态就只有这四种可能性了。

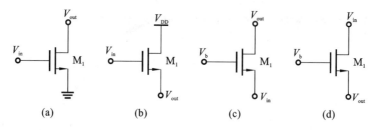

图 2-50　MOS 管放大器可能的四种工作组态

组态(a)可以构成共源极放大器。组态(b)在本书 1.3 节的图 1-21 出现过,我们称之为源极跟随器,该电路也称为共漏极放大器。组态(c)将在本书 2.13 节讲解。而组态(d)不存在。因为我们了解到,对 MOS 管电流调节能力最强的是 MOS 管栅源电压,所以放大器的输入端要么在栅极,要么在源极。漏栅之间的电压与 MOS 管电流的关系非常弱,所以电路(d)不存在。

让 MOS 管的漏端作为公共端,输入加在栅极,输出在源极的放大器叫源极跟随器。如图 2-51 所示的源极跟随器,我们关心输入电压 V_{in} 在大范围内变化时,V_{out} 是如何响应的。

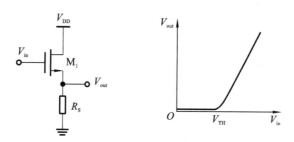

图 2-51　源极跟随器电路及输入输出特性曲线

分析大信号特性时,让 V_{in} 从低变高,电路分别出现下列不同情况:

(1)当 $V_{in} < V_{TH}$ 时,M_1 关断,流过 M_1 的电流为 0,则 V_{out} 为 0。

(2)当 $V_{in} > V_{TH}$ 时,M_1 导通并工作在饱和区(特别地,刚导通时 MOS 管的过驱动电压刚稍微比零大,且 V_{out} 几乎为零,流过 MOS 的电流也几乎为零,此时 MOS 管有最大的漏源电压,即 $V_{DS} \approx V_{DD}$,远大于此时的过驱动电压)。基于饱和区电流公式,得到

$$V_{out} = \frac{1}{2} \mu_n C_{ox} \frac{W}{L} (V_{in} - V_{TH} - V_{out})^2 \cdot R_S \qquad (2\text{-}66)$$

从而,可以求出 V_{out} 与 V_{in} 的关系式为

$$\sqrt{V_{out}} = \sqrt{\frac{1}{2 \mu_n C_{ox} \frac{W}{L} R_S} + V_{in} - V_{TH}} - \frac{1}{\sqrt{2 \mu_n C_{ox} \frac{W}{L} R_S}} \qquad (2\text{-}67)$$

从式(2-67)可知,当 $V_{\text{in}} - V_{\text{TH}} - V_{\text{out}}$ 较大,或者 R_{S} 也较大时, $\dfrac{1}{2\mu_{\text{n}}C_{\text{ox}}\dfrac{W}{L}R_{\text{S}}} \approx 0$,则 $V_{\text{out}} \approx$

$V_{\text{in}} - V_{\text{TH}}$,即输出电压将跟随输入电压的差值为恒定值。因此,该电路被称为源极跟随器。

　　(3)当 V_{in} 达到电路中的最高值比如 V_{DD} 时,M_1 也始终工作在饱和区。原因是 V_{in} 不可能比 V_{DD} 高,从而 $V_{\text{GS}} \leqslant V_{\text{DS}}$,MOS 管永远工作在饱和区。

　　电阻,特别是大电阻,在电路实现时会遇到困难。因此在集成电路设计中,我们通常希望尽可能少用电阻。共源极放大器的负载可以用电流源替代电阻,源极跟随器也同样可以。替换后的源极跟随器如图 2-52 所示。如图图中 I_1 为理想电流源,则只要 MOS 管导通,M_1 的电流就是恒定值。在忽略 MOS 管沟长调制效应和衬底偏置效应时,只有 V_{GS} 保持不变,其电流才不变,从而 V_{in} 和 V_{out} 的差值(即 M_1 的 V_{GS})永远恒定。从而,我们猜测,电流源负载的源极跟随器比电阻负载的源极跟随器有更好的输入输出性能。

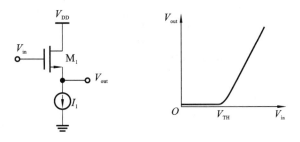

图 2-52　电流源负载的源极跟随器及输入输出特性曲线

2.9.2　仿真实验

　　本节将要仿真源极跟随器的输入输出特性,并据此分析确定输入电压范围和输出电压范围。仿真电路图如图 2-53 所示,仿真波形如图 2-54 所示。结论显示,电流源负载的源极跟随器的增益线性度更好,增益更接近 1。

源极跟随器输入
输出特性-案例

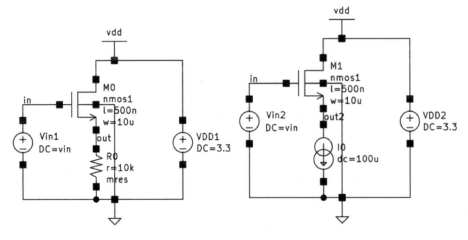

图 2-53　源极跟随器的输入输出特性仿真电路图

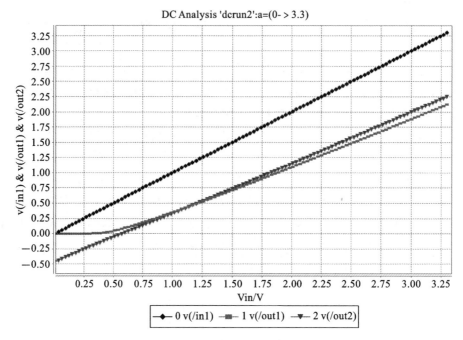

图 2-54　源极跟随器的输入输出特性仿真波形

2.9.3　互动与思考

读者可以自行改变 R_S、W/L，观察输入输出特性曲线的变化。

请读者思考：

（1）如果将 R_S 换为一个理想电流源，则输入输出特性曲线差异在哪里？

（2）如果用工作在饱和区的 MOS 管替代上述 R_S，则输入输出特性曲线又有什么变化？

（3）本例电路的分析中忽略了衬底偏置效应，即假定阈值电压恒定。如果考虑衬底偏置效应，上述分析结论将需要做哪些修改？

（4）如何避免源极跟随器的衬底偏置效应？

（5）为何源极跟随器中的 MOS 管只要导通，就始终工作在饱和区？

◀ 2.10　源极跟随器的增益 ▶

2.10.1　特性描述

源极跟随器的
增益-视频

我们在对源极跟随器做大信号分析时，得知当 $V_{in} - V_{TH}$ 较大，而且 R_S 也较大时，$V_{out} \approx V_{in} - V_{TH}$，即源极跟随器的增益约为 1。现在我们仔细分析一下该增益。当 M_1 工作在饱和区时，有

$$V_{out} = \frac{1}{2} \mu_n C_{ox} \frac{W}{L} (V_{in} - V_{TH} - V_{out})^2 \cdot R_S \qquad (2\text{-}68)$$

$$\frac{\partial V_{\text{out}}}{\partial V_{\text{in}}} = \frac{1}{2}\,\mu_{\text{n}}\,C_{\text{ox}}\,\frac{W}{L}\,2(V_{\text{in}} - V_{\text{TH}} - V_{\text{out}})\left(1 - \frac{\partial V_{\text{TH}}}{\partial V_{\text{in}}} - \frac{\partial V_{\text{out}}}{\partial V_{\text{in}}}\right) \cdot R_{\text{S}} \tag{2-69}$$

因为

$$V_{\text{out}} = V_{\text{SB}}, \frac{\partial V_{\text{TH}}}{\partial V_{\text{SB}}} = \eta \tag{2-70}$$

所以

$$\frac{\partial V_{\text{out}}}{\partial V_{\text{in}}} = \frac{\mu_{\text{n}}\,C_{\text{ox}}\,\dfrac{W}{L}(V_{\text{in}} - V_{\text{TH}} - V_{\text{out}}) \cdot R_{\text{S}}}{1 + \mu_{\text{n}}\,C_{\text{ox}}\,\dfrac{W}{L}(V_{\text{in}} - V_{\text{TH}} - V_{\text{out}}) \cdot R_{\text{S}}(1 + \eta)} \tag{2-71}$$

$$A_{\text{V}} = \frac{g_{\text{m}}\,R_{\text{S}}}{1 + (g_{\text{m}} + g_{\text{mb}})\,R_{\text{S}}} \tag{2-72}$$

对上式分析发现，即使 $R_{\text{S}} \approx \infty$，源跟随器的电压增益也不会等于 1，而是永远小于 1。下面，我们用更加简单直观的小信号等效电路法计算电路的增益。绘制图 2-55 所示的小信号等效电路图。为了分析的简单起见，可以先忽略沟长调制效应和衬底偏置效应，则

$$v_{\text{out}} = g_{\text{m}}\,v_{\text{gs}} \cdot R_{\text{S}} \tag{2-73}$$

$$v_{\text{gs}} = v_{\text{in}} - v_{\text{out}} \tag{2-74}$$

从而

$$A_{\text{v}} = \frac{g_{\text{m}}\,R_{\text{S}}}{1 + g_{\text{m}}\,R_{\text{S}}} \tag{2-75}$$

与式(2-72)一样，该增益是一个小于 1 而接近于 1 的值。显然，当 R_{S} 较大时，$g_{\text{m}}\,R_{\text{S}} \gg 1$，从而 $A_{\text{v}} \approx 1$。

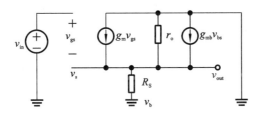

图 2-55　计算源极跟随器增益的小信号等效电路图

在本书使用的 P 衬 N 阱 CMOS 工艺中，衬底偏置效应必然存在。考虑了图 2-55 电路中的 $g_{\text{mb}}\,v_{\text{bs}}$ 电流后，放大器的增益为

$$A_{\text{v}} = \frac{g_{\text{m}}\,R_{\text{S}}}{1 + (g_{\text{m}} + g_{\text{mb}})\,R_{\text{S}}} \tag{2-76}$$

考虑沟长调制效应的复杂情况，放大器增益的计算留给读者自己去计算。

将源极处的电阻换成电流源的电路如图 2-56(a)所示，绘制其小信号电路图如图 2-56(b)所示。

利用图 2-56(b)计算电路的小信号增益比较简单

$$v_{\text{out}} = (g_{\text{m}}\,v_{\text{gs}} + g_{\text{mb}}\,v_{\text{bs}}) \cdot r_{\text{o}} \tag{2-77}$$

$$A_{\text{v}} = \frac{g_{\text{m}}\,r_{\text{o}}}{(g_{\text{m}} + g_{\text{mb}})\,r_{\text{o}} + 1} \tag{2-78}$$

显然，这个增益更接近于源极跟随器的理想增益值。

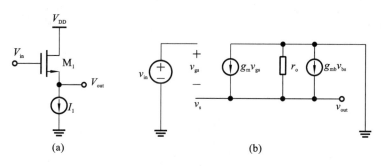

图 2-56　电流源负载的源极跟随器

我们在关心一个放大器的增益时,还需要关心该放大器的小信号输出阻抗。因为小信号输出阻抗决定了放大器的输出特性好坏。如果一个放大器的输出是电压,则我们希望该放大器的输出阻抗越小越好。输出阻抗越小的电压源,越接近理想电压源。同理,如果一个放大器的输出是电流,则我们希望该放大器的输出阻抗越大越好。输出阻抗越大的电流源,越接近理想电流源。

计算源极跟随器小信号输出电阻的小信号等效电路图如图 2-57 所示。

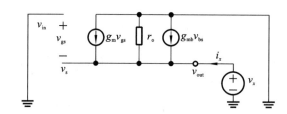

图 2-57　计算源极跟随器小信号输出电阻的等效电路

根据节点电流公式,有

$$i_x = -g_m v_{gs} - g_{mb} v_{bs} + \frac{v_x}{r_o} \tag{2-79}$$

从而,小信号输出阻抗为

$$r_{out} = \frac{v_x}{i_x} = \frac{1}{g_m + g_{mb} + \dfrac{1}{r_o}} \tag{2-80}$$

式(2-80)表明,衬底偏置效应和沟长调制效应都减小了输出阻抗。另外,图 2-57 所示电路中,并未包括输出节点到地的负载电阻 R_S。如果考虑负载电阻 R_S,则整个电路的小信号输出阻抗进一步变小。考虑负载电阻 R_S 的小信号输出电阻变为

$$r_{out} = \frac{v_x}{i_x} = \frac{1}{g_m + g_{mb} + \dfrac{1}{r_o} + \dfrac{1}{R_S}} \tag{2-81}$$

式(2-81)的计算过程,也请读者自行完成。

现在,我们来分析源极跟随器的跨导。绘制计算电流源负载的源极跟随器小信号等效电路如图 2-58(a)所示。图中 $v_{bs} = 0$,因此 $g_{mb} v_{bs}$ 这条电流支路可以去掉。r_o 两端都是 GND,则 r_o 相当于短接,也可以去掉这条支路。从而小信号等效电路化简为 2-58(b)所示的

电路,该电路的跨导就是 MOS 管的跨导 g_{m}。

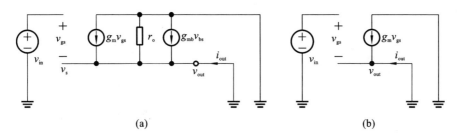

图 2-58　计算源极跟随器跨导小信号等效电路及其化简

最后,我们来验证一下用跨导和小信号电阻计算的增益,与我们直接计算的增益是否一致。

$$A_{\mathrm{V}} = G_{\mathrm{m}} R_{\mathrm{out}} = g_{\mathrm{m}} \cdot \frac{1}{g_{\mathrm{m}} + g_{\mathrm{mb}} + \dfrac{1}{r_{\mathrm{o}}}} = \frac{g_{\mathrm{m}} r_{\mathrm{o}}}{1 + (g_{\mathrm{m}} + g_{\mathrm{mb}}) r_{\mathrm{o}}} \tag{2-82}$$

结论是,用该电路的跨导和小信号电阻相乘得到的增益,与直接计算的增益表达式(2-78)完全一致。

源极跟随器的小信号特性汇总在表 2-5 中。

表 2-5　源极跟随器的小信号特性汇总表

序号	参　数	值
1	跨导	g_{m}
2	增益	$\dfrac{g_{\mathrm{m}} R_{\mathrm{S}}}{1 + (g_{\mathrm{m}} + g_{\mathrm{mb}}) R_{\mathrm{S}}}$
3	输入电阻	∞
4	输出电阻	$\dfrac{1}{g_{\mathrm{m}} + g_{\mathrm{mb}} + \dfrac{1}{r_{\mathrm{o}}} + \dfrac{1}{R_{\mathrm{S}}}}$

2.10.2　仿真实验

本例将仿真源极跟随器的小信号增益。此处我们并不做 AC 分析,而是通过做 DC 分析,并对输出求导,从而得出小信号增益与输入电压的关系。仿真电路图如图 2-59 所示,仿真波形如图 2-60 所示。本例仿真中采用了理想电流源,所以哪怕输入电压低于 MOS 管阈值电压,MOS 管也被强制产生电流,这与电路实际工作情况不符。因此图中仅仅在 MOS 管导通之后的曲线是有意义的,即图中 $V_{\mathrm{in}} > 0.6\ \mathrm{V}$ 后,V_{out2} 曲线才有意义。仿真波形的第二个结论是,电流源负载共源极放大器的增益更接近于 1,且相对输入电压的变化更小。

源极跟随器的
增益-案例

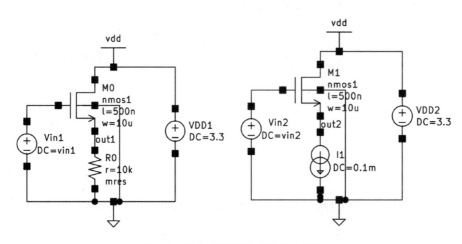

图 2-59　源极跟随器增益仿真电路图

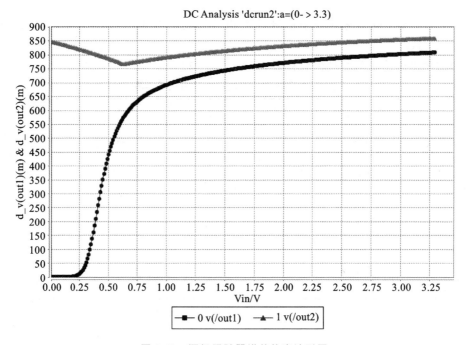

图 2-60　源极跟随器增益仿真波形图

2.10.3　互动与思考

改变 MOS 管衬底电压 V_B（可以设置为 V_S，或者 0）、R_S、W/L，看增益波形的变化趋势。请读者思考：

（1）如何让源极跟随器的跟随特性更加理想？即如何让源极跟随器的小信号增益更接近 1？

（2）根据增益波形，找出适合源极跟随器工作的输入电压范围和输出电压范围。

（3）有人说，在电阻负载的源极跟随器中，输出电压跟随输入电压，且 MOS 管只要导通就一直工作在饱和区，因此该电路的工作与电阻负载无关。另外有人说，因为 MOS 管的电流加载在电阻上，如果电阻的阻值过大，则导致输出电压的直流电平过高，从而导致电路无法正常工作。请解释，关于负载电阻阻值的这两种说法哪一种正确？

◀　2.11　源极跟随器的电平转移功能　▶

2.11.1　特性描述

一个增益接近于 1 但小于 1 的放大器有什么用？源极跟随器很重要的一个应用是电平转换器。

图 2-61 的源极跟随器中，假定 MOS 管 M_1 工作在饱和区，由于 MOS 管流过恒定的电流 I_1，则 M_1 管应该有恒定的 V_{GS}。输入电压变化后，输出电压会紧紧跟随输入电压的变化而变化。本电路输入电压和输出电压的差值为 MOS 管的 V_{GS}，当 V_{GS} 恒定，其电流才恒定。图中也给出了输出波形跟随输入波形变化而变化的示意。因此，改变 I_1 大小，则输出电压与输入电压的差值也随之改变。

源极跟随器的
电平转移功能
-视频

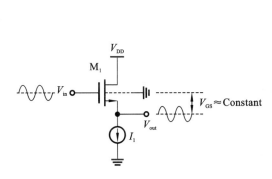

图 2-61　用作电平转移器的源极跟随器

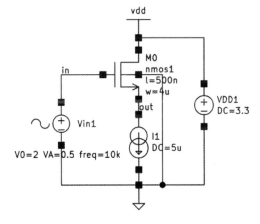

图 2-62　电平转换器仿真电路图

2.11.2　仿真实验

本例将通过仿真验证电平转换器输出电压跟随输入电压变化的特性。仿真电路图如图 2-62 所示。为了更加形象地表征电平转移，我们为输入信号在一个固定直流电平上叠加一个正弦波。通过瞬态仿真来观察输出电压波形。仿真波形图如图 2-63 所示，肉眼难以看出输入信号和输出信号的差异。

源极跟随器的
电平转移功能
-案例

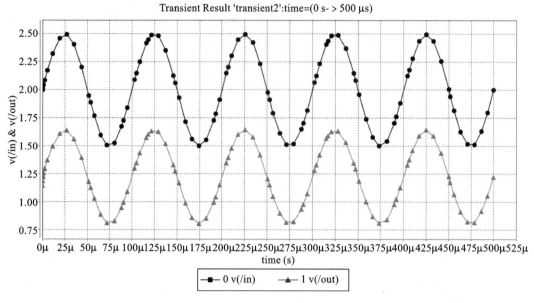

图 2-63　电平转换器仿真波形图

2.11.3　互动与思考

读者可调整图中 MOS 管的偏置电流 I_1、W/L、V_{in} 直流电平和交流幅值,观察上述波形的变化趋势。

请读者思考:

(1)如何便捷地调整电路参数,使输出电平与输入电平的差值变大? 其最大差值受到什么限制?

(2)为保证本例电路正常工作,输入信号 V_{in} 有何限制和要求?

(3)本例电路中 M_1 不可避免的存在衬底偏置效应,对电路带来哪些影响?

◀　2.12　用作缓冲器的源极跟随器　▶

2.12.1　特性描述

用作缓冲器的
源极跟随器
-视频

源极跟随器的第二个典型应用是缓冲器(Buffer)。利用的是其输入阻抗大,输出阻抗小的特性。

前面我们学习了共源极放大器,其增益与输出节点的负载阻抗有直接关系,因为增益是跨导与输出节点总的等效阻抗之积。假定我们要驱动一个 50 Ω 的小电阻负载,则该负载将与放大器自身的输出阻抗并联,从而大幅降低输出端的总等效阻抗,因此电路的增益会大幅降低。这就要求有一种电路,无论负载大小,均不会影响前一级放大器的工作性能。这种电路称为缓冲级或者输出级。源极跟随器即可构成这样的缓冲级,具体应用如图 2-64 所示。

图 2-64 中,第一级电路的低频增益为 $-g_{m1}R_{big}$,源极跟随器构成该电路的缓冲级,其低频下的输入阻抗为无穷大。因此,缓冲级电路不会对前一级共源极放大器的增益造成影响。根据前面的分析我们知道,无论源极跟随器驱动何种负载,其小信号增益大致为 1(实际上小于 1)。因此,整个电路的增益依然大致为 $-g_{m1}R_{big}$。

我们来看另外一种情况。如果没有源极跟随器,第一级电路直接驱动一个小的电阻负载 R_{small},则放大器的低频增益降为 $-g_{m1}(R_{big} \parallel R_{small})$。可见,当该放大器带的负载阻抗较小时,会大幅降低其增益。增加的源极跟随器,起到了很好的缓冲作用。

刚才的分析中,我们假定源极跟随器的增益大致为 1,根据前面的学习,源极跟随器的小信号增益为

$$A_v = \frac{g_{m2}}{g_{m2} + g_{mb2} + \frac{1}{r_{o2}} + \frac{1}{R_{small}}} \approx \frac{g_{m2}R_{small}}{g_{m2}R_{small} + 1} \tag{2-83}$$

显然,该增益是一个小于 1 而不等于 1 的值,具体取值与 R_{small} 和 $\frac{1}{g_{m2}}$ 相关。当 g_{m2} 越大,则该增益越接近 1。

为了进一步说明问题,我们再来分析一下负载电阻就是一个小电阻的共源极放大器,如图 2-65 所示。

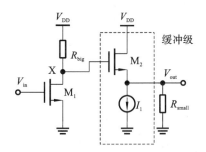

图 2-64　用作缓冲器的源极跟随器

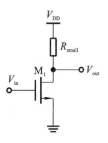

图 2-65　小电阻负载的共源极放大器

该电路的增益为

$$A_V = -g_m R_{small} \tag{2-84}$$

对于这两种电路的增益情况,假如 R_{small} 和 $\frac{1}{g_m}$ 相等,则由这两个器件构成的源极跟随器的增益为 0.5,而同样由这两个器件构成的共源极放大器的增益为 1。可见,源极跟随器并不是必须的驱动器,也不一定是有效的驱动器。

因此,只在某些应用下源极跟随器才用作输出级。源极跟随器的主要用途是完成电平的转移。

源极跟随器作为缓冲器工作时,对起主要放大作用的共源级放大器输出信号的摆幅有影响。图 2-64 中,如果没有这个增益为 1 的缓冲器,则 X 点的最低电压为 M_1 的过驱动电压 V_{OD1},而接入缓冲器之后,则 X 点的最低电压为 $V_{GS1} + V_{OD,I1}$。

2.12.2 仿真实验

本例中,我们需要驱动 50 Ω 电阻负载。通过仿真发现,直接使用共源极放大器,与使用源极跟随器做输出级,其增益相差非常大。仿真电路图如图2-66 所示,仿真波形如图 2-67 所示。为了便于比较,本例还将仿真不带源极跟随器的共源极放大器。请注意,本例仿真时,在不同的负载电阻下,电路的直流工作点有很明显的不同,我们分析放大器的增益,需要让 MOS 管工作在饱和区。

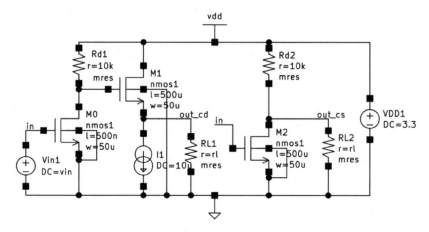

图 2-66 有、无源极跟随器的共源极放大器仿真电路图

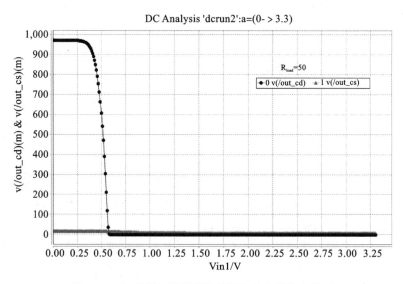

图 2-67 有、无源极跟随器的共源极放大器仿真波形

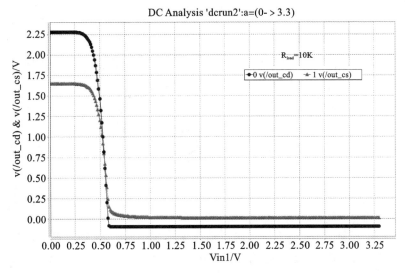

续图 2-67

2.12.3 互动与思考

改变电路参数,观察增益变化的趋势。

请读者思考:

(1)让负载电阻 R_{small} 更小,比如取 1 Ω,本例给出的两种电路的增益如何变化?

(2)第一级电路的输出直流电平,需要正好能保证第二级电路正常工作,请问该如何保证?

(3)第二级电路中的电流 I_1 如何设定? 如果 I_1 不够理想,电路出现哪些变化?

(4)源极跟随器的小信号输出电阻,与二极管负载的共源极放大器的小信号输出电阻相对,谁大谁小?

(5)不同的负载电阻,导致输出结点的直流电平出现较大变化,如何避免这种情况? 请尝试利用电容耦合的方式避免负载电阻影响输出直流电平。

◀ 2.13 共栅极放大器 ▶

2.13.1 特性描述

根据 2.9 节介绍的三种电路组态中,将输入信号加载到 MOS 管源极,输出信号在漏极,而栅极为固定电压,这种电路称为共栅极放大器。

如图 2-68 所示,共栅极电路有两种信号耦合方式:①直接耦合输入信号;②通过电容耦合输入信号。

直接耦合的时候,V_{in} 变化导致 M_1 的 V_{GS} 也会变化,从而 M_1 的电流变

共栅极放大器
-视频

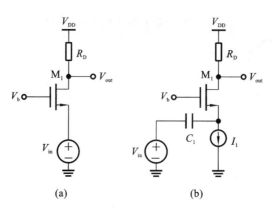

图 2-68　共栅级电路的两种信号耦合方式

化，导致 R_D 上的电压降变化，最终导致输出电压 V_{out} 的变化。这就实现了信号的放大。但这种耦合方式存在的问题是，输入电压的直流电平将影响 MOS 管的直流工作点，从而导致增益变化。

图 2-68(b)所示的为电容耦合输入的情况，V_{in} 会通过 C_1 流进一个变化的电流。由于 I_1 不变，变化的电流只能流过 M_1，因此输出电压 V_{out} 也会变化。这种耦合方式下，利用了 C_1 具有"隔直流通交流"的特性，只能传递变化的信号，不变的信号无法传递。从而 MOS 管的工作状态与输入信号的直流电平无关，并且 M_1 源极电流的改变会将无损地传输到输出端漏极。因此，共栅极电路也称为电流缓冲器。采用电容耦合的情况更具有实际意义。

因为图 2-68(b)不存在输入信号的直流电平对电路的影响，因而我们分析电路的大信号特性时，选用图 2-68(a)所示的共栅极直接耦合输入信号电路。

我们让 V_{in} 从 V_{DD} 逐渐变小至 0。当 $V_{in} \geqslant V_b - V_{TH}$ 时，M_1 处于关断状态，显然 $V_{out} = V_{DD}$。当 $V_{in} = V_b - V_{TH}$ 时，M_1 导通，由于此时的 $V_{DS} = V_{DD} - V_b + V_{TH}$，$V_{GS} - V_{TH} = 0$，则 M_1 工作在饱和区。之后，随着 V_{in} 的进一步下降，若 $V_{DS} = V_{GS} - V_{TH}$，即 $V_D = V_G - V_{TH}$，则 M_1 进入线性区。此时

$$V_D = V_{DD} - \frac{1}{2} \mu_n C_{ox} \frac{W}{L} (V_b - V_{in} - V_{TH})^2 R_D \tag{2-85}$$

$$V_G - V_{TH} = V_b - V_{TH} \tag{2-86}$$

设计合适的 V_b，则式(2-85)和式(2-86)有机会实现 $V_D = V_G - V_{TH}$。

基于小信号等效电路来分析共栅级放大器的增益。该电路的输入阻抗不是无穷大，而是一个有限值。为此，我们在分析更普遍情况下的共栅级电路工作特性时，要考虑信号源的阻抗。读者可能要问了，分析共源极放大器时，为何没考虑输入信号源的内阻呢？那是因为共源极放大器的输入信号加载到 MOS 管的栅极，从栅极向里看的阻抗在低频下是无穷大的。

图 2-69 是考虑了信号源阻抗 R_S 的共栅级电路(a)以及其小信号等效电路(b)。请读者注意，此处的 NMOS 管源极电压不为 0，而衬底电压为 0，因此需要考虑 MOS 管的衬底偏置效应。MOS 的小信号模型中应该包括 $g_{mb} v_{bs}$ 项。

基于该小信号等效电路，采用节点电流和环路电压公式，可以计算出其小信号增益为

$$A_V = \frac{1 + (g_m + g_{mb}) r_O}{R_D + R_S + r_O + (g_m + g_{mb}) r_O R_S} R_D \tag{2-87}$$

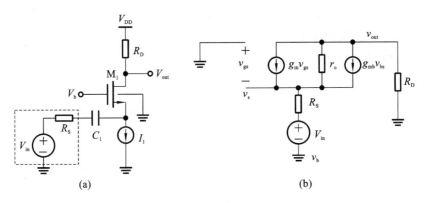

(a)   (b)

图 2-69　共栅级电路的小信号等效电路

该增益除了与 M_1 的工作状态有关,还与信号源内阻 R_S 和负载电阻 R_D 有关。

式(2-87)还可以做一定的近似化简。$(g_m + g_{mb})r_O R_S \gg r_O + R_S + R_D$,所以分母可以近似为 $(g_m + g_{mb})r_O R_S$,分子也可以近似为 $(g_m + g_{mb})r_O$,从而式(2-87)可以近似为

$$A_v \approx \frac{(g_m + g_{mb})}{1 + (g_m + g_{mb})R_S} R_D \tag{2-88}$$

式(2-88)中,若 R_S 较大,则 $(g_m + g_{mb})R_S \gg 1$,从而 $A_v \approx \dfrac{R_D}{R_S}$。若该电路加一个理想的输入电压,即 $R_S = 0$,则 $A_v \approx (g_m + g_{mb})R_D$。

这跟一个共源极放大器的增益是相似的。为何共栅极放大器的增益与共源极放大器的增益相似? 共源极放大器中,源极电压固定,栅极电压变化,从而输入电压 $v_{in} = v_{gs}$。共栅极放大器中,栅极电压固定,源极电压变化,从而 $v_{in} = -v_{gs}$。

前面我们提到,该电路能将 M_1 源极的电流传递到漏极,下面我们计算该电路的电流增益,绘制小信号等效电路如图 2-70 所示。为了方便计算,信号输入部分做了戴维南和诺顿的转换。通过转换,将电压源与电阻的串联换成电流源和电阻的并联形式后,整体电路的节点数减少一个,列写方程数也会少一个。

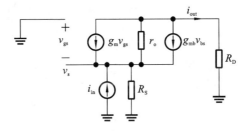

图 2-70　计算共栅级电路电流增益的小信号等效电路

自行计算可得电流增益为

$$\frac{i_{out}}{i_{in}} = \frac{(g_m + g_{mb})R_S}{1 + (g_m + g_{mb})R_S + R_D / r_O} \tag{2-89}$$

式(2-89)中,与输入电流源并联的 R_S 往往很大(与电压源串联的等效信号源内阻往往很小),从而 $R_S(g_m + g_{mb}) \gg 1$,可知 $\dfrac{i_{out}}{i_{in}} \approx 1$。这可以解释为:如果电流源的内阻 R_S 很大,则从 R_S 上分走的小信号电流可以忽略,几乎全部流到输出支路,从而电流增益为 1。由于 R_S

为有限值，从而电流传递会带来一定程度的损失。

绘制图 2-71 所示的小信号等效电路计算小信号输入电阻。计算输入电阻时，忽略了信号源内阻。图中，$v_{in} = -v_{gs}$，$v_{in} = -v_{bs}$，流过 r_o 的电流为 $v_{in} - i_{in} R_D$，从而根据节点电流有

$$\frac{v_{in} - i_{in} R_D}{r_o} + g_m v_{in} + g_{mb} v_{in} = i_{in} \tag{2-90}$$

从而有

$$r_{in} = \frac{v_{in}}{i_{in}} = \frac{R_D + r_o}{1 + (g_m + g_{mb}) r_o} \tag{2-91}$$

其中 $(g_m + g_{mb}) r_o \gg 1$，$R_D \ll r_o$，则式 (2-91) 可以简化为 $r_{in} = \dfrac{1}{g_m + g_{mb}}$。

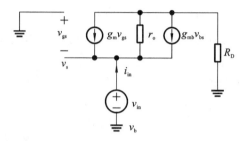

图 2-71　计算共栅级电路输入电阻的小信号等效电路

如果将图 2-69(a) 所示的共栅极放大器的负载由电阻换成电流源，得到图 2-72(a) 所示的电路。该电路依然是共栅极放大器。如果该电流源是理想电流源，则计算输入阻抗时，小信号等效电路如图 2-72(b) 所示。此时无需计算，$r_{in} = \infty$。原因很容易理解，因为理想电流源 I_2 全部流过 M_1，则 M_1 的电流不变，即小信号电流为零。输入阻抗无穷大，流进去的小信号电流才为零。如果将 I_2 用 MOS 管来实现，则计算小信号输入电阻时，将图 2-71 中的 R_D 替换为 r_{o2} 即可。此时，由式 (2-91) 可知，输入电阻依然比较小。

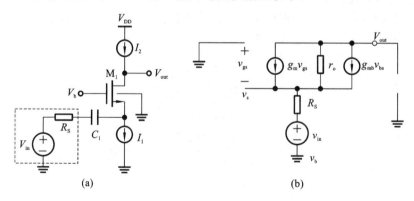

(a)　　　　　　　　　　　(b)

图 2-72　电流源负载的共栅极放大器

2.13.2　仿真实验

在 V_{in} 信号大范围变化时，可以通过仿真去观察输入输出特性曲线。本例将仿真直接耦合情况下的共栅极放大器的输入输出特性，仿真电路图如图 2-73 所示，仿真波形如图 2-74

所示。通过电容实现输入信号的耦合，对输入信号的频率有要求。本例仿真电路中的耦合电容为 10 pF，显示出高于 10 MHz 的信号才能有效耦合到共栅极放大器的输入端。另外，高于 10 GHz 的信号会衰减，因此该电路表现出一定的带通特性。如果看电流增益，则表现出常见的低通特性。

共栅极放大器
-案例

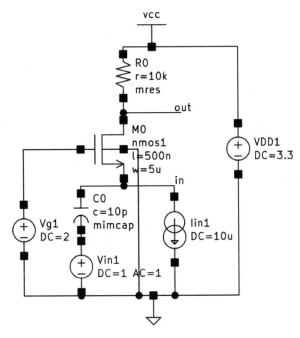

图 2-73　共栅极电路的输入输出特性仿真电路图

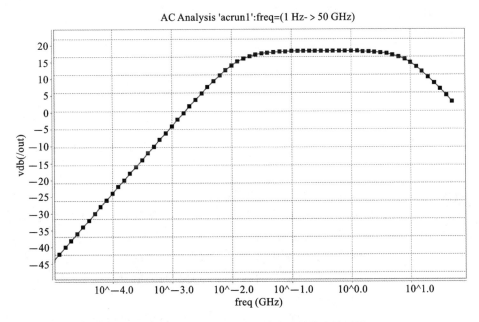

图 2-74　共栅极电路的输入输出特性仿真波形图

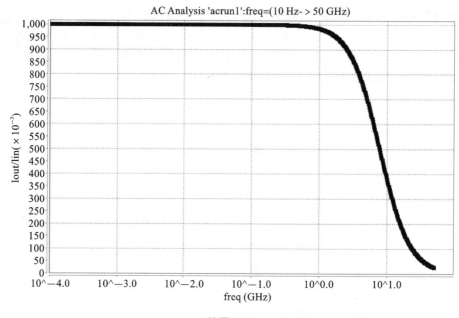

续图 2-74

2.13.3　互动与思考

读者可以改变 I_1、R_D、V_b、V_B、W/L 等参数,观察输入输出特性曲线和增益的变化趋势。
请读者思考:

(1)当所有 MOS 管均工作在饱和区时,电路的小信号电压增益为多少?

(2)本例中的信号耦合电容 C_1 对电路特性有何影响?取值有何原则?

(3)电流小信号增益为 1 的放大器有何用途?

◀　2.14　电阻负载共源共栅放大器的大信号特性　▶

2.14.1　特性描述

电阻负载共源
共栅放大器的
大信号特性
-视频

从前面的学习中,我们了解到:

(1)共源极放大器能将一个变化的电压转换为一个变化的电流,其输出本质是一个电流源。共源极电路本质上是一个跨导放大器,而不是电压放大器。

(2)共栅极放大器本质是将输入的小信号电流直接传递到输出端。

(3)基于带源极负反馈的共源极放大器的输出阻抗很大,我们猜测共栅级放大器的输出阻抗也很大。

这让我们想到,如果将共栅极放大器接到共源极放大器的输出,可以产生如下三个神奇的效果:①共源极放大器产生的跨导增益,会通过共栅级直接传递到输出,因为共栅级只是起到电流传递的作用；②共栅级输出，会导致输出电阻变得更大，即电流源更加理想；③提高电路的整体"本征"增益。

利用这种思想，就构成如图 2-75 所示的共源共栅放大器，也称 Cascode 放大器。Cascode 是级联的意思，因为共栅级 MOS 管是级联在共源极 MOS 管上方的。这种结构相对于普通的共源极放大器而言，有很多有用的特性。

在分析输入信号 V_{in} 的取值范围时，我们关注 M_1 和 M_2 均工作在饱和区的条件限制。随着 V_{in} 从 0 逐步变大，当 $V_{\text{in}} < V_{\text{TH}}$ 时，M_1 和 M_2 都工作在截止区。当两个 MOS 管都导通后，立即进入饱和区（因为此时流过 MOS 管的电流很小，输出电压 V_{out} 几乎为 V_{DD}）。随着 V_{in} 的继续增大，M_1 和 M_2 都有可能离开饱和区。至于哪个 MOS 管首先离开饱和区，则取决于器件尺寸、R_{D}、V_{B} 等因素。输入信号 V_{in} 的最低值与普通共源极放大器相同。但是 V_{in} 的最大值则受到图中 V_{X} 电压的限制，要求满足 $V_{\text{X}} \geqslant V_{\text{in}} - V_{\text{TH}}$。而图中的 V_{X} 则是由 V_{B} 根据 M_1 和 M_2 电流确定的某一个定值，即 M_1 的电流由 V_{in} 确定，从而 M_2 的电流也是确定的，这要求 M_2 有一个确定的 V_{GS}，从而 $V_{\text{X}} = V_{\text{B}} - V_{\text{GS}}$。

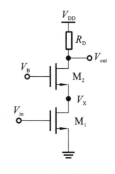

图 2-75　电阻负载共源
共栅放大器

电阻负载共源极放大器的输出电压直流工作点是确定的，V_{in} 决定了流过 M_1 的电流，该电流在 R_{D} 上产生一个直流电压降，从而得到输出有确定的直流电压值。与电阻负载的共源极放大器的分析相似，本电路输出电压最高值为 V_{DD}，最低值为 M_1 和 M_2 的过驱动电压之和。从而，该电路的输出电压摆幅为 $V_{\text{DD}} - V_{\text{OD1}} - V_{\text{OD2}}$。

提醒读者注意，并不是任何条件下该电路的输出电压摆幅都是 $V_{\text{DD}} - V_{\text{OD1}} - V_{\text{OD2}}$，这个结论仅仅在 M_1 也恰好工作在饱和区和线性区临界点时才成立。为了让 M_1 工作在临界点，要求 M_2 的栅极电压尽可能低，即

$$V_{\text{B}} = V_{\text{OD1}} + V_{\text{OD2}} + V_{\text{TH2}} \tag{2-92}$$

如果 V_{B} 比式(2-92)的值高，则 V_{X} 会被抬高，最终减小输出电压摆幅。

为了拓宽输入信号范围，则需要设置更高的 V_{B}。然而，更高的 V_{B} 会将输出节点电压限制在比较高的值，即减小了输出电压摆幅。从而，应该根据电路实际需要选择合适的 V_{B}。

2.14.2　仿真实验

本例将观察共源共栅放大器的输入输出特性曲线，以及共源 MOS 管和共栅 MOS 管的公共节点 V_{X} 相对于输入电压的特性曲线。并基于该波形，得出小信号增益相对于输入电压的关系曲线。仿真电路图如图 2-76 所示，仿真波形如图 2-77 所示。对输入输出曲线求导之后，得到放大器的增益波形。X 点和 OUT 点的增益区别明显，前者比后者小很多。

电阻负载共源
共栅放大器的
大信号特性
-案例

2.14.3　互动与思考

读者可以通过改变电路参数，观察 M_1 和 M_2 两个 MOS 管饱和区范围的变化、增益的变

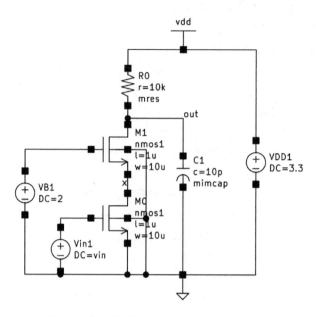

图 2-76　电阻负载共源共栅放大器仿真电路图

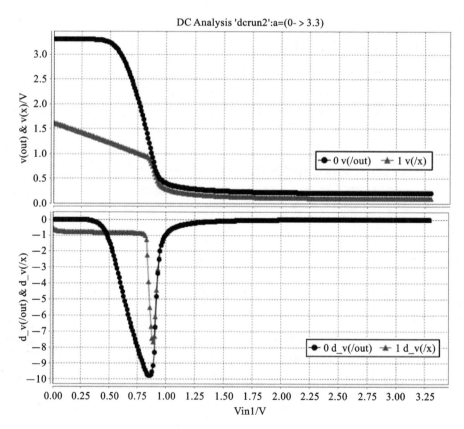

图 2-77　电阻负载共源共栅放大器仿真波形

化、输出电压摆幅的变化。

请读者思考：

(1)具体电路设计或者仿真中，V_B 该如何选取？选择的基本原则是什么？

(2)V_{out} 相对于V_{in} 的斜率为小信号增益，如何提高本例电路的小信号增益？

(3)当电路工作在放大状态下，输出电压 V_{out} 允许的范围是多少？受到哪些因素的限制？

(4)如果把本节电路中的电阻负载，换成电流源负载，其大信号特性会出现哪些变化？图中 V_X 还会呈现图 2-77 那样的变化么？

(5)满足哪些条件，两级共源共栅极的输出电压最低值才是这两个 MOS 管的过驱动电压之和？

◀　2.15　共源共栅级的小信号输出电阻　▶

2.15.1　特性描述

共源共栅级的
小信号输出
电阻-视频

共源共栅级电路的重要特性是其小信号输出阻抗非常高。我们绘制图 2-78(a)的小信号等效电路来计算共源共栅级电路的小信号输出阻抗。从 M_1 的漏极向下看的小信号电阻，就是 MOS 管自身的小信号电阻 r_o。从而，图 2-78(a)可以进一步等效为图 2-78(b)，依据带源级负反馈的共源极放大器的输出阻抗的表达式，可直接得到：

$$r_{out} = [1 + (g_{m2} + g_{mb2})r_{o2}]r_{o1} + r_{o2} \approx r_{o1}\, r_{o2}\,(g_{m2} + g_{mb2}) \tag{2-93}$$

可见，共源共栅结构将单个共源极的输出阻抗提高至原来的 $(g_{m2} + g_{mb2})r_{o2}$ 倍。如果忽略 M_2 的体效应，则发现输出电阻变为 M_1 输出电阻 r_{o1} 的本征增益（$g_{m2}r_{o2}$）倍。可以预见的是，只要增加一个共栅极，输出电阻就增大这个共栅极 MOS 管的本征增益倍。

基于该原理，我们甚至还可以将共源共栅扩展为三个或更多个 MOS 管的层叠，以获得更高的输出阻抗。图 2-79 就是一个三级 Cascode 放大器。其小信号输出电阻大约为 $g_{m3}r_{o3}g_{m2}r_{o2}r_{o1}$ 。

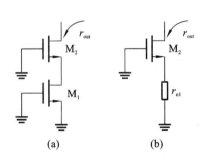

图 2-78　计算共源共栅级电路小信号输出
　　　　　阻抗的等效电路

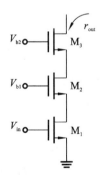

图 2-79　三级共源共栅级电路
　　　　　的小信号输出阻抗

但是,多个 MOS 管的层叠,极大的限制了输出电压的摆幅。图 2-79 的三级共源共栅极结构的输出电压理论最低值为三个 MOS 管的过驱动电压之和。因此,这种结构在低电源电压时吸引力不够。

可以通过仿真共源共栅级电路的输出 I-V 特性曲线,来观察其小信号输出电阻。如果 I-V 特性曲线越平行于 X 轴,则表明其小信号输出电阻越大。为了更直观地看到电路的输出电阻,我们还可以求出饱和区段曲线斜率的倒数。

共源共栅极的小信号输出电阻很多,即可以用作共源共栅极放大器以提高增益,还可以用来产生更加理想的电流源。

2.15.2 仿真实验

共源共栅级的小信号输出电阻-案例

为了便于比较,我们同时仿真单个 MOS 管,以及 Cascode 级的 I-V 特性曲线。仿真电路图如图 2-80 所示,仿真波形在图 2-81 中。仿真结果显示,Cascode 级的 I-V 特性曲线更平,从而其斜率更小,小信号输出电阻更大。

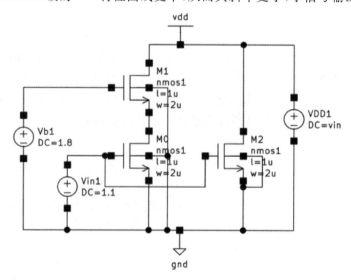

图 2-80　共源共栅级电路小信号输出阻抗的仿真电路图

2.15.3 互动与思考

读者可调整:三个 MOS 管的 W/L、V_{in1}、V_{b1} 等参数,观察电路 I-V 曲线的差异,以及小信号输出电阻的差异。

请读者思考:

(1)如何进一步提高共源共栅级结构的输出电阻? 请通过仿真验证你的想法。

(2)有无以下可能:通过设计合适的器件尺寸,实现单个 MOS 管的小信号输出电阻,使其与共源共栅级结构的小信号输出电阻相等?

(3)共源共栅级结构的输出电阻,是否与共栅极 MOS 管的栅极电压有关?

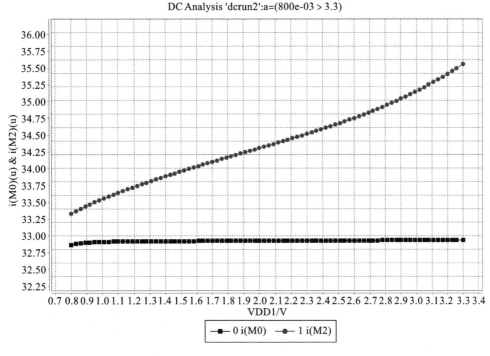

图 2-81　共源共栅级电路小信号输出阻抗的仿真波形图

◀　2.16　共源共栅放大器的增益和摆幅　▶

2.16.1　特性描述

　　共源共栅结构最大的优点在于其输出电阻非常大，因此可以实现非常大的增益。这与我们之前了解到的共栅极电路的特性是相通的，通过在共源极电路上叠加一个共栅极，可以让共源极的输出电流特性更加理想。输出电流特性更加理想，也可以理解为电流源的输出电阻变大。

共源共栅放大器
的增益和摆幅
-视频

　　共源共栅结构除了做放大器之外，另外一种普遍应用是构成一个更加理想的电流源，通常可以近似看作为恒流源，从而可以设计出如图 2-82 所示的高增益放大器。选择合适的偏置电压，令 M_3 和 M_4 均工作在饱和区，则 V_{b3} 所决定的 M_4 的电流通过 M_3 这个共栅极之后，M_4 的电流更加理想，从而成为了共源共栅极电流源负载，而 M_1 和 M_2 构成共源共栅放大器。

　　基于已有知识，或者绘制该电路的小信号等效电路，忽略器件的衬底偏置效应，则输出节点向上看到的输出电阻为 $g_{m3}\,r_{o3}\,r_{o4}$，从输出节点向下看到的输出电阻为 $g_{m2}\,r_{o2}\,r_{o1}$，而整个电路的跨导，即为 M_1 的跨导 g_{m1}。在忽略那些较小部分之后，该电路的小信号增益最重要的部分为

$$A_V \approx - g_{m1} \left[g_{m2} \, r_{o2} \, r_{o1} \, \| \, g_{m3} \, r_{o3} \, r_{o4} \right] \tag{2-94}$$

尽管该电路的增益出现了数量级的提高,但该电路也存在不可避免的缺陷,即输出电压摆幅下降非常厉害。为保证图 2-82 所示电路中所有 MOS 管均工作在饱和区,则要求所有 MOS 管的 $V_{DS} > V_{OD}$。因此,本电路的输出电压摆幅被限制在 $V_{DD} - V_{OD1} - V_{OD2} - V_{OD3} - V_{OD4}$。如同 2.13 节所说,要想达到这个电压摆幅,要求 V_{b1} 尽可能低,而 V_{b2} 尽可能高。

相对于普通的电流源负载共源极放大器而言,由于 M_2 和 M_3 消耗了额外的电压降($V_{DS} > V_{OD}$),该电路的输出摆幅会减小两个 MOS 管的过驱动电压,从而导致电压余度(Voltage Headroom)下降。在低压电路设计中,该缺陷可能是致命的。

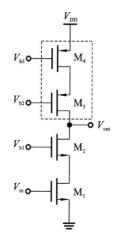

图 2-82　采用共源共栅负载的共源共栅放大器

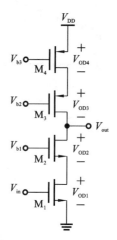

图 2-83　共源共栅放大器输出电压摆幅

此处的电压余度,定义为电路消耗的电压降。在图 2-83 中,四个 MOS 管消耗的电压降最小值为四个 MOS 管的过驱动电压之和。这样,V_{out} 处的电压可以允许摆动的范围(即摆幅)为 $V_{DD} - V_{OD1} - V_{OD2} - V_{OD3} - V_{OD4}$。

另外,共源共栅放大器的电流基本由 V_{in} 和 V_{b3} 决定,V_{b1} 和 V_{b2} 的选择则相对灵活。但是为保证输出电压尽可能大的摆幅,则要求 V_{b1} 尽可能选低,而 V_{b2} 尽可能选高。例如,图 2-83 中,V_{b1} 应该选择尽可能低的电压,让 M_1 工作在三极管区和饱和区的临界点,则 $V_{b1} = V_{OD1} + V_{GS2}$。$V_{GS2}$ 是由电流和 M_2 的尺寸决定的一个固定值。

综上所述,共源共栅负载的共栅放大器的性能如表 2-6 所示。

表 2-6　共源共栅负载的共源共栅放大器的性能汇总

参　数	值
小信号增益	$- g_{m1} \left[g_{m2} \, r_{o2} \, r_{o1} \, \| \, g_{m3} \, r_{o3} \, r_{o4} \right]$
小信号输出阻抗	$g_{m2} \, r_{o2} \, r_{o1} \, \| \, g_{m3} \, r_{o3} \, r_{o4}$
跨导	g_{m1}
输出电压直流工作点	不确定
输出电压摆幅	$V_{DD} - V_{OD1} - V_{OD2} - V_{OD3} - V_{OD4}$

2.16.2 仿真实验

本例将仿真共源共栅负载的共源共栅放大器的小信号增益。仿真电路图如图 2-84 所示,仿真波形如图 2-85 所示。结果显示,共源共栅极放大器的增益比共源级放大器要高出不少。

共源共栅放大器
的增益和摆幅
-案例

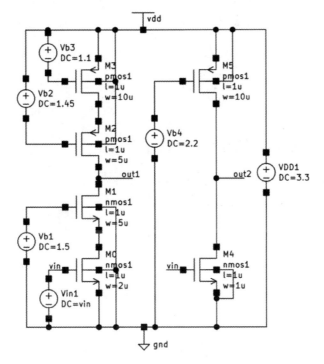

图 2-84 共源共栅放大器的小信号增益的仿真电路图

2.16.3 互动与思考

读者可调整四个 MOS 管的 W/L、V_{b1}、V_{b2}、V_{b3} 等参数,观察增益的变化趋势。

请读者思考:

(1)本例除了输入 MOS 管外,其他三个 MOS 管的栅极电压如何确定? 这些偏置电压在选择时有哪些基本的原则?

(2)本例电路的输出电压范围与普通电流源负载共源极放大器相比,是更好还是更差?

(3)在设计本例电路中的四个器件尺寸时,有哪些基本原则?

(4)如何才能增大输出电压摆幅? 电源电压固定时,能否在保证增益的情况下增大输出电压摆幅?

(5)输出电压摆幅与 MOS 管的栅极偏置电压有何关系?

(6)如果要求本例电路中 NMOS 管与 PMOS 管消耗的电压相等,请问该如何实现?

(7)为增大输出电压摆幅,可以减小 MOS 管消耗的电压降,这将带来什么弊端?

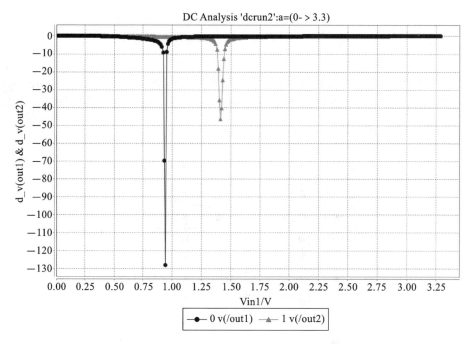

图 2-85　共源共栅放大器的小信号增益的仿真波形图

◀　2.17　折叠式共源共栅放大器　▶

2.17.1　特性描述

折叠式共源
共栅放大器
-视频

共源共栅放大器包含一个共源和一个共栅结构。输入在共源极的栅极，转化为共源极 MOS 管的漏源电流，该电流通过共栅极结构后，大大提高了输出电阻。也就是说，小信号电流通过了共源和共栅两个 MOS 管。

让我们来看看图 2-86(a)所示的电路。输入信号经过 M_1、M_2 传递到输出，而 I_1 为一个恒流源。显然，如果 V_{in} 变化，将导致 M_1 的漏源电流变化，该变化电流全部经过 M_2 后，传递到负载电阻 R_D。因为 I_1 为恒流源，M_1 的变化电流只能流过 M_2，而不会流到 I_1。

我们发现，小信号电流的路径与共源共栅极结构完全相同。因此，我们也称这个电路为"共源共栅放大器"。与 2.13 节介绍的电路的不同之处在于：这里的共源和共栅两个 MOS 管类型不同，前者为 PMOS 管，后者为 NMOS 管。而且，通过 I_1 给 M_1 和 M_2 设定了确定的偏置电流。为示区别，本例的电路被称为"折叠式共源共栅放大器"，之前学习的电路则被称为"套筒式共源共栅放大器"。

改变输入 MOS 管类型，折叠式共源共栅放大器还有另外一种存在形式，如图 2-86(b)所示。

下面基于图 2-87 来分析折叠式共源共栅放大器的工作原理和特性。首先，由于输入

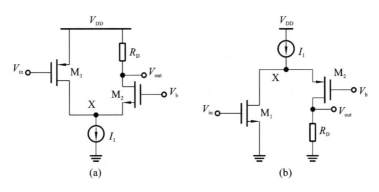

图 2-86 折叠式共源共栅放大器

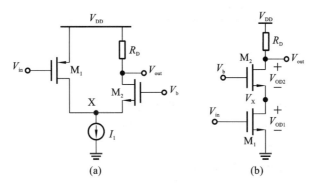

图 2-87 共源共栅级放大器的比较

(a)折叠式;(b)套筒式

MOS 管的类型出现变化,因此信号的输入范围与套筒式电路有区别。图 2-87(a)中,V_{in} 最高值受到让 M_1 有合适过驱动电压的限制,最高值为 $V_{DD} - |V_{THP}| - V_{OD1}$,而图 2-87(b)中的套筒式共源共栅放大器的 V_{in} 只有最低值的限制,最低值为 $V_{TH} + V_{OD1}$。

图 2-87(a)中的 I_1 通常由工作在饱和区的 MOS 管实现,从而 X 点最低值为产生 I_1 的 MOS 管工作饱和区的最小 V_{DS},从而$V_X \geqslant V_{DS11}$。假定V_{in} 取到这个电路的最低值,即 GND,则 M_1 的 $V_{DS1} = |V_{DD} - V_{OD11}|$,$M_1$ 的过驱动电压为 $V_{OD1} = V_{DD} - |V_{THP}|$,显然有$V_{DS1} > V_{OD1}$,从而 M_1 必然工作在饱和区。如果 V_{in} 取值在 GND 和 $V_{DD} - V_{TH} - V_{OD1}$ 之间时,M_1 也一定工作在饱和区。

从而,输入电压 V_{in} 的范围是 $0 \sim V_{DD} - |V_{THP}| - V_{OD1}$。

同理可知,图 2-87(b)中输入电压 V_{in} 的范围为 $(V_{TH} + V_{OD1}) \sim V_{DD}$。

图 2-87 中的折叠式和套筒式共源共栅极放大器的输出电压摆幅相同,都是 V_{DD} 减去两个 MOS 管的过驱动电压。

其次,共源共栅级的输出电阻也会存在细微差异。套筒式的输出电阻为

$$r_{out} = g_{m2} \, r_{O2} \cdot r_{O1} \tag{2-95}$$

折叠式结构中,在折叠点处还存在偏置电流 I_1 的等效输出电阻 r_{O3},因此其输出电阻变为

$$r_{out} = g_{m2} \, r_{O2} \cdot (r_{O1} \parallel r_{O3}) \tag{2-96}$$

这是一个比套筒式稍小的输出电阻。从而,同样尺寸的电路,折叠式共源共栅放大器的增益略小。

再次,折叠式共源共栅放大器的功耗是套筒式的两倍。

表 2-7 将折叠式和套筒式共源共栅极的特性做了汇总,为了简单起见,此处的两个电路均采用了理想电流源负载。关于频率特性,参见本书第 6 章。

表 2-7　折叠式和套筒式共源共栅极的特性汇总

	折　叠　式	套　筒　式
增益	$g_{m2}\,r_{O2}\cdot g_{m1}\,(r_{O1}\parallel r_{O3})$	$g_{m2}\,r_{O2}\cdot g_{m1}\,r_{O1}$
V_{out} 摆幅	$V_{DD}-2V_{OD}$	$V_{DD}-2V_{OD}$
功耗	2：1	
V_{in} 范围	$0\sim V_{DD}-\lvert V_{THP}\rvert-V_{OD1}$	$V_{TH}+V_{OD1}\sim V_{DD}$
优点	输入电压范围更灵活	功耗低,频率特性更好

2.17.2　仿真实验

折叠式共源
共栅放大器
-案例

本例将仿真观察折叠式共源共栅放大器的增益,并与同样尺寸的套筒式结构进行比较。仿真电路图如图 2-88 所示,仿真波形如图 2-89 所示。从仿真结果中,我们看出了三个电路均能产生相当的增益,但输入信号的范围并不像我们分析的那样。原因是,一个电路的输入直流电压的改变,会改变 MOS 管电流,也会改变电阻上的电压降,导致 MOS 管的工作状态可能出现变化。而且,MOS 管的尺寸也会对其 *I-V* 特性起到决定性作用。

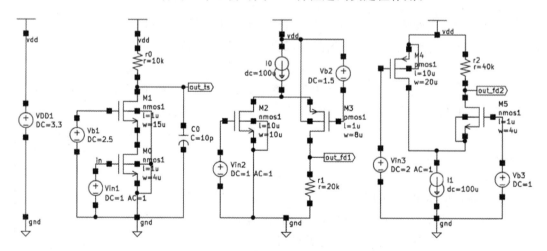

图 2-88　折叠式共源共栅放大器仿真电路图

2.17.3　互动与思考

读者可以自行调整器件参数,观察增益的变化。

请读者思考:

(1)相对于套筒式,折叠式共源共栅结构消耗两倍的功耗,增益还有所降低,那么该电路

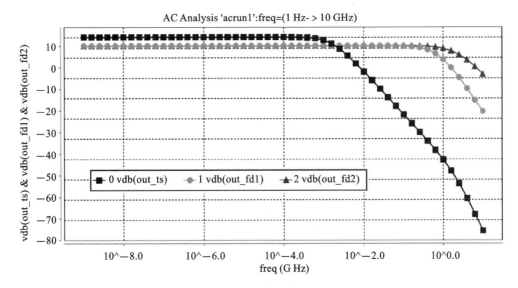

图 2-89　折叠式共源共栅放大器仿真波形

存在的价值是什么?

（2）在频率响应方面,两种共源共栅放大器是否有差异?

（3）折叠式与套筒式共源共栅结构在实现时有 MOS 管类型的差异,套筒式可以是两个相同类型的 MOS 管,而折叠式则需要一个 NMOS 和一个 PMOS 管。为了实现与套筒式几乎相同的增益,折叠式共源共栅放大器在器件尺寸上应该如何考虑?

◀ 2.18　共源共栅放大器的 PSRR ▶

2.18.1　特性描述

因为共源共栅级电路比单纯的共源极电路有更大的输出电阻,因此用共源共栅级实现的电流源,比单纯的共源极实现的电流源要更加理想。在一个电路中,电源上的噪声是不会通过一个理想电流源传递的,我们也说理想电流源对电源上的噪声具有很好的屏蔽效果。

共源共栅放大器
的 PSRR-视频

从而,我们猜测,共源共栅级放大器有比共源极放大器更好的电源抑制比。

基于前面的学习,在忽略衬底偏置效应的情况下,负载为共源共栅的共源共栅放大器的低频小信号增益为

$$A_V \approx - g_{m1}\left[g_{m2}\ r_{o2}\ r_{o1} \parallel g_{m3}\ r_{o3}\ r_{o4} \right] \tag{2-97}$$

在低频时,绘制如图 2-90 所示的小信号等效电路来计算负电源增益 A^-。注意,M_1 和 M_2 的输入信号,都是以 V_{SS} 为参考的,在计算 A^- 时需要在 M_1 和 M_2 的栅极上添加 V_{SS} 上的噪声信号 v_{ss}。从而计算得出 V_{SS} 到 V_{out} 的小信号增益为

$$A^- \approx \frac{g_{m3}\ r_{o3}\ r_{o4}}{g_{m2}\ r_{o1}\ r_{o2} + g_{m3}\ r_{o3}\ r_{o4}} \tag{2-98}$$

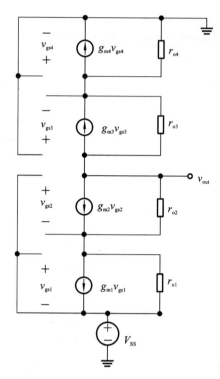

图 2-90　计算共源共栅放大器 V_{SS} 信号增益的小信号等效电路

从而负电源抑制比PSRR$^-$为

$$\text{PSRR}^- = \frac{A_V}{A^-} \approx - g_{m1} \ g_{m2} \ r_{o1} \ r_{o2} \qquad (2\text{-}99)$$

同理,在计算 A^+ 时,需要将 M_3、M_4 的栅极也加上 V_{DD} 的噪声信号。从而,正电源的电源抑制比为

$$\text{PSRR}^+ = \frac{A_V}{A^+} \approx - g_{m1} \ g_{m3} \ r_{o3} \ r_{o4} \qquad (2\text{-}100)$$

对比 2.8 节,共源共栅级电路的电源抑制比要大得多。

2.18.2　仿真实验

共源共栅放大器
的 PSRR-案例

本例将仿真负载为共源共栅结构的共源共栅放大器的正负电源抑制比。仿真电路图如图 2-91 所示,仿真波形如图 2-92 所示。

2.18.3　互动与思考

读者可以自行改变所有 MOS 管尺寸,以及所有 MOS 管的输入偏置电压,观察电路 PSRR 的变化。

请读者思考:

(1)实际电路设计中,有哪些措施可以增大 PSRR?

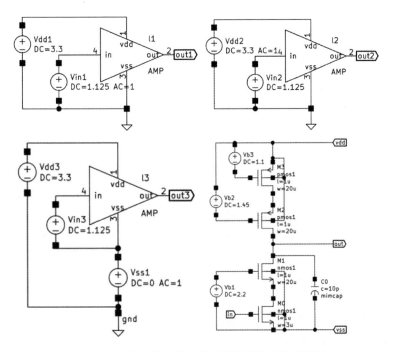

图 2-91　共源共栅级放大器电源抑制比仿真电路图

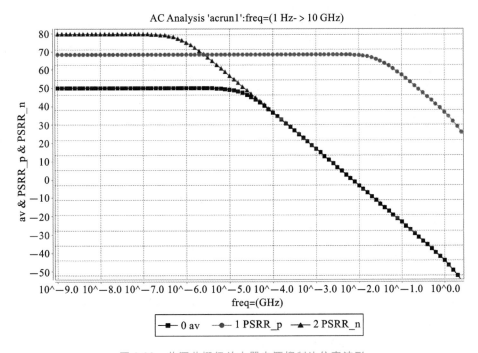

图 2-92　共源共栅级放大器电源抑制比仿真波形

　　(2)相比于电流源负载的共源放大器而言,共源共栅负载的共源共栅放大器的 PSRR 是更好还是更差?

◀ 2.19 基于 g_m / I_D 的放大器设计方法 ▶

2.19.1 特性描述

基于 gm/ID 的
放大器设计
方法-视频

传统的模拟集成电路设计流程是首先选择合适的电路结构,然后根据目标参数确定晶体管尺寸,并且通过指标要求调整晶体管尺寸到合适值。

但是在传统设计中,根据参数计算出的 MOS 管尺寸往往与最终仿真值偏差很大,所以一次设计需要经过多次迭代才可能达到设计指标要求,设计效率不高。原因是,随着集成电路工艺的发展,MOS 管电流平方律关系已经不够准确,不再适合手算。

基于 g_m / I_D 的模拟集成电路设计方法被提出来。其中跨导效率 g_m / I_D 的介绍请参考1.9 节。这种方法将特定工艺下的器件仿真结果与手算公式相结合,通过计算机仿真辅助手算,可以保证电路设计前期手算的准确性。该方法的优势在于减少迭代次数,并且从前一次迭代中很容易发现电路性能出现偏差的原因,为下一次迭代指明方向。

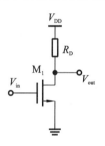

图 2-93 电阻负载的共源
极放大器

此处,我们需要设计图 2-93 的电阻负载共源极放大器。设计指标(注:此处的设计指标包括放大器的频率特性,如 -3 dB 带宽,读者可以在学习了第 5 章相关内容后,再来学习本例)包括低频增益 A_V、最大电流 I_D、-3 dB 带宽 ω_{-3dB}、负载电容 C_L、V_{DD},并要求电路面积尽可能小。设计过程如下:

(1)根据带宽要求,计算负载电阻 R_D。此处假定 MOS 管的 r_o 较大。

$$R_D = \frac{1}{\omega_{-3dB} C_L} \quad (2\text{-}101)$$

(2)根据放大器低频增益要求,确定 MOS 管跨导。

$$g_m = -\frac{A_V}{R_D} \quad (2\text{-}102)$$

(3)选择合适的 MOS 管沟长。如果需要电路有大的小信号输出电阻,则选择较大的 L;如果需要电路工作速度快,则选择较小的 L。一般的情况下,L 可以取特征尺寸的 2 倍或者4 倍。

(4)选择 MOS 管的跨导效率 g_m / I_D,并确定 I_D。在强反型区,$g_m / I_D = 2 / V_{OD}$。选择 g_m / I_D 值,其实就是选择合适的过驱动电压。如果我们特别关注电路功耗,则应该选择小的 V_{OD},即选择大的 g_m / I_D。如果我们希望电路工作速度快,则应该选择大 V_{OD},即选择小的 g_m / I_D。

由 $g_m = \sqrt{2 \mu_n C_{ox} \frac{W}{L} I_D}$ 可知,在 MOS 管 g_m 和 L 一定的情况下,其沟道宽度 W 与流过电流 I_D 成反比。因此,为了减小 W,则应该取设计指标允许的最大电流。减小 W 是为了减小 MOS 管的寄生电容。

(5)仿真不同沟长情况下 I_D/W 相对于 g_m/I_D 的关系曲线,仿真电路图如图 2-94 所示。因为 MOS 管的跨导效率 g_m/I_D 与流过 MOS 管的电流密度 I_D/W 之间存在着一一对应的关系,从这个关系曲线可以确定 MOS 管的沟道宽度。为了便于观察,纵坐标 I_D/W 通常取对数坐标。本电路得到的关系曲线如图 2-95 所示。

(6)选取 W。从 MOS 管的 I_D/W 相对于 g_m/I_D 的关系曲线中,依据横轴找到对应的纵轴坐标,从而选择合适的 W 值。

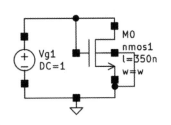

图 2-94 $\dfrac{I_D}{W}$ 相对于 $\dfrac{g_m}{I_D}$ 的关系曲线仿真电路图

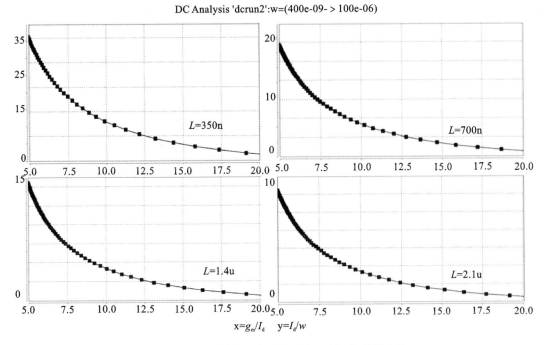

图 2-95 MOS 管的 I_D/W 相对于 g_m/I_D 的关系曲线

(7)仿真 MOS 管 g_m/I_D 相对于过驱动电压 V_{OD} 的关系曲线。根据之前设计的 g_m/I_D,选择对应的 V_{OD},从而设计出输入电压的直流偏置电压。

$$V_{Bias} = V_{OD} + V_{TH} \tag{2-103}$$

至此,完成电路所有参数的设计。最终,还需仿真整个电路的 AC 特性。从仿真结果上,读者可以验证上述设计流程的误差。我们发现,手工计算与电脑仿真的结果误差极小。

注:本例中,为了完成这个设计流程,我们需要完成至少三个仿真,即 MOS 管的 I_D/W 相对于 g_m/I_D 的关系曲线、MOS 管的 g_m/I_D 相对于过驱动电压 V_{OD} 的关系曲线、放大器增益的频率特性曲线。

本节介绍的 g_m/I_D 设计方法,现小结如下:

(1)这是一种依据仿真波形去选择合适器件参数的设计方法,也叫查表法。

(2)根据平方率公式 $g_m/I_D = 2/V_{OD}$,以 g_m/I_D 为参数设计电路实际上是间接选取了 MOS 管的过驱动电压。

(3) g_m/I_D 参数可以反映出器件的工作区域,选取不同的 g_m/I_D 值实际上是电路在功耗与速度之间的折中。

（4）基于 g_m/I_D 的设计方法特别适用于低功耗设计，是 MOS 管工作在亚阈值区（前提是器件模型要准确）的一种有力设计方法。

2. 19. 2　仿真实验

基于 gm/ID 的放大器设计方法-案例

基于如图 2-94 所示的仿真电路，完成 MOS 管的 I_D/W 相对于 g_m/I_D 的关系曲线、MOS 管的 g_m/I_D 相对于过驱动电压 V_{OD} 的关系曲线、放大器增益的频率特性曲线这三个仿真。得到如图 2-96、图 2-97 所示波形。

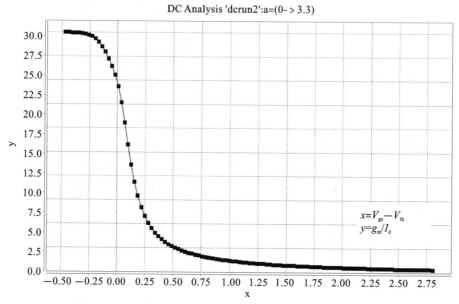

图 2-96　MOS 管的 g_m/I_D 相对于过驱动电压 V_{OD} 的关系曲线

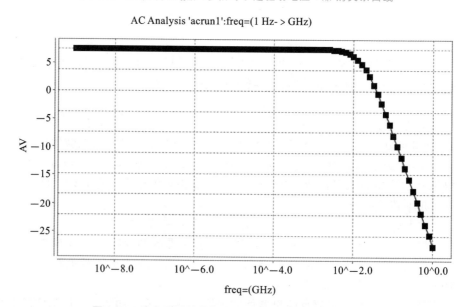

图 2-97　放大器增益的频率特性曲线（负载接 5 pF 电容）

2.19.3　互动与思考

请读者思考：

(1)上述设计是在固定的 V_{DS} 下得到的,如果 V_{DS} 变化(实事上, V_{DS} 也的确会变化),上述设计有多大的误差? 简单的验证办法是换几个不同的 V_{DS} ,继续仿真 I_D/W 相对于 g_m/I_D 的关系曲线,并放在一个坐标系中进行比较。

(2)如果需要提高增益,电路设计该如何调整?

(3)如果需要降低功耗,电路设计该如何调整?

(4)如果需要提高带宽,电路设计该如何调整?

◀　2.20　反相器作为放大器　▶

2.20.1　特性描述

数字集成电路中最常见、最简单的逻辑门是"反相器",其电路组成如图 2-98(a)所示。

反相器作为
放大器-视频

在数字电路分析中,我们熟悉的是,输出信号为输入信号的"非"。我们常常忽略了输入信号转换的过程,即输入信号从一个逻辑状态向另外一个逻辑状态转换时,存在着一个过渡的过程,而且过渡需要花费时间。正是这个原因,数字电路只能工作在受限的频率下。

如图 2-98(b)所示,在这个转换过程中,输入信号由低向高变化时,输出则由高向低变化。当两个 MOS 管均导通,且均位于饱和区时,反相器对外表现出反向放大的特性。事实上,有时候也会采用该电路作为放大器来使用。显然,输入信号的范围为 $V_{THN}+V_{ODN}\leqslant V_{in}\leqslant V_{DD}-|V_{THP}|-V_{ODP}$ 。

绘制反相器电路的小信号等效电路如图 2-99 所示,用以计算该电路工作在饱和区时的小信号增益。

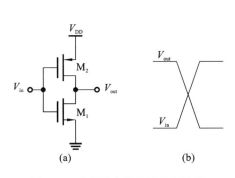

图 2-98　反相器电路及波形示意图

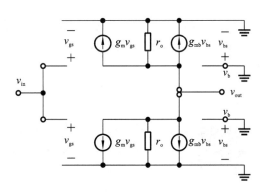

图 2-99　反相放大器小信号等效电路

显然，NMOS 和 PMOS 的小信号模型是完全相同的，而且，本例中 $v_{bs} = 0$，从而可以将其简化为图 2-100 所示的小信号等效电路。

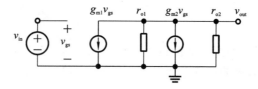

图 2-100　化简后的反相放大器小信号等效电路

基于该小信号等效电路，快速求出两个 MOS 管均工作在饱和区状态下的小信号增益为

$$A_V = -(g_{m1} + g_{m2})(r_{O1} \parallel r_{O2}) \tag{2-104}$$

还有另外一种计算增益的方法，需要分别求出电路的等效跨导和输出电阻。为计算反向器电路的跨导，绘制如图 2-101 所示的等效电路，从而：

$$G = \frac{i_{out}}{v_{in}} = g_{m1} + g_{m2} \tag{2-105}$$

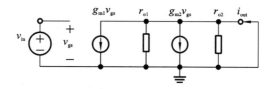

图 2-101　计算电路跨导的小信号等效电路

绘制如图 2-102 所示的小信号等效电路，计算电路的输出电阻为

$$R_{out} = \frac{v_x}{i_X} = r_{O1} \parallel r_{O2} \tag{2-106}$$

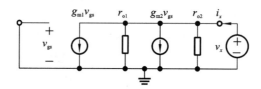

图 2-102　计算电路输出电阻的小信号等效电路

从而电路的增益为

$$A_V = -G \cdot R_{out} = -(g_{m1} + g_{m2})(r_{O1} \parallel r_{O2}) \tag{2-107}$$

上式中的负号，是分析电路增益方向后手工加上的。

采用两种不同的方法，可以得到相同的结论。

2.20.2　仿真实验

本例仿真反相器电路的输入输出特性，并对输入输出响应曲线求导，可以计算出输出相对于输入的小信号增益。仿真电路图如图 2-103 所示，仿真波形如图 2-104 所示。

反相器作为
放大器-案例

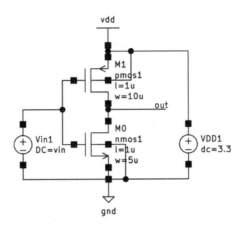

图 2-103　反向器输入输出响应仿真电路图

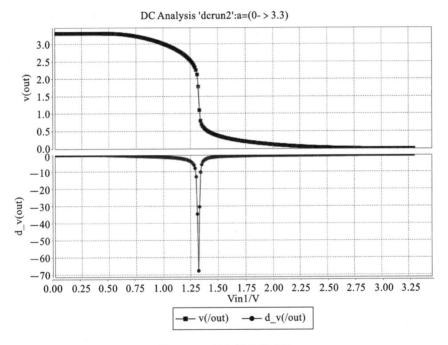

图 2-104　反向器仿真波形

2.20.3　互动与思考

读者可以自行调整 MOS 管尺寸，观察输入输出响应曲线，以及增益的变化情况。如果仅仅调整 NMOS，或者 PMOS 管，响应曲线以及增益会如何变化？

请读者思考：

（1）数字电路中的反相器，NMOS 和 PMOS 管的尺寸一般如何设计，才能让输入信号在电源电压和地之间的差不多中间点附近实现输出信号的翻转？

(2)反向器的状态转换延时与本例计算仿真的小信号增益是否有关？状态转换延时与哪些因素有关？如何提高反向器的工作速度？

(3)如果将 NMOS 管尺寸变大,而 PMOS 管尺寸变小,该电路将会出现什么变化？

◀ 2.21 理想电流源负载的源级负反馈放大器 ▶

2.21.1 特性描述

理想电流源负载
的源级负反馈
放大器-视频

在本章 2.5 节,我们介绍了带源极负反馈的共源极放大器,该放大器的负载是电阻。其增益为

$$A_V = -\left\{[1+(g_m+g_{mb})r_o]R_S + r_o\right\} \parallel R_D \cdot \frac{g_m}{R_S(g_m+g_{mb}+g_{ds})+1}$$

(2-108)

如果将负载电阻,换成内阻无穷大的理想电流源,电路如图 2-105 所示。该电路的特性会出现哪些变化？

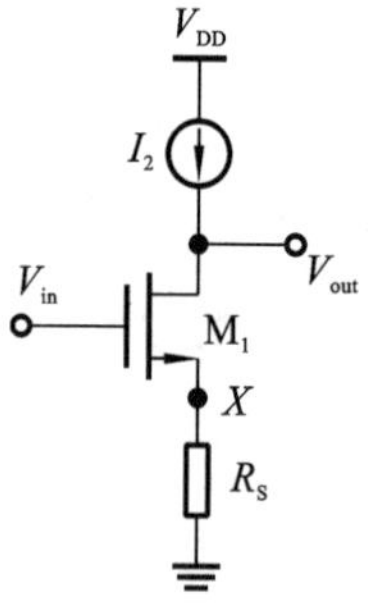

将式中的 R_D 换为无穷大,式(2-108)可以化简为

$$A_V = -\left\{[1+(g_m+g_{mb})r_o]R_S + r_o\right\} \cdot \frac{g_m}{R_S(g_m+g_{mb}+g_{ds})+1}$$

(2-109)

式中 $g_{ds} = \dfrac{1}{r_o}$,得到

$$A_V = -g_m r_o$$ (2-110)

图 2-105 理想电流源负载的
源级负反馈放大器

式(2-110)表明,如果将带源极负反馈的共源极放大器的负载从电阻换成理想电流源,则放大器不再表现出源极负反馈的特性。我们发现,这是 M_1 的本征增益,而且增益表达式与负反馈电阻 R_D 无关。上面的计算过程难道有误？

原来,R_S 上的电流为恒定值 I_2,从而 R_S 上产生恒定的电压降,即图中 X 点电压永远不变。不变的电压在绘制小信号等效电路时应该接地,即相当于 M_1 的源极 X 点是小信号接地点。这与无 R_S 的情况是一致的。

2.21.2 仿真实验

理想电流源负载
的源级负反馈
放大器-案例

本例将验证理想电流源负载的源级负反馈电路中 R_S 与增益无关的现象,仿真电路图如图 2-106 所示,仿真波形如图 2-107 所示。为了较好的比较理想电流源下的源极负反馈失去作用,可以选择几个不同的源极电阻做仿真对比。

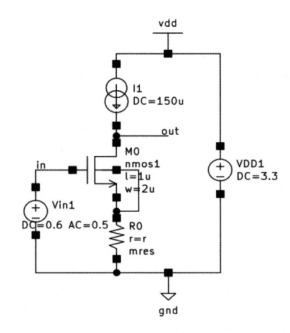

图 2-106　理想电流源负载的源级负反馈电路仿真电路图

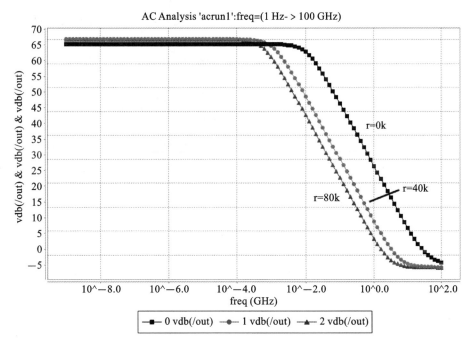

图 2-107　理想电流源负载的源级负反馈电路仿真波形

2.21.3　互动与思考

读者可以自行调整 MOS 管尺寸和 R_S，观察增益的变化情况。

请读者思考：

(1)如果仅仅调整 R_s 的值,增益会有变化吗？

(2)如果将理想电流源 I_2 换成工作在饱和区的 MOS 管,结果又会出现什么变化？

(3)如果用更加理想的 Cascode 电流源代替基本电流源,结果又会出现什么变化？

◀ 2.22　二极管和电流源并联的共源极放大器　▶

2.22.1　特性描述

二极管和电流源
并联的共源极
放大器-视频

之前我们单独分析了电流源负载的共源极放大器,也单独分析了二极管负载的共源极放大器。这两个不同的负载各具优点,但也存在各自的缺点。

此处,我们将两者结合,构成图 2-108 所示的电路。V_{in} 将决定 I_{D1},V_b 将决定 I_{D3}。两者之差就是 I_{D2}。已知 I_{D2},设计合适的 M_2 尺寸,则产生确定的 V_{GS2},从而 V_{out} 就有了确定的直流电平 $V_{DD} - |V_{GS2}|$。

电流源和二极管并联负载的共源极放大器的一大好处是,该电路的输出有确定的直流工作点,这是电流源负载的共源极放大器所没有的优势。

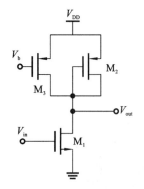

图 2-108　电流源和二极管并联
负载的共源极放大器

假定通过设置合适的尺寸,以及合适的偏置电压,让 $I_{D2} : I_{D3} = 3 : 1$,即 $I_{D2} = \dfrac{1}{4} I_{D1}$,忽略图中三个 MOS 管的沟长调制效应,则放大器的增益为

$$A_v = -\frac{g_{m1}}{g_{m2}} = -\sqrt{\frac{\mu_n (W/L)_1}{\mu_p (W/L)_2} \frac{I_{D1}}{I_{D2}}} = -\sqrt{\frac{4\mu_n (W/L)_1}{\mu_p (W/L)_2}} \tag{2-111}$$

令所有 MOS 管均工作在饱和区,由饱和区公式

$$I_D = \frac{1}{2} \mu_n C_{ox} \frac{W}{L} (V_{GS} - V_{TH})^2 \tag{2-112}$$

$$\frac{I_{D1}}{I_{D2}} = \frac{\dfrac{1}{2} \mu_n C_{ox} \left(\dfrac{W}{L}\right)_1 (V_{GS1} - V_{THN})^2}{\dfrac{1}{2} \mu_p C_{ox} \left(\dfrac{W}{L}\right)_2 (V_{GS2} - V_{TH})^2} = \frac{4}{1} \tag{2-113}$$

两边开根号并化简,得到

$$\sqrt{\frac{\mu_n \left(\dfrac{W}{L}\right)_1}{\mu_p \left(\dfrac{W}{L}\right)_2}} \frac{(V_{GS1} - V_{THN})}{(V_{GS2} - |V_{THP}|)} = \frac{2}{1} \tag{2-114}$$

即

$$\sqrt{\frac{\mu_{\mathrm{n}}\left(\dfrac{W}{L}\right)_1}{\mu_{\mathrm{p}}\left(\dfrac{W}{L}\right)_2}} = \frac{2(V_{\mathrm{GS2}} - |V_{\mathrm{THP}}|)}{(V_{\mathrm{GS1}} - V_{\mathrm{THN}})} \tag{2-115}$$

代入式(2-111)得

$$A_{\mathrm{v}} = -\sqrt{\frac{4\mu_{\mathrm{n}}(W/L)_1}{\mu_{\mathrm{p}}(W/L)_2}} = -\frac{4(V_{\mathrm{GS2}} - |V_{\mathrm{THP}}|)}{(V_{\mathrm{GS1}} - V_{\mathrm{THN}})} \tag{2-116}$$

回顾式(2-33),可见本电路要实现某个增益值,不需要其过高的过驱动电压之比,因为式中已经出现了一个 4 倍的系数。

本章最后,将不同电路的多个小信号特性汇总在表 2-8 中。请大家理解并记住从 MOS 管的源端和漏端看进去的小信号电阻的差异。

表 2-8　不同电路小信号特性汇总

电路图					
电路名称	共源极	源极跟随	二极管连接	源极负反馈	共源共栅
r_{out}	r_{o}	$\dfrac{1}{g_{\mathrm{m1}} + g_{\mathrm{mb1}}}$	$\dfrac{1}{g_{\mathrm{m1}}}$	$(g_{\mathrm{m1}} + g_{\mathrm{mb1}})r_{\mathrm{o}}R_{\mathrm{S}}$	$(g_{\mathrm{m2}} + g_{\mathrm{mb2}})r_{\mathrm{o2}}r_{\mathrm{o1}}$
G_{m}	g_{m1}	g_{m1}	无	$\dfrac{g_{\mathrm{m}}}{1 + (g_{\mathrm{m1}} + g_{\mathrm{mb1}})R_{\mathrm{S}}}$	g_{m1}

2.22.2　仿真实验

本例将验证电流源和二极管并联负载的共源极放大器,仿真电路图如图 2-109 所示,仿真波形如图 2-110 所示。

2.22.3　互动与思考

读者可以自行调整 MOS 管尺寸和 V_{b},观察增益的变化情况。

请读者思考:

(1)如果只改变 V_{b1} 的值,输出直流电平会变化吗?

(2)如果只改变 V_{b1} 的值,放大器增益会变化吗?

(3)相对于仅有二极管负载的共源极放大器,本例的电路的线性度和增益是否均未变差?

二极管和电流源
并联的共源极
放大器-案例

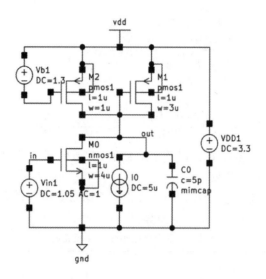

图 2-109　电流源和二极管并联负载的共源极放大器仿真电路图

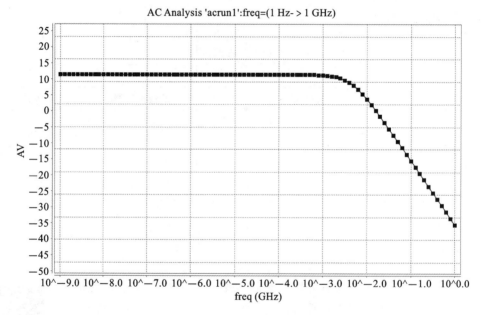

图 2-110　电流源和二极管并联负载的共源极放大器仿真波形

3 | 差分放大器

运算放大器在电路中随处可见,用途极广。运算放大器都有两个输入,其功能是将输入的两个信号的差值放大。因此,运算放大器属于差分放大器。差分放大器有许多非常有用的特性,是模拟集成电路的最基本模块之一。本章将要学习差分放大器的电路构成、大信号特性和小信号特性。大信号特性包括:输出信号摆幅、共模输入范围、输出信号直流工作点。小信号特性包括:差模增益、共模增益、共模抑制比和电源抑制比。最后,我们还将学习差分放大器的两种变形电路。

◀ 3.1 差分放大器的基本概念 ▶

3.1.1 特性描述

差分放大器是一个伟大的发明,可以追溯到真空管时代,由才华横溢的英国科学家 Alan Dower Blumlein 于 1938 年发明[1]。他短暂的一生发明了许多实用的电路,另外一项伟大的发明是立体声原理及其实现方式。

差分放大器的
基本概念-视频

图 3-1(a)所示的为电阻负载共源极放大器,图 3-1(b)所示的为最基于图 3-1(a)改造成的差分放大器。图 3-1(b)的差分放大器中,M_1 和 M_2 对称,R_{D1} 和 R_{D2} 对称。此处的对称,指的是其参数一致,工作状态相同。给定一个固定的偏置电压 V_b,并且让 M_3 工作在饱和区,则 M_3 相当于为整个电路提供一个相对恒定的电流 I_{D3}。I_{D3} 一分为二,让 M_1 和 M_2 各自流过 $\frac{1}{2} I_{D3}$。

给图 3-1(b)的两个输入端口施加差分信号。所谓的差分信号,指的是两路信号方向互为相反,但幅值相同。如果 V_{in1} 变大,V_{in2} 就会变小。V_{in1} 变大,则 I_{D1} 变大,从而 V_{out1} 变低;反之,V_{in2} 变小,则 I_{D2} 变小,从而 V_{out2} 变高。此处,因为 V_{in1} 和 V_{in2} 变化的幅值是相同的,从而引起的电流变化也是相同的。M_1 和 M_2 的电流变化相等,还有一个原因是 M_1 和 M_2 的电流之和等于 I_{D3},是恒定值。最终,V_{out1} 和 V_{out2} 也是变化方向相反,变化幅值相同。

从而,一对差分的信号输入到该放大器,产生一对差分的信号输出,且实现了放大的效果,这就构成了差分放大器。这个电路可以用图 3-2(a)中的符号表示。差分放大器还有一

---

[1] Dower, Blumlein Alan. 1940. Thermionic valve amplifying circuits. United States EMI LTD. United States Patent:2218902. https://www.freepatentsonline.com/2218902.html

种差分输入产生单端输出的形式,如图 3-2(b)所示。为示区别,图 3-2(a)这样的放大器称之为全差分放大器。

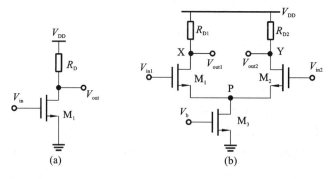

图 3-1　单端和差分放大器

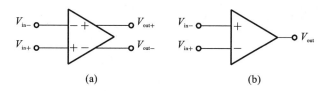

图 3-2　差分放大器符号

图 3-1(b)中的差分放大器,工作在饱和区的 M_3 为差分放大器提供合适的偏置电流。该电流控制了放大管 M_1 和 M_2 的偏置电流,我们也称 M_3 产生的电流为差分放大器的尾电流。从差分对电路的公共节点 P 流出来的尾电流,是 Alan Dower Blumlein 发明的差分放大器的关键特征。本书将尾电流记作 I_{SS}。另外一个关键特征是差分对的对称性。

我们采用图 3-1(b)来定性分析基本差分对电路的差模工作特性,观察差分放大器如何实现差分信号的"放大"。

如果 V_{in1} 比V_{in2} 小很多,则 M_1 管截止,M_2 管导通,$I_{M2} = I_{D3}$。因此,

$$V_{out1} = V_{DD} \tag{3-1}$$

$$V_{out2} = V_{DD} - R_D I_{D3} \tag{3-2}$$

我们让 V_{in1} 和V_{in2} 反向变化,即 V_{in1} 不断增加,而V_{in2} 不断减小,到某一时刻,M_1 管逐渐导通。M_1 管的导通将导致 M_1 管抽取 I_{D3} 的一部分电流,即 I_{M1} 逐渐增大,从而使V_{out1} 逐渐减小。由于 M_1 和 M_2 电流之和为 I_{SS},M_2 管的漏极电流 I_{M2} 逐渐减小,从而使 V_{out2} 逐渐增大。

当 $V_{in1} = V_{in2}$ 时,有

$$V_{out1} = V_{out2} = V_{DD} - R_D I_{D3}/2 \tag{3-3}$$

当 V_{in1} 变化到大于 V_{in2} 时,与刚才分析的过程类似,只是反向变化。因为 M_1 和 M_2 的电流之和是定值,如果一个电流变大,则另外一个电流变小。

上述分析中,输出电压和输入电压的关系绘制在图 3-3 所示的示意图中。图中,当 $V_{in1} \approx V_{in2}$ 时,输出的差值与输入的差值之间呈比较好的线性关系,此时放大器有比较好的增益线性度。这也是我们希望该放大器实现信号放大的正常工作状态。

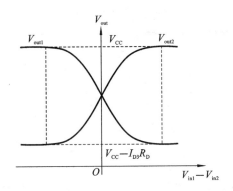

图 3-3　差分放大器输入输出信号关系曲线

3.1.2　仿真实验

差分放大器的
基本概念-案例

本例,我们将仿真得到输入信号反向变化时的输出响应。仿真电路图如图 3-4 所示,仿真波形如图 3-5 所示。在输入电压差值在 $-0.5\sim0.5$ V 时,输出电压信号表现出了明显的与输入有关的变化。

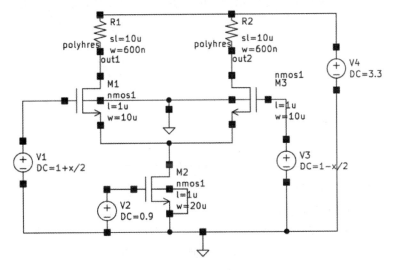

图 3-4　基本差动对电路输入与输出关系仿真电路图

3.1.3　互动与思考

调整尾电流偏置电压 V_b、M_3 的 W/L、M_1 和 M_2 的 W/L、R_D,观察波形变化。

请读者思考:

(1)从上述波形中,读者是否能得出输出信号的差值在什么范围内,该放大器能正常工作? 输出电压大致在什么范围? 输出电压范围与哪些量有关? 如何提高输出电压的正常工作范围?

(2)放大器的增益如何评价?

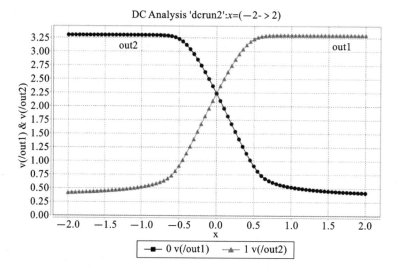

图 3-5　基本差动对电路输入与输出关系仿真

（3）尾电流的选择，对放大器的差动放大有何影响？

（4）本例电路仿真，是让两个输入信号从 1 V 直流电平上差分变化。如果换为其他的直流电平，如 0.5 V、2 V，仿真结果会出现变化吗？选择输入电压的直流电平有何依据？

◀ 3.2 全差分放大器的共模输入范围 ▶

3.2.1 特性描述

全差分放大器
的共模输入
范围-视频

　　3.1 节中，我们基于普通的电阻负载共源极放大器的基本原理，构造出了全差分放大器。通过之前的学习我们了解到，电阻负载的共源极放大器要设置合适的输入电压直流量，以便让 MOS 管有合适的偏置并工作在饱和区时，电路才能表现出有效的信号放大。同理，全差分放大器也需要设置合适的输入电压直流量，再在此基础上叠加差分的变化信号。也就是说，先设置合适的大信号电压，再叠加小信号。

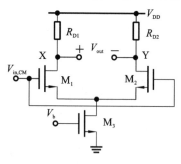

图 3-6　输入为共模电压的
基本差动对电路

　　为保证该电路的输入电压变化信号转变为可观的电流变化信号，我们希望 M$_1$ 和 M$_2$ 工作在饱和区。为此，我们首先将图 3-6 所示基本差分对电路的两个输入端短接，分析共模输入电压的范围。这里说的共模输入电压，其实就是差分放大器的输入信号的直流电压。

在图 3-6 中，为了使 M$_3$ 工作在饱和区，则要求

$$V_{DS3} \geqslant V_b - V_{TH3} \tag{3-4}$$

同理，要使 M$_{1,2}$ 导通且工作在饱和区，则要求

$$V_{in,CM} \geqslant V_{GS1,2} + V_b - V_{TH3} \tag{3-5}$$

$$V_x = V_y = V_{DD} - \frac{1}{2} I_{SS} R_D \qquad (3\text{-}6)$$

$$V_{in,CM} \leqslant V_{DD} - \frac{1}{2} I_{SS} R_D + V_{TH1} \qquad (3\text{-}7)$$

从而,得到输入共模电压的范围为

$$V_{GS1,2} + V_b - V_{TH3} \leqslant V_{in,CM} \leqslant \min\left[V_{DD} - \frac{1}{2} I_{SS} R_D + V_{TH1}, V_{DD}\right] \qquad (3\text{-}8)$$

此处,输入共模电压的最大值为取 $V_{DD} - \frac{1}{2} I_{SS} R_D + V_{TH1}$ 和 V_{DD} 两者中的最小值,是因为 $V_{DD} - \frac{1}{2} I_{SS} R_D + V_{TH1}$ 有可能超过 V_{DD}。电路的输入电压当然不能超过 V_{DD},因为 V_{DD} 通常是一个电路中的最高电压。

当输入共模电压在上述范围内时,电路中所有 MOS 管均工作在饱和区。此时,流过 $M_{1,2}$ 的大信号电流为恒定值($g_{m1,2}$ 为恒定值,即输入变化电压转变为变化电流的能力为恒定值),从而输入信号的直流部分对电路的增益不会产生影响,而且,此时的差模增益比较显著。

对一个电路做大信号分析,目的是为了让所有 MOS 管工作在合适的区间。大信号分析是小信号分析的前提。

3.2.2　仿真实验

本例将仿真差分放大器的共模输入范围。仿真时,关注的是当输入共模电平(输入信号的 DC 部分)变化时,输出是否保持为较可观的差模增益值。为此,我们给两个输入信号相同的直流电平,并对该直流电平进行扫描。然后再在两个输入信号之间给出微小的差值(本例设为 1 mV),观察输出电压的差值。仿真电路图如图 3-7 所示,波形显示如图 3-8 所示。仿真结果显示,在输入电压的直流电平从大约 1.3 V 变化到 2.8 V,输出是相对恒定的增益。如此"平坦"的增益曲线,是第 2 章中所有单端放大器均没有的特性。

全差分放大器的共模输入范围-案例

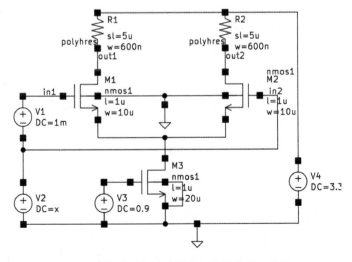

图 3-7　差动对电路共模输入范围仿真电路图

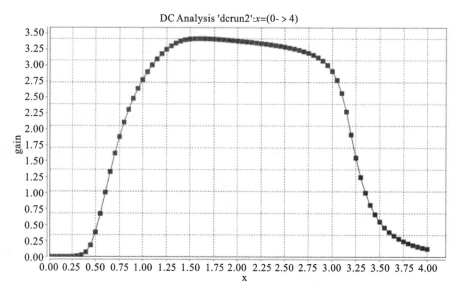

图 3-8 差动对电路共模输入范围仿真波形图

3.2.3 互动与思考

读者可调整尾电流偏置电压 V_b、M_3 的 W/L、M_1 和 M_2 的 W/L、R_D，观察共模输入范围的变化，以及在正常的共模输入范围内，增益的变化。

请读者思考：

(1)如何确定差分放大器电路的共模输入范围？

(2)共模输入范围与哪些因素有关？有可能增大吗？

(3)提供尾电流的 M_3 通常是设计较大的宽长比，还是较小的宽长比？分别带来什么问题？

(4)在 M_3 器件尺寸一定的情况下，改变其偏置电压 V_b，对放大器有何影响？

(5)通过仔细观察发现，在合适的输入电压范围内，输入共模电平的改观依然会带来增益的变化。这说明输入共模电平的改变，依然会改变 M_1 和 M_2 的偏置电流。请问有何办法可以让流过 M_1 和 M_2 的偏置电流尽可能恒定？

◀ 3.3 全差分放大器的差模增益 ▶

3.3.1 特性描述

如果差分放大器存在一个对称轴，对称轴两边的支路完全对称，即两条支路上的元器件完全匹配，则共模成分和差模成分不会相互转换。这种放大器称全平衡差分放大器，也是我们平时所说的全差分放大器。理想设计、理想制造的基本差分放大器是全差分放大器。

在物理实现（版图设计）时，全差分放大器的器件布局需要力求做到尽可能对称。稍微的不对称，将带来放大器差模增益的不对称，最终导致差分放大器性能变差。我们把这个不希望出现的增益称为共模增益。共模增益在 3.4 节介绍。

全差分放大器的
差模增益-视频

计算全差分放大器差模增益的最简单方法是半边电路法。如果负载为对称的电阻，输入 MOS 管也对称，当输入信号为全差分信号（信号幅值相同而方向相反，这里所说的"信号"专指输入信号的差模部分，不包括共模部分）时，两个 MOS 管的公共节点 P 点的电压将不会变化，从而可绘制图 3-9（a）所示的小信号等效电路（注：为了体现原电路的电源和地的关系，此处的小信号等效电路其实为"部分"小信号等效电路，即 V_{DD}、I_{SS} 并未替换为小信号）。读者需要注意的是，尽管 P 点接一个电流源到地，而通常绘制小信号电路图时应该将电流源断开，但本电路的特殊性在于，由于电路完全对称，P 点电压不会改变，因而在画小信号等效电路时应该将 P 点小信号接地，如图 3-9（b）所示。

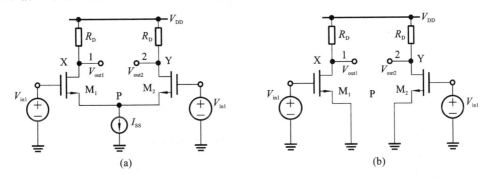

图 3-9　电阻负载全差分放大器的小信号等效电路

显然，该电路的小信号增益，与相同器件尺寸的单端的电阻负载共源极放大器电路具有完全相同的小信号增益，即

$$A_V = - g_m (R_D \parallel r_o) \tag{3-9}$$

由之前学过的共源级放大器可知，如果差分放大器的负载由电阻换成电流源，也是可以的。电路源负载的共源极放大器组成的差分放大器小信号增益为

$$A_V = - g_m (r_{o1} \parallel r_{o2}) \tag{3-10}$$

电流源负载的全差分放大器，与电阻负载的全差分放大器，都具有差分放大器的显著优点，然而两个电路存在一个显著的不同。当尾电流为固定值时，两边电路各流过 1/2 的尾电流。从而，电阻负载上电压降为确定值，保证了输出节点的直流电压是确定值。相反，电流源负载的差分放大器输出节点电平不确定，这类电路要能正常工作还需采用"共模负反馈"技术来保证输出节点电平是确定值。这增加了电路设计的复杂程度。共模负反馈技术将在 3.8 节讲述。

3.3.2　仿真实验

本例将通过交流仿真得到电阻负载全差分放大器的小信号增益。仿真电路图如图 3-10 所示，仿真波形如图 3-11 所示。仿真结果显示，在频率较低时，该放大器的增益为 24 dB。一旦频率超过 2 GHz，增益出现衰减。

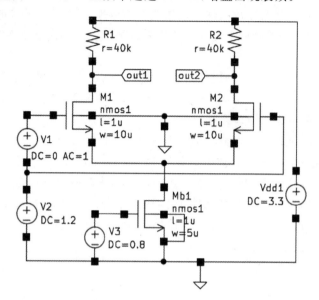

图 3-10 全差分放大器小信号增益仿真电路图

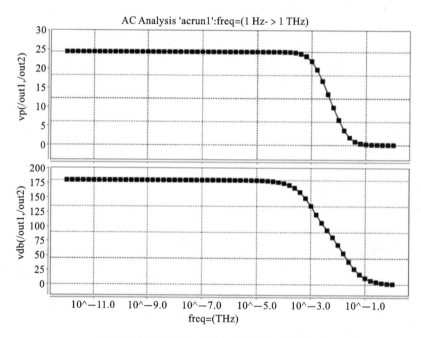

图 3-11 全差分放大器小信号增益仿真波形

3.3.3 互动与思考

读者可以调整尾电流偏置电压 V_b、M_3 的 W/L，M_1 和 M_2 的 W/L、R_D，观察差模增益的变化趋势。

请读者思考：

（1）放大器的增益与哪些因素有关？如何提高差分放大器的增益？如何在功耗不变的前提下提高放大器的增益？

（2）输入 MOS 管的公共节点 P 点电压是否会随着输入差分信号的变化而变化？是否会随着输入共模信号的变化而变化？为什么？

（3）选择不同的共模输入电平，电路的差模增益会出现变化吗？为什么？

（4）如果该电路的两边不完全对称，比如两条之路的负载电阻误差了 1%，放大器的差分增益会变化么？请分析原因，并仿真验证。

（5）改变尾电流的偏置电压，放大器的差分增益会变化么？

◀ 3.4　全差分放大器的共模响应 ▶

3.4.1　特性描述

对于图 3-7 所示的理想全差分放大器而言，输入信号的直流电平（即差分放大器的共模输入电压）出现变化，将影响 P 点电平。P 点电压的改变，就会导致尾电流变化，因为实现尾电流的 MOS 管必然存在沟长调制效应。从而，这会影响跨导放大支路的电流，影响了 M_1 和 M_2 两个 MOS 管的偏置，导致其跨导出现变化，最终影响放大器的输出电压。当然，在电路完全对称的情况下，如果尾电流 I_{SS} 是理想电流源，则共模输入电压的变化不会影响输出电压。可以用共模增益来描述由于共模输入电压变化导致的输出电压的变化，即

全差分放大器的
共模响应-视频

$$A_{CM} = \frac{v_{out}}{v_{in,CM}} \tag{3-11}$$

用图 3-12(a) 来计算差分放大器的共模增益。图中，两个输入接相同的输入电压 $V_{in,CM}$。因为接相同的输入电平，X 和 Y 节点电压相同，从而 X 和 Y 节点可以简化为一点，电路最终可以简化为图 3-12(b)。能这样分析的前提是电路完全对称，包括负载电阻完全相同，输入 MOS 管也完全相同。两个相同的电阻用 R_D 表示。图中 R_{SS} 为 M_3 有限的小信号输出电阻，这是导致尾电流不是理想电流源的原因。

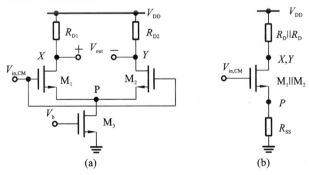

图 3-12　理想全差分放大器的共模响应

利用第 2 章带源极负反馈的电阻负载共源极放大器的增益公式,可计算出图 3-12(b)电路的小信号低频共模增益 A_{CM} 为

$$A_{CM} = \frac{2\,g_m\,R_D/2}{1 + 2\,g_m\,R_{SS}} = \frac{g_m R_D}{1 + 2\,g_m\,R_{SS}} \tag{3-12}$$

显然,如果 M_3 对外表现出理想电流源特性时,则 R_{SS} 为无穷大,从而 $A_{CM} = 0$,即该电路不存在共模增益。无共模增益是我们通常希望看到的结果。因为,对于差分放大器而言,我们只希望放大输入的差模信号,而不希望放大输入的共模信号。因此,共模增益有时也被称为有害的"寄生"增益。

3.4.2　仿真实验

全差分放大器的
共模响应-案例

本例将要仿真理想全差分放大器的共模增益。仿真波形图如图 3-13 所示,仿真电路如图 3-14 所示。我们对直流扫描出来的输入输出关系曲线求微分,得到了该放大器在不同输入直流电平下的共模增益。仿真结果显示该增益不为 0。本电路中不存在电路制造上的偏差,因此电路完全对称,两个输出电压完全一致。共模增益不为零的原因是,尾电流不是理想电流源,其输出电阻不是无穷大。

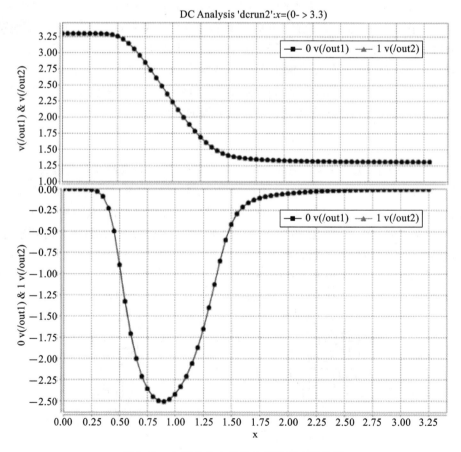

图 3-13　全差分放大器的共模响应仿真曲线

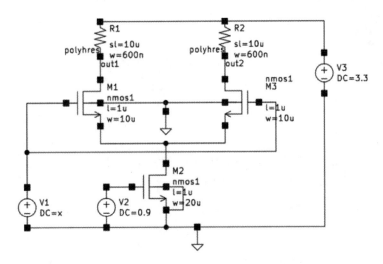

图 3-14　全差分放大器的共模响应仿真电路

3.4.3　互动与思考

读者可调整 R_{SS}、尾电流、M_1 和 M_2 的 W/L、R_D，观察对共模增益的影响。

请读者思考：

(1) 降低共模增益最直接的办法是什么？请利用仿真加以验证。

(2) 当电路完全对称时，输入共模电平的变化，会影响差模增益吗？

◀　3.5　差分放大器失配时的共模响应　▶

3.5.1　特性描述

如果差分放大器的两条支路不完全对称（如第 4 章介绍的有源电流镜负载的差分放大器）或者两条支路上的元器件存在失配，则共模成分和差模成分将相互转换，这类放大器也被称为非平衡差分放大器。

通过集成电路制造工艺制造出来的电阻，误差可能超过±20%，有些类型电阻的绝对误差甚至超过±30%。因此，差分对电路中的负载电阻 R_D 肯定不会精确匹配。图 3-15 给出了 R_D 失配时的差分对电路。作为更一般的考虑，我们依然保持 R_{SS} 为有限值。为了分析的简单起见，先令 M_1 和 M_2 完全对称。

两边电路不对称，我们分别求出两边电路的增益

差分放大器
失配时的共模
响应-视频

$$\Delta V_X = -\Delta V_{in,CM} \frac{g_m}{1 + 2 g_m R_{SS}} R_D \tag{3-13}$$

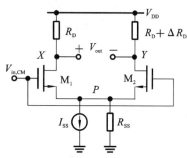

图 3-15 电阻失配时的共模响应

$$\Delta V_Y = -\Delta V_{in,CM} \frac{g_m}{1 + 2 g_m R_{SS}}(R_D + \Delta R_D)$$

$$(3\text{-}14)$$

因此,得到该电路的输出电压之差为

$$\Delta V_X - \Delta V_Y = -\frac{g_m}{1 + 2 g_m R_{SS}} \Delta R_D \Delta V_{in,CM}$$

$$(3\text{-}15)$$

注意,本节电路与 3.4 节电路明显不同。3.4 节两条支路完全对称,从而 X 和 Y 节点电压相同。本节电路两条支路不对称,X 和 Y 节点电压不相同。差分放大器本身的输出就是取差值,所以本节的输出电压我们也关心的是输出变化的差值。从而,得到共模输入引起的差模输出的增益为

$$A_{CM-DM} = -\frac{g_m \Delta R_D}{1 + 2 g_m R_{SS}} \tag{3-16}$$

式(3-16)显示:由于负载电阻出现失配 ΔR_D,导致电路产生了"共模"输入到"差模"输出的转换,即输入共模电平的变化在输出端产生差模分量。负载电阻失配带来的影响要比尾电流输出阻抗为有限值的情况更加严重。

为了区别两个不同的共模增益,式(3-12)表示的共模增益 A_{CM},称为共模到共模的增益。式(3-16)表示的共模增益 A_{CM-DM},称为共模到差模的增益。

同理,输入 MOS 管的失配也会导致共模输入到差模输出的转换,即出现不期望的共模增益 A_{CM-DM}。而且,该共模增益跟负载电阻不匹配一样很严重。这里,直接给出 MOS 管不匹配时的共模增益

$$A_{CM-DM} = -\frac{\Delta g_m R_D}{1 + 2 g_m R_{SS}} \tag{3-17}$$

共模增益是我们不希望出现的有害增益。我们在电路设计中,均希望尽可能地减小共模增益。为了尽可能避免因为两边电路失配带来的共模增益,解决的办法首先是采用全差分放大器,其次是从版图层面让电路的元器件布局上尽可能地对称,如使用轴线对称、中心对称、叉指等技术。关于版图技术,读者可以学习其他教材。为了减小尾电流的输出电阻,可以选用 L 更大的 MOS 管,或者选用 Cascode 电流源。

图 3-16 给出了负载电阻版图布局的一个示例。图中,1 和 2 分别表示的是 R_{D1} 和 R_{D2}。

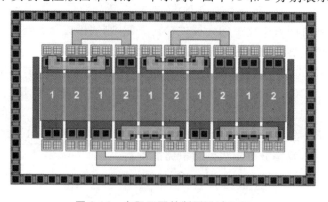

图 3-16 电阻匹配的版图设计示例

每个电阻采用多段串联,便于采用对称布局。该版图还采用了 Dummy 电阻,摆放在电阻两侧。另外,所有电阻均放在隔离环内部,能进一步减少其他电路对电阻的影响。图 3-17 给出了输入差分对管版图布局的一个示例。图中,1 和 2 分别表示的是 M_1 和 M_2。此处,将输入差分对管分拆为多个 MOS 管并联,采用交叉、中心对称等常见的版图布局方式。

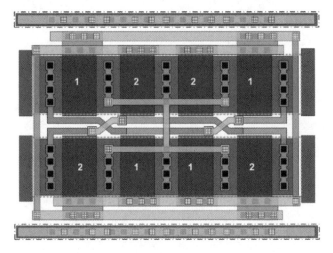

图 3-17   MOS 管匹配的版图设计示例

3.5.2   仿真实验

本例将仿真由于电阻失配引起的共模增益,仿真电路图如图 3-18 所示,仿真波形在图 3-19 中。为了简化,可以假设 ΔR_D 为 R_D 的 5%。然而在工程实际中,不会存在电路设计上的电阻失配,只会在电路制造过程中由于工艺原因产生随机的失配。该随机失配满足统计规律,但没有精确值。读者还可以自行仿真输入 MOS 对管的尺寸出现失配时的共模响应。

差分放大器
失配时的共模
响应-案例

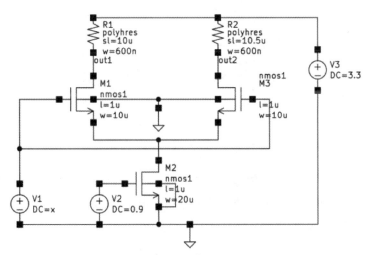

图 3-18   电阻失配引起的共模增益仿真电路图

图 3-19 所示的仿真波形显示，两个输出电压不相同。

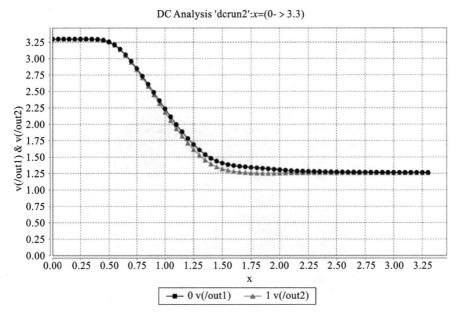

图 3-19　电阻失配引起的共模增益仿真波形图

3.5.3　互动与思考

读者可调整 R_{SS}、尾电流、M_1 和 M_2 的 W/L、R_D，也可以重点调整 ΔR_D，观察共模增益的变化。

请读者思考：

(1)如何降低电阻失配导致的共模增益？

(2)如果负载电阻和输入 MOS 管均有 1% 的失配，哪一种情况产生的共模增益更大？有何理论依据？

◀　3.6　差分放大器的 CMRR　▶

3.6.1　特性描述

差分放大器的
CMRR-视频

为了合理地比较各种差动电路中共模增益对差模增益的影响，由共模变化而产生的"不期望"的差动成分必须用放大后所需要的差动输出进行归一化处理，定义"共模抑制比（CMRR）"如下

$$CMRR = \left| \frac{A_{DM}}{A_{CM-DM}} \right| \tag{3-18}$$

式中：A_{DM} 为放大器的差模增益，而 A_{CM-DM} 为放大器的共模（到差模的）增益。代入式（3-9）和式（3-17），可得

$$CMRR = \frac{-g_m(R_D \parallel r_o)}{\dfrac{-\Delta g_m R_D}{1 + 2 g_m R_{SS}}} \approx \frac{g_m}{\Delta g_m} \cdot (1 + 2 g_m R_{SS}) \tag{3-19}$$

式（3-19）的计算中，我们假定了 $R_D \ll r_o$。该式表明，如果 $\Delta g_m = 0$，则 $CMRR=\infty$。

基本差分对电路的共模响应来源有三个：尾电流源输出电阻为有限值、负载不匹配、输入差分对管不匹配。这三种情况中，后两种情况产生的共模增益可以用式（3-18）来表征 CMRR。对于第一种情况，共模输入只产生了共模输出的变化，因此我们定义另外一种共模抑制比

$$CMRR = \left| \frac{A_{DM}}{A_{CM}} \right| \tag{3-20}$$

式中：A_{CM} 为放大器的共模（到共模的）增益。注：4.6 节讲述的有源电流镜负载差分放大器只有单端输出，其共模抑制比也只能用式（3-20）来定义。

前面的分析中，我们假定两个负载电阻有 1% 的误差，实际情况会如何呢？

集成电路工艺下，电阻有很多种制作方法（如阱电阻、有源区电阻、高阻值多晶硅电阻、低阻值多晶硅电阻、金属电阻等），每种方法制作出来的电阻，其精度、方块值、温度系数都不尽相同。为此，在不同的应用中，可能需要选择不同种类的电阻。另外，由于版图布局的差异，电阻或者输入差分对管的失配也会不尽相同。模拟集成电路全定制版图设计是很重要的工作，好的版图设计能有效消除工艺误差带来的电路性能损失。全定制版图设计的更多技巧已经超出本书内容，感兴趣的读者可以阅读相关书籍。

鉴于负载或者输入差分对管失配比例是随机误差值，依靠基本的仿真模型无法完成全差分放大器 CMRR 的仿真。但是，由于电阻的误差和输入差分对管的失配是的的确确存在的，人们希望借助集成电路制造公司经过多次制造、多次测量得出的"统计结论"或者叫"经验误差"，来知道工程误差带来的电路性能（比如某差分电路的 CMRR）的影响。为了便于设计人员了解由于工艺误差带来的后果，现在不少代工厂提供了集成电路制造的"蒙特卡罗模型"。基于蒙特卡罗模型，我们可以仿真知道所设计电路在制造出来后，出现不同品质的概率。

因此，在代工厂没有提供蒙特卡罗模型时，我们能仿真的 CMRR 仅仅包括尾电流输出阻抗有限的全差分电路和差分输入单端输出的差分电路。

3.6.2 仿真实验

基于最基本的工艺模型，我们无法得知两个负载电阻和两个输入 MOS 管的适配程度。因而仿真中两个差分支路完全对称，仅能得到 A_{CM}。本例，我们将仿真由于尾电流输出电阻有限时的共模抑制比。仿真电路图如图 3-20 所示，仿真波形如图 3-21 所示。为了加深理解，我们还仿真了差模增益和共模增益。结论是共模增益很小，共模抑制比比差模增益大。

差分放大器的
CMRR-案例

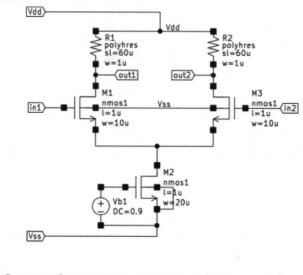

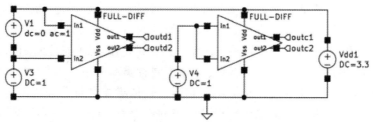

图 3-20　基本差分对电路的 CMRR 仿真电路图

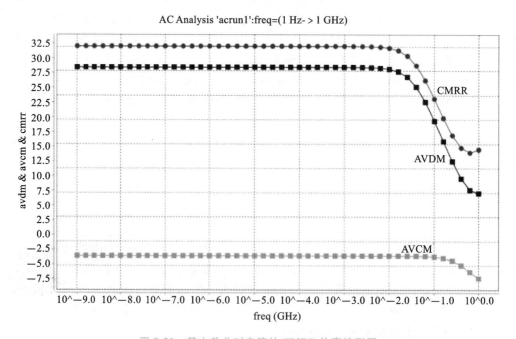

图 3-21　基本差分对电路的 CMRR 仿真波形图

3.6.3　互动与思考

读者可调整尾电流 M_3 尺寸 W/L，尾电流偏置电压 V_b，M_1、M_2 的 W/L，R_D 等参数，观察全差分放大器 CMRR 的变化情况。特别地，可以重点调整尾电流 MOS 管的 L，观察 CMRR 的变化情况。

请读者思考：

(1) 如何提高全差分放大器的 CMRR？请给出几种方法，并通过仿真验证你的想法。

(2) 从仿真波形可知，高频时 CMRR 会恶化得非常厉害。请读者分析这是什么原因造成的？

◀　3.7　全差分放大器的 PSRR　▶

3.7.1　特性描述

全差分放大器的两条支路在完全对称的情况下，理论分析电源抑制比时，其差模电源增益 A^+ 和 A^- 均为 0，则 $PSRR^+$ 和 $PSRR^-$ 均为无穷大。但是，如果电路在制造过程中出现失配，则会产生有限的 PSRR。该 PSRR 不易通过计算和仿真得到。

全差分放大器的
PSRR-视频

另外，全差分放大器因为有两个输出，通常作为放大器的输入级或者中间级。最终，电源上的噪声对电路的贡献会通过全差分放大器的输出共模量向后一级传递。后一级通过差模处理后，该全差分放大器的电源噪声还是会被很大程度地消除。

因此，如果关心全差分放大器的 PSRR，则实际关心的是其共模状态下的电源增益，即观察电源噪声在一个端口上产生的噪声输出，这也是全差分放大器中电源噪声对电路影响最恶劣的情况。下面，我们从理论上分析电源噪声的增益。

为了计算全差分放大器的 $PSRR^-$，绘制如图 3-22 所示的小信号等效电路。因为所有 NMOS 管的偏置电压均是以 V_{ss} 为参考的，从而关注 V_{ss} 的噪声信号增益时，M_1、M_2、M_3 的栅极均加载了交流 V_{ss}。V_{ss} 到输出端的小信号增益为

$$A^- = -\frac{v_{out}}{v_{ss}} \approx -\frac{R_D/2}{g_{m1}\,r_{o1}\,r_{o3} + R_D/2} \tag{3-21}$$

有源电流镜负载差分放大器电路的小信号增益为

$$A_V = -g_{m1}(r_{o1} \parallel R_D) \tag{3-22}$$

从而

$$PSRR^- = \frac{A_V}{A^-} \approx \frac{2g_{m1}(r_{o1} \parallel R_D)}{R_D}\,g_{m1}\,r_{o1}\,r_{o3} \tag{3-23}$$

同理，绘制出计算正电源增益的小信号等效电路图如图 3-23 所示，可以计算出

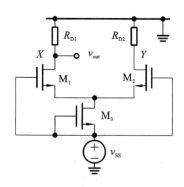

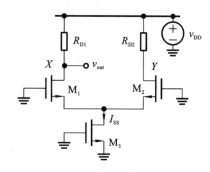

图 3-22　全差分放大器计算PSRR⁻的等效电路　　　图 3-23　全差分放大器计算PSRR⁺的等效电路

$$PSRR^+ = \frac{g_{m1}(r_{o1} \parallel R_D)}{\dfrac{g_{m1} r_{o1} r_{o3} + r_{o1} + r_{o3}}{g_{m1} r_{o1} r_{o3} + r_{o1} + r_{o3} + \dfrac{R_D}{2}}} \approx g_{m1}(r_{o1} \parallel R_D) \qquad (3\text{-}24)$$

可见，由于R_D上分压很小，V_{DD}上的噪声很容易传递到输出端，从而$PSRR^+ \approx A_V$。而V_{ss}上的噪声则被有效衰减。

3.7.2　仿真实验

本例将仿真全差分放大器的电源抑制比特性。仿真电路图如图 3-24 所示，仿真波形如图 3-25 所示。仿真结果显示，低频下$PSRR^+ \approx A_V$，而$PSRR^-$非常高，说明 GND 上的噪声很难对输出造成影响。

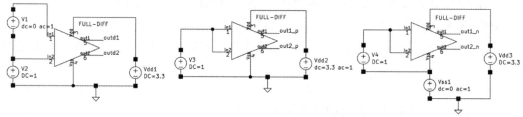

图 3-24　全差分放大器的电源抑制比仿真电路图

3.7.3　互动与思考

读者可改变V_b，以及所有 MOS 管宽长比等参数，观察正负电源的增益，以及正负电源抑制比的差异和变化趋势。

请读者思考：

(1)若电路结构不改变，如何提高全差分放大器的电源抑制比？

(2)通过本例仿真方法得到的 PSRR，与实际生产出来电路的 PSRR 是否有区别？

(3)请读者思考如何从版图设计的角度改善电源抑制比。

(4)本例仿真中，假定了V_{ss}上所有噪声毫无衰减地传递到所有 NMOS 管的栅极。如果

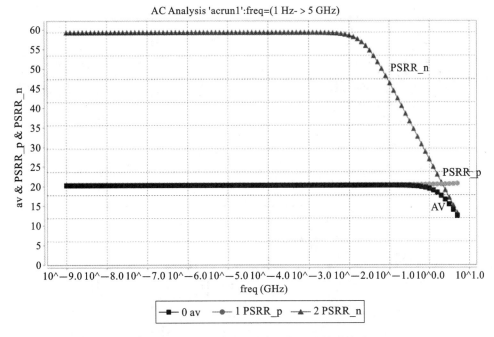

图 3-25　全差分放大器的电源抑制比仿真波形

假定 NMOS 管的栅极电压均为恒定偏置，没有受到噪声污染，那么该如何仿真？请读者修改仿真激励，观察仿真结果，并与本例仿真结果进行对比。

◀ 3.8　全差分放大器的输出共模电平 ▶

3.8.1　特性描述

图 3-26 所示的基本差分对电路中，由于尾电流 I_{SS} 恒定，则流过两个电路的大信号电流为 I_{SS} 电流的一半，也为恒定值。因此，当差分对电路工作在平衡状态下，我们得到输出节点 $X(Y)$ 的直流电压，即共模电平为 $V_{DD} - \dfrac{R_D\,I_{SS}}{2}$。显然，电阻负载的基本差分对电路的输出节点有确定的直流电平。

全差分放大器的
输出共模电平
-视频

图 3-27 所示的差分对电路中，流过 M_3 和 M_4 的电流是恒定值，则 M_3 和 M_4 的 $V_{DS}(V_{DS} = V_{GS})$ 也为定值，从而输出电压有确定的直流电平。

图 3-28 所示的电流源负载差分放大器电路，图中给出了简易的偏置电路（采用的是电流镜电路，具体原理参见第 4 章）。电路设计中，我们通过设计合适的器件尺寸，保证 $I_{M3} = I_{M4} = \dfrac{1}{2} I_{M5}$。然而制造中，必然会产生器件误差，比如 M_3、M_4 或者 M_5 的 W 和 L 出现误差，此时会出现什么现象？

假定制造出来的电路中，M_3 的尺寸（宽长比）比期望值稍大，在 MOS 管偏置电压不变的

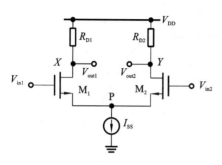

图 3-26　电阻负载的基本差分对电路

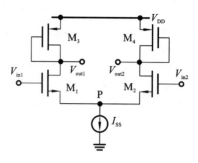

图 3-27　二极管负载的基本差分对电路

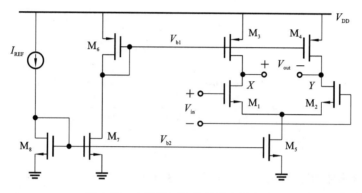

图 3-28　电流源负载差分放大器电路

情况下,则 M_3 的电流比期望值大一点,即 $I_{M3} > \dfrac{1}{2} I_{SS}$,另外一边依然保持 $I_{M4} = \dfrac{1}{2} I_{SS}$。显然,这个状态不会持久,因为 $I_{M3} + I_{M4} = I_{SS}$。电流相等是必须保证的,则 I_{M3} 要变小,直到与 $\dfrac{1}{2} I_{SS}$ 相等为止。

　　M_3 的偏置电压 V_{b1} 是固定偏置电压,由偏置电路决定。一个 MOS 管栅源电压 V_{GS} 不变的情况下,如何能让电流变小呢? 如图 3-29 给出了电流变化的示意:MOS 在 V_{GS} 不变的情况下,由 V_{DS} 较高的工作点 B 向 V_{DS} 较低的工作点 A 移动时,MOS 管电流减小。如果工作点达到 MOS 管饱和区和线性区的临界点时,I_{M3} 依然比 $1/2\ I_{SS}$ 大,则工作点继续向 V_{DS} 更小的方向移动,从而 MOS 管离开饱和区,进入线性区,比如图中的 C 点。这不仅让 M_3 管离开饱和区,使其特性不再类似于电流源,而且,X 点电平升高得非常厉害。工作在饱和区的

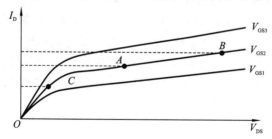

图 3-29　上下电流出现不匹配的情况

MOS 管，即使 V_{DS} 出现大范围的变化，能引起的 MOS 管电流变化也不大。同时由于 M_3 管制造产生的尺寸误差是随机数，从而 X 点电平升高多少事先不可评估。

　　相反，如果 M_3 的实际尺寸比预期小，也可以分析出来类似的结论。总之，电流源负载的共源极电路无法得到确定的输出直流电平。

　　除了电路中作为电流源的 MOS 管尺寸可能出现偏差之外，为电流源提供的偏置电压也可能出现偏差，即图 3-28 中的 V_{b1} 或者 V_{b2} 可能出现偏差。在图 3-30 中，假定 M_3、M_4 期望的偏置电压 $V_{GS1} = V_{DD} - V_{b1}$，使得 M_3 和 M_4 工作在 B 点上。前级镜像电流源源头存在误差，导致实际加载在 M_3 和 M_4 上的偏置电压变大为 V_{GS2}。因为尾电流已经将流过 M_3 和 M_4 的偏置电流限定为 I_{D1}，从而，将从图中的 B 点（期望工作点）移动到 A 点（实际工作点），即漏源电压由 V_{DS1} 下降为 V_{DS2}。这说明，偏置电压出现误差的情况下，输出点 X 和 Y 的直流电压也会变化。

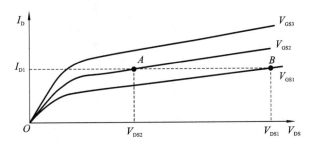

图 3-30　偏置电压出现不匹配的情况

　　上述分析表明，N 管和 P 管电流存在失配，或者是偏置电压出现偏差，均会导致个别MOS 管离开期望的工作状态，并且无法保证输出直流电平恒定。这种现象让电流源负载的全差分放大器无法确定共模电平。同样的问题也会出现在单端电流源负载的共源极放大器上。

　　解决上述问题的最简单方法不是通过各种努力让 MOS 管尽可能匹配，而是通过负反馈的原理，让尾电流或者负载电流能自动调整，将输出节点的共模电平固定。前人发明了如图3-31 所示的共模负反馈电路。

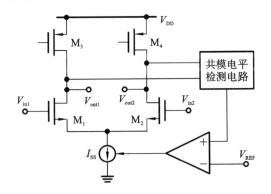

图 3-31　共模负反馈实现机理

　　通过"共模电平检测电路"，将差分放大器的输出共模电平与某固定参考电平 V_{REF} 进行比较，对尾电流进行调节。对于 M_3 和 M_4 而言，在 V_{GS} 不变、尺寸不变的情况下，若电流变大

则意味着 M_3 和 M_4 的 $|V_{DS}|$ 变大,从而输出共模电平变低,则误差放大器输出变小,从而调整 I_{SS} 变小,实现了电流调节的负反馈。根据负反馈的原理,若环路增益比较大,则输出共模电平固定在 V_{REF} 的水平,从而实现了输出共模电平的恒定。共模负反馈电路的具体实现,在本书第 7 章讲解。

3.8.2 仿真实验

全差分放大器的
输出共模电平
-案例

本例将仿真一个相对完整的电流源负载差分放大器,仿真电路图如图 3-32 所示,仿真波形在图 3-33 中。为了验证输出共模电平,可以假定 M_5 的 W 比设计的小 5%,观察输出 X 和 Y 的直流电平的变化。

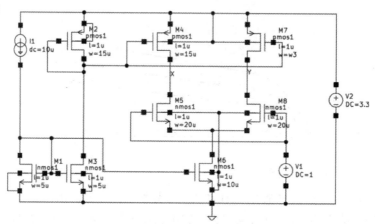

图 3-32　差分放大器输出共模电平仿真电路图

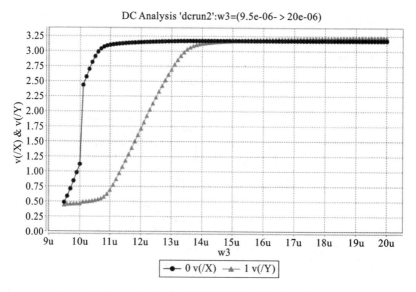

图 3-33　差分放大器输出共模电平仿真波形图

3.8.3 互动与思考

读者可以自行调整电路参数,以及出现误差的百分比,观察输出直流电平的变化。

请读者思考:

(1)若 M_3 和 M_4 的尺寸出现误差,输出共模电平是否会变化?

(2)图 3-28 的共模负反馈电路中,某同学无意中将误差放大器的正向输入端和反向输入端接反,请问会出现什么情况?

◀ 3.9 交叉互连负载的差分放大器 ▶

3.9.1 特性描述

图 3-34 中, M_5 和 M_6 是二极管连接方式的负载,除了能提供负载电流之外,还具有提高线性度、确定输出节点直流电平的功能。M_3 和 M_4 也是差分放大器的负载,只是其栅极输入反向接在了输出节点上。该电路如何工作?让我们用半边电路法来分析,绘制图 3-35 所示的小信号等效电路。基于电路的对称性,若图中 X 点输出电压为 V_{out-} ,则 Y 点输出电压为 $-V_{out-}$。这是绘制图 3-35 的关键点。

交叉互连负载的
差分放大器
-视频

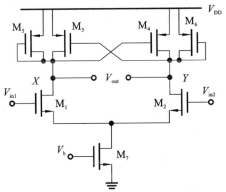

图 3-34 交叉互连负载的差分对电路

图 3-35 交叉互连负载半边电路的小信号等效电路

X 节点的总电阻为

$$R_{out} = r_{o1} \parallel r_{o5} \parallel r_{o3} \tag{3-25}$$

X 节点的总电流为

$$I_{out} = g_{m1} v_{in+} + g_{m5} v_{out-} - g_{m3} v_{out-} \tag{3-26}$$

同时

$$v_{out-} = - I_{out} R_{out} \tag{3-27}$$

所以

$$A_V = -\cfrac{g_{m1}}{\cfrac{1}{R_{out}} + g_{m5} - g_{m3}} \tag{3-28}$$

令 M_5 和 M_3 尺寸相同，则 $g_{m5} = g_{m3}$，式(3-28)变换为

$$A_V = -g_{m1}(r_{o1} \parallel r_{o5} \parallel r_{o3}) \tag{3-29}$$

电路实现了比较大的差模增益。该电路的另外一个优点是其输出端有确定的直流电平，从而无需额外的共模负反馈电路。

我们还可以从另外一个角度来看这个电路中 M_3 和 M_4 的作用。当 V_{in1} 增加时，显然 X 点电平下降而 Y 点电平上升。从而，M_3 管的漏源电压是增加的，而栅源电压绝对值是减小的，如何能保持电流不变呢？栅源电压绝对值减小要求 M_3 的漏源电压绝对值进一步增加，即 X 点电平加速下降！我们发现，M_3 在电路中起到了"正反馈"的作用。

从而，我们可以认为 M_3 在电路中起到了"正反馈"的作用，而 M_5 在电路中起到了"负反馈"的作用。当 $g_{m5} > g_{m3}$ 时，则电路表现为负反馈，电路依然能正常放大；当 $g_{m5} < g_{m3}$ 时，则电路表现为正反馈。

图 3-36(a)所示的是一个接成正反馈的放大器电路。令 V_{in} 从一个负值逐渐变为正值。当 V_{in} 为负值时，V_{out} 为低电平 V_{OL}。则此时比较器的正向输入端电压 V_P 满足

$$\frac{V_{in} - V_P}{R_1} = \frac{V_P - V_{OL}}{R_2} \tag{3-30}$$

从而

$$V_P = \frac{R_2 V_{in} + R_1 V_{OL}}{R_1 + R_2} \tag{3-31}$$

显然，此时 V_P 为负值。我们假定让放大器输出点电压从低向高翻转的输入电压 V_{in} 为 V_{T+}，则式(3-31)的 $V_P = 0$。即

$$0 = \frac{R_2 V_{T+} + R_1 V_{OL}}{R_1 + R_2} \tag{3-32}$$

从而

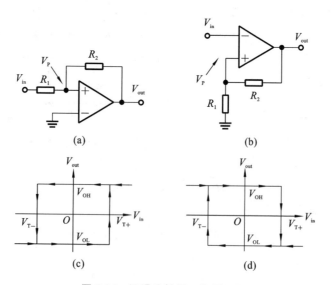

图 3-36　迟滞比较器工作原理图

$$V_{T+} = -\frac{R_1}{R_2} V_{OL} \tag{3-33}$$

同理,如果输入电压从高电平变低时,达到 V_{T-} 时输出信号从高变低

$$V_{T-} = -\frac{R_1}{R_2} V_{OH} \tag{3-34}$$

绘制出图 3-36(a)的输入输出电压关系波形如图 3-36(c)所示。可见,正反馈电路表现出明显的迟滞比较器的效果。所谓迟滞比较器,指相对于比较值,输入信号从低向高变化,和从高向低变化时的电压值不同。输入信号 V_{in} 从较小值变大,当 $V_{in} > V_{T+}$ 时,输出信号 V_{out} 突然变成高电平。反过来,当输入信号 V_{in} 从较大值变小,当 $V_{in} < V_{T-}$ 时,输出信号 V_{out} 突然变成低电平。图 3-36(c)中的箭头,标明了输入电压的变化情况。其中 V_{T-} 表示低翻转电压,而 V_{T+} 为高翻转电压。

图 3-36(a)所示电路的低翻转电压和高翻转电压相对于反向输入端电压对称,即增加反相输入端电平,低翻转电压和高翻转电压同时增加。

同理,还有另外一种正反馈接法如图 3-36(b)所示。该电路的输入输出波形如图 3-36(d)所示。我们称图 3-36(a)所示的为同向迟滞比较器,称图 3-36(b)所示的为反向迟滞比较器。

之前的学习中,$g_{m5} < g_{m3}$ 时,图 3-34 表现为正反馈的放大器。该图还可以换一种画法,如图 3-37(a)所示。假定 V_{in2} 为某固定值,让 V_{in1} 从某低值逐渐增加。此时,M_1 不导通,V_X 为高电平,尾电流全部从 M_2 流过,则 V_Y 为相对低电平。我们用图 3-37(b)中的淡色 MOS 管表示此时该 MOS 管没有电流流过。因为 M_6 导通,则 M_3 处于"导通无电流"状态。

随着 V_{in1} 逐渐增加,当 $V_{in2} - V_{in1}$ 小于某个值之后,则 M_1 导通,从而 M_1 电流逐渐增加,而 M_2 电流逐渐减小。一旦 M_1 有电流,该电流很小,则 V_X 为接近于 V_{DD} 的高电平,从而 M_5 和 M_4 无法导通。随着 M_1 电流增加,则 X 点电压逐渐降低,此时,M_3 的电流经 M_1 流入 M_7。此时的电路用图 3-37(c)表示。有 $I_{M_3} = I_{M_1}$,$I_{M_6} = I_{M_2}$,$I_{M_1} + I_{M_2} = I_{M_7}$,而 $I_{M_6} : I_{M_3} = (W/L)_6 : (W/L)_3$。为了让该电路是正反馈,要求 $(W/L)_6 < (W/L)_3$。从而

$$I_{M_1} = \frac{1}{1 + \left(\dfrac{W}{L}\right)_6 / \left(\dfrac{W}{L}\right)_3} I_{M_7} \tag{3-35}$$

$$I_{M_2} = \frac{1}{1 + \left(\dfrac{W}{L}\right)_3 / \left(\dfrac{W}{L}\right)_6} I_{M_7} \tag{3-36}$$

由 M_1 的饱和区电流公式:$I_D = \dfrac{1}{2} \mu_n C_{ox} \dfrac{W}{L} (V_{GS} - V_{TH})^2$,可得

$$V_{GS1} = \sqrt{\frac{2 I_{M_1}}{\mu_n C_{ox} \left(\dfrac{W}{L}\right)_1}} + V_{TH} \tag{3-37}$$

$$V_{GS2} = \sqrt{\frac{2 I_{M_2}}{\mu_n C_{ox} \left(\dfrac{W}{L}\right)_2}} + V_{TH} \tag{3-38}$$

从而,引起比较器输出信号翻转的输入信号差值为

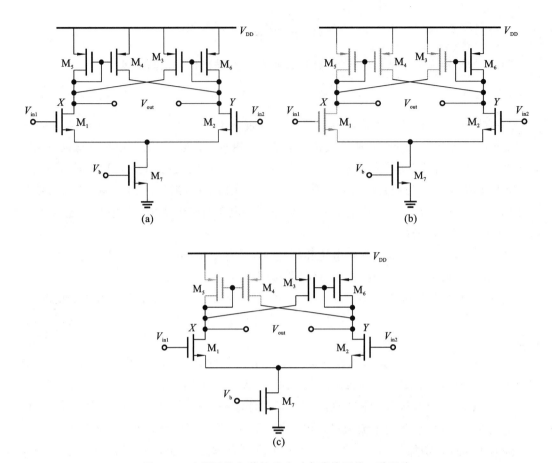

图 3-37　交叉互连负载的差分对电路的另外一种画法

$$V_{GS1} - V_{GS2} = \sqrt{\dfrac{2 \dfrac{1}{1 + \left(\dfrac{W}{L}\right)_6 / \left(\dfrac{W}{L}\right)_3} I_{M_7}}{\mu_n C_{ox} \left(\dfrac{W}{L}\right)_1}} - \sqrt{\dfrac{2 \dfrac{1}{1 + \left(\dfrac{W}{L}\right)_3 / \left(\dfrac{W}{L}\right)_6} I_{M_7}}{\mu_n C_{ox} \left(\dfrac{W}{L}\right)_2}} \qquad (3\text{-}39)$$

因为 M_1 和 M_2 对称，从而

$$V_{GS1} - V_{GS2} = \left(\sqrt{\dfrac{\left(\dfrac{W}{L}\right)_3}{\left(\dfrac{W}{L}\right)_3 + \left(\dfrac{W}{L}\right)_6}} - \sqrt{\dfrac{\left(\dfrac{W}{L}\right)_6}{\left(\dfrac{W}{L}\right)_3 + \left(\dfrac{W}{L}\right)_6}} \right) \sqrt{\dfrac{2 I_{M_7}}{\mu_n C_{ox} \left(\dfrac{W}{L}\right)_1}} \qquad (3\text{-}40)$$

同理，如果 V_{in1} 从高电位向低电压变化，则工作过程恰好相反。翻转电压为

$$V_{GS1} - V_{GS2} = -\left(\sqrt{\dfrac{\left(\dfrac{W}{L}\right)_3}{\left(\dfrac{W}{L}\right)_3 + \left(\dfrac{W}{L}\right)_6}} - \sqrt{\dfrac{\left(\dfrac{W}{L}\right)_6}{\left(\dfrac{W}{L}\right)_3 + \left(\dfrac{W}{L}\right)_6}} \right) \sqrt{\dfrac{2 I_{M_7}}{\mu_n C_{ox} \left(\dfrac{W}{L}\right)_1}} \qquad (3\text{-}41)$$

如果定义 $V_X - V_Y = V_{out}$，则上述工作过程可以用图 3-36(d)来描述。则式(3-40)表示了高翻转电压 V_{T+}，式(3-41)表示了低翻转电压 V_{T-}。

受限于图 3-37(a)电路的输出电压摆幅，以及输出是差分信号，要作为迟滞比较器来使用，需要增加输出级。图 3-38 是具备了输出级的完整迟滞比较器。图中，M_8、M_9、M_{10}、M_{11}，构成了迟滞比较器的输出级。当 X 和 Y 点电压差分变化时，则 V_{out} 会变化为 V_{DD} 或者 GND。

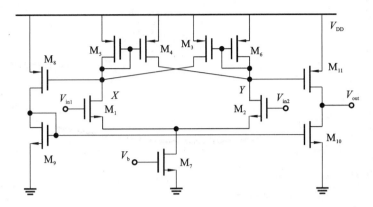

图 3-38   完整的迟滞比较器电路

3.9.2   仿真实验

交叉互连负载的
差分放大器
-案例

本例将要仿真图 3-34 所示的交叉互连和二极管并联负载的差分对电路。仿真电路图如图 3-39 所示，仿真分三种情况，分别是 $(W/L)_5 < (W/L)_3$、$(W/L)_5 = (W/L)_3$、$(W/L)_5 > (W/L)_3$。

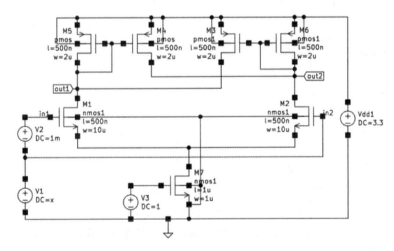

图 3-39   交叉互连负载的差分对电路差模增益仿真电路图

图 3-40 仿真波形显示，当 $(W/L)_5 = (W/L)_3$ 时，特别是当输入共模电压超过 0.75 V 时，电路表现出超过 90 倍的增益。波形还显示，即使输入共模电平非常低，例如 0 V，电路也有 10 倍增益。这个仿真结果不可信，原因类似本书 1.10 关于本征增益的电路。因为输入共模电平很低时，M_1、M_2 无法导通，虽然 g_{m1} 几乎为 0，但其负载电阻无穷大，两者相乘就得到了不为零的增益。当 $(W/L)_5 > (W/L)_3$ 时，电路为负反馈，增益为负值；当 $(W/L)_5 < (W/L)_3$ 时，电路为正反馈，增益为正值。

当 $(W/L)_5 = (W/L)_3$ 时，即使差分对管不导通，也有很大增益，这种电路属性可以产

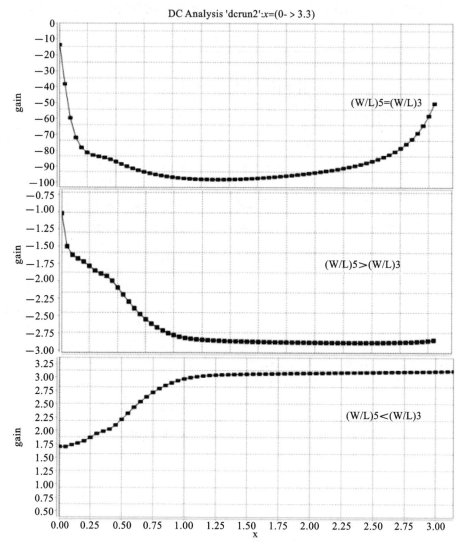

图 3-40　图 3-39 仿真波形图

生一种新的电路功能:锁存器。也就是说,即使输入信号消失,输出也会固定为某个确定的值。图 3-41 和图 3-42 分别为锁存器仿真电路图和波形图。波形显示:在 1 μs 时,out 信号跳为低电平。在 2 μs 时,虽然 in1 和 in2 信号都消失为低电平,但 out1 和 out 信号均保持为之前锁存的状态电平。

当 $\left(\dfrac{W}{L}\right)_5 < \left(\dfrac{W}{L}\right)_3$ 时,电路为正反馈,根据之前的分析,该电路可以工作为迟滞比较器。此处比较器功能仿真电路图和波形分别如图 3-43 和图 3-44 所示。结果显示出该电路具有 3-36(d)所示的反向迟滞比较器功能。

3.9.3　互动与思考

请读者自行改变 MOS 管参数,观察差模增益的变化。

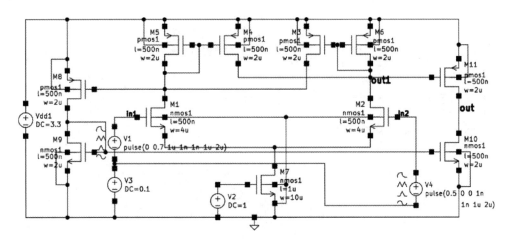

图 3-41 锁存器仿真电路图

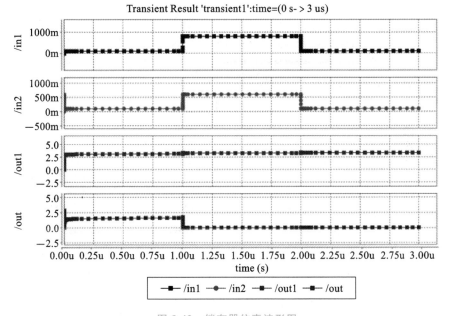

图 3-42 锁存器仿真波形图

请读者思考：

(1)根据式(3-28)，若 $1/R_{out} + g_{m5} = g_{m3}$，该电路的增益是否为无穷大？限制其增益为无穷大的主要原因是什么？

(2)该电路的输出节点共模电平如何确定？

(3)由式(3-25)和式(3-28)，我们是否可以认为输出节点 X 的电阻包括：r_{o1}、r_{o5}、r_{o3}、$1/g_{m5}$、$-1/g_{m5}$？怎么会出现"负"的电阻？

(4)有人说当所有负载 MOS 尺寸相同，即 $\left(\dfrac{W}{L}\right)_6 = \left(\dfrac{W}{L}\right)_3$ 时，该电路可以当作锁存器使用。请解释原因。

(5)用作迟滞比较器时，需要考虑放大器的输入共模电平么？

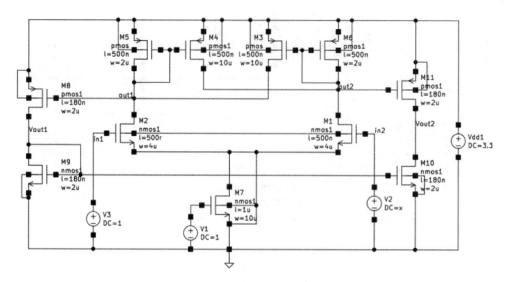

图 3-43　迟滞比较器仿真电路图

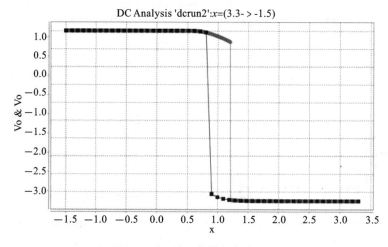

图 3-44　迟滞比较器仿真波形图

◀　3.10　吉尔伯特单元　▶

3.10.1　特性描述

吉尔伯特单元
-视频

　　差分放大器的尾电流,由一个固定的偏置电压控制一个工作在饱和区的 MOS 管来实现,从而尾电流为恒定值。如图 3-45 所示,当差分对的尾电流偏置电压 V_{cont} 可变,则流到差分对 M_1 和 M_2 的电流也会随之变化。因为 MOS 管的跨导与电流有关

$$g_{\mathrm{m}} = \sqrt{2\,\mu_{\mathrm{n}}\,C_{\mathrm{ox}}\,\frac{W}{L}\,I_{\mathrm{D}}} \qquad (3\text{-}42)$$

所以，M_1 和 M_2 的跨导会变化，从而放大器的增益也会变化。图 3-45 电路增益可变，该电路也叫可变增益放大器(Variable-Gain Amplifier，简称 VGA)。

图 3-46(a) 所示电路增益为负，图 3-46(b) 所示电路增益为正，且均为可变增益放大器。通过逐渐减小 V_{cont1}，可以让图 3-46(a) 所示的放大器从某个负的增益上升至 0。同理，通过逐渐增大 V_{cont2}，可以让图 3-46(b)

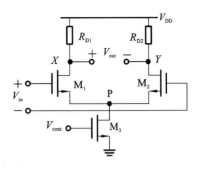

图 3-45　可变增益差分放大器

所示的放大器从 0 上升至某个正的增益。利用两个可变增益放大器，能实现正的增益可调和负的增益可调。

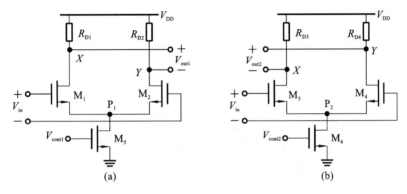

图 3-46　两个可变增益放大器

由此，我们想到是否有这样一种结构，能实现增益从某个负的值上升至 0，再上升到某个正的值，这样就实现了可变增益的更大范围调节。要实现这样的机制，需要结合图 3-46 两个电路，并且：①对两个输出电压相加；②让两个电路的尾电流反向变化；③输入是同一个输入。

假定 3-46(a) 的电路增益为 $-\alpha A$，而(b)的电路增益为 $+\beta A$，其中 α 和 β 反向变化。相加后的放大器的增益为

$$A_{\mathrm{SUM}} = -\alpha A + \beta A \qquad (3\text{-}43)$$

式中，如果 α 为最大，而 β 为最小(最小的增益为 0)，则此时的 A_{SUM} 为负的最大值；同理，如果 α 为最小(最小的增益为 0)，而 β 为最大，则此时的 A_{SUM} 为正的最大值。当 $\alpha = \beta$ 时，$A_{\mathrm{SUM}} = 0$。

如何实现两个放大器相加呢？我们要具体看，是电压相加还是电流相加。要把图 3-46

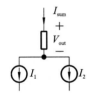

图 3-47　电流相加并转换为电压的原理图

中的 V_{out1} 和 V_{out2} 两个电压直接相加存在困难。根据节点电流和环路电压公式，将电流相加却是非常容易的。图 3-47 给出了通过电流相加，然后变成电压的原理图。从而，基于这个原理，对图 3-46 的两个电路我们就实现了输出电压的相加，图 3-48 即将图 3-46 两个电路输出电压相加后的电路。

要实现 α 和 β 反向变化，可以利用差分放大器的机制，即将图 3-48 中的 M_3 和 M_6 管源端相连，并接一个尾电流到地，即可实现 M_3 和 M_6 的电流反向变化。具体实现方式如图 3-49 所示。

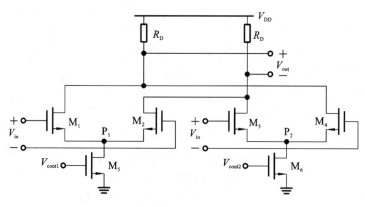

图 3-48　两个输出相加的可变增益放大器

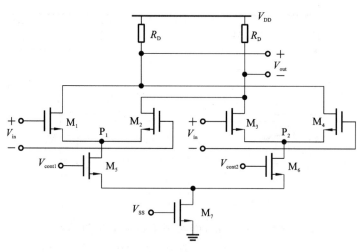

图 3-49　两个增益反向变化并且相加的可变增益放大器

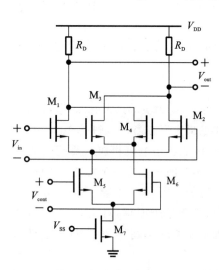

图 3-50　吉尔伯特单元

最后一个问题是如何实现输入是同一个输入。其实，因为图 3-49 的放大器的输入阻抗为无穷大，所以电压可以直接使用同一个输入电压，而不会带来任何坏的影响。因此图 3-49 所示的电路还可以换一种画法，如图 3-50 所示。这个电路就是大名鼎鼎的"吉尔伯特（Gilbert）单元"。

图 3-49 的输入就统一为同一个输入了。下面，我们来计算一下吉尔伯特单元的增益。

$$\Delta V_{out} = -R_D(I_{D1} + I_{D4}) + R_D(I_{D2} + I_{D3})$$
$$= -R_D(I_{D1} - I_{D2}) + R_D(I_{D3} - I_{D4}) \quad (3\text{-}44)$$

由图 3-46，我们注意到，$\Delta V_{out1} = -R_D(I_{D1} - I_{D2})$，$\Delta V_{out2} = R_D(I_{D3} - I_{D4})$，从而

$$\Delta V_{out} = \Delta V_{out1} + \Delta V_{out2} \quad (3\text{-}45)$$

从而得到吉尔伯特单元的增益为

$$A_V = \frac{\Delta V_{out}}{\Delta V_{in}} = \frac{\Delta V_{out1}}{\Delta V_{in}} + \frac{\Delta V_{out2}}{\Delta V_{in}} = - g_{m1,2} R_D + g_{m3,4} R_D \quad (3\text{-}46)$$

差分调节 M_5 和 M_6 的电流，也就反向调节了 $g_{m1,2}$ 和 $g_{m3,4}$。

吉尔伯特单元可以在很大范围内调节放大器的增益，这是其中一种应用。另外，吉尔伯特单元还被广泛应用在通信电路中。因为放大器的输出既与 V_{in} 有关，也与控制电压 V_{cont} 有关，从而输出电压可以表示为

$$v_{out} = v_{in} \cdot f(v_{cont}) \quad (3\text{-}47)$$

$f(v_{cont})$ 表示该式是 v_{cont} 的函数。我们将 $f(v_{cont})$ 泰勒展开，并仅仅保留其中最重要的一阶项，从而得到 $v_{out} \approx \alpha \cdot v_{in} \cdot v_{cont}$。这说明吉尔伯特单元构成了一个"模拟"乘法器（Analog Multiplier）。模拟乘法器最常见的应用为混频器（Mixer），图 3-51 所示的为混频器的符号。

假定输入的两个信号是幅值和频率均不相同的信号，分别为 $x(t) = A\cos \omega_1 t$ 和 $y(t) = B\cos \omega_2 t$，则

图 3-51 混频器符号图

$$x(t) \cdot y(t) = \frac{AB}{2}\cos(\omega_1 - \omega_2)t + \frac{AB}{2}\cos(\omega_1 + \omega_2)t \quad (3\text{-}48)$$

式（3-48）表明，混频器实现时域信号的相乘，得到的是频域信号的相加或者相减。通过混频，输出信号出现了两个频率信号，通过滤波器选取比原始信号频率更高的输出中频信号，我们称该混频器为上变频；反之，通过滤波器选取的输出信号频率比原始信号频率更低，我们称该混频器为下变频。上变频通常用于发射机，下变频通常用于接收机，是无线接收机中最常见的信号处理功能电路。图 3-52 是利用吉尔伯特单元构成的混频器电路工作示意图。

既然吉尔伯特单元是将两个信号相乘，根据乘法交换律，能否将输入信号 V_{in} 和控制信号 V_{cont} 互换呢？

答案是：当然可以。将输入信号 V_{in} 和控制信号 V_{cont} 互换后的电路如图 3-53 所示。

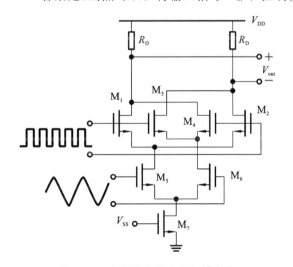

图 3-52 吉尔伯特单元混频器电路

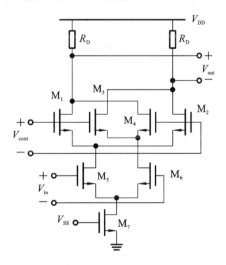

图 3-53 输入信号 V_{in} 和控制信号 V_{cont} 互换后的吉尔伯特单元

当 V_{cont} 为绝对值很大的负值时，M_1 和 M_3 电流很小（最小是 0），而 M_4 和 M_2 电流很大（最大为 M_5 和 M_6 的全部电流），此时电路可以用图 3-54（a）来表示。此时，吉尔伯特单位总的增

益为 $A_V = g_{m5} R_D$。反之,如图 3-54(b)所示,当 V_{cont} 为绝对值很大的正值时,$A_V = -g_{m5} R_D$。可见,调节 V_{cont},整个放大器的增益能在 $\pm g_{m5} R_D$ 之间变化。

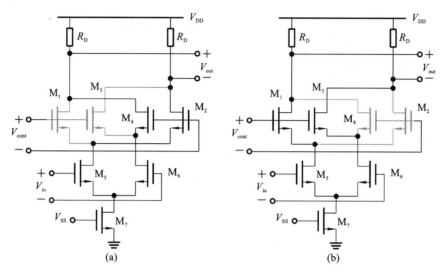

图 3-54 V_{cont} 为最大和最小值时的新吉尔伯特单元

3.10.2 仿真实验

吉尔伯特单元
-案例

本例将仿真吉尔伯特单元的混频器应用,仿真电路图如图 3-55 所示,波形在图 3-56 中。

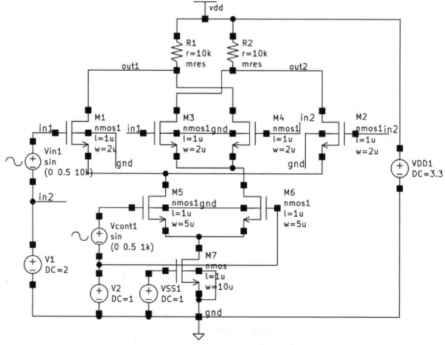

图 3-55 吉尔伯特乘法器仿真电路图

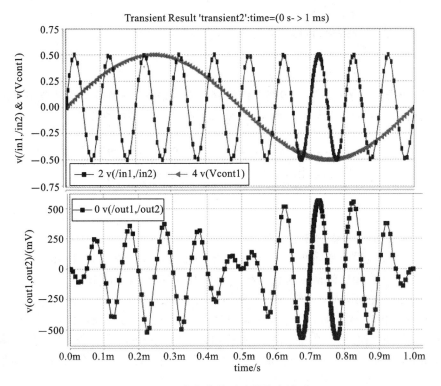

图 3-56　吉尔伯特乘法器仿真波形

3.10.3　互动与思考

读者可以通过改变输入对管尺寸、R_D、输入信号频率和幅值,观察输出波形变化。

请读者思考:

(1)如果输入信号 V_{in} 和控制信号 V_{cont} 的频率完全相同,则输出是不是只有一个频率分量了?

(2)将输入信号 V_{in} 和控制信号 V_{cont} 互换,电路的特性上是不是完全没有区别?

◀　3.11　差分放大器的优势　▶

3.11.1　特性描述

由 3.3 节可知,差分放大器在消耗二倍于单端放大器的基础上,产生了和单端放大器相同的增益。那么,差分放大器存在的意义是什么呢? 我们为什么说差分放大器是一个伟大的发明呢? 本节,我们来看看差分放大器的优势。

(1)提高放大器的增益线性度。

2.4 节给出了放大器的一般表达式为

差分放大器的
优势-视频

$$v_{\text{out}} = \alpha_0 + \alpha_1\ v_{\text{in}} + \alpha_2\ v_{\text{in}}^2 + \alpha_3\ v_{\text{in}}^3 + \alpha_4\ v_{\text{in}}^4 + \cdots \tag{3-49}$$

利用差分放大器的概念,可以将差分放大器分成两个相同的放大器相减。如图 3-57 所示,$v_{\text{out}+} = f(v_{\text{in}-})$,$v_{\text{out}-} = f(v_{\text{in}+}) = f(-v_{\text{in}-})$,$v_{\text{out}} = v_{\text{out}+} - v_{\text{out}-}$,代入式(3-49),则

$$v_{\text{out}} = 2(\alpha_1\ v_{\text{in}} + \alpha_3\ v_{\text{in}}^3 + \alpha_5\ v_{\text{in}}^5 + \cdots) \tag{3-50}$$

式(3-50)表明,差分放大器中的偶次谐波分量得以消除,特别是所有谐波中对系统影响最大的二次谐波分量得以消除。从而,差分放大器提高了增益线性度。

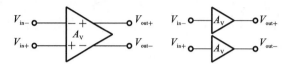

图 3-57　差分放大器工作示意图

(2)提高电路对环境噪声的免疫力。

差分模式对环境噪声或者外界干扰具有较强的免疫力。图 3-58 中,有三根传输线,两侧分别传输两个互为相反的信号 signal 和 $\overline{\text{signal}}$,中间则是传输高频的时钟信号。因为三根导线之间存在寄生电容,从而高频的时钟信号将对低频的信号 signal 和 $\overline{\text{signal}}$ 产生干扰,以毛刺方式出现在传输线末端。注意,在某一时刻,高频信号引起的毛刺是同相的。如果 signal 和 $\overline{\text{signal}}$ 与时钟信号线的布局完全对称,则毛刺不仅同相,还同幅值。在传输线末端完成信号相减,即 signal$-\overline{\text{signal}}$,得到的是二倍于所传信号幅值且没有毛刺的干净信号。从而,我们说差分信号对环境噪声有更好的免疫力。

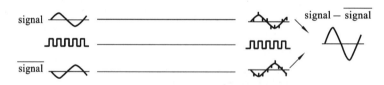

图 3-58　差分信号传输中的高频干扰

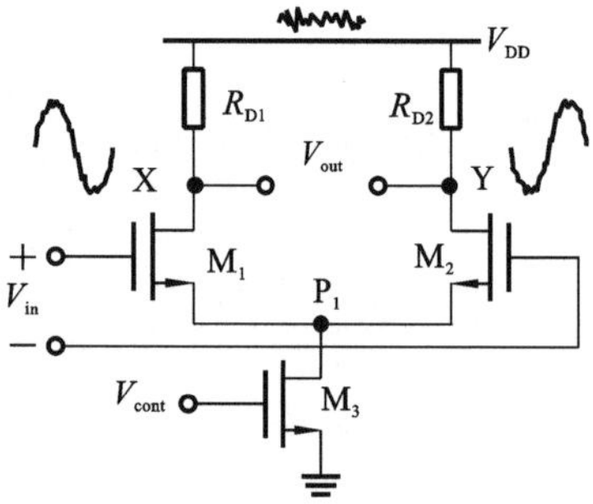

(3)降低电源噪声对电路的影响。

图 3-59 中,我们假定电源上有高频噪声。其实,这个"假定"不是真的假定,因为任何系统的电源上都是有噪声的。图中 X 和 Y 点处的电压为 V_{DD} 减去负载电阻上的电压降,从而电源上的噪声会传递到 X 和 Y 节点,输出的两个反向信号上被加载上了同相的电源噪声信号。该电路最终取的是 X 和 Y 点电压的差值,因此差分对两条直流如果对称,电源噪声则会被完全消除。

理论上,完全对称的全差分放大器的电源抑制比为无穷大。

图 3-59　电源上有噪声的情况

(4)提高电路的信噪比。

式(3-48)不仅表明差分放大器中的偶次谐波分量得以消除,也将放大器的输出信号幅值增大到单端放大器的两倍。在噪声不变的情况下,因为有用信号变为单端电路的二倍,从而信号和噪声之比也变为单端电路的二倍,即 3 dB。

信噪比定义为

$$\text{SNR} = 10 \lg \frac{信号有效功率}{噪声有效功率} \tag{3-51}$$

3.11.2 仿真实验

本例将仿真理想差分放大器的各种优点,仿真电路图如图 3-60 所示,波形如图 3-61 所示。我们先在电源上加一个 5 kHz 的高频噪声,输入端接入 1 kHz 的正弦波,仿真发现单端输出电压上有高频噪声分量,但差分输出电压上却没有高频噪声差分。

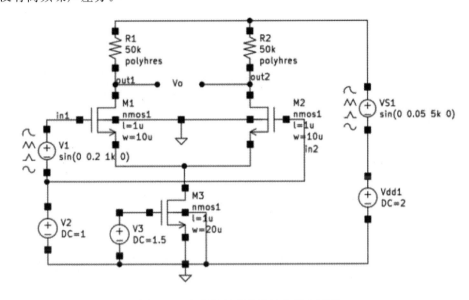

图 3-60　全差分放大器优势仿真电路图

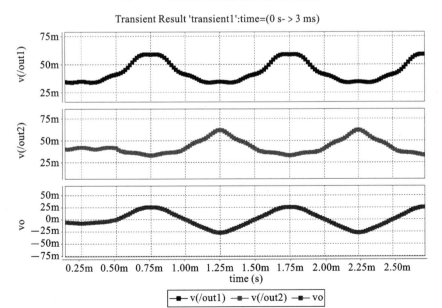

图 3-61　全差分放大器优势仿真波形

3.11.3　互动与思考

请读者思考：

(1)图 3-58 中传输的是差分的信号和一个时钟,能否传输两个差分的时钟和一个信号?

(2)理论上,完全对称的全差分放大器的电源抑制比为无穷大,那么 3.7 节计算差分放大器的电源抑制比的意义是什么?

4 | 电流源和电流镜

模拟电路中有很多电流源的应用需求,而工作在饱和区的 MOS 管可以看作为电流源。然而,如何产生多个电流源,且使这些电流尽可能稳定、尽可能理想,则是本章要学习的内容。本章将介绍基于镜像的原理产生电流源的方法和电路构成,电路包括基本电流镜、共源共栅极电流镜、低压共源共栅极电流镜。我们要分析这些电流镜的输出电阻、输出电压余度、电流镜像精度,以及偏置电路的产生方式。电流镜还可以作为差分放大器的负载,构成经典的运算跨导放大器,本章还将重点讲述该放大器的大信号、小信号特性。最后,本章还将讲述基于电流镜原理构成的电流放大器。

◀ 4.1 基本电流镜 ▶

4.1.1 特性描述

前面的学习中,我们有很多需要电流源的场合。CMOS 模拟集成电路中需要提供大量的恒定电压和电流信号。比如,在电流源负载的共源极放大器中,需要为 MOS 管提供一个恒定的栅源电压从而产生负载电流;差分放大器的尾电流也需要为 MOS 管提供恒定栅源电压;折叠式共源共栅极放大器中需要一个恒定的偏置电流。如何提供这样的电压或者电流呢?

基本电流镜-视频

图 4-1 给出了一种最简单的实现方式。通过 R_1 和 R_2,将 V_{DD} 分压得到一个偏置电压施加到 M_1 的栅极,保证 M_1 的漏端电压超过 M_1 过驱动电压,则 M_1 工作在饱和区。在忽略其沟长调制效应的情况下,该电路产生恒定的输出电流 I_{OUT} 为

$$I_{OUT} = \frac{1}{2} \mu_n C_{ox} \frac{W}{L} \left(\frac{R_2}{R_1 + R_2} V_{DD} - V_{TH} \right)^2 \quad (4\text{-}1)$$

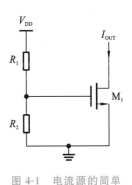

该电路似乎提供了一个恒定的电流,但其实不然。原因来自多个方面:

(1)电源电压无法保证永恒不变;

(2)MOS 管的阈值电压、载流子迁移率、单位面积栅极氧化层电容值,均是工艺参数,不同批次不同晶圆以及不同的芯片均会出现差异。这些误差可以用工艺角来模拟;

(3)MOS 管沟长 L 和沟宽 W,也存在工艺偏差。

图 4-1 电流源的简单
实现方法

因此,我们必须寻找新的电路机制来实现更精确的恒流源。

在以往所学的电路知识中,我们知道电压在传递中会产生误差,而电流的传递却能相对更精确。原因是任何导线都有串联的寄生电阻,电流在导线上流动时会产生电压降。相同材料的导线,横截面积越小,长度越长,则电阻越大。所以,集成电路中如果一根细导线走很长的距离,则需要特别关注其寄生电阻是否会产生电压降。

如何能保证这个栅极偏置电压恒定,不易受电源电压、芯片制造工艺、芯片工作温度的影响呢?目前,人们通过努力,基于自偏置技术、温度补偿机制等多种技术,已经可以设计制作相对恒定的电压源或者电流源。但代价往往较大,需要设计复杂的电路,占用较大的面积,消耗较大的功耗。

因此,为每个电流源单独设计一个基准电压(或者电流)源显然不现实。通常的做法是用较大代价设计一个基准电流源,再通过某种机制将这个电流源"复制"到任何其他需要的地方。基于这个想法,前人发明了电流镜电路。电流镜电路的实现依据是对于工作在饱和区的两个 MOS 管,有

$$I_{\mathrm{D}} = \frac{1}{2} \mu_{\mathrm{n}} C_{\mathrm{ox}} \frac{W}{L} (V_{\mathrm{GS}} - V_{\mathrm{TH}})^2 \qquad (4\text{-}2)$$

当两个 MOS 管均工作在饱和区且栅源电压 V_{GS} 相同时,其电流之比为两器件 W/L 之比。在图 4-2 所示的电路中,M_1 和 M_2 具有相同的栅源电压 V_{GS},M_1 接成了二极管连接的方式,只要 M_1 有电流,则其必定工作在饱和区。而只要 M_2 输出节点的电压高过 M_2 的过驱动电压,则 M_2 也工作在饱和区。忽略 MOS 管的沟长调制效应,有

$$\frac{I_{\mathrm{OUT}}}{I_{\mathrm{REF}}} = \frac{\left(\dfrac{W}{L}\right)_2}{\left(\dfrac{W}{L}\right)_1} \qquad (4\text{-}3)$$

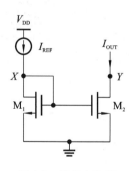

图 4-2 简单电流镜

图 4-2 所示的简单电流镜电路中,是通过将 X 点电压,即 M_1 的 V_{GS} 传递到 M_2,实现了电流的复制或者叫镜像。而 X 点电压则由 I_{REF} 决定。因为对于工作在饱和区的 MOS 管,当 $V_{\mathrm{GS}} = V_{\mathrm{DS}}$ 时,V_{GS} 与 I_{DS} 一一对应。

该电路的特例是,若 M_1 和 M_2 尺寸相同,则输出电流将是 I_{REF} 的复制,即 $I_{\mathrm{OUT}} = I_{\mathrm{REF}}$。

那么,复制有误差么? 由于 MOS 管存在沟长调制效应,即使 MOS 管工作在饱和区,MOS 管漏源电压 V_{DS} 也会轻微影响其电流,从而有

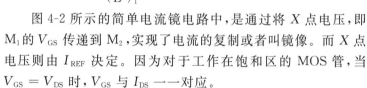

$$\frac{I_{\mathrm{OUT}}}{I_{\mathrm{REF}}} = \frac{\left(\dfrac{W}{L}\right)_2 (1 + \lambda_2 V_{\mathrm{DS2}})}{\left(\dfrac{W}{L}\right)_1 (1 + \lambda_1 V_{\mathrm{DS1}})} \qquad (4\text{-}4)$$

图 4-2 电路中,M_1 的 V_{GS} 是与 I_{REF} 相关的恒定值。然而,M_2 的漏端电压 V_{DS2} 会随负载变化而变化,因此 I_{OUT} 并不是恒定值,存在着与基准电流的镜像误差。为减小由不同漏源电压引起的镜像误差,可以设计尽可能小的沟长调制系数,即选择尽可能大的 L。

另外,如果两个 MOS 管的 L 取不同值,则 $\lambda_1 \neq \lambda_2$。这会进一步加剧镜像误差。因此,我们在设计镜像电流源时,都会设计相同的沟长 L。

下面看一个基于电流镜原理实现的放大器。图 4-3 中，M_1 和 M_2 构成一个二极管负载的共源极放大器，输入信号 V_{in} 变化时，X 点电压也会变化，增益为 $A_{V1} = -g_{m1} / g_{m2}$。$X$ 点电压与 Y 点电压同样变化。Y 点电压变化，则 Z 点电压也会变化。因为 M_3 和 R_L 构成一个电阻负载的共源极放大器，增益为 $A_{V2} = -g_{m3} R_D$。所以，该电路可以看作是两个共源极放大器的级联，即增益相乘。从而总的增益为

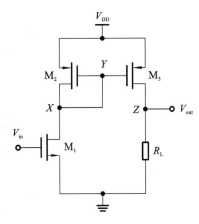

$$A_V = \frac{g_{m1}}{g_{m2}} g_{m3} R_D \tag{4-5}$$

图 4-3 的放大器，我们也可以从另外一个角度来分析。输入信号 V_{in} 变化时，会引起 M_1 和 M_2 两个 MOS 管电流同样变化，跨导增益为

图 4-3　基于电流镜的放大器

$$\frac{i_{D2}}{v_{in}} = g_{m1} \tag{4-6}$$

而 M_3 和 M_2 是一对电流镜，则 M_3 的电流与 M_2 的电流变化之比为其器件尺寸之比，即

$$\frac{i_{D3}}{i_{D2}} = \frac{(W/L)_3}{(W/L)_2} \tag{4-7}$$

忽略 M_3 的沟长调制效应，则

$$v_{out} = i_{D3} R_L \tag{4-8}$$

将式(4-7)和式(4-8)代入式(4-8)，可得

$$A_V = g_{m1} \frac{(W/L)_3}{(W/L)_2} R_D \tag{4-9}$$

刚才的计算中，$V_{GS2} = V_{GS3}$ 并未使用，因为

$$g_m = \mu_n C_{ox} \frac{W}{L}(V_{GS} - V_{TH}) \tag{4-10}$$

所以

$$\frac{g_{m3}}{g_{m2}} = \frac{(W/L)_3}{(W/L)_2} \tag{4-11}$$

可见，式(4-9)与式(4-5)的两个结论是完全统一的。

4.1.2　仿真实验

本例将仿真基本电流镜的直流特性。观察参考电流固定，但输出电压改变时输出电流的响应情况。仿真电路图如图 4-4 所示，仿真波形如图 4-5 所示。该电路输出电流随着输出电压的增加而增加，表现出非理想电流源的特性，这是由输出 MOS 管的沟长调制效应引起的。

基本电流镜-案例

4.1.3　互动与思考

读者可以通过改变负载大小、M_1 和 M_2 尺寸、I_{REF}，观察输出电流的波形变化。

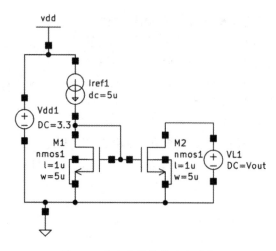

图 4-4　基本电流镜仿真电路图

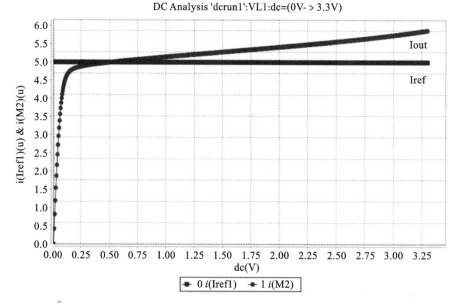

图 4-5　基本电流镜仿真波形

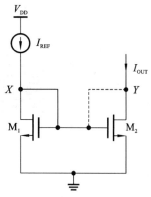

图 4-6　输出 MOS 管为二极管
接法的电流镜

请读者思考：

（1）由于 MOS 管沟长调制效应引起的电流镜像误差有办法减轻吗？是否有可能让 M_1 和 M_2 的漏极电压相同？

（2）在芯片设计中，可以用两种方式将基准电流镜像到芯片各处。一种是将电流传递到各处，另外一种方法是将图 4-2 中的栅极电压，即 V_x，传递到各处。请分析这两种方法的利弊。

（3）有人说，为了避免沟长调制效应引起两个 MOS 管的电流的镜像误差，可以将输出 MOS 管也接成二极管的模式，如图 4-6 所示。请问这种方法是否可行？为什么？

◀ 4.2 共源共栅电流源 ▶

4.2.1 特性描述

在学习共源共栅放大器时,我们已经提到,共源共栅级比共源极的输出阻抗更大,可以用于产生更加理想的电流源。

共源共栅电流源
-视频

我们来比较一下单个 MOS 管的输出电流和共源共栅级的输出电流,固定 MOS 管的栅极电位,观察 $V_{out}(V_{DS})$ 从 0 变化到 V_{DD} 时的输出电流。如图 4-7 所示,在更大的 V_{DS} 变化区域,共源共栅(Cascode)级的输出电流更加稳定,不像单个 MOS 管一样随输出电压变化而产生较大的电流变化。因为单个 MOS 管的小信号输出电阻为 r_{o1},而共源共栅极的小信号输出电阻大约为 $g_{m2}r_{o2}r_{o1}$。后者的小信号输出电阻更大,所以输出电流更加理想。

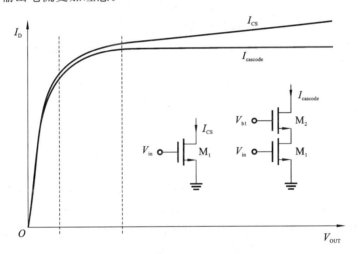

图 4-7　单管电流源和共源共栅电流源

基于上述考虑,前人发明了共源共栅级电流镜,也称 Cascode 电流镜。电路的基本形式如图 4-8 所示。M_1 是二极管连接的 MOS 管,流入基准电流 I_{REF},产生基准电压 V_X,这是电流源的源头。M_2 和 M_3 接成 Cascode 形式,提供输出电流。图中 P 点为该电流镜电路的输出点。

由于输出为共源共栅级,输出电流更加理想,不易随负载变化,或者称输出电流不易随输出电压变化而变化。该电路需要为 M_3 提供额外的偏置电压 V_b,否则图 4-8 电路无法工作。

为了简化该电流镜中 M_3 的栅极电压的产生方式,通常在 M_1 上方再叠加一个 MOS 管,构成图 4-9 所示的简单共源共栅级电流镜。

图 4-8 所示的电流镜中,M_1 和 M_2 有相同的栅源电压,能实现电流的镜像。而输出支路的共源共栅结构大大提高了输出电阻,从而使输出电流不易因输出电压变化而变化,即输出电流更加恒定。现在,我们来分析一下图 4-9 中 V_X 与 V_Y 是否相等。如果相等,则由于 M_1、M_2 的沟长调制效应导致的镜像误差将可以很好地避免。假定四个 MOS 管尺寸相同,由

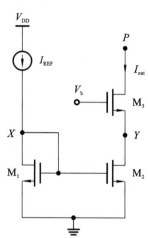

图 4-8　输出为共源共栅级的电流镜

图 4-9　简单共源共栅级电流镜

$I_1 = I_4$，可知 $V_{GS1} = V_{GS4}$；由 $I_2 = I_3$，忽略 M_2 和 M_3 的沟长调制效应，可知 $V_{GS2} \approx V_{GS3}$；另外，$V_{GS1} = V_{GS2}$，从而 $V_{GS3} \approx V_{GS4}$，最终得到 $V_X = V_Y$。

即使存在不可忽略的沟长调制效益，因为 $V_X = V_Y$，M_1 和 M_2 有相同的 V_{GS} 和 V_{DS}，所以任何情况下都有 $I_{REF} = I_{out}$。

另外，更一般的情况，只要满足 $(W/L)_2 / (W/L)_1 = (W/L)_3 / (W/L)_4$，也能实现精确的电流按比例镜像。

4.2.2　仿真实验

共源共栅电流源
-案例

本例将要仿真 Cascode 电流镜的输出电流和电压的关系曲线，仿真电路图如图 4-10 所示，仿真波形如图 4-11 所示。为了便于大家看到普通电流镜和共源共栅级电流镜的差异，本例同时仿真两个电路。仿真波形显示，工作在饱和区的 Cascode 电流镜与输入基准电流完全重合，不存在镜像误差。

4.2.3　互动与思考

读者可以通过改变四个 MOS 管的尺寸（注意其比例关系）和 I_{REF}，观察输出电流的波形变化，重点关注输出电流与 I_{REF} 的关系。

请读者思考：

(1)由于 MOS 管的沟长调制效应引起的电流镜像误差，在 Cascode 电流镜中有改善吗？

(2)四个 MOS 管的尺寸要符合什么要求，电流才能比较好的镜像？

(3)本例图中 X 点和 Y 点电压相同吗？这对电流镜像精度有影响吗？

(4)简单 Cascode 电流镜的输出电压最低值是多少？

(5)我们只保证 $(W/L)_2 / (W/L)_1 = (W/L)_3 / (W/L)_4$，但这四个 MOS 管的 L 取值不同，对电路带来何种影响？

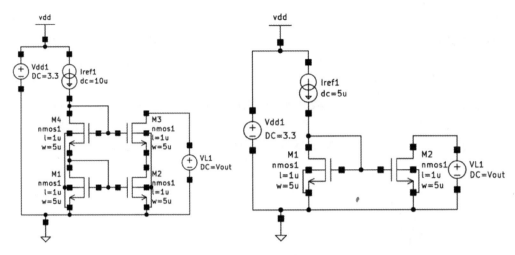

图 4-10　共源共栅级电流镜仿真电路图

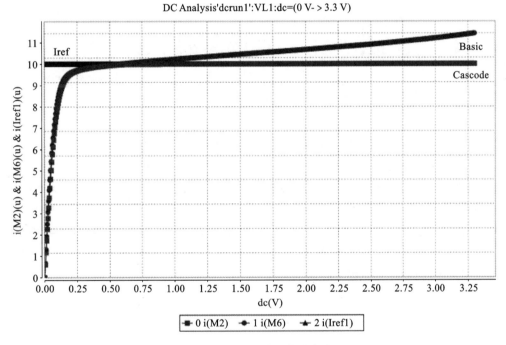

图 4-11　共源共栅级电流镜仿真波形图

◄　4.3　共源共栅电流源的输出电压余度　►

4.3.1　特性描述

共源共栅电流源的
输出电压余度-视频

　　4.2 节介绍了两种共源共栅级电流镜,如图 4-12 所示。虽然这两个电路都是共源共栅级电流镜,但两者是有差异的。电路(a)需要外界提供偏置电压,而电路(b)则不需要。电路(a)电路中的 V_b 由外界电路提供,其值高或者低,大体上不会影响输出电流 I_{out} 。因为决定输出电流的是源极电压为 GND 的 M_2 。从而,电路(a)中 Y 点电压由外界 V_b 决定,当 V_b 升高,则 V_Y 也升高,最终导致 P 点电压也会抬高。电路(b) 点电压则是固定值, $V_X = V_Y$,永远是定值。

所以,两个电路最大的差异是,输出节点的电压最小值不同。本节来讨论共源共栅电流源的输出电压余度问题。输出电压余度,是指一个电路正常工作情况下余下的电压变化范围。从该电路结构可知,输出最高可能为 V_{DD} ,则输出电压余度为 V_{DD} 减去输出电压允许的最低值。

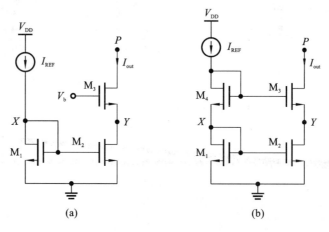

图 4-12 两种共源共栅电流镜

在需要使用共源共栅电流镜的场合,往往希望输出电压余度越大越好。即电路设计人员往往希望输出点的电压 V_{out} 在尽可能低的范围内,电路依然能输出恒定的电流。然而,当输出点的电压 V_{out} 降低到一定程度后,例如低于一个 MOS 管的过驱动电压,则 MOS 管离开饱和区,我们推导出来的镜像电流之比等于 MOS 管宽长比之比的关系式也就不成立了。

图 4-13 所示为三种常见的电流镜组成形式。图 4-13(a)所示的为基本电流镜,图 4-13(b)和(c)所示的均为共源共栅电流镜。

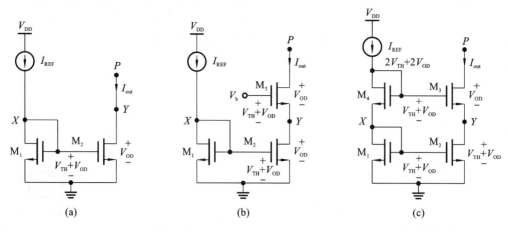

图 4-13 三种常见的电流镜

基本电流源图 4-13(a)的输出电压最低值为

$$V_{\text{out,min}} = V_{\text{GS2}} - V_{\text{TH2}} = V_{\text{OD2}} \tag{4-12}$$

图 4-13(b)中，Y 点电压最小值可以低至 M_2 的过驱动电压

$$V_{\text{Y,min}} = V_{\text{OD2}} \tag{4-13}$$

则输出电压最低值为

$$V_{\text{out,min}} = V_{\text{GS3}} - V_{\text{TH3}} + V_{\text{OD2}} = V_{\text{OD3}} + V_{\text{OD2}} = 2\,V_{\text{OD}} \tag{4-14}$$

上式中，我们假定 M_2 和 M_3 的过驱动电压相同，均为 V_{OD}。值得注意的是，该电路中

$$V_{\text{X}} = V_{\text{TH}} + V_{\text{OD}} \tag{4-15}$$

显然有

$$V_X \neq V_Y \tag{4-16}$$

从而电路(b)不能实现精确的电流镜像，输出电流会受到沟长调制效应的影响而产生镜像误差。虽然输出电流与基准电流存在误差，但输出电流本身特性很好，即该输出电流的小信号电阻非常大。为了得到最低的输出电压，本电路的偏置电压必须也取最低值 $V_\text{b} = V_{\text{GS3}} + V_{\text{OD2}}$。

图 4-13(c)所示电路的输出电压最低值为

$$V_{\text{out,min}} = V_{\text{OD3}} + V_{\text{GS2}} = V_{\text{OD3}} + V_{\text{GS2}} - V_{\text{TH2}} + V_{\text{TH2}} = 2\,V_{\text{OD}} + V_{\text{TH}} \tag{4-17}$$

可见，图 4-13(c)所示电路的输出电压余度相比图 4-13(b)所示电路更小。因此考虑给输出电路更大的电压余度，图 4-13(b)比图 4-13(c)更好。

然而值得注意的是，该电路中

$$V_X = V_Y \tag{4-18}$$

因而，图 4-13(c)电路能实现电流的精确镜像，输出电流不受到沟长调制效应的影响。

可见图 4-13(b)和(c)各有优势。为了加以区别，图 4-13(b)称为低压共源共栅电流镜，图 4-13(c)称为普通共源共栅电流镜。

4.3.2　仿真实验

本例的仿真中，为了便于比较，取每个 MOS 管的过驱动电压 V_{OD} 大致为 0.2 V，对输出电压进行直流扫描可得输出电流与输出电压的关系曲线。我们还可以对输入参考电流进行直流扫描，看输出电流变化情况。从曲线上，容易区分出电流复制精度与输出电压余度之间的差异。仿真电路图如图 4-14 所示，仿真波形如图 4-15 所示。波形显示，基本电流镜不够理想，而共源共栅极电流镜更加理想；相对于低压 Cascode 电流镜，普通 Cascode 电流镜的镜像精度更好，但输出电压范围更小。

共源共栅电流源的
输出电压余度-案例

4.3.3　互动与思考

读者可改变 I_{REF}、V_b、所有 MOS 管的宽长比(注意构成电流镜的每一对 MOS 管的 W 和 L 均需要相同)等参数，观察输出电压余度和电流复制精度的差异。

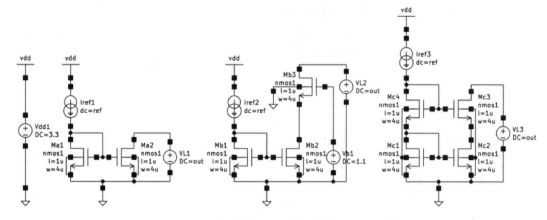

图 4-14　共源共栅电流镜的输出电压余度仿真电路图

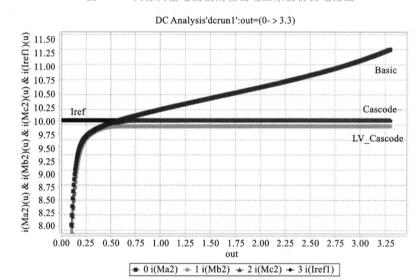

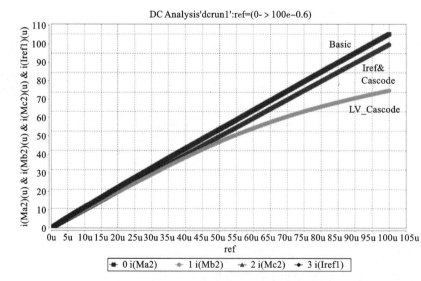

图 4-15　共源共栅电流镜的输出电压余度仿真波形

请读者思考：

（1）在实际电路设计中，图4-13(b)中电流镜中偏置电压V_b通常如何设计？设计的基本原则是什么？

（2）实际电路设计中，镜像电流源的两个MOS管可以使用不同的宽长比吗？为什么？可以设计成不同的L吗？为什么？

（3）当镜像电流源的负载变化时，输出节点的电压也会变化。请问输出电压的变化对输出电流的精度有影响吗？

◀ 4.4　低压共源共栅电流镜 ▶

4.4.1　特性描述

低压共源共栅
电流镜-视频

前一节学习了不同共源共栅极放大器的输出电压余度，为了给输出的负载电路留下更大的电压余度，就要求共栅的MOS管的偏置电压尽可能低，以便让共源的MOS管正好工作在饱和区和三极管区的临界点上。特别是随着芯片供电电压的降低，低压共源共栅电流镜体现了更大的优势。

低压共源共栅电流镜中，也需要尽可能的避免沟长调制效应带来的镜像误差，为此，需要保证镜像的两个MOS管的V_{DS}相同。图4-16是满足这个要求的低压共源共栅电流镜。图中增加了M_4，用于保证图中A点和B点电压相同。M_1还是类似二极管的连接方式。

图4-16电路能输出恒定的电流的前提是所有四个MOS管均工作在饱和区。让M_1工作在饱和区的条件是

$$V_A \geqslant V_X - V_{TH1} \tag{4-19}$$

让M_4工作在饱和区的条件是

$$V_X \geqslant V_b - V_{TH4} \tag{4-20}$$

因为$V_b = V_{GS4} + V_A$，联立式(4-19)和式(4-20)，则

$$V_{GS4} + V_X - V_{TH1} \leqslant V_b \leqslant V_X + V_{TH4} \tag{4-21}$$

式(4-21)能保证V_b有合适的取值条件是$V_{GS4} - V_{TH1}$

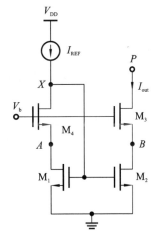

图4-16　低压共源共栅电流镜

$\leqslant V_{TH4}$，即$V_{GS4} - V_{TH4} \leqslant V_{TH1}$。很容易实现$M_4$的过驱动电压低于$M_1$的阈值电压，从而$V_b$也很容易取得合适的值。

该电路中，选择$V_b = V_{OD1} + V_{OD4} + V_{TH4}$，即可保证$M_1$和$M_2$正好工作在饱和区和三极管区的临界点。此时，输出电压最低值为

$$V_{Pmin} = V_b - V_{TH3} = V_{OD1} + V_{OD4} + V_{TH4} - V_{TH3} \tag{4-22}$$

若$V_{TH4} = V_{TH3}$，则$V_{Pmin} = V_{OD2} + V_{OD3}$。这是共源共栅极电流镜能达到的最低输出电压。关键是，此处的V_b如何用电路实现？我们不能用另外一个电流镜来产生这个V_b的偏置电压。

图 4-17 是为低压共源共栅极电流镜提供偏置电压的两种简单电路实现方式。由前面的分析可知,最合适的偏置电压取值为 $V_b = V_{GS4} + V_{GS1} - V_{TH1}$。图 4-17(a)中,设计合适的 M_5、M_6 和 R_b,使得 $V_{GS4} = V_{GS6}$,$V_{GS1} = V_{GS5}$,且 $I_1 R_b = V_{TH1}$,则有 $V_{GS5} + V_{GS6} - I_1 R_b = V_b$,从而(a)能为图 4-16 提供正好合适的偏置电压。

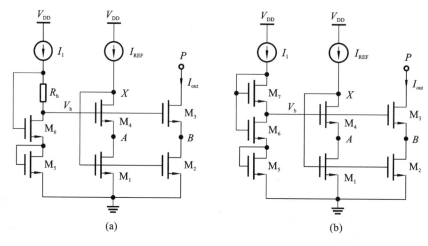

图 4-17　为低压共源共栅电流镜提供偏置的电路

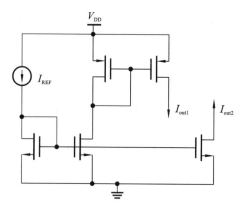

图 4-18　NMOS 管和 PMOS 管电流镜

同理,图 4-17(b)中,设计合适的 M_5、M_6 和 M_7,使得 $V_{GS4} = V_{GS6}$,$V_{GS1} = V_{GS5}$,且 $V_{GS7} = V_{TH1}$,则同样可以提供正好合适的偏置电压。

如果 $V_{TH7} \approx V_{TH1}$,则 $V_{OD7} \approx 0$,从而流过 M_7 的电流会非常小。我们不能允许这种情况发生,因为 $I_{DS7} = I_1$。所以,此时我们需要设计非常大的 M_7,使得其即使有比较小的过驱动电压,也能产生合适的电流。

最后,还剩一个问题,图 4-17 中的 I_1 如何产生?但凡用到电流的地方,都可以利用图 4-18 的结构来产生 NMOS 管或者 PMOS 管的偏置电压。利用一个参考电流,可以为 PMOS 管和 NMOS 管同时产生多路电流镜。

4.4.2　仿真实验

低压共源共栅
电流镜-案例

本例将仿真这两个低压共源共栅极电流镜电路,取每个 MOS 管的过驱动电压 V_{OD} 大致为 $0.2\,\mathrm{V}$,对输出电压进行直流扫描可得输出电流与输出电压的关系曲线。仿真电路图如图 4-19 所示,仿真波形在图 4-20 中。请读者观察两个输出波形稳定时的最小输出电压,以及输出电流与基准电流的误差。

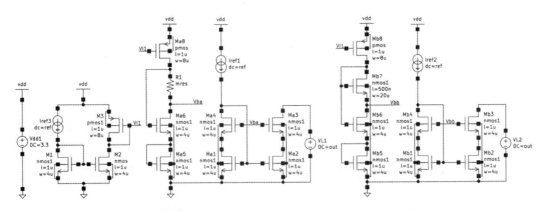

图 4-19 低压共源共栅电流镜的偏置电路仿真电路图

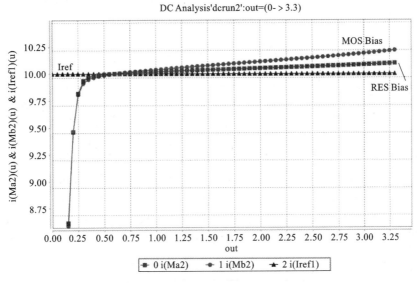

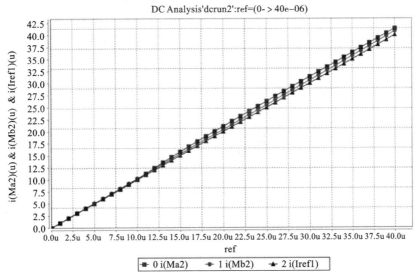

图 4-20 低压共源共栅电流镜的偏置电路仿真波形图

4.4.3 互动与思考

读者可改变参数,观察输出电压余度和电流复制精度的差异。

请读者思考:

(1)如果希望输出电流变大,则需要设置更大的 W_2。请问其他器件也需要做相应调整么？如何调整？

(2)上述分析中并没考虑 MOS 管的衬底偏置效应。请问,如果考虑衬底偏置效应,结论会有哪些不同？

(3)当 4-17(a)中的电阻 R_b 出现偏差时,电路特性会出现哪些变化？请用仿真验证你的结论。

◀ 4.5 一种简易低压共源共栅电流源 ▶

4.5.1 特性描述

前例介绍的两种 Cascode 电流镜中,普通自偏置电流镜无法适应低电压工作环境,而低压 Cascode 电流镜则需要额外提供偏置。图 4-17 给出了两种产生 M_3 偏置电压的电路实现方法,本节我们再介绍一种产生偏置电压的电路。

一种简易低压共源共栅电流源-视频

图 4-21 中,为了让输出点 P 点电压尽可能低(即最低为 M_2 和 M_3 的过驱动电压之和),则 Y 点电压为 M_2 的过驱动电压 V_{OD},Z 点电压 $V_b = V_Y + V_{GS3} = 2V_{OD} + V_{THN}$。如何利用 M_7 和 M_5 产生这个电压呢？图 4-21 中,令 $(W/L)_6 = (W/L)_7 = (W/L)_8$,则三条支路的电流相等。令 $(W/L)_1 = (W/L)_2$,从而 $I_{REF} = I_5 = I_1 = I_2$。令 M_5 的尺寸为 $(W/4L)_5$,依据 MOS 管饱和区 I-V 特性公式 $I = \frac{1}{2}\mu_n C_{ox}\frac{W}{L}V_{OD}^2$ 可知,$V_{OD5} = 2V_{OD1} = 2V_{OD2} = 2V_{OD3}$。

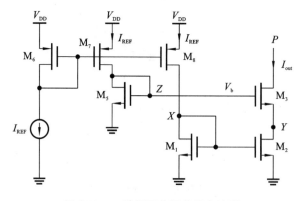

图 4-21 一种低压共源共栅电流镜

设 $V_{OD1} = V_{OD2} = V_{OD3} = V_{OD}$，则 $V_{OD5} = 2V_{OD}$。

从而得到 M_5 的栅极电压为 $V_b = V_{GS5} = V_{OD5} + V_{THN} = 2V_{OD} + V_{THN}$。这恰好是输出直流需要给 M_3 加载的栅极电压。上述分析忽略了 M_3 的衬底偏置效应，同时假定了流过 M_7 和 M_8 的电流相等。

上面的电路设计利用的原理是：两个 MOS 管的电流相等时，其尺寸之比等于过驱动电压的平方的反比，即

$$I_1 = I_2 \tag{4-23}$$

则

$$\left(\frac{W}{L}\right)_1 V_{OD1}^2 = \left(\frac{W}{L}\right)_2 V_{OD2}^2 \tag{4-24}$$

从而

$$\left(\frac{W}{L}\right)_1 : \left(\frac{W}{L}\right)_2 = V_{OD2}^2 : V_{OD1}^2 \tag{4-25}$$

式(4-25)的思路非常直观，在今后的电路设计和分析中会经常用到。

然而在实际电路设计中，由于 M_3 的衬底偏置效应，阈值电压会变大一点，则要求 M_3 的栅极电压也变大一点，即要求 M_5 的尺寸变小一点，电流才能相同。实际电路设计中，M_5 通常取更小的宽长比，比如 $W/5L$，或者 $W/6L$，具体取决于器件模型。

4.5.2　仿真实验

对本例电路进行直流扫描，可以仿真得到输出电压和电流的关系曲线，仿真电路图如图 4-22 所示，仿真波形如图 4-23 所示。本例中，该比值取为 12.5，即 $12.5 (W/L)_5 = (W/L)_3$。仿真结果显示：本节的低压 Cascode 电流镜有很理想的电流输出，同时能实现很低的输出电压值，只是镜像精度比普通 Cascode 电流镜稍差。

一种简易低压共源共栅电流源-案例

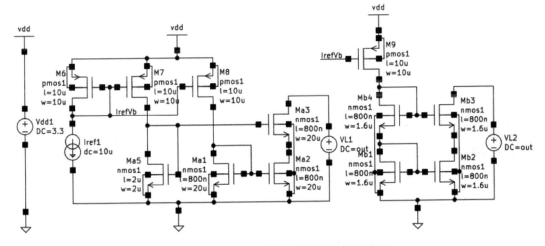

图 4-22　低压共源共栅电流镜的仿真电路图

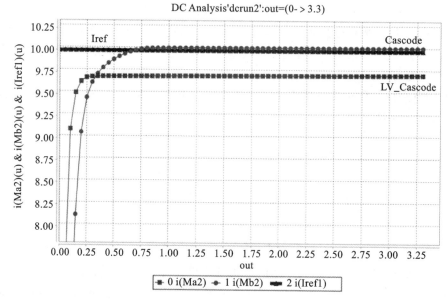

图 4-23　低压共源共栅电流镜的仿真波形图

4.5.3　互动与思考

请读者调整 M_5 的宽长比，观察理论设计值 1/4 和经验值 1/6 时输出 I-V 特性的差异。
请读者思考：
(1) 本电路中 M_1 和 M_2 的 V_{DS} 不同，请问这会带来什么问题？是否有改进措施？
(2) 能否用多个尺寸为 $(W/L)_3$ 的器件串联起来替代 M_5？实际工作效果如何？
(3) 输出电流与基准电流之间的镜像精度如何？

◀　4.6　一种改进的低压共源共栅电流源　▶

4.6.1　特性描述

一种改进的低压
共源共栅电流源
-视频

　　4.5 节的例子中，由于 M_1 和 M_2 的 V_{DS} 不同，在不能忽略其沟长调制效应时，电流镜像时会出现误差，即输出电流并不完全等于流过 M_1 的电流。改进的方法是利用 4.4 节的思路，在 M_1 上方增加一个 MOS 管 M_X，并将 M_1 的栅极电压移动至 M_X 的漏极，具体实现电路如图 4-24 所示。显然，改进后的电路中，M_1 和 M_2 的镜像精度大大提高，而且依然能保证与 4.5 节电路相同的输出电压余度。

　　图 4-24 电路中，M_5 的尺寸是 M_1、M_2、M_3、M_X 的 1/4，我们可以直接使用相同的 L，不同的 W 来实现这 5 个 MOS 管，也可以利用 MOS 管的等效串联方式来实现。如图 4-25 所示，图中四个尺寸为 W/L 的 MOS 管串联，则其尺寸等效为 $W/4L$。

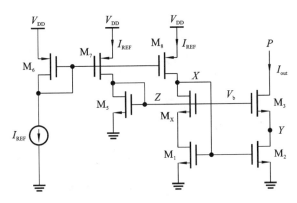

图 4-24　改进的低压共源共栅电流镜

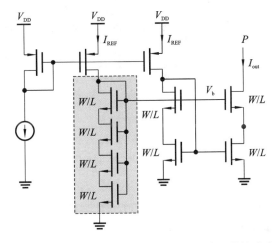

图 4-25　低压共源共栅电流镜中 M_5 的另外一种构成方式

当然，如同 4.5 节提到的，由于存在衬底偏置效应，此处串联的 MOS 管个数需要更多。

4.6.2　仿真实验

对本例电路进行直流扫描，可以仿真得到输出电压和电流的关系曲线，仿真电路图如图 4-26 所示，仿真波形如图 4-27 所示。为了便于更好地理解本例增加 M_X 的作用，可以将本例仿真波形与 4.5 节的仿真波形放一起做对比。输出波形显示，改进之后输出电流的镜像精度更高。我们从仿真结果上依然能看出输出电流与基准电流之间存在差异，原因是通过 M_6 给 M_7 和 M_8 镜像电流时存在误差。如果将 M_7 和 M_8 的电流也采用本例的 Cascode 电路，那么输出电流的镜像精度会进一步提高。

一种改进的低压共源共栅电流源-案例

4.6.3　互动与思考

请读者对本例电路和前例电路进行对比，观察增加 M_X 之后电路镜像精度是否有改进。

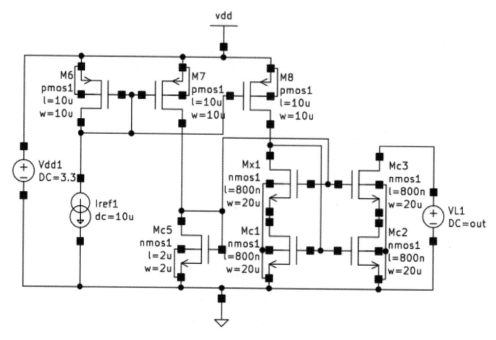

图 4-26　改进的低压共源共栅电流镜仿真电路图

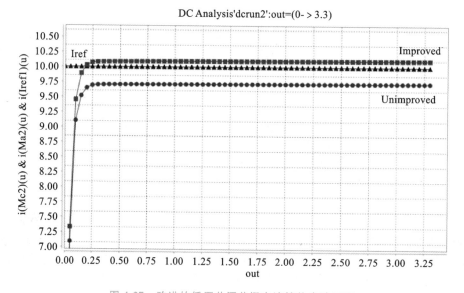

图 4-27　改进的低压共源共栅电流镜仿真波形图

请读者思考：

(1)是否还有其它产生 M_3 的偏置电压 V_b 的方法？

(2)请问 M_1、M_2、M_x 是否必须是相同尺寸？

(3)M_7、M_8 要镜像 M_6 的电流，请问 M_7、M_8 的沟长调制效应对镜像电流的精度影响大吗？

(4)本例中 M_5 的尺寸选择与前一例有区别吗？

◀ 4.7 有源电流镜负载差分放大器差动特性 ▶

4.7.1 特性描述

到目前为止,我们学习的电流镜都是用来镜像一个恒定的基准电流的。根据电流镜像的原理,电流镜也可以同样镜像变化的信号。

有源电流镜负载差分放大器差动特性-视频

像有源器件一样来处理信号(此处的信号特指携带信息的变化的信号,即小信号)的电流镜叫有源电流镜。图 4-28 是一个处理信号的有源电流镜的例子。图中输入电流信号通过电流镜镜像到输出,输入电流信号变化时,输出电流信号也按比例变化。相对应的,传递固定不变的电流信号的电流镜就是普通电流镜,不能称其为"有源"电流镜。

有源电流镜最常见的用途是构成如图 4-29 所示的有源电流镜负载的差分放大器电路。在该电路中,M_3 和 M_4 组成有源电流镜,是差分放大器的负载。而第 3 章讲述的差分放大器,其负载是电阻、恒流源、二极管,或者是恒流源与二极管的并联。

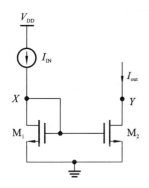
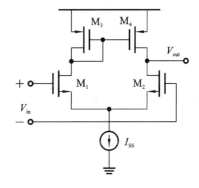

图 4-28　用于镜像变化信号的有源电流镜　　图 4-29　有源电流镜负载差分放大器电路

基于图 4-30 来分析该电路的大信号特性。当输入差分信号 $v_{in} = 0$ 时,则两边电路工作完全对称,即 M_1 和 M_2 工作状态相同且流过相同的电流,均为尾电流 I_{SS} 的一半,从而 M_3 和 M_4 也流过相同的电流,而且 $V_{DS4} = V_{DS3} = V_{GS3}$。

当输入差分信号 $v_{in} > 0$ 时,则两边电路的对称被打破,有 $I_{M1} > I_{M2}$,但两个电流之和依然等于尾电流。另外,依据电流镜像关系,忽略 M_3 和 M_4 的沟长调制效应,有 $I_{M3} = I_{M1} = I_{M4}$,从而 $I_{M4} > I_{M2}$。显然,如果存在输出节点到地的负载电流通路,则上述假定成立,负载电流 $I_L = I_{M4} - I_{M2}$。反之,若 $v_{in} < 0$,则 $I_{M1} < I_{M2}$,负载电流 $I_L = -(I_{M4} - I_{M2})$。这就实现了对差分输入信号的放大,只是输出不是一个变化的电压信号,而是一个变化的电流信号。也就是说,该放大器实现了电压到电流的放大,增益可以用电路的跨导表示。

我们知道,输入信号可以分为电压和电流,输出信号也可以范围电压和电流,从而放大器共有四类。图 4-31(a)所示的为电压放大器,图 4-31(b)所示的为跨导放大器,图 4-31(c)所示的为电流放大器,图 4-31(d)所示的为跨阻放大器。

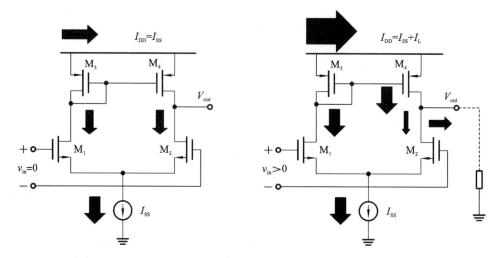

图 4-30　有源电流镜负载差分放大器电路大信号分析

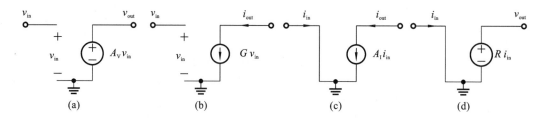

图 4-31　四种类型的放大器

　　如果一个放大器比较理想,增益比较大,则可以通过反馈实现加法、减法、积分或者微分的运算,通常称这类放大器为运算放大器,简称运放。

　　所以,图 4-30 所示放大器电路输入是电压信号,输出是电流信号,从本质上来说与图 4-31(b)的放大器类型一致,所以称为跨导放大器。且该电路的输入阻抗很大,增益也比较大,从而该放大器也称为运算跨导放大器(Operational Transimpedance Amplifier,OTA)。图 4-30 的电路中,尾电流通常也是用一个工作在饱和区的 MOS 来实现,该电路还有另外一个俗称:"经典五管单元"。

　　当然,图 4-30 的电路中如果输出节点没有负载电流通路,则 M_4 和 M_2 的电流就必须相等。在 M_2 和 M_4 的 V_{DS} 已经限定的情况下,只能让其 V_{DS} 出现非常大的变化,才能调节 M_2 和 M_4 的电流。通过改变 MOS 管的 V_{DS} 来调整其电流,极易让 M_2 和 M_4 离开期望的饱和区。

　　从上述分析得知,如果没有输出电流的通路,则差分电路不会按照正常的差分模式工作。为此,在电路仿真中一定要提供一个负载电流通路,比如加一个电压源,或者接一个电容。

　　第 3 章分析差分电路增益最简单的方法是采用半边电路法,然而本例的有源电流镜差分放大器并不完全对称,从而无法使用半边电路法。

　　为分析该电路的小信号增益,绘制图 4-32(a)所示的小信号等效电路,图中忽略了衬底偏置效应。刚才提到过,运算跨导放大器需要提供输出电流通路,因此在图中添加了负载电容 C_L。基于该图的计算比较复杂,我们先忽略所有 MOS 管的沟长调制效应,来计算电路的跨导。绘制图 4-32(b)所示的简化小信号等效电路。图中,由于 M_1 和 M_2 的小信号电流大小

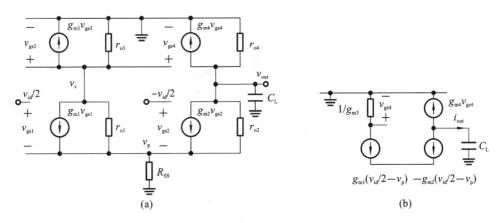

图 4-32　有源电流镜负载差分放大器小信号等效电路

相等而方向相反,则有

$$g_{m1}\left(\frac{v_{id}}{2} - v_p\right) = g_{m2}\left(\frac{v_{id}}{2} - v_p\right) \tag{4-26}$$

电路设计时,我们需保证 M_1 和 M_2 对称,则 $g_{m1} = g_{m2}$。从而 $v_p = 0$。

因为 M_3 和 M_4 对称,则 $g_{m3} = g_{m4}$。可得电路的跨导为

$$G_m = \frac{i_{out}}{v_{id}} = g_{m1} \tag{4-27}$$

式(4-27)表明,在忽略所有 MOS 管的沟长调制效应后,电路的跨导增益即为输入 MOS 管的跨导。

另外,我们注意到,输出节点存在一定的小信号电阻,我们可以直接将电路跨导与输出电阻相乘,得到该放大器的电压增益。考虑输出节点的小信号电阻时,我们不能忽略 MOS 管的沟长调制效应,则小信号输出电阻为 $r_{o2} \parallel r_{o4}$,从而该电路的电压增益为

$$A_V \approx g_m \cdot (r_{o2} \parallel r_{o4}) \tag{4-28}$$

这是一个与电流源负载的差分放大器相同的小信号增益。我们似乎发现,只看图 4-29 的右半边电路,也可以直接得出这个结论。这与该电路不是完全对称,不能用半边电路法分析的说法出现矛盾。合理的解释是半边电路法无法为图 4-29 电路提供精确、严格的解。如果我们不追求严格、精确的解,有源电流镜负载的差分放大器是可以利用半边电路法求解出近似结论的。

4.7.2　仿真实验

本节,当输入信号差动变化时,我们仿真观察输出电压将如何变化。仿真电路图如图 4-33 所示,仿真波形如图 4-34 所示。

4.7.3　互动与思考

读者可以调整 V_b、V_{in} 直流部分、M_5 的宽长比、M_1 和 M_2 的宽长比、M_3 和 M_4 的宽长比、M_1、M_2、M_3、M_4 的 L 来看 A_V 与输入电压的关系的变化。

有源电流镜负载
差分放大器差动
特性-案例

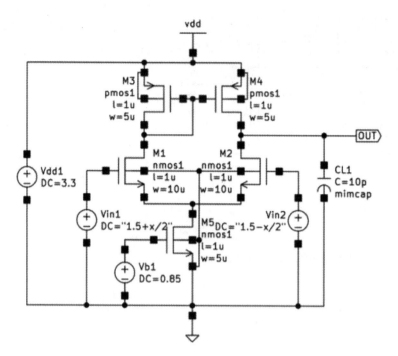

图 4-33　有源电流镜负载差分放大器差动特性仿真电路图

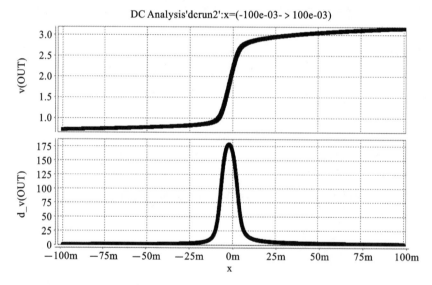

图 4-34　有源电流镜负载差分放大器差动特性仿真波形图

请读者思考：

(1)M_3 和 M_4 的电流相同吗？为什么？

(2)M_3 和 M_4 的漏极电压相同吗？为什么？

(3)M_3 和 M_4 的尺寸对差分增益有关系吗？电路设计中，如何设计 M_3 和 M_4 的 W 和 L？

(4)有源电流镜负载的差分放大器，和尺寸相同的电流源负载的差分放大器，其差动特性是否相同？

(5)有源电流镜负载的差分放大器不是全差分电路，不能使用半边电路法简易计算增益。然而计算出来的增益又与只取一半电路计算出来的增益相同,是否可以说本电路依然可以使用半边电路法?

(6)如果将有源电流镜负载的差分放大器的输出悬空,则输出端电压与输入电压之间有何关系?

(7)接不同类型的负载,对输出电压波形会变化吗? 请思考容性负载、阻性负载、电流源负载、电压源负载、RC 负载等情况下,输出电压的相应情况。

◀ 4.8 有源电流镜负载差分放大器的大信号特性 ▶

4.8.1 特性描述

4.7 节分析了有源电流镜负载差分放大器的差动特性,并计算了小信号增益。能得到该增益的前提是放大器中所有 MOS 管均能正常工作在饱和区。这就对所有 MOS 管的栅源电压和漏源电压提出了要求。本节对该放大器做大信号分析,包括输入信号的直流电平(即共模输入范围)、输出直流工作点和输出信号摆幅。

有源电流镜负载差分放大器的大信号特性-视频

为分析共模输入范围,绘制图 4-35。我们最关心的是,输入共模电压在什么范围内时,电路能实现比较大,而且尽可能与输入共模电平无关的差模增益。

让 $M_1/M_2/M_5$ 导通工作,可得

$$V_{in,CM} \geqslant V_{GS1,2} + V_b - V_{THN} \tag{4-29}$$

设 M_4 的过驱动电压为 V_{OD},由 M_4 工作在饱和区,可得 $V_{out,DC} \leqslant V_{DD} - |V_{OD}|$。由 M_2 工作在饱和区,可得

$$V_{in,CM} \leqslant V_{DD} - |V_{OD}| + V_{THN} \tag{4-30}$$

由 M_1 工作在饱和区,可得

$$V_{in,CM} \leqslant V_{THN} + (V_{DD} - |V_{GS3}|) \tag{4-31}$$

显然,式(4-30)比式(4-31)的范围更宽,所以共模输入范围为

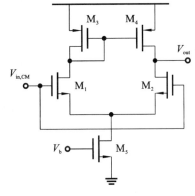

图 4-35 有源电流镜负载差分放大器电路共模响应

$$V_{GS1,2} + V_b - V_{THN} \leqslant V_{in,CM} \leqslant V_{THN} + (V_{DD} - |V_{GS3}|) \tag{4-32}$$

式中:$V_{GS1,2}$ 和 $|V_{GS3}|$ 均是由尾电流决定的确定值。当共模输入电压在式(4-32)规定的范围内时,所有 MOS 管均工作在饱和区,电路具有良好的放大特性。

在 3.8 节,我们了解到,电流源负载的全差分放大器的输出共模电平本身不确定,需要共模负反馈来确定。那么,有源电流镜负载差分放大器的输出共模电平确定吗? 当两边电路对称工作时,负载 M_3 和 M_4 具有相同的电流和栅源电压,则必然有相同的漏源电压。而 M_3 的漏源电压等于栅源电压,从而输出节点的直流电平是定值! 输出直流工作点为

$$V_{out,DC} = V_{DD} - |V_{GS3}| \tag{4-33}$$

相对于电流源负载的差分放大器,这也是有源电流镜负载的差分放大器最突出的优点

之一。该电路,既解决了负载自偏置的问题,还保证了输出节点有固定的直流电平。

相对于电流源负载的差分放大器,有源电流镜负载的差分放大器另外一个优点是,能将差分模式的输入信号,放大后变为单端输出信号。

最后,我们直接给出输出电压摆动范围

$$V_{OD5} + V_{OD1,2} \leqslant V_{out} \leqslant V_{DD} - |V_{OD4}| \tag{4-34}$$

从而得到有源电流镜负载差分放大器的输出信号摆幅为 $V_{DD} - |V_{OD4}| - V_{OD5} - V_{OD1,2}$。

注意,第 3 章的全差分放大器的输出也是差分形式,所以输出信号摆幅需要乘以 2。而本节的有源电流镜差分放大器的输出是单端形式,所以摆幅无需乘 2。

4.8.2 仿真实验

有源电流镜负载
差分放大器的
大信号特性-案例

本节仿真经典五管单元的共模输入范围,仿真电路图如图 4-36 所示。仿真方法是对输入共模电平做直流扫描,观察 M_3 的栅极电压,当其相对保持稳定时,所有 MOS 管均工作在饱和区,此时的输入共模电压位于共模输入范围之内。仿真结果如图 4-37 所示,波形显示:本电路的共模输入范围为 1.5~2.5 V。

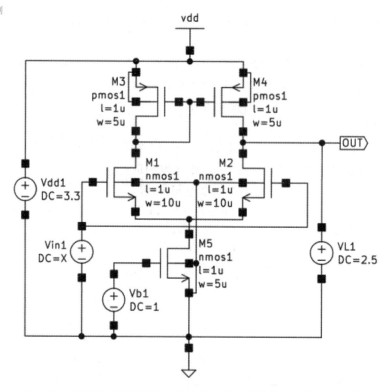

图 4-36 有源电流镜负载差分放大器电路共模输入范围仿真电路图

4.8.3 互动与思考

读者可以调整 V_b,M_1、M_2、M_3、M_4 以及 M_5 的宽长比,观察共模输入范围的变化。

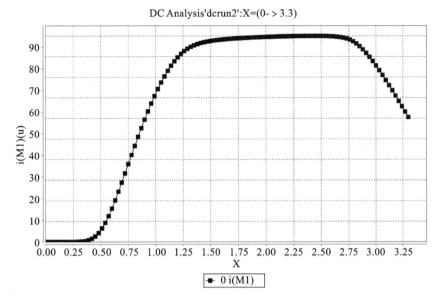

图 4-37　有源电流镜负载差分放大器电路共模输入范围仿真波形图

请读者思考：

(1)有源电流镜负载的差分放大器,和尺寸相同的电流源负载的差分放大器,其共模输入范围是否相同？

(2)如何能提高有源电流镜负载的差分放大器的共模输入范围？

(3)请读者观察,电路工作状态改变后,输出信号的直流电平是否会变化？

◀　4.9　有源电流镜负载差分放大器的 CMRR　▶

4.9.1　特性描述

有源电流镜负载
差分放大器的
CMRR-视频

与全差分放大器不同的是,有源电流镜负载的差分放大器为单端输出,那么该电路只存在共模到共模的共模增益(即 A_{CM}),而不存在共模到差模的共模增益(即 A_{CM-DM})。考虑到电路对称,而且输入接共模电平,则计算共模响应采用图 4-38 所示的简化电路。因为 M_1 和 M_2 接相同的输入电压,其电流一样,从而图中输出节点电压等于 E 点电压。

假设 r_{o3}、r_{o4}、r_{o1}、r_{o2} 无穷大,在电路能正常放大的输入共模电压范围内,有

$$A_{CM} = -\frac{2\,g_{m1,2}}{1+2\,g_{m1,2}\,R_{SS}} \cdot \frac{1}{2\,g_{m3,4}} \tag{4-35}$$

从而

$$CMRR = \left| \frac{A_{DM}}{A_{CM}} \right| = g_{m3,4}(r_{o1,2} \parallel r_{o3,4})(1+2\,g_{m1,2}\,R_{SS}) \tag{4-36}$$

注:因为有源电流镜负载差分放大器是单端输出,从而不存在全差分放大器中的共模到

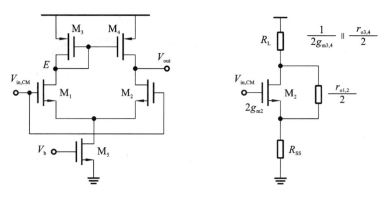

图 4-38　有源电流镜负载差分放大器电路共模响应

差模的增益,只存在共模至共模的增益。即使由于各种原因导致了两边电路的不对称,也只存在共模至共模的增益。

4.9.2　仿真实验

本例中,我们将仿真电路的共模增益、差模增益以及 CMRR。如果增益用 dB 表示,CMRR 为差模增益与共模增益之差。仿真电路图如图 4-39 所示,仿真波形如图 4-40 所示。

有源电流镜负载
差分放大器的
CMRR-案例

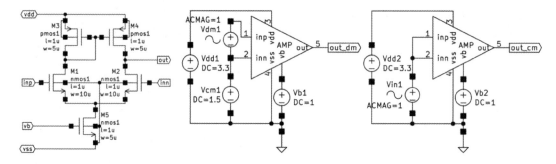

图 4-39　有源电流镜负载差分放大器电路 CMRR 仿真电路图

4.9.3　互动与思考

读者可以调整 V_b,M_1、M_2、M_3、M_4 的宽长比,以及 M_5 的宽长比,观察共模增益、差模增益和 CMRR 的变化。

请读者思考:

(1)有源电流镜负载的差分放大器和电流源负载的差分放大器的共模抑制比有差异吗?

(2)为什么在计算共模抑制比时,有源电流镜负载的差分放大器采用了与全差分放大器不同的公式?

(3)有源电流镜负载的差分放大器的 CMRR 在高频时迅速恶化,原因是什么?

(4)如何提高有源电流镜负载的差分放大器的 CMRR？请从理论上解释,并用仿真验证。

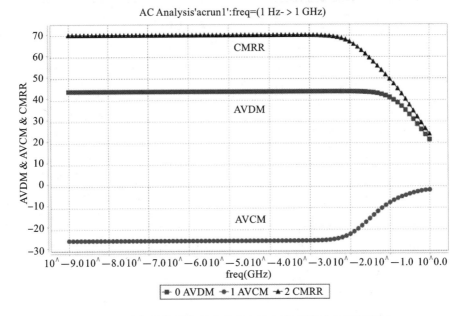

图 4-40　有源电流镜负载差分放大器电路 CMRR 仿真波形图

◀ 4.10　有源电流镜负载差分放大器的 PSRR ▶

4.10.1　特性描述

在分析全差分放大器的电源抑制比时,只考虑了差分输出的其中一个输出。因为如果电路对称,就能完全抑制电源上的噪声。有源电流镜负载的差分放大器因为本身就只有单端输出,所以也需要考虑电源抑制比。

由 4.7 节可知,有源电流镜负载差分放大器电路的小信号增益为

有源电流镜负载
差分放大器的
PSRR-视频

$$A_{\mathrm{V}} \approx g_{\mathrm{m}} \cdot (r_{o2} \parallel r_{o4}) \tag{4-37}$$

根据前面章节计算 PSRR 的计算方法,为了计算负电源增益,需要把以 GND 为参考的所有信号均加载上小信号输入 v_{ss},绘制出的小信号等效电路图如图 4-41(a) 所示。因为 M_5 管的 $v_{gs} = 0$,电路化简为图 4-41(b) 所示的小信号等效电路。注意到 M_1 管和 M_2 管对称,M_3 管和 M_4 管对称,则进一步化简为图 4-41(c) 所示电路。从输出端有 $2 g_{m3}$ v_{out} 电流流到 GND,则该电流源可以等效为小信号电阻 $1/2 g_{m3}$。$1/2 g_{m3} \parallel r_{o3}/2$ 可简化为 $1/2 g_{m3}$,从而图 4-41(c) 所示的电路可进一步简化为图 4-41(d) 所示的电路。

基于图 4-41(d) 计算负电源增益。此处直接给出到输出的小信号增益为

$$A^- = \frac{1}{1 + 2 g_{m3} r_{o5} + g_{m3} r_{o1} + 2 g_{m1} g_{m3} r_{o1} r_{o5}} \approx \frac{1}{2 g_{m1} g_{m3} r_{o1} r_{o5}} \tag{4-38}$$

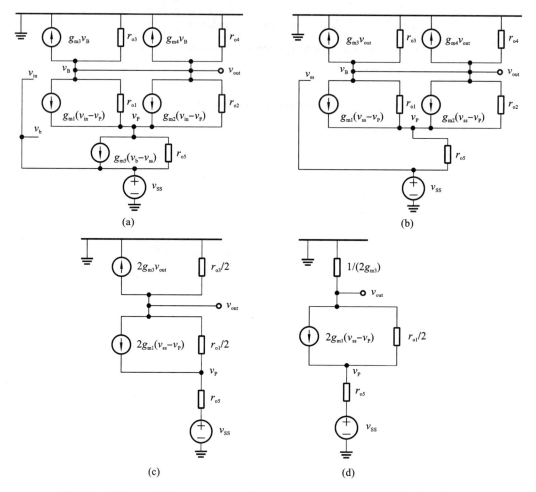

图 4-41　计算负电源增益的有源电流镜负载差分放大器小信号等效电路及其化简

从而

$$\mathrm{PSRR}^- = \frac{A_\mathrm{V}}{A^-} \approx \frac{g_\mathrm{m1}\,(r_\mathrm{o1}\ \|\ r_\mathrm{o4})}{\dfrac{1}{2\,g_\mathrm{m1}\,g_\mathrm{m3}\,r_\mathrm{o1}\,r_\mathrm{o5}}} = 2\,g_\mathrm{m1}^2\,g_\mathrm{m3}\,r_\mathrm{o1}\,r_\mathrm{o5}\,(r_\mathrm{o1}\ \|\ r_\mathrm{o4}) \qquad (4\text{-}39)$$

这是一个接近 $(g_\mathrm{m}r_\mathrm{o})^3$ 数量级的值,表明该电路具有非常好的负电源抑制比。

同理,可以计算出 V_DD 到输出端的小信号为 1。可以直观的理解为流过 M_3 的电流为恒定值,当 V_DD 上有小信号噪声时,会直接传递到图中 E 点,以维持 V_GS3 为恒定值。M_3 和 M_4 工作在平衡状态时,两个 MOS 管的漏端电压也应该相同,即 V_DD 上的小信号噪声原样传递到输出节点。从而

$$\mathrm{PSRR}^+ = \frac{A_\mathrm{V}}{A^+} \approx \frac{g_\mathrm{m1}\,(r_\mathrm{o1}\ \|\ r_\mathrm{o4})}{1} = g_\mathrm{m1}\,(r_\mathrm{o1}\ \|\ r_\mathrm{o4}) \qquad (4\text{-}40)$$

可见,正电源抑制比几乎等于差模增益,而负电源抑制比要比差模增益大很多。总体而言,该电路能很好的抑制 GND 上传来的噪声,而对 V_DD 上传来的噪声没有很好的抑制。

4.10.2　仿真实验

本例将仿真有源电流镜负载差分放大器的电源抑制比特性,仿真电路图如图 4-42 所示,仿真波形如图 4-43 所示。图中,电路的正电源抑制比几乎等于电路的差模增益,而负电压抑制比却高达 120 dB。

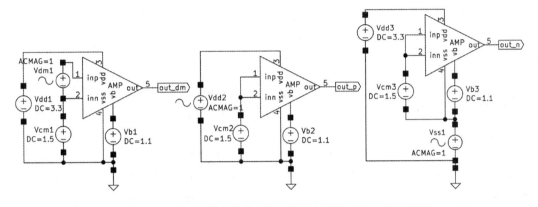

图 4-42　有源电流镜负载差分放大器的电源抑制比仿真电路图

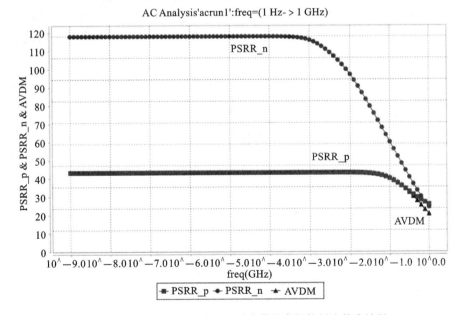

图 4-43　有源电流镜负载差分放大器的电源抑制比仿真波形

4.10.3　互动与思考

读者可以调整 V_b,M_1、M_2、M_3、M_4 以及 M_5 的宽长比,观察两个电源抑制比的变化趋势。

请读者思考:

(1)有源电流镜负载差分放大器和电流源负载差分放大器的 PSRR 有何异同?

(2)直观上,请解释为什么正电源抑制比几乎等于差模增益;而负电源抑制比要比差模增益好许多?

(3)在忽略其他电路设计限制时,请读者思考如何提高正电源的电源抑制比PSRR$^+$。

◀ 4.11 差分放大器的压摆率 ▶

4.11.1 特性描述

差分放大器的
压摆率-视频

差分放大器中,如果输入信号有很小的阶跃(跳变),输出的瞬态响应则近似为线性响应。我们做的小信号分析和计算就是基于这个原理,采用的是简单的线性响应分析方法。

如果输入信号为一个大幅度的阶跃信号(比如刚上电时,输入信号存在从0跳变到正常输入电平的过程),运算放大器中有限的电流为电路中的大电容(例如频率补偿电容或负载电容)充、放电,电路需要时间才能让 MOS 管进入正常的工作状态。此时,由于阶跃信号幅值过大,使得电路以一个恒定的电流对输出端的电容充电(或者放电),从而使得放大器的输出电压以一个恒定的速率上升或者下降,该过程被称为阶跃响应的转换过程(有的教科书也称之为压摆过程)。这个速率被称为放大器的转换速率或者叫压摆率(Slew Rate,SR)。SR 定义为

$$\mathrm{SR} = \frac{\mathrm{d}V_{\mathrm{out}}}{\mathrm{d}t} = \frac{\mathrm{d}(Q/C)}{\mathrm{d}t} = \frac{1}{C}\frac{\mathrm{d}Q}{\mathrm{d}t} \tag{4-41}$$

我们想起电流的定义

$$\frac{\mathrm{d}Q}{\mathrm{d}t} = I \tag{4-42}$$

从而

$$\mathrm{SR} = \frac{I}{C} \tag{4-43}$$

当放大器的输入出现大的阶跃时,其输出信号总的建立时间等于大信号建立时间(压摆时间,或者叫转换时间)与小信号建立时间(线性建立时间)之和。

在图 4-44 所示的有源电流镜差分放大器中,当输入信号为正的阶跃时,M_1 导通,而 M_2 完全截止,从而 M_1、M_3、M_4 流过的电流为 I_{ss},给 C_{L} 充电的电流也为 I_{ss}。反过来,当输入信号为负的阶跃时,M_1 截止,而 M_2 导通并流过大小为 I_{ss} 的电流,此时 M_3、M_4 均截止。此时 C_{L} 通过 M_2,以 I_{ss} 的电流放电。因此,无论 M_1 管关断还是 M_2 管关断,对负载电容 C_{L} 充电或者放电的最大电流均为 I_{ss}。该电路的压摆率为

$$\mathrm{SR} = \frac{1}{C}\frac{\mathrm{d}Q}{\mathrm{d}t} = \frac{I_{\mathrm{ss}}}{C_{\mathrm{L}}} \tag{4-44}$$

为了获得高的压摆率,最简单的办法是增大尾电流 I_{ss},但这将增大功耗。另外一个方法是减小负载电容 C_{L},然而有时候负载电容无法减小时,尾电流成为唯一决定压摆率的因素。实际电路设计中,往往根据 SR 的设计指标来选择合适的尾电流。

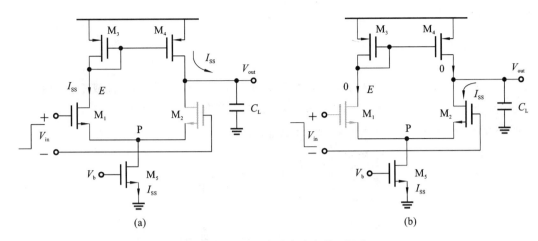

图 4-44　差分和大器电路中的压摆率

如果将图 4-44 差分放大器接成负反馈的形式,则输入信号出现大的阶跃时,存在着同样的转换过程,同样也可用式(4-44)来描述压摆率。

为了深入理解有源电流镜负载的差分放大器的 SR,我们来和电流源负载的全差分放大器做一个对比。如 4-45 中,如果输入出现一个正的阶跃,则 M_1 导通,M_2 截止,从而尾电流 I_{SS} 全部从 M_1 流过,M_2 中无电流。阶跃不会影响 M_3 和 M_4 的电流,M_3 和 M_4 中还是流过恒定的 $\frac{1}{2} I_{SS}$。从而,如图所示,负载电容将以 $\frac{1}{2} I_{SS}$ 的电流大小充电或者放电,则 V_{out+} 的 SR^+ 为

$$SR^+ = \frac{1}{2} \frac{I_{SS}}{C_L} \tag{4-45}$$

同理,则 V_{out-} 的 SR^- 为

$$SR^- = \frac{1}{2} \frac{I_{SS}}{C_L} \tag{4-46}$$

则总的差分输出的 SR 为两者之和

$$SR = \frac{I_{SS}}{C_L} \tag{4-47}$$

可见,该 SR 表达式与有源电流镜负载的差分放大器是相同的。

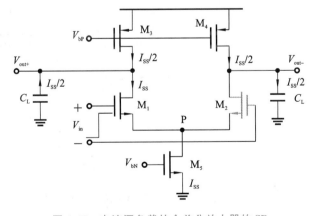

图 4-45　电流源负载的全差分放大器的 SR

4.11.2　仿真实验

　　本例将仿真有源电流镜负载的差分放大器的压摆率,接成单位增益负反馈的仿真电路图如图 4-46 所示,仿真波形如图 4-47 所示。

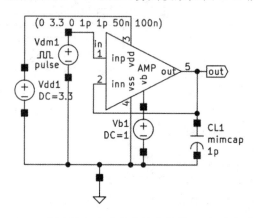

图 4-46　有源电流镜负载差分放大器的 SR 仿真电路图

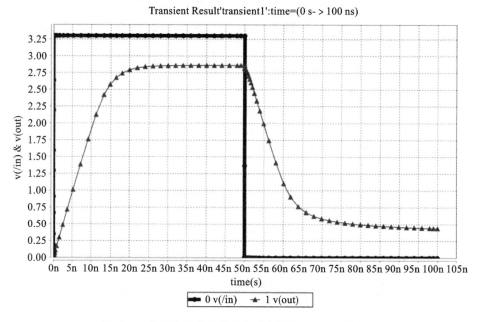

图 4-47　有源电流镜负载差分放大器的 SR 仿真波形图

4.11.3　互动与思考

读者可改变 C_L、V_b、所有 MOS 管宽长比等参数,观察 SR 波形的变化。

请读者思考:

(1)在功耗不变、负载电容不变、增益不变的前提下,是否有可能提高差分放大器的压摆率？

（2）二极管负载、电阻负载的差分放大器，是否也存在 SR？与本例的有源电流镜负载差分放大器的 SR 是否有差异？

◀ 4.12 电流放大器 ▶

4.12.1 特性描述

所谓电流放大器，是指输入信号是变化的电流，输出信号也是变化电流的放大器。与之对应的是电压放大器。图 4-48 给出了电流放大器和电压放大器的符号示意图。

电流放大器-视频

电压放大器的输入端，最常见的是 MOS 管的栅极，输入级通常是共源极。如果输入信号是理想的电压信号，则无论放大器的输入阻抗是多少，加载到放大器输入端口的就是该输入电压信号。如果输入信号不是理想的电压信号，即包括一定内阻的电压信号，则要求放大器的输入阻抗越大越好。输入阻抗越大，则放大器受电压信号源内阻的影响就越小。

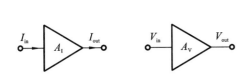

图 4-48　电流放大器和电压放大器

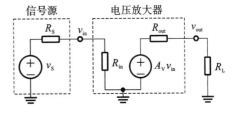

图 4-49　电压放大器的一般模型

图 4-49 所示的是一个电压放大器的一般模型。运放的小信号输入阻抗为 R_{in}，小信号输出阻抗为 R_{out}，放大器的增益为 A_V。考虑更一般的输入电压信号 v_S，带有有限值的信号内阻 R_S，则

$$v_{in} = \frac{R_{in}}{R_{in} + R_S} v_S \tag{4-48}$$

同理，输出电压为

$$v_{out} = \frac{R_L}{R_L + R_{out}} A_V v_{in} \tag{4-49}$$

将式（4-48）代入式（4-49）得

$$v_{out} = \frac{R_L}{R_L + R_{out}} \frac{R_{in}}{R_{in} + R_S} A_V v_S \tag{4-50}$$

变形得

$$\frac{v_{out}}{v_S} = \frac{R_L}{R_L + R_{out}} \frac{R_{in}}{R_{in} + R_S} A_V \tag{4-51}$$

式(4-51)表明,从信号源到负载,整个电路总的电压增益实际是 $\dfrac{R_\text{L}}{R_\text{L}+R_\text{out}}\dfrac{R_\text{in}}{R_\text{in}+R_\text{S}}A_\text{V}$。这是一个小于 A_V 的值,说明不足够大的放大器输入阻抗,和不足够小的输出阻抗,恶化了放大器的增益性能。若 $R_\text{in}=\infty$,且 $R_\text{out}=0$,无论输入信号多么不理想,以及负载阻抗无论大小,放大器的增益均为 A_V。

学习完了电压放大器的一般模型,我们很容易得到电流放大器的一般模型,如图 4-50 所示。理想的电流放大器中,$R_\text{in}=0$,且 $R_\text{out}=\infty$ 时,放大器任何情况下的增益均为 A_I。

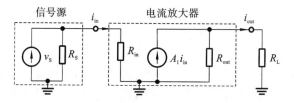

图 4-50　电流放大器的一般模型

显然,共源极输入是无法作为电流放大器的输入的。作为电流放大器,其输入电阻要尽可能小。而 MOS 管中,二极管输入的 MOS,或者 MOS 管漏端看进去的小信号电阻均为 $1/g_\text{m}$,是 MOS 管中相对最小的输入电阻。

让我们来看图 4-51 所示的电流镜。将原来的基准电流 I_REF 换成输入电流 I_IN,如果忽略 M_1 和 M_2 的沟长调制效应,则

$$\frac{I_\text{OUT}}{I_\text{IN}}=\frac{\left(\dfrac{W}{L}\right)_2}{\left(\dfrac{W}{L}\right)_1} \tag{4-52}$$

式(4-52)表明,电流镜电路的输出电流与输入电流之比,等于器件尺寸之比。设置合适的 M_2 和 M_1 的尺寸之比,即可实现合适的电流增益。

而且,该放大器也基本具备了电流放大器所需要输入输出阻抗。图 4-51 中的 $r_\text{in}=1/g_\text{m1}$,$r_\text{out}=r_\text{o2}$,即为小的输入阻抗和大的输出阻抗。

实际上,正确的电流增益应该定义为输出电流的变化与输入电流的变化之比,即

$$A_\text{I}=\frac{\Delta I_\text{OUT}}{\Delta I_\text{IN}}=\frac{i_\text{out}}{i_\text{in}} \tag{4-53}$$

我们将图 4-51 中的 I_IN 和 I_OUT,均换成大信号电流和小信号电流的叠加。大信号直接用恒流源实现,小信号则通过输入端叠加进入。这就构成了图 4-52 所示的电路示意图。图中,令大信号电流之比 $I_2/I_1=(W/L)_2/(W/L)_1$,则小信号电流之比 $i_\text{out}/i_\text{in}=(W/L)_2/(W/L)_1$。

图 4-52 电路,放大器的直流偏置已经确定好,引入电路的是变化的电流,则输出也是变化的电流,该电流能很好地实现电流放大功能。

根据之前所学的知识,共源共栅级电流源比普通共源级电流源更加理想,因而可以将图 4-52 加以改进,利用共源共栅级电流镜能更好地克服沟长调制效应的影响。改进后的共源共栅极电流放大器如图 4-53 所示。该电路增益依然为 $A_\text{I}=(W/L)_2/(W/L)_1$,输入阻抗 $r_\text{in}\approx 1/g_\text{m1}$,输出阻抗 $r_\text{out}=g_\text{m4}r_\text{o4}r_\text{o2}$。虽然增益和输入阻抗不变,但这是一个更理想的电流输出,放大器的输出特性更好。

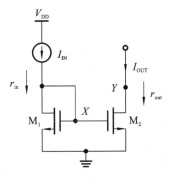

图 4-51　电流镜实现电流比例放大

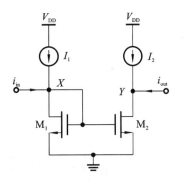

图 4-52　电流镜实现的电流放大器

图 4-53 的电流放大器还需要外接偏置电压 V_b，这增加了电路的实现难度。在电压余度足够时，可以采用图 4-54 所示的自偏置电路。这种通过加载电阻实现的自偏置电路，在很多地方经常用到。

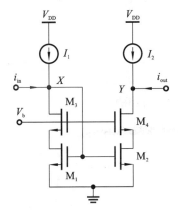

图 4-53　共源共栅电流镜电流放大器

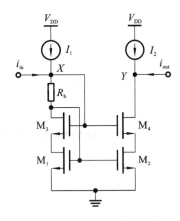

图 4-54　自偏置的共源共栅电流镜电流放大器

4.12.2　仿真实验

本例将仿真基于电流镜和共源共栅极电流镜的电流放大器，仿真电路图如图 4-55 所示，该电流设计的电流增益是 2。仿真波形在图 4-56 中，结果表明，两个电路的电流增益相差无几，但共源共栅级电流镜电流放大器的增益更准，同时其小信号输出电阻更大，从而提供的输出电流更加理想。

电流放大器-案例

4.12.3　互动与思考

读者可改变 $(W/L)_2/(W/L)_1$、I_1、I_2 等参数，观察电流增益的变化。

请读者思考：

(1)电压放大器中，存在输出摆幅的概念。请问，电流放大器中是否也有输出摆幅的限制？如果存在，请分析图 4-52 的输出电流摆幅。

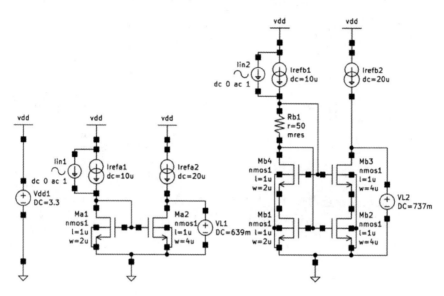

图 4-55　电流放大器仿真电路图

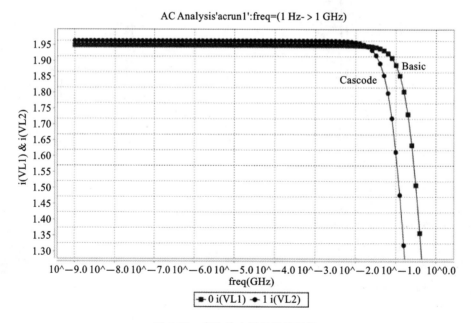

图 4-56　电流放大器仿真波形图

（2）自偏置电流放大器中的 R_b 电阻如何取值？

（3）我们希望电压放大器的输出阻抗越小越好，而电流放大器的输出阻抗越大越好。目的是什么？

◀ 4.13 差分输入电流放大器 ▶

4.13.1 特性描述

电压放大器分为单端放大器和差分放大器。差分放大器表现出很多好的特性,有着很多广泛的应用。

前一节我们学习的电流放大器,是单端输入单端输出。本节,我们基于单端输入的电流放大器,来学习差分输入的电流放大器。

首先,我们介绍一下差分输入电流放大器的一般模型。图 4-57 的模型中,有两个输入电流 i_{in+}、i_{in-},两者之差为 i_{in}。电路其余部分与单端的电流放大器一致。

差分输入电流
放大器-视频

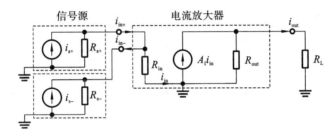

图 4-57 差分输入电流放大器模型

图 4-58 中,流过 M_3 的电流变化为 $i_{in+}-i_{in-}$,该电流通过 M_3 镜像到 M_4,则 M_4 流过的电流变化为

$$A_1 = \frac{i_{out}}{i_{in+}-i_{in-}} = \left(\frac{W}{L}\right)_4 \bigg/ \left(\frac{W}{L}\right)_3 \tag{4-54}$$

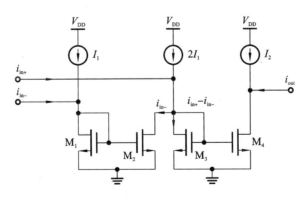

图 4-58 差分输入电流放大器电流实现

图 4-58 所示的电流放大器要实现式(4-53)的电流增益,在电路的器件设计上,需要满足一定的要求。首先,要求 M_1、M_2 和 M_3 三个 MOS 管尺寸相同,设为 W/L。三个 MOS 管尺寸

相同,就能实现 $i_{\text{in+}} - i_{\text{in-}}$。其次,要求 M_4 的器件尺寸为 $A_1 \dfrac{W}{L}$,此处的 A_1 为希望实现的电流放大器增益。最后,要求 I_2 和 I_1 也需要满足 $I_2 = A_1 I_1$。

如果和 4.12 节的原理一样,图 4-58 的电流放大器输出电流不够理想,改进的措施是采用共源共栅级结构。同样,还可以使用自偏置电路。

4.13.2　仿真实验

差分输入电流
放大器-案例

本例将仿真电流增益为 4 的差分电流放大器,仿真电路图如图 4-59 所示,仿真波形如图 4-60 所示。

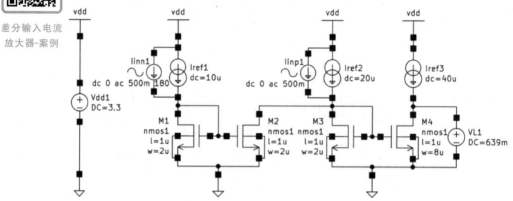

图 4-59　差分输入电流放大器仿真电路图

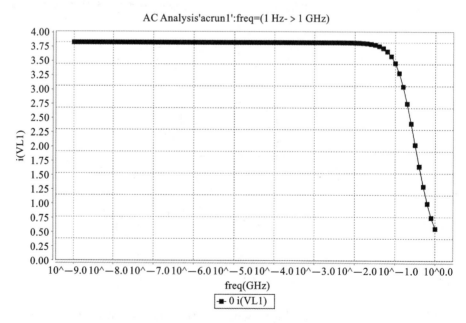

图 4-60　差分电流放大器仿真波形图

4.13.3　互动与思考

读者可改变 $(W/L)_4 / (W/L)_3$、基准电流等参数,观察电流增益的变化。

请读者思考:

(1)请读者在图 4-58 电路基础上,设计共源共栅级的电流放大器。通过仿真验证你设计的输出电流比图 4-58 所示的输出电流性能更好。

(2)电流放大器中我们强调了输入是变化的单端电流和差分电流。请问这些电流是否有电平的要求?

(3)电流放大器中,如果输入的电流变化量太大,电路会出现什么情况?

(4)差分输入的电流放大器,是否也跟差分输入的电压放大器一样,也有共模增益和共模抑制比? 如何定义?

◀　4.14　Wilson 电流镜　▶

4.14.1　特性描述

Wilson 电流镜 -视频

1968 年,Wilson 基于双极型工艺发明了一种电流源,通常称之为 Wilson 电流镜[①]。替换为 CMOS 工艺实现的电路如图 4-61 所示。

Wilson 电流镜采用了类似负反馈的原理,使输出电流保持恒定。其工作原理是:若因为负载的变化导致 I_{OUT} 上升,对应 M_1 而言,只有 V_Y 上升才能带来 I_{OUT} 的上升。M_3 构成电阻负载的共源极放大器,输出与输入反向变化,从而 V_{IN} 下降。对 M_2 而言,V_{IN} 下降,而 V_Y 上升,则 I_{OUT} 下降,这与之前假定 I_{OUT} 的变化趋势相反。说明这是一个负反馈电路结构,从而让 I_{OUT} 稳定在一个恒定值。

负反馈结构让输出电流稳定在某固定值,这是 Wilson 电流镜的第一个优点。

从结构上看,Wilson 电流镜是 Cascode 电流源,输出电阻很大。现绘制图 4-62 所示的小信号等效电路来计算其小信号输出电阻,经计算得

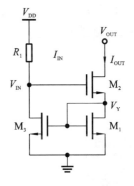

图 4-61　Wilson 电流镜

$$r_{out} = \frac{1}{g_{m1}} + \left\{ 1 + \frac{g_{m2}}{g_{m1}} \left[1 + g_{m3}(r_{o3} \parallel R_1) \right] \right\} r_{o2} \approx \frac{g_{m2} \, r_{o2}}{g_{m1}} \left[g_{m3}(r_{o3} \parallel R_1) \right] \quad (4\text{-}55)$$

如果 R_1 相对较大,则这是一个接近 Cascode 电流镜输出电阻的大电阻,从而 Wilson 电流

---

① G. R. Wilson, "A monolithic junction FET-n-p-n operational amplifier," in *IEEE Journal of Solid-State Circuits*, vol. 3, no. 4, pp. 341-348, Dec. 1968, doi: 10.1109 /JSSC.1968.1049922.

镜能提供比较理想的电流输出。注意:如果电路中的 R_1 较小,则电路的输出电阻其实并不大。

然而,输出的共栅极 M_2 管栅极电压 V_{IN} 并不是恒定的电压,而会受电源电压的影响。

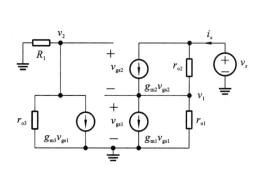

图 4-62　计算 Wilson 电流镜小信号输出电阻的小信号等效电路图

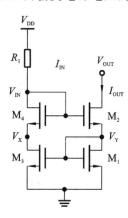

图 4-63　改进的 Wilson 电流镜

从电路中我们发现 $V_{DS3} = V_{GS1} + V_{GS2}$,从而 $V_{DS3} \neq V_{DS1}$,这表明输出电流不是输入电流的精确镜像。为了保证 $V_{DS3} = V_{DS1}$,在 Wilson 电流镜基础上的改进电路如图 4-63 所示。通过增加 M_4,让输入电流支路也是共源共栅级结构,从而保证了 $V_X = V_Y$,输出电流与输入电流满足精确的镜像关系。

改进 Wilson 电流镜的工作原理是:若因为负载的变化导致输出点电压 V_{OUT} 上升,由于 M_2 的沟长调制效应,则 I_{OUT} 上升。对应 M_1 而言,只有 V_Y 上升才能带来 I_{OUT} 的上升。对 M_3 而言,V_Y 上升,则 V_X 下降,进一步 V_{IN} 下降。对 M_2 而言,V_{IN} 下降,而 V_Y 上升,则 I_{OUT} 下降,这与之前假定 I_{OUT} 的变化趋势是相反的,从而电路属于负反馈。

无论是 Wilson 电流镜,还是改进的 Wilson 电流镜,其缺点是输出节点电压被限制在较高的值,输出电压的最小值为

$$V_{OUT,min} \approx V_{TH} + V_{OD1} + V_{OD2} \tag{4-56}$$

4.14.2　仿真实验

Wilson 电流镜
-案例

本例将仿真 Wilson 电流镜和改进的 Wilson 电流镜,观察输出电压 V_{OUT} 变化时,输出电流如何响应。仿真电路图如图 4-64 所示。仿真结果如图 4-65 所示。结果显示,当电源电压高于 0.75 V 后,M_3 和 M_6 的电流与电源电压几乎无关。两图最大的差异是,未改进的 Wilson 电流镜的镜像精度低于改进的 Wilson 电流镜。前者等于镜像的信号源,后者为 9.7 μA,低于镜像的信号源。

4.14.3　互动与思考

读者可以自行改变电路器件参数,观察输出电流波形的变化趋势。

请读者思考:

(1)当电源电压变化时,Wilson 电流镜的输出电流会变化吗?请用小信号分析法计算

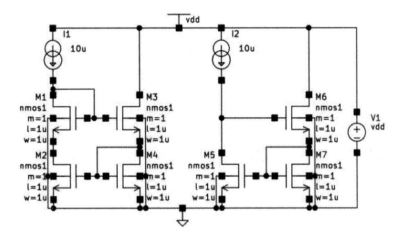

图 4-64 Wilson 电流镜仿真电路图

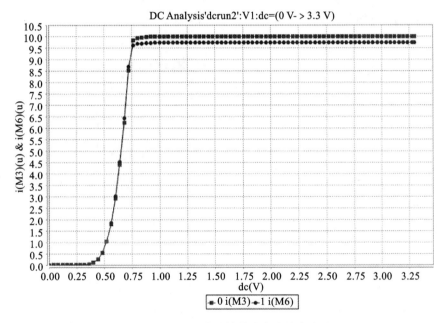

图 4-65 Wilson 电流镜输出电流仿真波形

电源电压到输出电流的跨导增益。该增益越大,则说明电源电压变化将引起输出电流的变化越大。

（2）Wilson 电流镜有何优点和缺点？

（3）Wilson 电流镜和 Cascode 电流镜,两者孰好孰坏？ 为什么？

（4）电源电压不能过低,否则输入支路的 MOS 管无法工作在饱和区。请问,该电路的电源电压最低值是多少？

5 放大器的频率特性

为什么电路的工作速度受到限制？因为电路中存在着无数电容，导致不同频率的信号加载到电路上的响应是不同的，从而高频信号的响应速度变慢。一个放大器输入的信号在不同频率下的响应，称之为该放大器的频率特性。本章将从频域角度研究不同类型的放大器的特性，涉及放大器类型包括所有基本放大器单元：共源极放大器、源极跟随器、共栅极放大器、共源共栅极放大器、全差分放大器、有源电流镜负载的差分放大器。我们将分析这些放大器的增益（对差分放大器而言，既包括差模增益，也包括共模增益）、小信号输入阻抗、小信号输出阻抗、带宽、增益带宽积、零极点分布等频率特性。

◀ 5.1 电路的频率响应 ▶

5.1.1 特性描述

电路的频率响应
-视频

2.7 节采用 AC 扫描仿真了共源极放大器的电源抑制比。我们看到无论是放大器的增益，还是电源增益，在低频部分是恒定值，但超过某个频率之后，增益都会下降。这是什么原因导致的？是不是所有放大器都有类似的特性呢？

放大器以及其他电路中，不可避免的存在着大量寄生电容。依据电容的构成原理，只要有电信号的两个导体（导线）之间有绝缘体，则两个导体（导线）之间存在电容。作为最常见的平板电容，电容值正比于两个平板之间重叠的面积，反比于两个平板之间的距离。比如从 MOS 管栅极看进去，就等效为电容。MOS 管除了源和漏两端之间不存在寄生电容之外，其他任意两端之间均存在寄生电容，比如导线和导线之间存在寄生电容，导线和衬底之间存在寄生电容等等。当然，作为最基本的电子元器件，电容也广泛存在于电路之中。

当电路工作在低频下，这些电容不会对电路带来影响。当电路工作在较高频下时，电容将限制或者改变电路性能。频率响应定义为放大器对输入不同频率的正弦波信号的稳态响应。输入信号是正弦波，电路的内部信号以及输出信号也都是稳态的正弦信号，这些信号的频率相同，但幅值和相位则各不相同。

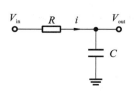

图 5-1 最常见的单极点系统

图 5-1 所示的是一个最常见的一阶电路。在该电路的输入端施加一个随时间变化的信号 V_{in}，则输出电压 V_{out}、流过

的电流 I 也都与时间有关，分别记作 $V_{in}(t)$、$V_{out}(t)$、$I(t)$，由 KVL 公式有

$$\begin{cases} V_{in}(t) = R \cdot I(t) + V_{out}(t) \\ V_{out}(t) = \dfrac{1}{C}\displaystyle\int I(t)\,dt \end{cases} \tag{5-1}$$

或者写成如下的微分形式

$$\begin{cases} V_{in}(t) = R \cdot I(t) + V_{out}(t) \\ I(t) = C \dfrac{d V_{out}(t)}{dt} \end{cases} \tag{5-2}$$

式(5-2)可转化为输入与输出的关系式

$$V_{in}(t) = RC \cdot \frac{d V_{out}(t)}{dt} + V_{out}(t) \tag{5-3}$$

求解式(5-3)的微分方程并不太复杂。然而，当电路多于一个电阻和电容后，方程求解的复杂程度将呈指数级增长。好在前人发明了更简单直观的分析方法，那就是将电路从时域转换到频域。利用拉氏变换，把时域的微分运算积分运算变成频域 $s(=j\omega)$ 的乘法运算和除法运算，可以大大减小计算量。在复频域中，电阻还是用 R 表示，而电容用 $\dfrac{1}{Cs}$ 表示，电感用 Ls 表示。

在复频域中，图 5-1 所示的电路直接计算出输出电压的表达式为

$$V_{out}(s) = \frac{\dfrac{1}{sC}}{R + \dfrac{1}{sC}} V_{in}(s) = \frac{1}{1 + \dfrac{s}{1/RC}} V_{in}(s) \tag{5-4}$$

对一个电路做频率响应分析，最方便的方式不是在时域做分析，而是在复频域。

任意一个时域信号，可以分解为 N 个不同频率、不同幅值的正弦波的叠加。如果我们换个角度，从频域看，则看到的是这 N 个不同频率的正弦波的幅值。图 5-2 清楚地解释了时域和频域的关系。

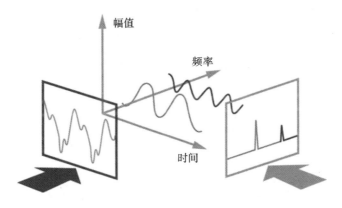

图 5-2　时域和频域的联系

如何去看一个电路的时域信号和频域信号呢？看时域的波形用示波器，而看频域的波形用频谱分析仪。图 5-3(a)所示的为国产某型号的示波器，图 5-3(b)所示的为国产某型号的频谱分析仪。

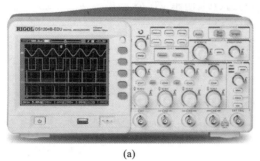
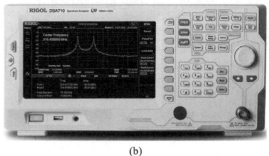

(a) (b)

图 5-3 看时域和频域波形的仪器

(a)示波器;(b)频谱分析仪

建立输出信号与输入信号的复频域传递函数,可以轻松得到电路的频率响应特性。最便捷的仿真是对输入信号进行 AC 仿真,即频率扫描,观察不同频率下的输出特性。输出特性分为两部分,即输出相对于输入的信号幅值差异,以及输出相对于输入的信号相角差异。两个图像合称波特图(Bode Plot),波特图由频率响应的对数幅值特性图和相角特性图组成。

波特图的优点是可将幅值相乘转化为对数幅值相加,而且在只需要频率响应的粗略信息时常可归结为绘制由直线段组成的渐近特性线,作图非常简便。如果需要精确曲线,则可在渐近线的基础上进行修正,绘制也比较简单。图 5-4(a)是单极点系统的简化波特图,图 5-4(b)是修正后的实际波特图。

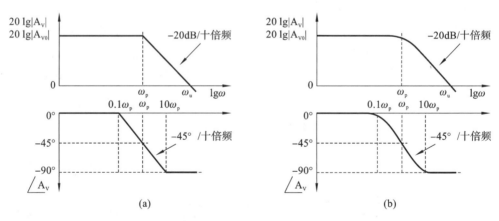

(a) (b)

图 5-4 单极点系统的波特图

(a)简化波特图;(b)实际波特图

波特图有如下特征:

(1)坐标系。频率轴采用对数分度;幅值轴取为 $20\lg$,单位为分贝(dB),采用线性分度。在相角特性图中,频率轴也采用对数分度;角度轴是线性分度,单位为度。

(2)幅频特性。单极点系统中,在遇到极点频率(图中的 ω_P)之前,幅值是低频增益,超过极点频率,则幅值按 $-20\ \text{dB}$/十倍频的速度下降。在极点频率处,实际的幅值比低频幅值低 3 dB,所以 ω_P 也被称为 $-3\ \text{dB}$ 频率(还被称为电路的 $-3\ \text{dB}$ 带宽)。增益的幅值为 0 dB 时,$A_{V0}=1$。此时的频率也成为单位增益带宽(ω_u)。

（3）相频特性。低频处的相移是 $0°$，在极点频率 ω_P 处的相移是 $-45°$，而高频处的相移是 $90°$。在 0.1 倍 ω_P 至 10 倍 ω_P 范围内，相位从 $-5.7°$ 变为 $-84.3°$，变化速度为 $-45°$/十倍频。

（4）拓展内容：极点分正负，零点也分正负。负的极点，我们称为左半平面极点（LHP），正的极点，我们称之为右半平面极点（RHP）。同理，还有左半平面零点（LHZ）和右半平面零点（RHZ）。所以，零极点的波特图有四种不同的情况，如表 5-1 所示。

表 5-1　不同零极点的波特图

LHP：$-\omega_P$	RHP：ω_P	LHZ：$-\omega_Z$	RHZ：ω_Z
$\dfrac{1}{1+s/\omega_P}$	$\dfrac{1}{1-s/\omega_P}$	$1+s/\omega_Z$	$1-s/\omega_Z$

（5）多零点和极点系统。每增加一个极点，增益幅值在原基础上减小 20 dB/十倍频。每增加一个零点，增益幅值在原基础上增加 20 dB/十倍频。每增加一个左半平面极点或者右半平面零点，相移总变化 $-90°$。每增加一个右半平面极点或者左半平面零点，相移总变化 $90°$。

分析放大器的频率特性时，有一种简单、直观的方法，叫密勒等效法。密勒等效法能将复杂的问题简单化，是手工分析电路频率特性的利器。

对于一个增益为 $-A$ 的放大器，其输入和输出端跨接了一个反馈电容 C_F，如图 5-5 所示。将该电容等效为输入电容 C_{IN} 和输出电容 C_{OUT}。密勒等效定理给出了输出等效电容和输出等效电容的计算方法

$$C_{IN} = (1+A)\,C_F \tag{5-5}$$

$$C_{OUT} = \left(1+\frac{1}{A}\right) C_F \tag{5-6}$$

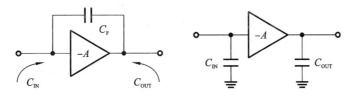

图 5-5　反馈电容的密勒等效

当 A 很大时，$C_{IN} \approx AC_F$，$C_{OUT} \approx C_F$。

当然，如果将电容拓展成一般阻抗，密勒等效定理也成立。如图 5-6 中，有如下结论

$$Z_{IN} = \frac{Z}{(1+A)} \tag{5-7}$$

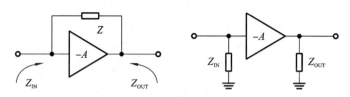

图 5-6　更一般情况的密勒等效

$$Z_{\text{OUT}} = \frac{Z}{(1 + 1/A)} \tag{5-8}$$

密勒等效将跨接在放大器两端的电容等效到了输入节点和输出节点。电路中,节点和传递函数的极点可一一对应。考虑如图 5-7 所示的放大器的级联结构。假定图中两个放大器为理想运算放大器,则每个放大器的输入阻抗为无穷大,而输出阻抗为 0。从而,图中节点1、2、3 看到的所有等效电阻和等效电容依次为:R_1、C_2、R_2、C_2、R_3、C_3。则输入电压和输出电压的传递函数中有三个左半平面的极点,极点频率分别为 $1/R_1 C_1$、$1/R_2 C_2$、$1/R_3 C_3$,则传递函数为

$$\frac{v_{\text{out}}}{v_{\text{in}}}(s) = \frac{1}{1 + R_1 C_1 s} \cdot \frac{A_1}{1 + R_2 C_2 s} \cdot \frac{A_2}{1 + R_3 C_3 s} \tag{5-9}$$

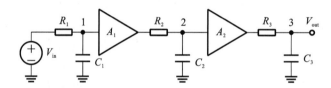

图 5-7　电压放大器级联中的节点

在 CMOS 模拟集成电路中,跨导增益放大器更常见。图 5-8 是一个由理想的跨导增益放大器构成的放大器级联电路。则该电路总的跨导增益,可基于极点和节点相对应的方式直接给出

$$\frac{v_{\text{out}}}{i_{\text{in}}}(s) = R_1 \cdot G_1 R_2 \cdot G_2 R_3 \cdot \frac{1}{1 + R_1 C_1 s} \cdot \frac{A_1}{1 + R_2 C_2 s} \cdot \frac{A_2}{1 + R_3 C_3 s} \tag{5-10}$$

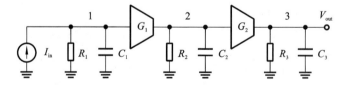

图 5-8　跨导增益放大器级联中的节点

图中三个节点的极点频率分别为:$1/R_1 C_1$、$1/R_2 C_2$、$1/R_3 C_3$。

通过密勒等效之后,式(5-9)、式(5-10)将电路中的节点和传递函数中的极点一一对应起来。采用这种方法分析电路的频率特性,简单方便。但是,该方法的局限有二:①我们通常仅仅用密勒等效将跨接在放大器两端的电容等效到输入节点和输出节点,电容之外的器件往往不能采用密勒等效,除非该器件的引入不会影响放大器的正常工作;②将原有的两个信

号通路(正向通过放大器的信号通路,以及反向通过跨接在放大器两端的电容的反馈通路)简化为一个信号通路,传递函数中的零点将被忽略。然而,这种联系为我们快速估算电路的传递函数提供了一种直观、便捷、有效的手工分析方法。

5.1.2　仿真实验

电路的频率响应
-案例

本例将仿真一个简单的一阶 RC 网络的频率响应。首先,我们给输入加入一个阶跃信号,基于瞬态仿真,在时域中看输出电压的响应情况,接着,对电路做 AC 仿真,查看输出信号的幅频和相频响应曲线。仿真电路如图 5-9 所示,仿真波形如图 5-10 所示。

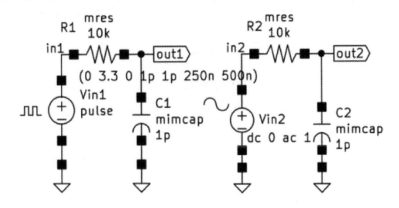

图 5-9　一阶 RC 网络的频率响应仿真电路图

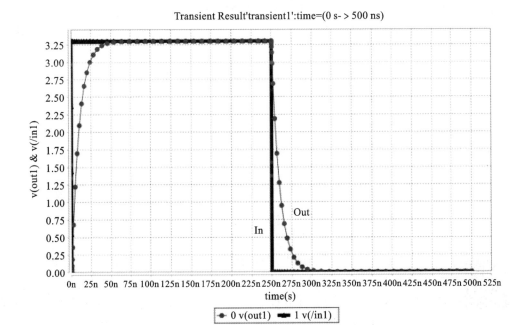

图 5-10　一阶 RC 网络的频率响应仿真曲线

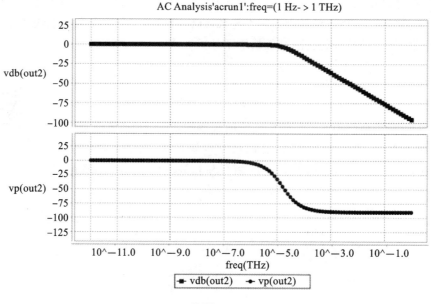

AC Analysis'acrun1':freq=(1 Hz- > 1 THz)

续图 5-10

5.1.3　互动与思考

读者可调整 R、C 的值,观察输出波形的变化。

请读者思考:

(1)如何在波特图中快速定位极点频率? 请核实波形上的极点频率是否正好为 $1/RC$。

(2)图 5-9 所示的仿真电路中,V_{in} 加载的是一个单纯的交流信号。换成直流叠加交流信号,仿真结果是否有变化?

(3)将图 5-9 中的电阻和电容互换,仿真波形是否出现变化? 应该变成啥样? 请用仿真验证你的结论。

◀　5.2　共源极放大器的频率响应　▶

5.2.1　特性描述

共源极放大器的
频率响应-视频

　　图 5-11 为我们熟悉的电阻负载共源极放大器,电路中考虑了 MOS 管 M$_1$ 三个最显著的寄生电容,分别是:C_{GS},C_{GD} 和 C_{DB}。此处忽略了较小的电容 C_{GB}。即使考虑 C_{GB},也是并联到 C_{GS} 中,不影响电路分析过程和结果。考虑到输入信号不是理想的电压源,此处应该加上该信号源的内阻 R_s。因为该内阻会影响到输入节点 X 的频率特性。

电阻负载共源极放大器的低频增益为

$$A_V = -g_m R_D \qquad (5\text{-}11)$$

C_{GD} 跨接在放大器的输入和输出两端,可利用密勒等效法将该电容等效到放大器的输入端和输出端。采用密勒等效方法后,输入节点 X 总的等效电容为

$$C_X = C_{GS} + (1 + g_m R_D) C_{GD} \qquad (5\text{-}12)$$

输入节点总的电阻为 R_S,从而输入节点的极点频率为

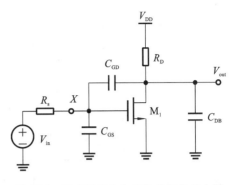

图 5-11　考虑了寄生电容的共源极放大器

$$\omega_{in} = \frac{1}{R_S \left[C_{GS} + (1 + g_m R_D) C_{GD} \right]} \qquad (5\text{-}13)$$

输出节点的密勒等效电容为

$$C_{out} = C_{DB} + (1 + \frac{1}{g_m R_D}) C_{GD} \approx C_{DB} + C_{GD} \qquad (5\text{-}14)$$

M_1 的输出电阻远大于 R_D 输出节点总的电阻为 R_D,从而输出节点的极点频率为

$$\omega_{out} = \frac{1}{R_D (C_{DB} + C_{GD})} \qquad (5\text{-}15)$$

因此,基于输入节点和输出节点的极点频率表达式,代入整个电路的传递函数中得到

$$\frac{V_{out}}{V_{in}}(s) = \frac{-g_m R_D}{(1 + s/\omega_{in})(1 + s/\omega_{out})} \qquad (5\text{-}16)$$

提示:这种采用密勒等效法得到的传递函数存在两点误差。首先,忽略了电路零点的存在。本电路中,从输入节点到输出节点存在两条信号通道,放大器本身是主要的信号通道,而跨接在输入输出之间的 C_{GD},则为信号提供了另外一条"前馈通道"。当前馈通道的电流和放大器本身的电流相等时,输出电流为零。当输出电流为零时,输出电压也为零,即传递函数存在为零的情况。直接进行密勒等效,也就忽略了这个真实存在的零点。

其次,做密勒等效时,放大器的增益采用的是低频增益,在频率较高时依然使用低频增益做密勒等效,肯定存在误差。但是密勒等效的方法简单直观,在手工分析电路时很实用。

另外,刚才利用密勒等效计算输出节点的极点频率时,其实是默认仅仅 V_{in} 对 M_1 的 V_{GS} 有影响,从而影响电路跨导,所以计算输出电阻时直接将输入电压做了小信号接地处理。这种处理忽略了输出电压 V_{out} 通过 C_{GD} 对 M_1 的 V_{GS} 产生的影响。也就是说,本来输入信号和输出信号均对 M_1 的 V_{GS} 产生的影响,然而我们仅仅考虑了前者而忽略了后者。

为了清楚理解输入和输出信号对 MOS 管小信号输出电阻影响的差别,让我们基于图

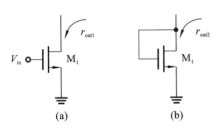

图 5-12　MOS 管输出电阻的两种不同情况

5-12 看 MOS 管的输出电阻。图 5-12(a)中 MOS 管的 V_{GS} 受输入电压影响,在计算输出阻抗时,V_{in} 接地。计算小信号输出阻抗的小信号等效电路如图 5-13(a)所示。作为对照,5-12(b)的 V_{GS} 受输出影响,则计算小信号输出阻抗的小信号等效电路如图 5-13(b)所示。显然,图 5-13(a)的小信号输出电阻为 r_o,而图 5-13(b)的小信号输出电阻为 $1/g_m$,两个电路的输出电阻相差巨大。

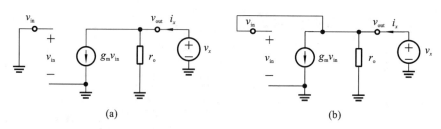

图 5-13　两个电路的小信号等效电路

在理解了图 5-12 两个电路的小信号输出电阻的区别之后,我们再次回到图 5-11。R_S 位于输入电压和放大器的栅极之间,而 C_{GD} 位于输出电压和放大器的栅极之间。如果 $R_S \ll 1/sC_{GD}$,则输入电压对栅极的影响更大,我们要参照图 5-12(a)的方法来计算输出电阻。同理,若 $R_S \gg 1/sC_{GD}$,则输出电压对栅源电压的影响更大,我们要参照图 5-12(b)的思路来计算输出电阻。

所以,我们之前计算得到的式(5-15) $\omega_{\text{out}} = \dfrac{1}{R_D(C_{DB} + C_{GD})}$,是输入信号源的内阻 R_S 很小的情况。如果 R_S 很大,式(5-15)的结果错误。我们基于图 5-14 来计算此时的输出阻抗。

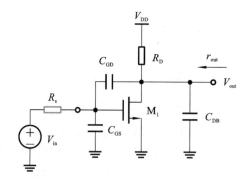

图 5-14　R_S 很大时计算共源极放大器的小信号输出电阻的等效电路

为了简化计算过程,我们先计算图 5-15(a)的小信号输出阻抗,再和 R_D,$1/sC_{DB}$ 并联。进一步绘制图 5-15(a)的小信号等效电路图如图 5-15(b)所示。MOS 管小信号输出电阻 r_o 留在最后直接并联。图 5-15(b)电路可以通过图 5-15(c)来直接观察得出最终的结论。C_{EQ} 为电容 C_{GS} 和 C_{GD} 的串联等效电容

$$C_{EQ} = \frac{C_{GS}\,C_{GD}}{C_{GS} + C_{GD}} \tag{5-17}$$

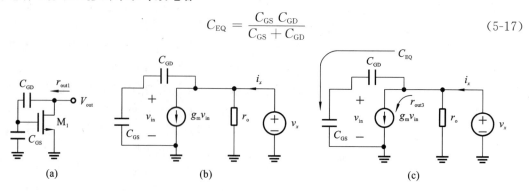

图 5-15　图 5-14 的简化计算电路

而 v_{in} 则是两个电容对 v_X 的分压值

$$v_{\text{in}} = \frac{C_{\text{GD}}}{C_{\text{GS}} + C_{\text{GD}}}\, v_X \tag{5-18}$$

从而,可得图中的 r_{out3} 为

$$r_{\text{out3}} = \frac{C_{\text{GS}} + C_{\text{GD}}}{C_{\text{GD}}}\,\frac{1}{g_{\text{m}}} \tag{5-19}$$

所以,最终的输出阻抗为

$$Z_{\text{out}} = R_{\text{D}} \parallel \frac{1}{s\,C_{\text{DB}}} \parallel \frac{1}{s\,C_{\text{EQ}}} \parallel \left(\frac{C_{\text{GS}} + C_{\text{GD}}}{C_{\text{GD}}}\,\frac{1}{g_{\text{m}}}\right) \parallel r_{\text{o}} \tag{5-20}$$

式 (5-20) 中,$r_{\text{o}} \gg \dfrac{C_{\text{GS}} + C_{\text{GD}}}{C_{\text{GD}}}\dfrac{1}{g_{\text{m}}}$,$R_{\text{D}} \gg \dfrac{C_{\text{GS}} + C_{\text{GD}}}{C_{\text{GD}}}\dfrac{1}{g_{\text{m}}}$,则忽略 r_{o} 和 R_{D},式 (5-20) 简化为

$Z_{\text{out}} = \dfrac{1}{s\,C_{\text{DB}}} \parallel \dfrac{1}{s\,C_{\text{EQ}}} \parallel \left(\dfrac{C_{\text{GS}} + C_{\text{GD}}}{C_{\text{GD}}}\dfrac{1}{g_{\text{m}}}\right)$,表明输出电阻为 $\dfrac{C_{\text{GS}} + C_{\text{GD}}}{C_{\text{GD}}}\dfrac{1}{g_{\text{m}}}$,输出电容是 $C_{\text{DB}} +$

$\dfrac{C_{\text{GS}}\,C_{\text{GD}}}{C_{\text{GS}} + C_{\text{GD}}}$。

从而,在 R_{s} 很大时,输出节电的极点频率为

$$\begin{aligned}
\omega_{\text{out}} &= \frac{1}{\left(\dfrac{C_{\text{GS}} + C_{\text{GD}}}{C_{\text{GD}}} \cdot \dfrac{1}{g_{\text{m}}}\right)\left(C_{\text{DB}} + \dfrac{C_{\text{GS}}\,C_{\text{GD}}}{C_{\text{GS}} + C_{\text{GD}}}\right)} \\
&= \frac{g_{\text{m}}\,C_{\text{GD}}}{C_{\text{GS}}\,C_{\text{GD}} + C_{\text{GS}}\,C_{\text{DB}} + C_{\text{GD}}\,C_{\text{DB}}}
\end{aligned} \tag{5-21}$$

既然用密勒等效的分析方法存在误差,那么我们来介绍一种严谨且没有误差的方法,即小信号等效电路法。

考虑了 MOS 管的寄生电容后,电阻负载共源极放大器的小信号等效电路如图 5-16 所示。我们基于该电路来分析电路的频率响应。此处,仅仅考虑对电路影响最显著的三个寄生电容 C_{GS},C_{GD} 和 C_{DB}。

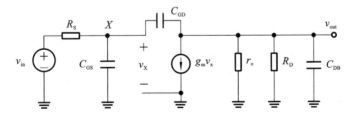

图 5-16　高频下的电阻负载共源极放大器小信号等效电路

根据节点电流定律,写出输入节点和输出节点的电流公式如下

$$\frac{v_X - v_{\text{in}}}{R_{\text{S}}} + v_X\,C_{\text{GS}}s + (v_X - v_{\text{out}})s\,C_{\text{GD}} = 0 \tag{5-22}$$

$$(v_{\text{out}} - v_X)s\,C_{\text{GS}} + g_{\text{m}}\,v_X + \frac{v_{\text{out}}}{R_{\text{D}}} + v_{\text{out}}\,C_{\text{BD}}s = 0 \tag{5-23}$$

联立上述两式,可得到输入到输出的传递函数

$$\frac{v_{\text{out}}}{v_{\text{in}}}(s) = \frac{(s\,C_{\text{GD}} - g_{\text{m}})R_{\text{D}}}{R_{\text{S}}\,R_{\text{D}}\xi s^2 + [R_{\text{S}}(1 + g_{\text{m}}\,R_{\text{D}})\,C_{\text{GD}} + R_{\text{S}}\,C_{\text{GS}} + R_{\text{D}}(C_{\text{GD}} + C_{\text{DB}})]s + 1} \tag{5-24}$$

式中:$\xi = C_{\text{GS}}\,C_{\text{GD}} + C_{\text{GS}}\,C_{\text{DB}} + C_{\text{GD}}\,C_{\text{DB}}$。式 (5-24) 的分母很复杂,但我们看出是二阶函数,即

该传递函数存在两个极点。系统存在两个极点频率，其中ω_{p1}为主极点（频率最低的极点），ω_{p2}为次主极点（即频率仅高于主极点的第二个极点）。假定两个极点频率相距较远，即$\omega_{p1} \ll \omega_{p2}$，则分母可以直观的表示为

$$\left(\frac{s}{\omega_{p1}} + 1\right)\left(\frac{s}{\omega_{p2}} + 1\right) = \frac{s^2}{\omega_{p1}\omega_{p2}} + \left(\frac{1}{\omega_{p1}} + \frac{1}{\omega_{p2}}\right)s + 1$$

$$\approx \frac{s^2}{\omega_{p1}\omega_{p2}} + \frac{s}{\omega_{p1}} + 1 \tag{5-25}$$

对比式(5-24)和式(5-25)，可求出主极点频率为

$$\omega_{p1} = \frac{1}{R_S(1 + g_m R_D)C_{GD} + R_S C_{GS} + R_D(C_{GD} + C_{DB})} \tag{5-26}$$

对比式(5-13)和式(5-26)发现，采用小信号等效电路计算出来的主极点频率的分母，比用密勒等效法计算出来的分母，多了$R_D(C_{GD} + C_{DB})$这一项。这是容易解释的，因为C_{GS}是工作在饱和区的MOS管中最大的寄生电容，从而$R_D(C_{GD} + C_{DB}) \ll R_S(1 + g_m R_D)C_{GD} + R_S C_{GS}$。从而式(5-26)和式(5-13)实现了统一。

次主极点的频率可以由式(5-25)和式(5-26)的s^2项系数求得

$$\omega_{p2} = \frac{R_S(1 + g_m R_D)C_{GD} + R_S C_{GS} + R_D(C_{GD} + C_{DB})}{R_S R_D(C_{GS} C_{GD} + C_{GS} C_{DB} + C_{GD} C_{DB})} \tag{5-27}$$

因为C_{GS}是所有寄生电容中最大的，式(5-27)中分子分母中仅保留带有C_{GS}的项，从而可以变换为

$$\omega_{p2} \approx \frac{R_S C_{GS}}{R_S R_D(C_{GS} C_{GD} + C_{GS} C_{DB})} \approx \frac{1}{R_D(C_{GD} + C_{DB})} \tag{5-28}$$

该频率与通过密勒等效计算出来的式(5-15)相同。然而，此处的分子忽略了$R_S(1 + g_m R_D)C_{GD}$。因为C_{GD}虽然不大，乘以$g_m R_D$后就不算小了，但R_S很小时才有式(5-15)。但总体而言，采用简单直观的密勒等效方法推导出来的两个极点频率，基本能反映出电路的频率特性。

如果式(5-27)中的$R_S \gg 1/s C_{GD}$，同时假定$C_{GD} \gg C_{GS}$，且$g_m R_D \gg 1$，则

$$\omega_{p2} = \frac{g_m C_{GD}}{C_{GS} C_{GD} + C_{GS} C_{DB} + C_{GD} C_{DB}} \tag{5-29}$$

式(5-29)和式(5-21)也实现了完美的统一。此处我们假定$C_{GD} \gg C_{GS}$，并不是说MOS管本身的两个寄生电阻存在这样的关系，而是C_{GD}两端之间可以额外并联较大的电容。这个电容的作用将在7.6和8.4节进一步学习。

对式(5-24)传递函数进行分析，发现采用小信号等效电路法计算出来的传递函数，比用密勒等效法多了一个零点。这在介绍密勒等效时就已经提到，因为存在一个电容反馈通路（也称为前馈通道），还存在一个通过MOS管的主要放大通路，即信号从输入到输出有两条通道。可能在某个频率下，流过前馈通道电容的电流正好等于流过MOS管的电流，从而输出节点与地之间的电流为零，此时输出电压为零，即传递函数中必然存在一个零点。

根据刚才的分析思路，这里介绍另外一种简单的方法，直接求出使用密勒等效法漏掉的零点。

当$s = s_Z$时，传递函数$\frac{v_{out}}{v_{in}}(s)$必须下降为零。对于有限的输入电压$v_{in}$，这意味着此时的输出电压$v_{out}(s_Z) = 0$。即在这个频率下，输出相当于对地短路，绘制等效电路如图5-17

(a)所示。这个电路图既有大信号，也有小信号，严格来说，画小信号等效电路时，V_{DD} 应该接地。此处这样画等效电路，也是便于读者直接在大信号电路中看小信号的响应情况。严格的小信号等效电路图如图 5-17(b)所示。

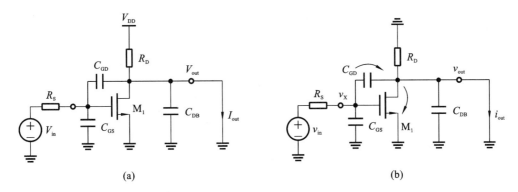

图 5-17　共源极放大器零点计算等效电路

R_D 和 C_{DB} 上没有电流。设栅极电压为 v_X，因此流过 C_{GD} 和 M_1 两条支路的电流必须大小相等而且方向相反，即

$$v_X C_{GD} s_Z = g_m v_X \tag{5-30}$$

从而 $s_Z = g_m / C_{GD}$，与精确法计算出来的式(5-24)的零点频率相同。

更一般的情况是，如果主放大器的输入和输出之间还并联了一个前馈(非反馈)通道，则存在零点。共源极放大器中，C_{GD} 为放大器提供一个前馈通道，当该通道的小信号电流和 M_1 的小信号电流相同时，则没有电流从输出节点流出，即输出节点电压为零。

放大器的频率特性中，除了关心小信号增益，小信号输出阻抗之外，还要关心小信号输入阻抗。图 5-18(a)中，直接通过密勒等效的方法，计算共源极放大器的小信号输入阻抗。输入阻抗有两个电容：一个为 C_{GS}，另外一个为 C_{GD} 密勒等效到输入节点的电容。所以，输入阻抗为

$$Z_{in} = \frac{1}{[C_{GS} + (1 + g_m R_D)C_{GD}]s} \tag{5-31}$$

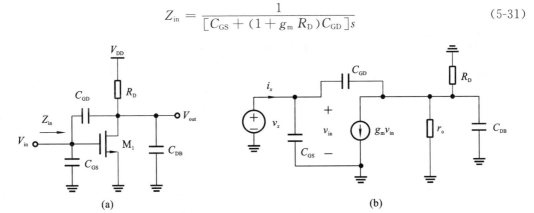

图 5-18　共源极放大器小信号输入阻抗及小信号等效电路

基于图 5-18(b)，用小信号等效电路法来分析共源极放大器的小信号输入阻抗。放大器输出节点的电阻和电容是并联关系，作为一个整体来考虑，如图 5-19 所示的虚线框。C_{DB} 相对较小，r_o 相对较大，此处都可忽略，从而，虚线框内的电路总的等效阻抗近似为 R_D。得到如

下公式

$$\begin{cases} i_x = i_1 + i_2 \\ i_2 = v_x \cdot C_{GS} s \\ i_1 = g_m v_x + i_3 \\ v_x = i_1 \cdot C_{GD} s + i_3 R_D \end{cases} \tag{5-32}$$

求解可得

$$Z_{in} = \frac{v_x}{i_x} = \frac{1}{[C_{GS} + (1 + g_m R_D) C_{GD}] s} \tag{5-33}$$

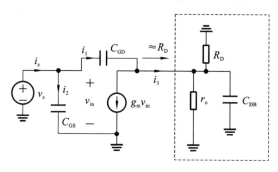

图 5-19 共源极放大器小信号输入阻抗及小信号等效电路减小分析电路图

显然,在忽略 C_{DB} 和 r_o 之后,实际计算得到的小信号输入阻抗与密勒等效法计算得到的小信号输入阻抗完全一致。

从本节可知,采用密勒等效法,结合极点和节点的对应性,可以方便快捷的完成电路的小信号增益、小信号输入阻抗、小信号输出阻抗的频率响应分析。该方法的问题是会漏掉零点,但我们可以直接快速计算零点频率,补充到采用密勒等效得到的结论中。总体而言,密勒等效方法是做电路频率响应分析最有用最快捷的方法。

5.2.2 仿真实验

共源极放大器的
频率响应-案例

在本例中,我们仿真共源极放大器的频率特性。为了模拟更加实际的电路工作情况,在放大器的输入处增加串联的电阻 R_S,可取值 100 Ω;放大器的负载为 5 pF 的电容。仿真电路和波形如图 5-20 所示,零极点分布如图 5-21 所示。结果显示,本电路有两个左半平面极点,一个右半平面零点。

5.2.3 互动与思考

读者可以调整 R_S、R_D、C_L、M_1 宽长比,观察放大器频率响应的变化。特别的,本例中输入端的密勒等效电容非常可观,则输入节点有可能成为系统的主极点,而输出节点变成变成系统的次主极点。如果负载电容很大,则输出节点有可能变成主极点。

请读者思考:

(1)仿真结果有几个极点和几个零点?如何在波特图中快速查看零点和极点?为了便于观察,需要扫描尽可能大的频率范围。

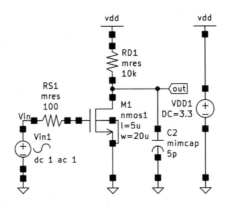

AC Analysis'acrun1':freq=(1 Hz- > 50 THz)

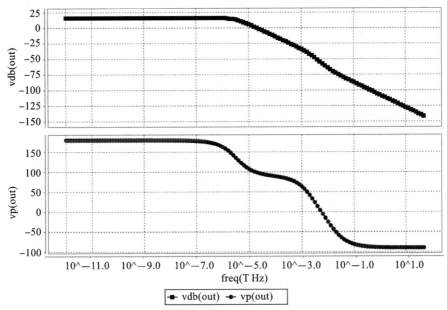

图 5-20　共源极放大器的交流小信号仿真电路图和波形图

	Poles (Hz)		
	Real	Imaginary	Qfactor
1	−3.21790e+06	0.00000e+00	5.00000e−01
2	−2.51184e+09	0.00000e+00	5.00000e−01
	Zeros (Hz)		
	at V(out,0)/Vin1		
	Real	Imaginary	Qfactor
1	1.22206e+10	0.00000e+00	−5.00000e−01

Constant factor =2.67468e+07
DC gain =6.43605e+00

图 5-21　共源极放大器的零极点分布图

(2)采用密勒等效方法分析出来的频率特性,与实际情况有多大的误差? 通常观察频率响应时代表频率的横轴用的是对数坐标,分析结果和仿真结果的差异是数量级的吗?

(3)仿真出的零点,与手工推导的零点频率有多大误差?

(4)分析中提到了 C_{GD} 很大的情况,存在 C_{GD} 比C_{GS} 大的情况吗?

◀ 5.3 源极跟随器的频率响应 ▶

5.3.1 特性描述

源极跟随器的
频率响应-视频

图 5-22 是考虑了电容的源极跟随器电路,包括了 C_{GS} 和 C_{GD},其他较小的寄生电容此处忽略。为了快速了解电路的主要特性,我们在分析频率响应时,忽略 MOS 管的沟长调制效应和衬底偏置效应。简化的小信号等效电路如图 5-23 所示。

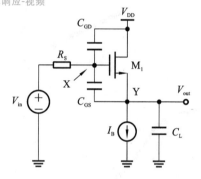

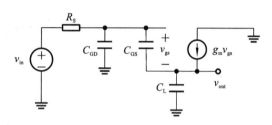

图 5-22 考虑电容的源极跟随器   图 5-23 考虑电容的源极跟随器小信号等效电路

$$\begin{cases} v_{gs} \cdot s\,C_{GS} + g_m\,v_{gs} = v_{out} \cdot s\,C_L \\ v_{in} = R_S[v_{gs} \cdot s\,C_{GS} + (v_{gs} + v_{out}) \cdot s\,C_{GD}] + v_{gs} + v_{out} \end{cases} \tag{5-34}$$

计算出输入和输出之间的关系式

$$A_V = \frac{v_{out}}{v_{in}} = \frac{g_m + s\,C_{GS}}{s^2\,R_S \cdot (C_L\,C_{GD} + C_{GD}\,C_{GS} + C_{GS}\,C_L) + s(g_m\,R_S\,C_{GD} + C_L + C_{GS}) + g_m} \tag{5-35}$$

增益表达式中的分子存在 s,这说明该电路存在一个负零点,即位于左半平面的零点(LHZ)

$$s_Z = -\frac{g_m}{C_{GS}} \tag{5-36}$$

回到式(5-35),增益表达式的分母包括了 s 的二次方,说明传递函数有两个极点。利用本书 5.2 节相同的方法,假定 $|\omega_{P1}| \ll |\omega_{P2}|$,则主极点为

$$\omega_{P1} = \frac{g_m}{g_m\,R_S\,C_{GD} + C_L + C_{GS}} = \frac{1}{R_S\,C_{GD} + \dfrac{C_L + C_{GS}}{g_m}} \tag{5-37}$$

次主极点的计算此处略去。

完成了源极跟随器的增益分析之后,我们来看输入阻抗。为了简化计算过程,此处忽略

掉 MOS 管的沟长调制效应和衬底偏置效应。绘制小信号等效电路图 5-24 来计算输入阻抗。其中 C_{GD} 位于输入节点和地之间,我们计算输入阻抗时可以先不管,最后再并联 $1/sC_{GD}$ 即可。从而根据 KVL 有

$$v_x = \frac{i_x}{sC_{GS}} + \left(i_x + \frac{i_x}{sC_{GS}} \cdot g_m\right)\frac{1}{sC_L} \tag{5-38}$$

得到

$$Z_{in} = \frac{1}{sC_{GD}} \parallel \frac{v_x}{i_x} = \frac{1}{sC_{GD}} \parallel \left[\frac{1}{sC_{GS}} + \frac{1}{sC_L} + \frac{g_m}{s^2 C_L C_{GS}}\right] \tag{5-39}$$

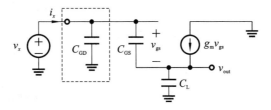

图 5-24　计算输入阻抗的源极跟随器小信号等效电路

根据(5-39)表达式,可以将输入阻抗等效为如图 5-25 所示的器件连接方式。其中,$g_m/(C_{GS}C_L s^2)$ 表示的是一个与频率有关的负电阻,阻值为 $g_m/(C_{GS}C_L \omega^2)$。有趣的是,这里出现了一个等效的"负电阻",负电阻有很多用途,例如构成振荡器电路。

本节最后来分析一下源极跟随器的小信号输出阻抗。为了计算源极跟随器高频下的输出阻抗,绘制图 5-26 的小信号等效电路,图中,我们忽略了沟长调制效应和衬底偏置效应,某些太小的电容,例如 C_{GB}、C_{SB} 等也忽略了。求得源极跟随器的输出阻抗为

$$Z_{out} = \frac{v_x}{i_x} = \frac{sR_S(C_{GS}+C_{GD})+1}{s^2 R_S C_{GS} C_{GD} + s(R_S C_{GD} + C_{GS}) + g_m} \tag{5-40}$$

式中,假定 $C_{GS} \gg C_{GD}$,则

$$Z_{out} = \frac{v_x}{i_x} = \frac{sR_S C_{GS}+1}{g_m + sC_{GS}} \tag{5-41}$$

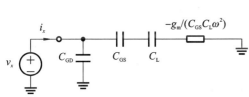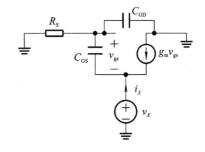

图 5-25　源极跟随器总的输入阻抗　　　图 5-26　计算源极跟随器输出阻抗等效电路图

分析两种特殊情况下的输出阻抗特性:

(1)当信号频率较低时

$$Z_{out} \approx \frac{1}{g_m} \tag{5-42}$$

(2)当信号频率较高时

$$Z_{out} \approx R_S \tag{5-43}$$

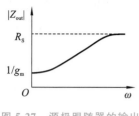

图 5-27　源极跟随器的输出
阻抗示意图

由于该电路通常的用途是缓冲器,即前一级信号的输出阻抗均较大,从而一般都有 $\frac{1}{g_m} < R_s$。因此,源极跟随器的输出阻抗一般显现出图 5-27 所示的特性,即随着频率的增加,源极跟随器的输出阻抗增加。

因为电感也随着频率的增加其阻抗是增加的,所以源极跟随器的输出阻抗表现出类似电感的特性。然而,这并未给出表现出电感特性的频率区间。仿真结果显示,只在较窄的频率范围内,输出阻抗具有电感特性,其他频率范围内则不是电感特性。另外,实际仿真中,当频率很高时出现了输出阻抗的下降现象,最后甚至会接近 0。原因是,我们在分析交流通路时做过一个假设,即忽略了图 5-7 中的 C_{GD}。由于 C_{GD} 的存在,导致出现了一个从漏极到源极的交流通路,在频率很高时体现很低的阻抗,而且由于该支路与 R_s 并联,输出阻抗会下降。实际上即便 C_{GD} 不考虑,仍然有可能通过 C_{DB} 和 C_{SB} 形成从漏极到源极的交流通路。

如果输出具有电感特性的源极跟随器驱动一个容性负载,在输入阶跃信号下,将出现"衰减振荡"的输出电压。

5.3.2　仿真实验

源极跟随器的
频率响应-案例

本例将要仿真源极跟随器在不同频率下的输出阻抗。本例还将仿真源极跟随器的阶跃响应,如果输出出现"衰减振荡"现象,则表明源极跟随器具有感性输出阻抗特性。仿真电路图如图 5-28 所示,仿真波形如图 5-29 所示。仿真结果显示,在 100 MHz 频率下,电路的输出阻抗会明显增加,达到最大值,从而导致了输出电压的振铃现象。

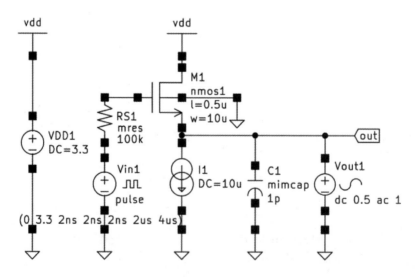

图 5-28　源极跟随器的输出阻抗和阶跃响应仿真电路图

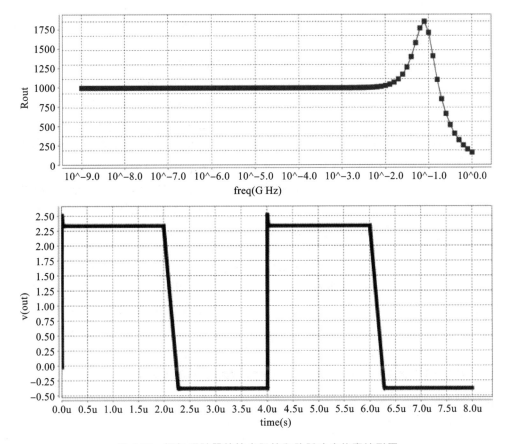

图 5-29 源极跟随器的输出阻抗和阶跃响应仿真波形图

5.3.3 互动与思考

读者可调整 R_s、I_{ss}、C_L、W、L，观察输出阶跃波形的振荡特性。特别地，读者可通过调整 C_L 和 R_s 来观察衰减速度快慢。

请读者思考：

（1）实际仿真和手工分析差的比较远，手工分析的意义体现在哪里？手工分析产生误差的主要来源是什么？

（2）源极跟随器对外表现出与电感类似的频率特性，我们应该如何避免，或是如何利用？

◀ 5.4 共栅级放大器的频率效应 ▶

5.4.1 特性描述

在共源极放大器、源极跟随器和共栅级放大器中，共栅级放大器的频率特性是最简单的。原因是，MOS管的源和漏之间几乎没有寄生电容，从而共栅

共栅级放大器的
频率效应-视频

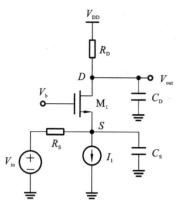

图 5-30　包括电容的共栅级放大器

级放大器不存在跨接在输入和输出之间的电容,也就没有所谓的"密勒效应"。

做共栅级放大器的频率分析时,我们将所有与 MOS 管漏极有关的电容归总到 C_D 中,将所有与 MOS 管源极有关的电容归总到 C_S 中,绘制如图 5-30 所示的电路图。同时考虑输入电压信号的内阻 R_S,图中本来还有实现交流信号耦合的电容 C_1,但我们在电路分析时去掉电容 C_1 可以减少一个节点,从而减小电路的分析难度。图中 S 节点处总的电阻包括向左看的电阻 R_S,以及向上看的电阻 $1/(g_m + g_{mb})$,S 节点处总的电容只有 C_S。从而 S 节点的极点频率为

$$\omega_S = \frac{1}{C_S \cdot [R_S \parallel 1/(g_m + g_{mb})]} \tag{5-44}$$

图 5-30 中 D 节点处总的电阻包括向上看的电阻 R_D,以及向下看的电阻 $g_m r_O R_S$(远大于 R_D,可以忽略 $g_m r_O R_S$),D 节点出总的电容只有 C_D。从而 D 节点的极点频率为

$$\omega_D = \frac{1}{R_D C_D} \tag{5-45}$$

由本书 2.13 节式(2-88)得到的 R_S 很大时共栅极放大器低频增益为 $A_V \approx \dfrac{R_D}{R_S}$,可以得到共栅级放大器的电压增益的频率响应

$$A_V \approx \frac{R_D / R_S}{(1 + s/\omega_S)(1 + s/\omega_D)} \tag{5-46}$$

此处的计算,如果考虑沟长调制效应,则在输入和输出之间有引入另外一条通路(电阻 r_O),这显然增加了计算难度。重新绘制图 5-31。首先,我们想到的是密勒等效,将 r_O 等效到 S 节点和 D 节点,再利用极点和节点对应的方法直接写出传递函数。显然,在图 5-31 中,做密勒等效时,应该使用 S 点到 D 点的增益,而不是 V_{in} 到 V_{out} 的增益。由本书 2.13 节的增益表达式

$$A_V = \frac{1 + (g_m + g_{mb}) r_O}{R_D + R_S + r_O + (g_m + g_{mb}) r_O R_S} R_D \tag{5-47}$$

计算 S 点到 D 点的增益,需要令 $R_S = 0, R_D \ll r_O$。则增益简化为

$$A_{V,SD} = \frac{1 + (g_m + g_{mb}) r_O}{R_D + r_O} R_D \approx (g_m + g_{mb}) R_D \tag{5-48}$$

图 5-31　考虑了沟长调制效应
的共栅级放大器

依据密勒等效的原理,则输入点 S 的总电阻为密勒等效电阻与 MOS 管源极看进去的电阻的并联

$$r_{IN} = \frac{r_O}{(1 - A)} \parallel \frac{1}{g_m + g_{mb}} = \frac{-r_O / R_D}{g_m + g_{mb}} \parallel \frac{1}{g_m + g_{mb}} = \frac{\dfrac{r_O}{r_O - R_D}}{g_m + g_{mb}} \approx \frac{1}{g_m + g_{mb}} \tag{5-49}$$

$$r_{\mathrm{OUT}} = \frac{r_{\mathrm{O}}}{\left(1 - \dfrac{1}{A}\right)} \parallel R_{\mathrm{D}} \approx r_{\mathrm{O}} \parallel R_{\mathrm{D}} \tag{5-50}$$

式(5-49)和式(5-50)与式(5-44)和式(5-45)是统一的。

但刚才密勒等效法并不严谨。因为假定 $R_{\mathrm{D}} \ll r_{\mathrm{O}}$，从而 r_{O} 形成的从输入到输出的第二条通路就不存在了。因此，如果用密勒等效法，我们不能假定 $R_{\mathrm{D}} \ll r_{\mathrm{O}}$。

我们基于 $A_{\mathrm{V,SD}} = \dfrac{1 + (g_{\mathrm{m}} + g_{\mathrm{mb}})r_{\mathrm{O}}}{R_{\mathrm{D}} + r_{\mathrm{O}}} R_{\mathrm{D}}$ 来做密勒等效

$$r_{\mathrm{IN}} = \frac{r_{\mathrm{O}}}{(1 - A)} \parallel \frac{1}{g_{\mathrm{m}} + g_{\mathrm{mb}}} \approx \frac{(R_{\mathrm{D}} + r_{\mathrm{O}})/r_{\mathrm{O}}}{g_{\mathrm{m}} + g_{\mathrm{mb}}} \tag{5-51}$$

$$r_{\mathrm{OUT}} = \frac{r_{\mathrm{O}}}{\left(1 - \dfrac{1}{A}\right)} \parallel R_{\mathrm{D}} \approx r_{\mathrm{O}} \parallel R_{\mathrm{D}} \tag{5-52}$$

特别地，如果我们将图 5-31 中的负载电阻 R_{D} 换成一个理想电流源，则 $R_{\mathrm{D}} \gg r_{\mathrm{O}}$，则 S 点到 D 点的增益简化为

$$A_{\mathrm{V,SD}} = \frac{1 + (g_{\mathrm{m}} + g_{\mathrm{mb}})r_{\mathrm{O}}}{R_{\mathrm{D}} + r_{\mathrm{O}}} R_{\mathrm{D}} \approx 1 + (g_{\mathrm{m}} + g_{\mathrm{mb}})r_{\mathrm{O}}$$

依据密勒等效的原理，则输入点 S 的总电阻为密勒等效电阻与 MOS 管源极看进去的电阻的并联

$$r_{\mathrm{IN}} = \frac{r_{\mathrm{O}}}{(1 - A)} \parallel \frac{1}{g_{\mathrm{m}} + g_{\mathrm{mb}}} = \frac{-1}{g_{\mathrm{m}} + g_{\mathrm{mb}}} \parallel \frac{1}{g_{\mathrm{m}} + g_{\mathrm{mb}}} = \infty \tag{5-53}$$

这个结论好像颠覆了我们的认识。因为之前的学习中，我们说从 MOS 管的源极看进去是很小的电阻。其实，这里很容易理解。如图 5-32 所示，D 节点除有电容 C_{D} 到地之外，就没有其他到地的低阻通道了。从而，图中标识的 r_{IN} 就是无穷大的。注意，只是说 r_{IN} 无穷大，并不是说 Z_{IN} 也是无穷大，因为 D 节点通过 C_{D} 接到 GND。

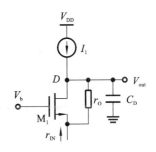

所以，如果要计算真正的输入阻抗和输出阻抗，不能把电阻和电容分开来计算。另外，栅极电阻也会影响该电路的频率特性。这些更细致的分析，留给想深入钻研的同学。

图 5-32　负载为理想电流源的
共栅级放大器

5.4.2　仿真实验

本例将要仿真共栅级放大器电压增益的频率特性。仿真电路图如图 5-33 所示，仿真波形如图 5-34 所示。仿真结果显示，本电路有两个极点，显然应该对应于输出节点和输入节点。

共栅级放大器的
频率效应-案例

5.4.3　互动与思考

读者可调整 C_{S} 和 C_{D}，通过观察波特图来确定本电路中的主极点和次主极点位置。观察输出阶跃波形的振荡特性。特别，读者可通过调整 C_{L} 和 R_{S} 来观察衰减速度快慢。

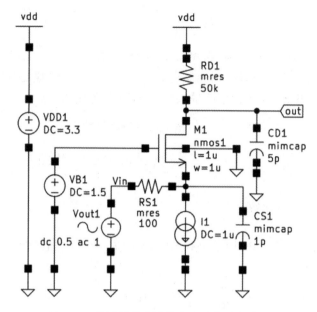

图 5-33　共栅级放大器频率响应仿真电路图

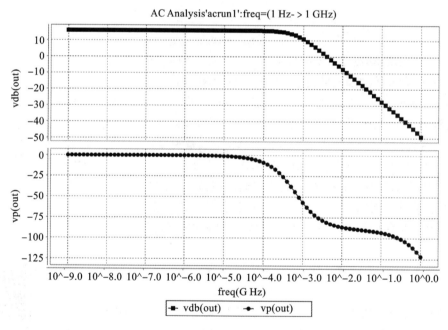

图 5-34　共栅级放大器频率响应仿真波形图

请读者思考：

（1）本电路是否有零点？请用仿真验证你的想法。

（2）本节电路分析中，我们时而假定 $R_D \ll r_O$，时而假定 $R_D \gg r_O$。请读者在仿真中，通过设置不同的电路参数和电路结构，来验证这两种情况。

◀ 5.5 共源共栅级放大器的密勒效应 ▶

5.5.1 特性描述

5.2 节的电路中,跨接在共源极放大器输入和输出之间的 C_{GD},会在乘以放大器的增益倍数后,贡献到输入节点,从而大大降低输入节点的极点频率。所以,从频率响应角度来看,我们希望电路有尽可能大的带宽,从而我们认为密勒效应会减小电路带宽。

共源共栅级
放大器的密勒
效应-视频

本小节我们来分析共源共栅极中的密勒效应对电路带来的影响。在图 5-35(a)所示的电阻负载共源共栅放大器中,M_1 的 C_{GD} 跨接在输入和 X 节点之间。因此,计算该电容的密勒等效时应该乘以从输入到 X 节点的增益 A_1。为了和共源极放大器做对照,图 5-35(b)画出了共源极放大器。

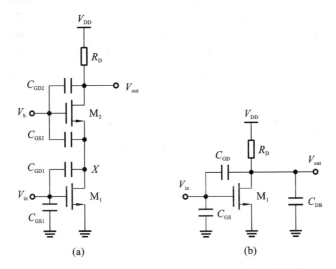

图 5-35　电阻负载的共源共栅极放大器和共源放大器

忽略 M_1 的沟长调制效应,以及 M_2 的衬底偏置效应,则 X 点的等效输出阻抗为

$$r_X = r_{o1} \parallel \frac{1}{g_{m2} + g_{mb2}} \approx \frac{1}{g_{m2}} \tag{5-54}$$

则

$$A_1 = -g_{m1} \frac{1}{g_{m2}} \tag{5-55}$$

若 M_1 和 M_2 器件尺寸相同,因为两者电流相同,则式(5-55)化简为 $A_1 \approx -1$。从而,输入端的等效密勒电容为

$$C_{in} = (1 - A_1) C_{GD} \approx 2 C_{GD} \tag{5-56}$$

显然,这是一个比单纯的共源极放大器小得多的等效电容值。共源共栅级电路中,输入到 X 节点存在密勒电容,但很小。一个很有意义的结论是:相对于共源极而言,共源共栅极

的密勒电容较小,更有利于电路工作在较高频率下。

5.5.2 仿真实验

共源共栅级
放大器的密勒
效应-案例

　　本例将仿真共源共栅极的交流特性。仿真电路图如图 5-36 所示。仿真中,重点观察输入节点的极点频率。为便于比较,通过设定较大的输入信号源电阻和较小的负载电容,将主极点设置在输入节点。如图 5-37 所示,结果显示:两个电路的增益几乎相同,但共源极放大器的主极点频率更高,比共源共栅极放大器的主极点频率高一个数量级。

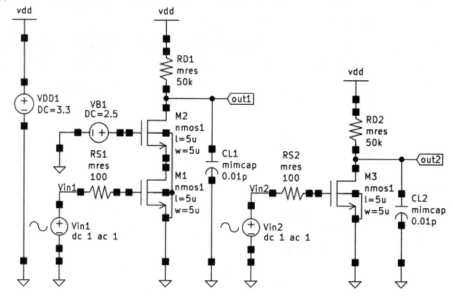

图 5-36　共源共栅放大器 AC 特性仿真电路图

5.5.3 互动与思考

　　请读者改变 M_1 和 M_2 尺寸、信号源内阻 R_S、负载电阻和负载电容等,观察输入节点的极点频率变化情况。

　　请读者思考:

　　(1)有人说共源共栅极电路的确提高了放大器输入节点的极点频率,但由于共源共栅极电路的输出电阻大大提高,大幅降低了输出节点的极点频率,而且通常输出节点为系统的主极点,从而使用共源共栅极电路来提高电路工作频率毫无意义。请解释上述说法是否有道理。

　　(2)有人说做密勒等效时,应该关注从输入到输出节点的电容,而本例关注的是输入到 X 节点的电容。请解释该说法的漏洞在哪里?

　　(3)共栅极的那个 MOS 管 M_2,是否存在跨接在输入和输出端的电容?为什么?

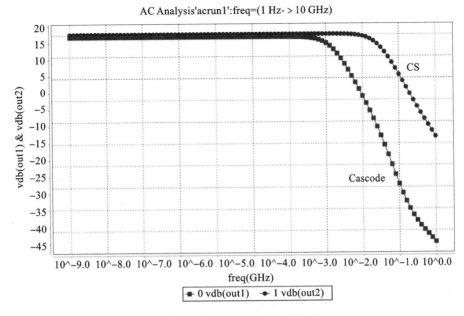

AC Analysis'acrun1':freq=(1 Hz- > 10 GHz)

图 5-37　共源共栅放大器 AC 特性仿真波形图

◀ 5.6　共源共栅放大器的频率响应 ▶

5.6.1　特性描述

图 5-38 所示的共源共栅放大器中，绘制了 MOS 管所有的寄生电容（忽略了小寄生电容 C_{GB}）。与之前分析共源极放大器一样，输入端要考虑前一级输入电压信号的内阻 R_S。

共源共栅放大器
的频率响应-视频

信号从输入到输出，依次经过三个节点 A、X 和 B，则贡献三个极点。A 点关联的极点频率为

$$\omega_{P,A} = \frac{1}{R_S[C_{GS1} + (1 - A_1)C_{GD1}]} \approx \frac{1}{R_S(C_{GS1} + 2C_{GD1})} \tag{5-57}$$

式中，A_1 为 A 点到 X 点的小信号增益，前一节分析得知该值大约为 -1。

C_{GD1} 在 X 点的密勒等效电容为

$$C_{X,Miller} = \left(1 - \frac{1}{A_1}\right)C_{GD1} \approx 2C_{GD1} \tag{5-58}$$

忽略 M_1 和 M_2 的沟长调制效应，从而 X 点关联的极点频率为

$$\omega_{P,X} = \frac{g_{m2} + g_{mb2}}{2C_{GD1} + C_{DB1} + C_{SB2} + C_{GS2}} \tag{5-59}$$

输出节点 B 关联的极点频率为

$$\omega_{P,B} = \frac{1}{R_D(C_{GD2} + C_{DB2} + C_L)} \tag{5-60}$$

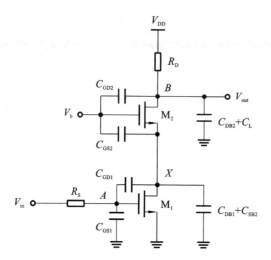

图 5-38　含有寄生电容的共源共栅放大器

从而,完整的增益表达式为

$$A_V(s) = \frac{-g_{m1}\left[R_D \parallel (g_{m2}\, r_{o2} r_{o1})\right]}{\left(1+\dfrac{s}{\omega_{P,A}}\right)\left(1+\dfrac{s}{\omega_{P,X}}\right)\left(1+\dfrac{s}{\omega_{P,B}}\right)} \tag{5-61}$$

式(5-61)表示,共源共栅级放大器,具有三个左半平面的极点。从而,在高频处,总的相移将达到 270°。

该电路会产生零点吗? 让我们来对比共源极放大器分析共栅级放大器的三条通路情况。图 5-39(a)所示的为共源极放大器,输出节点有两条电流通路

$$s_Z\, C_{GD} v_{in} - g_m v_{in} = 0 \tag{5-62}$$

从而得到共源极的零点频率为 $s_Z = g_m / C_{GD}$。

图 5-39(b)所示的为共栅极放大器,输出节点有三条电流通路

$$-g_m v_{in} - \frac{v_{in}}{r_O} - g_{mb} v_{in} = 0 \tag{5-63}$$

显然,式(5-63)无法成立,即该电路的输出电压 v_{out} 无法为 0,从而该电路不可能有零点。

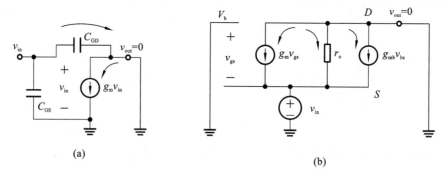

图 5-39　共源和共栅电路的零点情况比较

再次强调,共源共栅级电路的输入信号到输出信号之间虽然有两个信号通道,但不会产生零点。

5.6.2 仿真实验

本例中,我们仿真共源共栅放大器的频率特性。为了模拟更加实际的电路工作情况,在放大器的输入处增加串联的电阻 R_s,可取值 100 Ω;放大器的负载为 5 pF 电容。仿真电路图如图 5-40 所示,仿真波形如图 5-41 所示。结果显示,在关心的频率范围内,电路有两个左半平面极点。

共源共栅放大器
的频率响应-案例

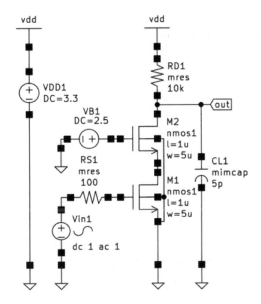

图 5-40　共源共栅电路的频率特性仿真电路图

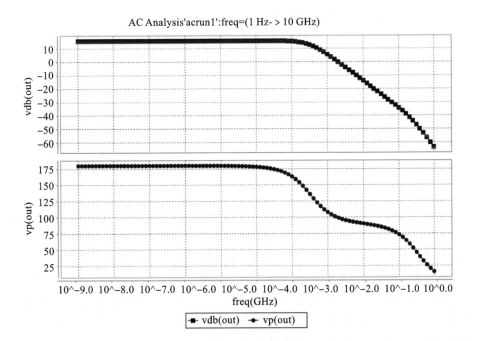

图 5-41　共源共栅电路的频率特性仿真波形图

5.6.3　互动与思考

读者可以改变电路中 R_S、C_L，以及其他各器件的参数，观察三个极点的相对位置。

请读者思考：

（1）主极点位于电路中的何处？如何确定？

（2）该电路只有三个左半平面极点吗？是否还有其他零点或者极点？提示：如果只有三个左半平面极点，则总的相移将是 $270°$。

（3）如何提高共源共栅放大器的带宽？

（4）X 点到输出节点之间的电容是 $C_{GD2} \parallel C_{GS2}$ 吗？

◀   5.7   全差分放大器的频率特性   ▶

5.7.1　特性描述

全差分放大器
的频率特性-视频

分析图 5-42(a)中的基本差分对电路的频率特性比较简单，可以画出图 5-42(b)所示的半边等效电路，图中加入了相关的寄生电容。可见，对于差模增益信号的频率响应，与共源极放大器没有差别，表现出 C_{GD} 的密勒乘积项。最终，电路表现出两个极点、一个零点的频率特性。具体传递函数参考 5.2 节，此处略去。

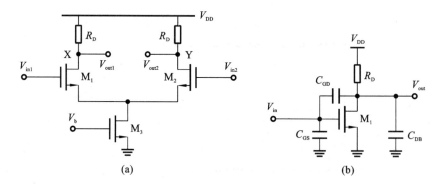

图 5-42　差动对电路的差模增益频率响应

除了差模增益，差分放大器还有共模增益。图 5-43 中，输入信号接共模电压，同时考虑信号源的内阻 R_S。图中，直接将尾电流画成了尾电流的小信号输出电阻 R_{ss}。为了分析频率特性，需考虑所有寄生电容。与之前的分析一样，需要把 C_{GD} 做密勒等效。此处，直接给出最后的等效电容：输出节点所有电容等效到 C_L 中，输入节点的所有电容等效到 C_{IN} 中，而 P 点所有电容等效到 C_P 中。在分析低频特性时并未考虑信号源内阻，此处分析频率特性时也可以忽略，从而 C_{IN} 也可以忽略。如果要考虑，差异就是在输入节点引入一个左半平面极点。因为共模增益相对很小，所以此处的密勒电容也很小。

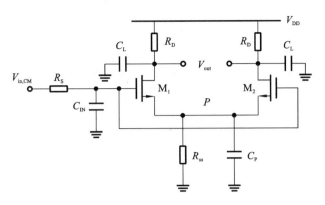

图 5-43 差动对电路的共模增益频率响应

由本书 3.5 节,当电阻失配时的共模增益为

$$A_{\mathrm{CM-DM}} = \frac{-g_{\mathrm{m}} \Delta R_{\mathrm{D}}}{1 + 2 g_{\mathrm{m}} R_{\mathrm{ss}}} \tag{5-64}$$

式(5-64)中将 R_{ss} 替换为 $R_{\mathrm{ss}} \parallel \dfrac{1}{s C_{\mathrm{P}}}$,即可得到共模增益的频率响应

$$A_{\mathrm{CM-DM}} = \frac{-g_{\mathrm{m}} \Delta R_{\mathrm{D}}}{1 + 2 g_{\mathrm{m}} \left(R_{\mathrm{ss}} \parallel \dfrac{1}{s C_{\mathrm{P}}} \right)} \tag{5-65}$$

注意,式(5-65)中的 ΔR_{D} 是指差分对负载电阻的差值,与这里是否存在负载电容 C_{L} 并无关系。

由本书 3.5 节,当输入 MOS 对失配时的共模增益为

$$A_{\mathrm{CM-DM}} = \frac{-\Delta g_{\mathrm{m}} R_{\mathrm{D}}}{1 + 2 g_{\mathrm{m}} R_{\mathrm{ss}}} \tag{5-66}$$

将 R_{D} 替换为 $R_{\mathrm{D}} \parallel \dfrac{1}{s C_{\mathrm{L}}}$,$R_{\mathrm{ss}}$ 替换为 $R_{\mathrm{ss}} \parallel \dfrac{1}{s C_{\mathrm{P}}}$,可得共模增益的频率响应为

$$A_{\mathrm{CM-DM}} = \frac{-\Delta g_{\mathrm{m}} \left(R_{\mathrm{D}} \parallel \dfrac{1}{s C_{\mathrm{L}}} \right)}{1 + 2 g_{\mathrm{m}} \left(R_{\mathrm{ss}} \parallel \dfrac{1}{s C_{\mathrm{P}}} \right)} \tag{5-67}$$

在分析放大器的共模增益低频特性时,我们就知道:尾电流输出阻抗越大,共模增益越小;差分对越对称,共模增益越小。所以,我们从式(5-65)和式(5-67)可知,在高频处,共模增益必定恶化。因为尾电流的输出阻抗 $R_{\mathrm{ss}} \parallel \dfrac{1}{s C_{\mathrm{P}}}$ 在高频时会变小。

减小低频下的共模增益的方法包括让电路尽可能对称,使用尽可能理想的尾电流。如何减小高频下的共模增益?在减小低频增益的方法基础上,还需要减小公共节点 P 的寄生电容。此处的电容包括与输入 MOS 管对源极相关的寄生电容,以及与 M_3 的漏极相关的寄生电容。图 5-44 画出了 P 点相关的寄生电容。

这些电容中,输入差分对管的寄生电容基本上无法减小,因为这会减小差分对管的尺寸,从而减小跨导,降低放大器的差模增益。然而,从版图角度可以优化差分对管对 P 点的电容贡献。如图 5-45 所示,给出了差分对管的两种版图布局方式。(a)图中,将两个输入 MOS 管单独做,然后将两个源极 S_1 和 S_2 连在一起,即为 P 点。(b)图中,两个输入 MOS 管

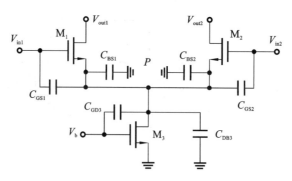

图 5-44　差动对电路的公共节点 P 处的寄生电容

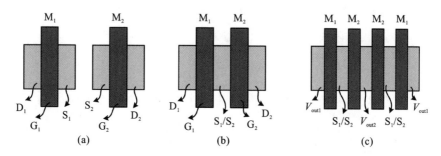

图 5-45　差动对电路的版图布局方式

共用同一个源极。从而，相对于(a)的布局方案而言，(b)中由 M_1 和 M_2 的源极产生的相关寄生电容，会小大约一半。如果需要更好的对称性，可以采用(c)的对称布局。这里，可以利用 MOS 管并联的原理，将一个 $2W/L$ 的 MOS 管，拆成两个 W/L 的 MOS 管。从而，两个 M_1 和两个 M_2 按图(c)方式布局，在尽可能保证差分对管对称的情况下，还可以减小 P 点寄生电容。如果差分对管的 W/L 比较大，还可以拆分成更多的偶数个 MOS 管。3.5 节给出了这样的版图实例。

除了 M_1 和 M_2 对 P 点贡献电容之外，M_3 也会贡献电容。减小 M_3 的尺寸，就能减小 M_3 对 P 点贡献的电容。由 MOS 管的饱和区电流公式

$$I_D = \frac{1}{2} \mu_n C_{ox} \frac{W}{L} V_{OD}^2 \tag{5-68}$$

为了能提供一定的尾电流，如果减小 $\dfrac{W}{L}$，则意味着需要更大的过驱动电压。在差分放大器中，尾电流消耗更大的过驱动电压，意味着输出电压摆幅减小。这是我们不愿意看到的。

所以，共模增益与输出电压摆幅，存在折中关系。更好(小)的共模增益意味着更差(小)的输出电压摆幅。

也可以将式(5-67)变换成更直观的形式

$$A_{CM-DM} = \frac{-\Delta g_m R_D (1 + S R_{ss} C_P)}{(1 + 2 g_m R_{ss} + S R_{ss} C_L)(1 + S R_D C_L)} \tag{5-69}$$

式(5-69)表明，仅考虑输入 MOS 管不匹配时的共模增益存在两个左半平面极点，一个左半平面零点。

此处，我们有必要来分析一下共模抑制比的频率特性，最简单的方式是拿低频的 CMRR

来替换相应参数得到。由式(3-18)可得

$$\text{CMRR} \approx \frac{g_\text{m}}{\Delta g_m} \cdot (1 + 2\,g_\text{m}\,R_\text{ss}) \tag{5-70}$$

式(5-70)中将 R_ss 替换为 $R_\text{ss} \parallel \dfrac{1}{S\,C_\text{P}}$ 可得

$$\text{CMRR} = \frac{g_\text{m}}{\Delta g_m} \cdot \left[1 + 2\,g_\text{m}\left(R_\text{ss} \parallel \frac{1}{S\,C_\text{P}} \right) \right] \tag{5-71}$$

变形得到

$$\text{CMRR} = \frac{g_\text{m}}{\Delta g_m} \cdot \frac{1 + 2g_\text{m}R_\text{ss} + SC_\text{P}R_\text{ss}}{1 + SC_\text{P}R_\text{ss}} \tag{5-72}$$

式(5-72)表明,CMRR 中存在一个左半平面极点,以及一个左半平面零点。更高频处的频率特性此处忽略掉了。

CMRR 也可以直接利用本节结论得到。由式(5-16)和式(5-69)可得

$$\text{CMRR} = \frac{g_\text{m}}{\Delta g_m} \cdot \frac{1 + 2\,g_\text{m}R_\text{ss} + SC_\text{P}R_\text{ss}}{1 + SC_\text{P}R_\text{ss}} \cdot \frac{1}{1 + sR_\text{S}\left[C_\text{GS} + (1 + g_\text{m}R_\text{D})\,C_\text{GD} \right]} \tag{5-73}$$

式(5-73)和式(5-72)的差异是,输入信号的内阻 R_S 和输入等效电容在输入节点处贡献了一个极点,这个极点是我们在分析共模增益的频率特性时忽略掉的。如果也同时考虑共模增益的这个输入节点的极点,则同样可以得到式(5-72)的结论。

5.7.2　仿真实验

本例将仿真差动对电路的频率特性,得到该电路的波特图。注意,输入电压信号的内阻 R_S,以及电路驱动的负载电容 C_L,在仿真中均需要加载。另外还仿真该电路的共模增益。仿真电路图如图 5-46 所示,仿真波形如图 5-47 所示。仿真结果显示,放大器的差模增益约为 24 dB,共模增益约为 −30 dB。注意,此处我们只能仿真共模到共模的增益,而无法仿真共模到差模的增益。

全差分放大器的
频率特性-案例

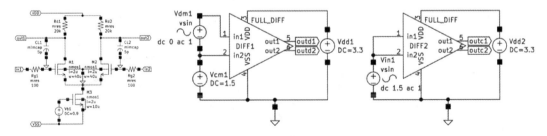

图 5-46　差动对电路的频率特性仿真电路图

5.7.3　互动与思考

读者可以改变 M_1、M_2、M_3 的宽长比,以及 R_D、C_L、R_S、V_B,来观察差分对电路的差模增益频率特性的变化趋势。请大家重点关注其主极点、次主极点的相对位置。读者还可以在输入对管的栅极和漏极之间并联一个可观的电容 C_C,观察由此带来的极点位置的变化。

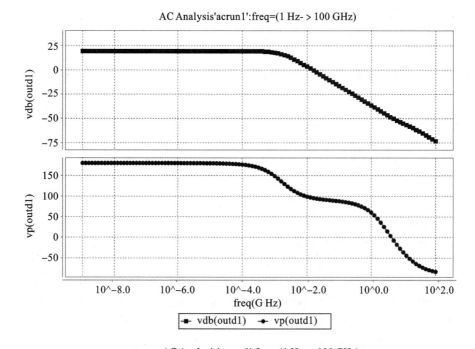

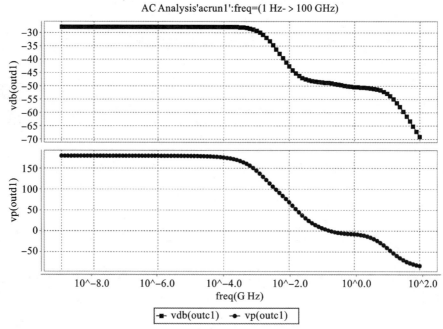

图 5-47　差动对电路的频率特性仿真波形图

请读者思考：

(1)在理论分析中,差分对的频率特性与单端放大器相同。此处是否有忽略某些因素?
是什么因素?

(2)尾电流大小,以及其输出电阻,对全差分放大器的差模增益频率特性是否有影响?

(3)如何提高主极点的频率?

（4）采用什么方法可以减小尾电流并联的电容 C_P 值？

（5）系统的主极点位于何处？

（6）我们发现共模增益的频率响应曲线中出现了一个左半平面零点。请问该零点是如何产生的？

<h2>◀ 5.8 采用电容中和技术消除密勒效应 ▶</h2>

5.8.1 特性描述

共源极放大器的输入和输出之间的 C_{GD} 需要经过密勒等效后，计入输入节点和输出节点的总电容中，差分电路也是如此。因此，密勒电容降低了输入节点的极点频率。考虑到输出电压的差分特性，在普通的全差分放大器中，在输入和输出之间交叉接入两个相同的电容 C_C，如图 5-48 所示，我们猜测会抵消密勒电容 C_{GD} 的影响。

采用电容中和
技术消除密勒
效应-视频

为了分析该电路的频率特性，绘制出其输入端的密勒等效电容，得到图 5-49 所示的小信号等效电路。绘制小信号等效电路时，充分考虑了电路的对称性。图中未画出其他在输入和输出节点的电容，我们在做频率特性分析时，可以在后期直接把其他电容并联上即可。

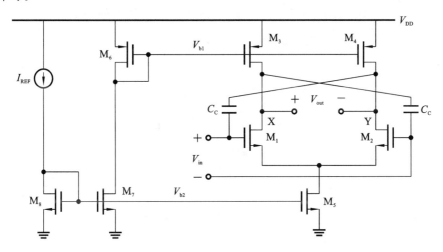

图 5-48 采用电容中和技术消除密勒效应的差分放大器

由 C_{GD} 等效到输入节点的密勒等效电容为

$$C_{GD,IN} = (1 + g_m r_o) C_{GD} \tag{5-74}$$

此处的 $g_m r_o$ 为差分放大器差模增益。由于 C_C 与反向放大的输出相连，可知由 C_C 等效到输入节点的密勒等效电容为

$$C_{C,IN} = (1 - g_m r_o) C_C \tag{5-75}$$

这两个电容是并联的关系，因此输入端总的密勒等效电容为

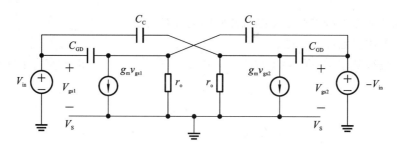

图 5-49 计算输入节点密勒等效电容的小信号电路图

$$C_{IN} = (1 + g_m r_o)C_{GD} + (1 - g_m r_o)C_C \tag{5-76}$$

若 $g_m r_o \gg 1$，则

$$C_{IN} = g_m r_o(C_{GD} - C_C) \tag{5-77}$$

电路设计中，若我们选取合适的 C_C，使 $C_C = C_{GD}$，则可以消除因为密勒效应等效到输入节点的大电容。

5.8.2 仿真实验

采用电容中和技术消除密勒效应-案例

本例将要仿真分析采用电容中和技术如何消除密勒效应，为了便于理解电容中和技术的效果，可以将本例电路与无电容中和技术的差分放大器进行对比仿真。选择中和电容之前，可以先单独仿真输入 MOS 管工作在饱和区时的 C_{GD}。仿真电路图如图 5-50 所示，仿真波形如图 5-51 所示。结果显示，加入中和电容后，第二个极点频率提高到了我们关心的频率以外。

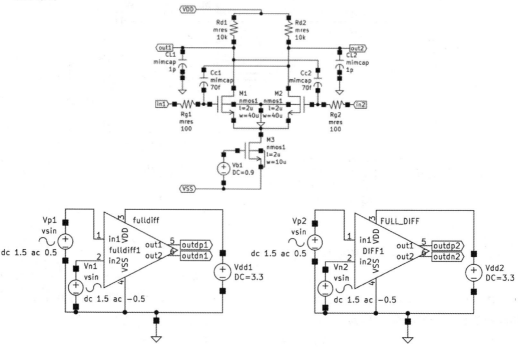

图 5-50 采用电容中和技术消除密勒效应的差分放大器仿真电路图

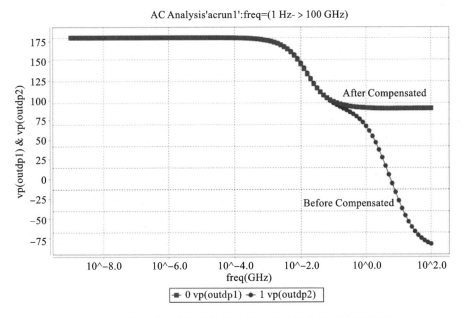

图 5-51　采用电容中和技术消除密勒效应的差分放大器仿真波形

5.8.3　互动与思考

读者可以改变 M_1、M_2 的宽长比，输入信号源的内阻 R_S，以及 C_C 的值，观察该电路频率响应中极点位置的相对变化。

请读者思考：

(1)有人说，采用电容中和技术，消除了输入节点的等效电容，因而输入节点不再产生极点。请问这个说法正确吗？为什么？

(2)电容中和技术提高了输入节点的极点频率，对输出节点的极点频率有影响吗？读者是否有办法提高该放大器的主极点频率？

(3)电容中和技术的要求是 $C_{GD} = C_C$。请问电路中的 C_{GD} 如何测量，是定值吗？

◀　5.9　有源电流镜负载差分放大器的频率特性　▶

5.9.1　特性描述

图 5-52 的有源电流镜负载差分放大器中，从输入到输出端，有多个节点，从而电路必然存在多个极点。如果直接画包含所有寄生电容的小信号等效电路来分析增益的传递函数，会相当麻烦。此处介绍一种简易的方法。

输入差分信号有两条到输出的信号通道：第一条是小信号电流通过 M_1、

有源电流镜负载
差分放大器的
频率特性-视频

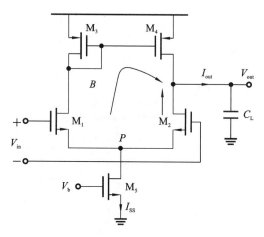

图 5-52　有源电流镜负载差分放大器

M_2 直接流到输出节点;第二条是小信号电流通过 M_2、M_1,经过 M_3、M_4 流到输出节点。前者路径短,我们可称之为"短通道",后者路径长,可称之为"长通道"。图 5-52 中标出了这两个通道。

在忽略输入信号的信号源内阻情况下,短通道输出点存在一个节点,则产生一个极点,极点频率与输出节点的等效总电阻和总电容有关。长通道上出现两个节点,则产生两个极点,除了与快速通道上同频率的极点之外,还会在图 5-52 中 B 节点产生另外一个极点。

若输出节点的总等效电容为 C_L,B 节点的总等效电容为 C_B,则长通道的增益表达式为

$$A_{V,\text{长}} = \frac{A_{V0}}{2} \cdot \frac{1}{1+s/\omega_{p1}} \cdot \frac{1}{1+s/\omega_{p2}} \tag{5-78}$$

短通道的增益为

$$A_{V,\text{短}} = \frac{A_{V0}}{2} \cdot \frac{1}{1+s/\omega_{p1}} \tag{5-79}$$

其中,$A_{V0} = g_{m1}(r_{on} \parallel r_{op})$,$\omega_{p1} = \dfrac{1}{(r_{on} \parallel r_{op})C_L}$,$\omega_{p2} = \dfrac{g_{mp}}{C_B}$。这两个极点中,$P_1$ 极点的频率较低,为主极点,P_2 为次主极点。因为两条路径输出的是小信号电流,而且电流在输出节点相加,因此,该电路总的增益应该是上述两个增益之和,即

$$A_V = A_{V,\text{长}} + A_{V,\text{短}} \tag{5-80}$$

代入式(5-78)和式(5-79)可得

$$A_V = A_{V0} \cdot \frac{1+s/(2\omega_{p2})}{(1+s/\omega_{p1})(1+s/\omega_{p2})} \tag{5-81}$$

从式(5-81)可知,当信号有两个通道时,该电路还会产生一个零点,位于高频极点(次主极点)的二倍频率处。

5.9.2　仿真实验

有源电流镜负载差分放大器的频率特性-案例

本例将仿真有源电流镜负载差分放大器的幅频响应,从幅频响应曲线来分析其零极点分布情况。为了更清楚地知道零点和极点频率,也可以直接采用零极点仿真命令.pz,从输出文件中读出零极点分布。因为该电路往往驱动容性负载,可以在输出端带 5pF 的电容负载,仿真电路图如图 5-53 所示。仿真结果如图 5-54 所示。结果显示,该电路有一个低频极点,还有多个高频极点和零点。第一个零点频率大约为第二个极点频率的两倍。

5.9.3　互动与思考

读者可以自行调整负载电容 C_L 大小,或者在 B 点额外接一个电容,观察有源电流镜负

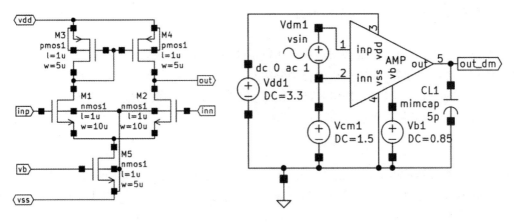

图 5-53　有源电流镜负载差分放大器的幅频响应仿真电路图

Poles (Hz)			
	Real	Imaginary	Qfactor
1	−9.86438e+04	0.00000e+00	5.00000e−01
2	−2.99329e+08	0.00000e+00	5.00000e−01
3	−1.39182e+09	0.00000e+00	5.00000e−01
	Zeros (Hz)		
	Real	Imaginary	Qfactor
1	−6.27189e+08	0.00000e+00	5.00000e−01
2	−1.38142e+09	0.00000e+00	5.00000e−01
3	−5.17361e+11	0.00000e+00	5.00000e−01
Constant factor =1.50437e−05			
DC gain =1.64087e+02			

图 5-54　有源电流镜负载差分放大器的零极点分布

载差分放大器的零极点发布的变化。

请读者思考：

(1)哪个极点是系统的主极点？如何提高主极点频率？

(2)本电路有多个极点和零点，当电路接成单位增益负反馈的结构后，电路能否稳定工作？

(3)图中 P 点对零点和极点有贡献吗？

(4)从输入到输出还有一个信号通道，即输入 MOS 管 M_2 的 C_{GD}，该电容会引入另外一个零点吗？

◀　5.10　放大器的增益带宽积　▶

5.10.1　特性描述

增益和带宽是放大器最重要的两个设计指标。让我们用最简单的电阻负载共源极放大器来分析这两个指标，以及它们之间的关系。

放大器的增益带宽积-视频

电阻负载共源极放大器的低频增益为

$$A_V = -g_m(R_D \parallel r_o) \qquad (5\text{-}82)$$

主极点频率处，增益比低频增益低 3 dB。超过此频率，则增益会快速下降。因此，主极点频率也叫电路的带宽，或者严格的称为 -3 dB 带宽。如果电阻负载共源极放大器的输入信号是一个理想的电压信号，即信号源内阻 R_S 很小，则本电路的主极点位于输出节点，从而带宽（Bandwidth，简称 BW）表达式为

$$BW = \omega_p = \frac{1}{(R_D \parallel r_o)C_L} \qquad (5\text{-}83)$$

式中：C_L 为放大器输出节点总的等效电容；$(R_D \parallel r_o)$ 为输出节点总的等效电阻。带宽和主极点频率，都是角频率。依据频率和角频率的关系 $\omega = 2\pi f$，带宽 BW 对应的频率 f_{-3dB} 为

$$BW = f_{-3dB} = \frac{1}{2\pi(R_D \parallel r_o)C_L} \qquad (5\text{-}84)$$

在电路分析中，我们通常用频率（单位 Hz）来定义带宽，而不是用角频率（单位 rad/s）来定义带宽。

图 5-55 是一个常见的单极点系统增益的频率特性图。为了理解和使用方便，其纵轴和横轴都采用对数坐标。一阶系统完整的增益表达式为

$$\frac{V_{out}}{V_{in}}(s) = \frac{A_{V0}}{1 + \dfrac{s}{\omega_p}} \qquad (5\text{-}85)$$

该系统中，当频率超过 ω_p 后，增益逐渐降低。我们定义 ω_u 频率下的增益正好为单位"1"，从而放大器的幅频响应曲线穿过 X 轴，从而

$$\left|\frac{V_{out}}{V_{in}}(s)\right| = \left|\frac{A_{V0}}{1 + \dfrac{s}{\omega_p}}\right| = 1 \qquad (5\text{-}86)$$

则此时的频率为

$$\omega_u = A_V \, \omega_p \qquad (5\text{-}87)$$

ω_u 对应的频率即为图 5-55 中的单位增益频率 f_u。通常，将增益与带宽相乘并取绝对值，定义一个新的概念：增益带宽积（Gain Bandwidth Product，简称 GBW，也有的教科书用 GB 表示增益带宽积）。从数值上看，GBW 即为电路的单位增益带宽 f_u。

由式(5-82)和式(5-84)，电阻负载共源极放大器的 GBW 为

$$GBW = \frac{g_m}{2\pi C_L} \qquad (5\text{-}88)$$

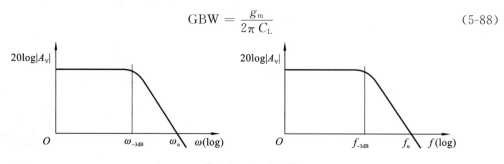

图 5-55　带宽和单位增益带宽

从上述关系式中，我们有如下两个结论：①放大器的增益与输出阻抗成正比关系，然而带宽与输出阻抗成反比，如果我们希望通过增大输出阻抗来提高增益，则减小了带宽；②在

负载电容固定时，只能通过提高放大器的跨导来提高放大器的 GBW。然而，根据 1.9 节的相关知识，在功耗一定的情况下，要提高 MOS 管的跨导并非易事。

　　放大器的增益带宽积只取决于跨导和负载电容。表 5-2 给出了常见的三个放大器的频率特性汇总。表 5-2 中三个电路均假定传递函数的主极点位于输出节点。

表 5-2　三个常见电路的频率特性汇总表

参数 \ 电路图			
低频增益 A_V	$-g_{m1}(R_D \parallel r_o)$	$-g_{m1}(r_{oN} \parallel r_{oP})$	$-g_{m1}(g_{m2}r_{O2}r_{O1} \parallel g_{m3}r_{O3}r_{O4})$
带宽 BW	$\dfrac{1}{2\pi(R_D \parallel r_o)C_L}$	$\dfrac{1}{2\pi(r_{oN} \parallel r_{oP})C_L}$	$\dfrac{1}{2\pi(g_{m2}r_{O2}r_{O1} \parallel g_{m3}r_{O3}r_{O4})C_L}$
GBW	$\dfrac{g_m}{2\pi C_L}$	$\dfrac{g_m}{2\pi C_L}$	$\dfrac{g_m}{2\pi C_L}$

5.10.2　仿真实验

　　本例将通过仿真看到放大器的增益、带宽、增益带宽积之间的关系。仿真电路图如图 5-56 所示。为便于比较，我们仿真的输入 MOS 管的尺寸和偏置均相同，比较不同电阻负载下，电路的增益、带宽，以及增益带宽积的差异。仿真波形如图 5-57 所示。

放大器的增益带
宽积-案例

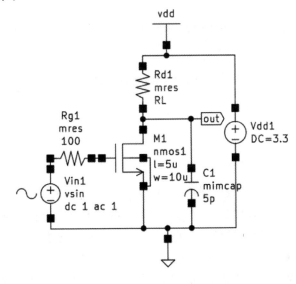

图 5-56　增益带宽积仿真电路图

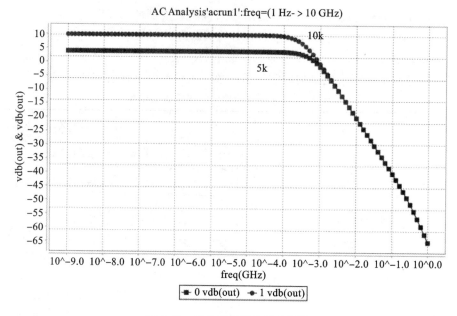

图 5-57　增益带宽积仿真波形图

5.10.3　互动与思考

分别只改变电阻负载 R_D 和负载电容 C_L 的值,观察电路增益、带宽、增益带宽积之间的变化趋势及关系。

请读者思考:

(1)如果负载电容相同,而且输入 MOS 管也相同,当输入信号的直流偏置也相同时,那么电阻负载的共源极放大器和电流源负载的共源极放大器的 -3 dB 带宽、增益带宽积相同吗?

(2)在负载电容固定的情况下,我们需要更大的带宽,以及更大的增益,请问有何措施?能实现吗?

(3)如果次主极点的频率低于单位增益带宽,那么 GBW 和 ω_u 之间有何关系?

◀ 5.11　考虑频率特性的放大器宏模型 ▶

5.11.1　特性描述

考虑频率特性的
放大器宏模型
-视频

放大器在模拟电路中应用广泛,几乎无处不在。在电路结构级或者系统级设计中,往往需要根据系统要求反推放大器的设计指标,或者根据放大器性能指标来评估系统性能。在该阶段,往往还未涉及具体的晶体管级电路设计。

例如,图 5-58 所示的低压差电压调制器(low drop out voltage regulator, LDO)是一个典型的闭环反馈系统。该系统中,运放的增益、带宽、零极点分布、失调电压等等参数,将直接影响着 LDO 的输出电压精度、负载调整率、线性调整率、环路稳定性。这些参数,往往希望在开展具体的晶体管级电路设计之前,就需要通过抽象模型(行为级模型或者宏模型)来完成系统级电路规划,同时确定好环路的零极点分布,或者通过设计合适的频率补偿策略,优化零极点的分布,在保证环路稳定性的前提下提高电路的其他性能。在晶体管级电路设计启动之前完成系统级建模,能大大提升电路的设计效率。

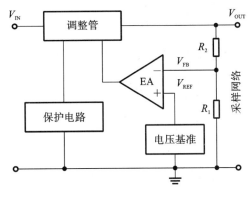

图 5-58　LDO 稳压器典型电路结构图

可以完成系统级建模的工具比较多,Matlab、Verilog-A 都可以做系统建模,但与晶体管级电路最接近的模型是宏模型。利用运放的宏模型规划系统级电路相关参数,是相对简单且便利的方式。对于运放的宏模型,需要反映运放的最基本特性,即小信号增益、输入阻抗和输出阻抗。一个理想的运放可以用图 5-59 所示的模型代替。该模型中,运放的增益为 A_V,小信号输入阻抗为无穷大,小信号输出阻抗为 R_O(理想放大器的 R_O 为零)。根据戴维南和诺顿的电路变换方法,该模型还可以表示成受控电流源与电阻并联的形式。

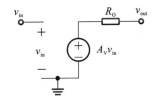

图 5-59　理想运放的宏模型

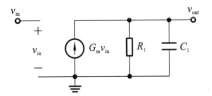

图 5-60　带有频率特性的运放宏模型

然而,该模型不具有频率特性。为了给该模型赋予频率特性,可以在输出节点引入电容,得到图 5-60 所示的宏模型。

显然,增益表达式为

$$A_V(s) = G_m \left(R_1 \parallel \frac{1}{sC_1} \right) \tag{5-89}$$

这是一个具有单极点的运放,其带宽 BW 为

$$BW = \frac{1}{2\pi R_1 C_1} \tag{5-90}$$

而实际的放大器可能还存在着高阶极点、零点、输入失调电压、输入共模电压限制、输出摆幅限制等等其他诸多小信号增益特性、小信号频率特性、大信号静态特性。在一般的仿真和分析中,运放的大信号动态特性、噪声特性、电源抑制特性可以忽略。推导过程比较复杂,此处直接给出图 5-61 所示的运算放大器完整宏模型。该宏模型分为输入级、中间级、输出级。输入级确定了运放的输入失调电压、输入电阻、输入电压限制;中间级确定了运放的增益和极点频率;输出级确定了运放输出摆幅、输出电压限制、压摆率、小信号输出电阻等指标。

运放的小信号增益包括了差模增益和共模增益。图 5-61 中的电压控制电流源 G_{DM1}、G_{CM1} 为中间级的第一级放大,将运放输入端的共模信号和差模信号分别放大,并合并到第一

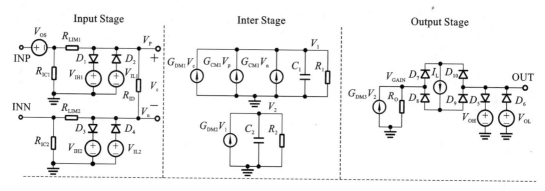

图 5-61　相对完整的运算放大器宏模型

级输出电压 V_1。则第一级输出电压 V_1 的表达式为

$$V_1 = \left[(V_p - V_n) G_{DM1} + V_p G_{CM1} + V_n G_{CM1} \right] \left(R_1 \parallel \frac{1}{s C_1} \right) \tag{5-91}$$

显然,第一级放大器产生了一个极点,极点频率为

$$\omega_{p1} = \frac{1}{R_1 C_1} \tag{5-92}$$

如果要模拟产生第二个极点,只需在第一级放大之后再增加一级放大,则第二级放大的输出电压为

$$V_2 = V_1 G_{DM2} \left(R_2 \parallel \frac{1}{s C_2} \right) \tag{5-93}$$

第二个极点的频率为

$$\omega_{p2} = \frac{1}{R_2 C_2} \tag{5-94}$$

如果运放的输出负载包含电容,则还可以产生第三个极点和零点。

上述第一级放大和第二级放大均可以直接作为输出级,但这种模型的输出电阻不是一个定值,受信号频率的影响。为此,可以单独添加一级输出级,如图 5-26 所示,该运算放大器的输出电阻固定为 R_O。则该运放总的输出电压表示如下

$$V_{out} = \left[(V_p - V_n) G_{DM1} + V_p G_{CM1} + V_n G_{CM1} \right] \left(R_1 \parallel \frac{1}{s C_1} \right) \cdot G_{DM2} \left(R_2 \parallel \frac{1}{s C_2} \right) \cdot G_{DM3} R_O \tag{5-95}$$

在上述建模中,为了更简单的表示出运放的差模增益倍数,设 R_1、R_2 均为 1 Ω。而 R_O 为运放的输出电阻。设 $G_{DM2} = 1$,G_{DM3} 在数值上为 $1/R_O$。则运放的差模增益为 G_{DM1}。

另外,为了建模的方便,本书设计的宏模型中二极管为理想二极管,即导通压降为 0,仅仅定义一个很小的反向饱和电流 I_S 即可。

为了对运放的共模增益和差模增益同时建模,此处引入了共模输入电阻 R_{IC1} 和 R_{IC2},以及差模输入电阻 R_{ID}。

为了在宏模型中体现运放的共模输入范围(Input Common Mode Range,ICMR),引入了四个二极管和四个独立电压源,分别为:D_1、D_2、D_3、D_4、V_{IH1}、V_{IL1}、V_{IH2}、V_{IL2}。在仿真中,如果在运放的输入端接入一理想电压源,在使得 D_1、D_2、D_3 和 D_4 中的任何一个二极管导通时,流过二极管的电流将是无穷大,这破坏了任何一种仿真工具的算法要求。为此,在宏模

型中加入两个限流电阻 R_{LIM1} 和 R_{LIM2}。

同理，输出电压摆幅由 D_5、D_6、V_{OH} 和 V_{OL} 决定。

运放的输出电流能力决定了运放的驱动电容性负载的压摆率 SR，在 LDO 设计中，由于运放的输出要驱动调整管的栅极，对于大尺寸的调整管而言，大的运放输出电流决定了 LDO 快速的瞬态响应。为了对运放的输出电流能力进行建模，此处引入独立电流源 I_L，在四个理想二极管 D_7、D_8、D_9 和 D_{10} 的配合下，将运放的输出电流限制在了 I_L。

运放宏模型的器件名称、含义及缺省参数如表 5-3 所示。

表 5-3 运放宏模型参数一览表

模型器件	器件含义	器件参数
R_{ID}	输入差模电阻	10 MEGΩ
V_{OS}	输入失调电压	0.001 V
R_{IC1}、R_{IC2}	输入共模电阻	100 MEGΩ
R_{LIM1} 和 R_{LIM2}	输入限流电阻	0.0001 Ω
V_{IH1}、V_{IH2}	共模输入的高电平限制	2.8 V
V_{IL1}、V_{IL2}	共模输入的低电平限制	0.5 V
D_1、D_2、D_3、D_4	共模输入范围限制电路	$I_S = 1.0 \times 10^{-16}$ A
G_{DM1}、G_{DM2}、G_{DM3}	差模增益电压控制电流源	$G_{DM1} = 1000$、$G_{DM2} = 1$、$G_{DM3} = 0.001$
G_{CM1}、G_{CM2}	共模增益电压控制电流源	$G_{CM1} = 0.05$、$G_{CM2} = 0.05$
R_1、C_1	第一级输出电阻和电容	$R_1 = 1$ Ω，$C_1 = 159$ u，$f_{P1} = 1$ kHz
R_2、C_2	第二级输出电阻和电容	$R_2 = 1$ Ω，$C_2 = 0.0159$ u，$f_{P2} = 10000$ kHz
R_O	运放输出电阻	$R_O = 1$ kΩ
G_{DM3}	输出级电压控制电流源	$G_{DM3} = 0.001$
I_L	输出限流独立电流源	$I_L = 2$ μA
D_7、D_8、D_9、D_{10}	输出限流电路	$I_S = 1.0 \times 10^{-16}$ A
V_{OL}、V_{OH}	共模输入的低电平限制	$V_{OL} = 0.4$ V，$V_{OH} = 2.9$ V
D_5、D_6	输入摆幅限制电路	$I_S = 1.0 \times 10^{-16}$ A

5.11.2 仿真实验

本例将仿真该运放宏模型的小信号特性和大信号特性，仿真电路图如图 5-62 所示，仿真得到的频率特性曲线如图 5-63 所示。

考虑频率特性的
放大器宏模型
-案例

5.11.3 互动与思考

读者可以自行改变本模型中的任何一个值，仿真观察其大信号和小信号特性的变化。

请读者思考：

(1)表 5-1 参数表示的放大器的 ICMR 是多少？

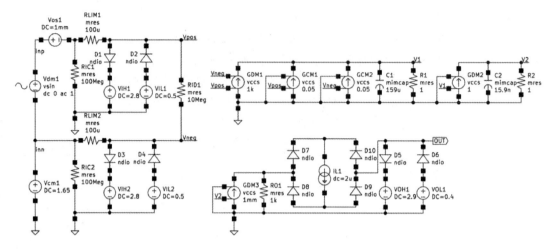

图 5-62　运放宏模型仿真电路图

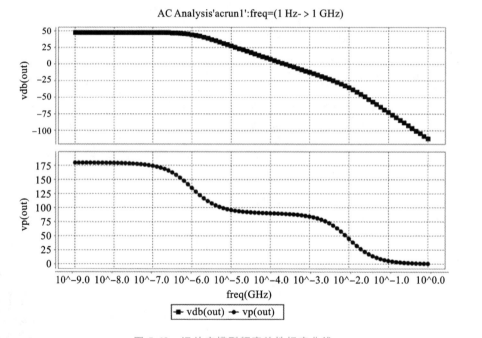

图 5-63　运放宏模型频率特性相应曲线

（2）运放常见的普通性能指标，例如低频增益、输入阻抗、输出阻抗、带宽等参数，在宏模型中如何调整？

（3）请使用本节介绍的运放宏模型，设计一个有源低通滤波器电路。

（4）请使用本节介绍的运放宏模型，设计一个模拟加法器。

◀ **5.12 不同平面的零点** ▶

5.12.1 特性描述

不同平面的零点
-视频

如图 5-64 所示,三个电路从输入到输出均有两个通道,图中用箭头标出了这三个电路的信号通道方向。当两个通道的电流在某频率下能互相抵消,从而输出电流为零时,则输出节点电压为零,从而此时电路处于零点频率的工作状态下。从而,我们推测这三个电路都存在零点。

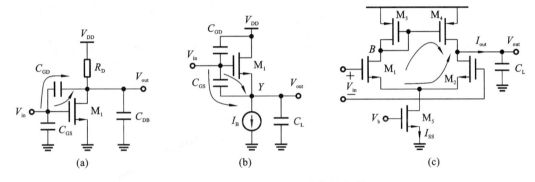

图 5-64   存在两个信号通道的放大器

然而,如图 5-65 所示的两个电路的小信号等效电路中,我们看出了三个电路中两个通道的区别:图 5-65(a)所示的共源极中,两个小信号电流在输出节点是方向相反;而图 5-65(b)所示的源极跟随器中,两个小信号电流是同时流进输出节点;图 5-65(c)所示的是有源电流镜负载的差分放大器,两个小信号电流也是同时流进输出节点。

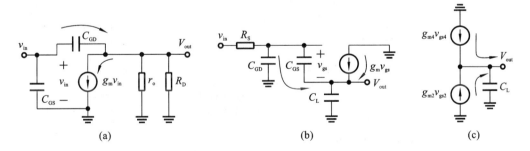

图 5-65   图 5-64 的两个信号通道小信号电流方向

之前的分析可知,共源极放大器存在一个右半平面零点,而源极跟随器和有源电流镜负载差分放大器均存在一个左半平面零点。

从而,我们得出这样的结论:如果两个小信号电流通路在输出节点是相减,则产生一个右半平面零点;如果两个小信号通路在输出节点是相加,则产生一个左半平面零点。

5.12.2 仿真实验

不同平面的零点
-案例

本例将基于运放宏模型,来仿真验证增益分别为正和负时零点的位置。仿真电路图如图 5-66 所示,零极点的分布报告如图 5-67 所示。报告显示,第一个电路的零点位于左半平面,而第二个电路的零点位于右半平面。两个电路的极点一致,均在左半平面。

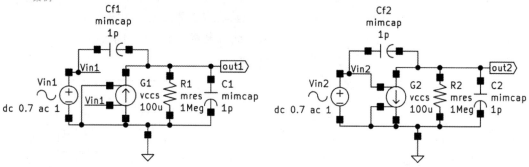

图 5-66　零点位置仿真电路图

	Poles (Hz)		
	Real	Imaginary	Qfactor
1	−7.95775e+04	0.00000e+00	5.00000e−01
	Zeros (Hz)		
	at V(out1,0)/Vin1		
	Real	Imaginary	Qfactor
1	−1.59155e+07	0.00000e+00	5.00000e−01

Constant factor =5.00000e−01
DC gain =1.00000e+02

	Poles (Hz)		
	Real	Imaginary	Qfactor
1	−7.95775e+04	0.00000e+00	5.00000e−01
	Zeros (Hz)		
	at V(out2,0)/Vin2		
	Real	Imaginary	Qfactor
1	1.59155e+07	0.00000e+00	−5.00000e−01

Constant factor =5.00000e−01
DC gain =1.00000e+02

图 5-67　零极点报告

5.12.3 互动与思考

读者可以自行改变 C_F,G_M,观察零点位置的变化。

请读者思考：

(1)图 5-64(a)中,画出的箭头也都是指向输出节点。为何说两个小信号电流在输出节点是方向相反的?

(2)将图 5-66 中的反馈电容 C_F 换成电阻,零点还存在吗? 若存在,在哪里? 若不存在,从理论上加以说明。并通过仿真验证你的结论。

6 | 反　馈

　　控制系统可以简单地分为开环控制和闭环控制。实现闭环控制,依据的是反馈原理。因为反馈电路的诸多优点,其被发明之后就得到了广泛的应用。本章将讲述反馈系统模型,反馈的优势,以及反馈对电路带来的变化。本章将重点讲述基于四种放大器,构成的四类反馈结构,以及基于 MOS 管构成的实际电路。同时,还将介绍四类反馈结构的开环增益、闭环增益、环路增益的计算方法,以及四类反馈放大器的典型应用。

◀　6.1　反馈电路　▶

6.1.1　特性描述

反馈电路-视频

　　反馈是一项重要的发明,首先是在控制领域起到非常重要的作用。图6-1给出了空调调节温度的工作原理图。首先通过遥控器选择一个工作模式,比如选择制冷。接着设置一个温度期望值,再通过检测出的实际温度与期望值温度做比较。如果室温高于期望值,则启动压缩机制冷。随着时间的推移,室温逐渐下降。当降到与期望值相同时,压缩机停止工作。这是一个典型的基于反馈的自动控制系统。图中用箭头表示了信号的方向。显然,要将检测的输出信号返回到输入,与输入信号做减法。如果差值不为零,则说明系统室温未到达设置到,压缩机会继续工作。直到差值为零,系统才进入稳定状态,压缩机停止工作。

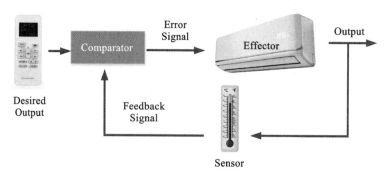

图 6-1　自动控制温度的空调系统

　　图 6-2 是上述反馈控制系统的数学模型。输入量为 X,输出量为 Y。输出信号取 β 倍后,与输入信号相减,差值放大 A 倍得到输出信号 Y。可以将图 6-2 的每一个部件与图 6-1

的实际空调控制系统一一对应。β 如同温度传感器，完成对输出信号的采样。区别是，β 是一个小于等于 1 的系数，能实现对 Y 信号（或部分 Y 信号）的反馈。A 是执行环节，通常是放大器。如果我们将图 6-2 的反馈系统模型应用在电路中，X 和 Y，则可以是电压或者电流信号。该系统中，A 定义为开环增益，β 定义为反馈系数，$A\beta$ 定义为环路增益。

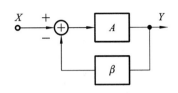

图 6-2　反馈系统的数学模型

所以有

$$(X - \beta Y)A = Y \tag{6-1}$$

求出输入和输出的关系，我们定义为该系统的闭环增益 A_C

$$A_C = \frac{Y}{X} = \frac{A}{1 + \beta A} \tag{6-2}$$

在反馈系统中，我们通常让 A 很大。A 越大，则输入信号和反馈信号的误差就会越小。因而，令 $\beta A \gg 1$，则 $1 + \beta A \approx \beta A$，从而

$$A_C \approx \frac{1}{\beta} \tag{6-3}$$

式(6-3)表明，在 $\beta A \gg 1$ 的前提下，反馈系统的闭环增益等于 $1/\beta$。这个特性给我们带来诸多好处。

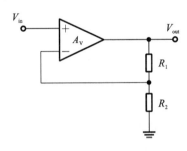

图 6-3　一个简单的反馈电路

基于上述反馈原理，构建最简单的电路如图 6-3 所示。在该电路中，利用差分放大器实现输入信号和反馈信号的"相减"。显然，$\beta = \dfrac{R_2}{R_2 + R_1}$。从而图 6-3 所示电路的闭环增益为

$$A_C = \frac{A}{1 + \beta A} \approx \frac{R_1 + R_2}{R_2} \tag{6-4}$$

所以，如果要实现 $A_C = 2$，设计 $R_2 = R_1$ 即可。这样的设计，得到的电压增益精度，远高于直接用放大器开环增益来实现 $A_V = 2$。这是反馈电路在电路设计中最大的好处。同理，如果要实现 $A_C = 1$，设计 $R_1 = 0$ 即可。

下面我们来分析一下增益精度。图 6-4 所示的是两个放大器，图 6-4(a)所示的是开环，图 6-4(b)所示的是闭环，通过设计合适的参数，两个电路均能实现增益为 2。这里只是为了解释简单，取了增益为 2。增益为其他大于或等于 1 的情况也是类似的。

图 6-4(a)所示电路的增益为

$$\frac{v_{\text{out}}}{v_{\text{in}}} = -g_{\text{m}} R_{\text{D}} \tag{6-5}$$

这个增益误差比较大，原因在 1.13 节已经介绍了。此处我们再补充一些知识。表 6-1 给出了国产某 BCD 工艺库中 MOS 管、电阻、电容等器件的误差情况。此处，温度系数表示电阻值、电容值，或者电压值，随温度变化时的相对变化值与标称值的相对误差值。

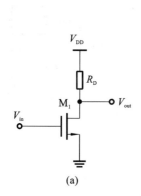
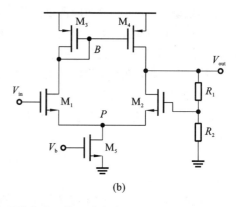

图 6-4　两个实现增益为 2 的两种电路

表 6-1　不同器件的误差一览表

参数	工艺角误差	温度系数	器件匹配精度
V_{TH}（5 V MOS管）	0.69 ± 0.12 V	$+35$ ppm/℃	$\pm1\sim\pm11$ mV
HPR/（2 kΩ/square）	$\pm20\%$	$+0.15\%$/℃	$\pm0.04\%\sim\pm0.34\%$
NWR/（1.24 kΩ/square）	$\pm20\%$	$+0.49\%$/℃	$\pm0.03\%\sim\pm0.56\%$
MIP/（1 fF/um²）	$\pm10\%$	$+40$ ppm/℃	$\pm0.04\%\sim\pm0.17\%$
PIPC/（0.28 fF/um²）	$\pm10\%$	$+35$ ppm/℃	$\pm0.14\%\sim\pm0.68\%$

　　表 6-1 中的 HPR 为高阻值多晶硅电阻，NWR 为 N 阱电阻，MIP 为"金属-介质-多晶硅"电容，PIPC 为"多晶硅-介质-多晶硅"电容。该表格说明，不同批次做出来的元器件存在非常大的误差，电容相对电阻要好些，但也有$\pm10\%$的误差。而同一颗芯片上的不同元器件，则可以实现较高的匹配精度，MIP 的匹配度最好，最差为$\pm0.17\%$。而且，所有器件都有温度系数，电容相对电阻的温度系数也要好很多。此处的 ppm 表示为"百万分之"。

　　从而，图 6-4(a)所示电路增益使用了 MOS 管跨导的绝对值和电阻的绝对值，这两者都存在着极大的误差，特别是 MOS 管跨导，既有制作时的工艺参数和尺寸（V_{TH}、μC_{ox}、W、L）误差，也有工作时的偏置条件变化带来的误差。

　　因此该电路的增益精度非常差，如果要实现高精度的增益，就不能选用类似图 6-4(a)所示的这类开环放大器了。

　　接着我们来分析图 6-4(b)所示的增益，由式(6-4)可知

$$\frac{v_{out}}{v_{in}} \approx \frac{R_1 + R_2}{R_2} \tag{6-6}$$

　　该电路中，虽然不同批次不同晶圆的电阻值有很大的误差，但同一颗芯片中电阻等比例变化的，即电阻的匹配精度很高。温度变化带来的电阻值变化，对 R_1 和 R_2 而言也是相同的，从而利用比例电阻可以实现高精度的增益。这是反馈结构表现出的优势。

　　我们还可以利用理想放大器的原理来快速简单得到图 6-3 或者图 6-4(b)的增益。理想的电压放大器，存在"虚短、虚断"的特性。因为"虚短"，所以 $V_{in+} = V_{in-}$；因为"虚断"，流进反向输入端的电流为 0，则 $V_{in-} = \dfrac{R_2}{R_2 + R_1} V_{out}$，从而得到放大器的闭环增益为 $\dfrac{v_{out}}{v_{in}} \approx \dfrac{R_1 + R_2}{R_2}$。

下面，我们从数学角度看看开环增益 A 和反馈系数 β 分别对闭环增益 A_C 的影响。A_C 对 A 求微分得

$$\frac{\mathrm{d}A_C}{\mathrm{d}A} = \frac{\mathrm{d}}{\mathrm{d}A}\left(\frac{A}{1+\beta A}\right) = \frac{1}{(1+\beta A)^2} = \frac{A_C}{A}\left(\frac{1}{1+\beta A}\right) \tag{6-7}$$

变形得到

$$\frac{\mathrm{d}A_C}{A_C} = \frac{\mathrm{d}A}{A}\left(\frac{1}{1+\beta A}\right) \tag{6-8}$$

式(6-8)表明，闭环增益的相对误差等于开环增益相对误差的 $\frac{1}{1+\beta A}$。所以即使开环增益 A 有较大误差，也不太会影响到闭环增益 A_C 的精度。

同理，A_C 对 β 求微分得

$$\frac{\mathrm{d}A_C}{\mathrm{d}\beta} = \frac{\mathrm{d}}{\mathrm{d}\beta}\left(\frac{A}{1+\beta A}\right) = -\frac{A^2}{(1+\beta A)^2} = -\frac{A_C}{\beta}\left(\frac{\beta A}{1+\beta A}\right) \tag{6-9}$$

变形得到

$$\frac{\mathrm{d}A_C}{A_C} = \frac{\mathrm{d}\beta}{\beta}\left(-\frac{\beta A}{1+\beta A}\right) \tag{6-10}$$

式(6-10)表明，闭环增益的相对误差几乎等于反馈系数的相对误差。所以，如果 β 没有误差，A_C 也几乎没有误差。

由这两个结论可知：在反馈放大器中，只要保证反馈系数有足够的精度，闭环增益就能达到足够的精度，而与放大器的开环增益几乎无关。

恰好，由表 6-1 可知，无论是电阻还是电容的匹配精度可以做到非常高，从而，利用反馈，可以实现非常高精度的增益。

集成电路设计中，我们不得不面对电路的误差问题。表 6-1 给出了误差的部分来源。这带来了模拟电路设计相比于数字电路设计有更大的挑战。模拟电路"失之毫厘，谬之千里"，而数字电路因为都是逻辑信号，容忍度则非常大。从而我们需要保证模拟电路具有足够的"鲁棒性"。即使电路出现制造偏差，或者工作状态偏差，也要保证电路的功能和性能达到既定要求。

我们通常从三个角度去判断一个电路的鲁棒性：制造工艺、电源电压和温度（Process、Voltage、Temperature，简称 PVT）。制造工艺给元器件带来误差，我们无法避免。电源电压的变化，也会给放大器的工作带来影响。电源电压的变化包括两种情况，一种是大幅值缓慢变化，我们可以用电压"直流扫描"来仿真评估其对电路的影响；一种是小幅值快速变化，我们用"交流仿真"来评估其对电路的影响，评价的指标是电源抑制比（PSRR）。因为所有器件都有温度系数，所以温度变化会带来器件特性的变化，最终导致电路性能的变化。"温度扫描"的仿真能评估不同温度下的电路性能。

PVT 的变化也不是孤立的，而是相互交织和相互影响的。例如，在低电压、低温下，看所有工艺角下的电路性能是否满足要求；在高电压、低温下，看所有工艺角下的电路性能是否满足要求；在器件为典型值，室温下，做所有电源电压范围的扫描，看电路性能是否满足要求；这样的组合还有很多很多。如果所有组合的仿真结果都是可以接受的结果，则芯片制造出来成功的概率会很高。如果个别组合下的芯片性能不能满足要求，也不是说芯片设计出来一定失败。在集成电路行业有个概念——良率，指一个晶圆上成功的芯片占总的芯片的百分比。所以，如果芯片做了尽可能全面的 PVT 组合仿真，有个别组合下不能达标，则会降低芯片的良率。从商业上来讲，低良率意味着抬高成本。

关于 PVT 组合的更全面仿真实例，参见本书第 10 章。

6.1.2 仿真实验

反馈电路-案例

本例将设计两个增益为 2 的放大器,其中一个为电阻负载共源极放大器,一个为五管 OTA 组成的反馈电路。我们做几个简单的 PVT 组合仿真,看两个放大器的增益值。仿真电路图如图 6-5 所示,仿真波形如图 6-6 所示。左侧的仿真结果图对应共源极放大器的增益,显然在不同 PVT 的变化下,具有较大的差距(1.8～2.15);右侧的仿真结果图对应反馈结构的放大器增益(1.867～1.907),相比左侧,反馈结构能够使得增益更加稳定。

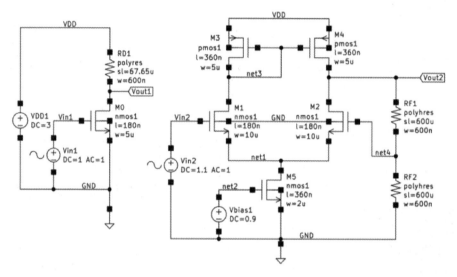

图 6-5　两个增益为 2 的放大器仿真电路图

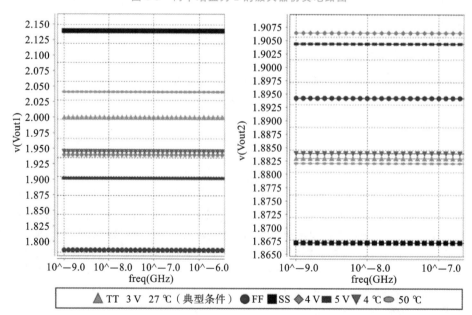

图 6-6　两个增益为 2 的放大器仿真波形图

6.1.3　互动与思考

请读者自行改变电路参数，设计更大增益的放大器。从中体会反馈放大器的增益有更好的鲁棒性。

请读者思考：

(1)当放大器的增益不是很大时，反馈放大器的增益就不完全由反馈网络决定了。请读者计算放大器的开环增益，与闭环增益误差之间的关系。

(2)图 6-4(b)中，如果将反馈电压与输入电压互换，即反馈接运放的正向输入端，电路工作情况如何？

◀　6.2　反馈带来频率特性的变化　▶

6.2.1　特性描述

反馈带来频率特性的变化-视频

图 6-2 所示的反馈系统模型中，并未考虑电路的频率特性。图 6-7 所示的是考虑了频率特性的反馈系统模型。放大器本身与频率有关，输入信号和输出信号也与频率有关，我们都用复频域的表达式。唯一的例外是反馈网络，比例电阻网络，或者比例电容网络，可以忽略其频率特性。

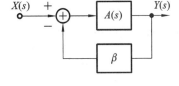

图 6-7　含有频率特性反馈系统模型

假定放大器的开环增益传递函数 $A(s)$ 是最简单的单极点系统，即

$$A(s) = \frac{A_{V0}}{1 + \dfrac{s}{\omega_p}} \tag{6-11}$$

代入式(6-2)中

$$A_C(s) = \frac{\dfrac{A_{V0}}{1 + \dfrac{s}{\omega_p}}}{1 + \beta \dfrac{A_{V0}}{1 + \dfrac{s}{\omega_p}}} = \frac{\dfrac{A_{V0}}{1 + \beta A_{V0}}}{1 + \dfrac{s}{(1 + \beta A_{V0})\omega_p}} \tag{6-12}$$

式(6-12)表明，闭环增益的低频增益为 $A_{V0}/(1 + \beta A_{V0})$，极点频率为 $(1 + \beta A_{V0})\omega_p$。而开环增益的低频增益为 A_{V0}，极点频率为 ω_p。反馈系统与开环系统的增益和带宽乘积保持一致，但闭环系统的低频增益减小为 $1/(1 + \beta A_{V0})$，极点频率增大为 $(1 + \beta A_{V0})$ 倍。而且，得到一个惊人的结论：一个反馈系统，无论反馈系数是多少，闭环系统的带宽和增益的乘积是定值，且等于放大器本身的增益带宽积。

用幅频响应曲线，能非常直观的反映式(6-12)的结论。如图 6-8 所示的幅频响应曲线中，A_0 表示放大器自身的低频增益，其极点频率(带宽)为 ω_p。从 ω_p 开始，幅频响应曲线按

-20 dB/10倍频下降。我们令此时的幅值为1,有

$$\left|\frac{V_{\text{out}}}{V_{\text{in}}}(s)\right| = \left|\frac{A_0}{1+\dfrac{s}{\omega_0}}\right| = 1 \tag{6-13}$$

$$\omega_{\text{u}} = A_0\,\omega_0 \tag{6-14}$$

所以,ω_{u} 时,增益衰减到1,取对数后为零。

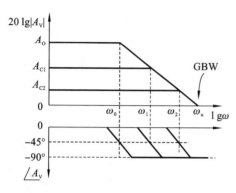

图 6-8 反馈系统带来增益和带宽的变化

A_{C1} 和 A_{C2} 分别表示两个不同 β 情况下的闭环增益情况,其对应的闭环带宽分别为 ω_1 和 ω_2。闭环增益的低频值下降,但带宽得到提升。基于纵轴和横轴均是对数坐标的情况,每一个闭环响应曲线的极点频率均位于 -20 dB/10 倍频下降的线上。从而,所有闭环系统的增益带宽积均为 ω_{u},即由放大器决定的增益带宽积 GBW。绘制出一个放大器的开环增益幅频响应曲线后,绘制闭环增益的幅频响应曲线非常简单。在同一个坐标系中,画出闭环增益的低频增益,该低频增益直线与放大器的开环增益曲线相交的频率即为该闭环增益下的带宽。

图 6-8 中还画出了相频响应曲线。因为只有一个极点,所以总的相移为 90°。

式(6-12)表明,闭环增益的低频增益为 $\dfrac{A_{\text{V0}}}{1+\beta A_{\text{V0}}}$,因为令 $\beta A_{\text{V0}} \gg 1$,则 $1+\beta A_{\text{V0}} \approx \beta A_{\text{V0}}$,从而闭环增益的低频增益约等于 $\dfrac{1}{\beta}$。从而开环增益 A_{V0},与闭环增益 $\dfrac{1}{\beta}$ 相除,结果为环路增益 βA_{V0}。若 $\beta A_{\text{V0}} \gg 1$,则

$$环路增益 = \frac{开环增益}{闭环增益} \tag{6-15}$$

在后面章节中,我们需要绘制环路增益的波特图,绘制方法可以基于图 6-9 的接近快速得到。首先绘制开环增益的波特图,然后在开环增益的幅频响应曲线中绘制闭环增益的低频增益直线,最后将横坐标轴上移至闭环增益的低频增益幅值处,则新坐标系中的开环增益,就是真正的环路增益幅频响应了。

6.2.2 仿真实验

反馈带来频率特性的变化-案例

本例仿真反馈放大器的频率特性。构造基本的五管单元放大器,接成负反馈的形式。仿真电路图如图 6-8 所示。对该放大器做 AC 仿真,得出其波特图如图 6-10 所示。为了便于理解开环增益,闭环增益和环路增益之间的关系,三个增益均需要仿真。波形显示,环路增益曲线由开环增益曲线直接下移得到;闭环增益与开环增益的增益带宽积几乎相同。

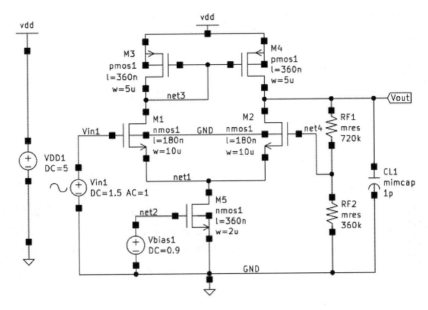

图 6-9 反馈放大器频率特性仿真电路图

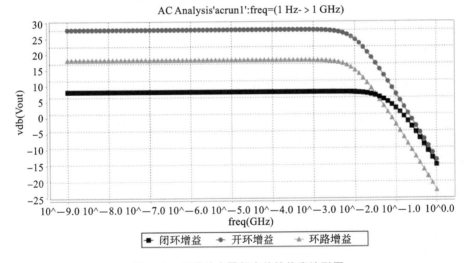

图 6-10 反馈放大器频率特性仿真波形图

6.2.3 互动与思考

读者可以自行改变反馈系数,观察反馈系数变化后的闭环增益的低频增益值,带宽和增益带宽积。同时观察不同反馈系统下的闭环增益和环路增益之间的关系。

请读者思考:

(1)式(6-15)是一个精确的公式,还是一个近似公式?

(2)在同一个坐标系中,画出闭环增益的低频增益,该低频增益直线与放大器的开环增益曲线相交的频率即为该闭环增益下的带宽。请给出理论依据。

(3)式(6-12)和式(6-15)的推导是基于单极点放大器而言的。若放大器存在两个极点,式(6-12)和式(6-15)还成立吗?

(4)在辐频响应曲线上,为何闭环传递函数的低频增益和带宽的交点(即-3 dB增益点)始终位于-20 dB/DEC的斜线上?

◀　6.3　反馈导致闭环阻抗变化　▶

6.3.1　特性描述

反馈导致闭环
阻抗变化-视频

反馈系统中,将输出节点经过反馈网络之后接到输入,其实对输出节点的阻抗和输入节点的阻抗必定产生影响。基于图 6-4(b)所示的反馈放大器,我们来分析输出节点的总电阻,绘制计算小信号输出电阻的电路如图 6-11 所示。注意,为了简单直观的解释输出阻抗的计算,此处绘制的电路图,并不是严格意义上的小信号等效电路,而是一个"大""小"信号混合的电路。放大器本身的输出电阻为

$$R_{\text{out,O}} = r_{\text{O2}} \parallel r_{\text{O4}} \tag{6-16}$$

式中脚标"o"表示开环。由原图 6-11 可以推导出

$$i_x = \frac{v_x}{r_{\text{O2}} \parallel r_{\text{O4}} \parallel (R_1 + R_2)} + \beta g_{\text{m}} v_x \tag{6-17}$$

式中 $\beta = R_2/(R_1 + R_2)$。脚标"c"表示闭环,式(6-17)可以变形为

$$R_{\text{out,C}} = \frac{v_x}{i_x} = \frac{r_{\text{O2}} \parallel r_{\text{O4}} \parallel (R_1 + R_2)}{1 + \beta g_{\text{m}} [r_{\text{O2}} \parallel r_{\text{O4}} \parallel (R_1 + R_2)]} \tag{6-18}$$

令 $R_1 + R_2 \gg r_{\text{O2}} \parallel r_{\text{O4}}$,上式变形为

$$R_{\text{out,C}} = \frac{R_{\text{out,O}}}{1 + \beta g_{\text{m}} R_{\text{out,O}}} \tag{6-19}$$

$$R_{\text{out,C}} = \frac{R_{\text{out,O}}}{1 + \beta A_{\text{V}}} \tag{6-20}$$

式(6-20)表明,一个电路的闭环输出电阻,等于该电路的开环输出电阻除以系数($1 + \beta A_{\text{V}}$)。即,因为反馈,电路的输出电阻大幅下降了。

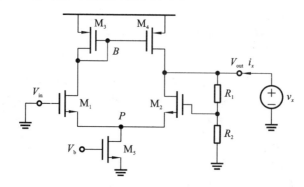

图 6-11　经典五管单元 OTA 的反馈电路

对于一个电压放大器而言,输出电阻大幅减小,意味着输出电压信号更加理想,能驱动的幅值也更加没有限制。

有同学可能说,这个基本五管单元不是 OTA 吗? 其输出应该是电流信号啊! 输出是电流的放大器小信号输出电阻减小并不是好事,会让电路变得更加不理想。其实,这个电路接成的负反馈结构,却是将输出当作电压来用的。关于放大器的反馈类型在 6.5 节讲述。

因为栅极输入阻抗在低频下无穷大,我们来考虑一个共栅级放大器的例子,如图 6-12(a)所示。为计算输入电阻,我们在输入端口加入测试电压 v_x 和测试电流 i_x。同样,这个电路一个"大""小"信号混合的电路。进一步,画出其小信号等效电路图 6-12(b)。

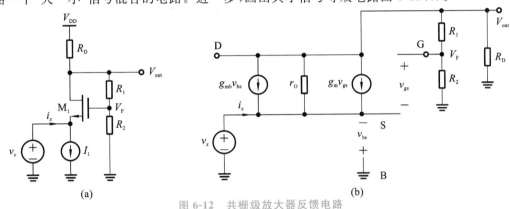

图 6-12 共栅级放大器反馈电路

电路的开环输入电阻为

$$R_{\mathrm{in,O}} = \frac{1}{g_{\mathrm{m}} + g_{\mathrm{mb}}} \tag{6-21}$$

为了避免反馈网络影响电路的阻抗导致电路工作不正常,通常假设 $R_1 + R_2 \gg R_D$。为了计算的简单,忽略 M_1 管的沟长调制效应,则

$$-i_x = g_{\mathrm{mb}} v_x + g_{\mathrm{m}} (-\beta i_x R_{\mathrm{D}} + v_x) \tag{6-22}$$

即

$$R_{\mathrm{in,C}} = \frac{v_x}{i_x} = \frac{1}{g_{\mathrm{m}} + g_{\mathrm{mb}}} (1 + \beta g_{\mathrm{m}} R_{\mathrm{D}}) \tag{6-23}$$

由式(2-87),$A_{\mathrm{V}} = \dfrac{1 + (g_{\mathrm{m}} + g_{\mathrm{mb}}) r_{\mathrm{O}}}{R_{\mathrm{D}} + R_{\mathrm{S}} + r_{\mathrm{O}} + (g_{\mathrm{m}} + g_{\mathrm{mb}}) r_{\mathrm{O}} R_{\mathrm{S}}} R_{\mathrm{D}}$,当 $R_{\mathrm{S}} = 0$,r_{O} 很大时,$A_{\mathrm{V}} = (g_{\mathrm{m}} + g_{\mathrm{mb}}) R_{\mathrm{D}} \approx g_{\mathrm{m}} R_{\mathrm{D}}$,这正是式(6-23)中的一项,从而有

$$R_{\mathrm{in,C}} = R_{\mathrm{in,O}} (1 + \beta A_{\mathrm{V}}) \tag{6-24}$$

式(6-24)表明,一个电路的闭环输入电阻,等于该电路的开环输出电阻乘以系数$(1 + \beta A_{\mathrm{V}})$。即,因为反馈,电路的输入电阻大幅增加了。

总体而言,反馈放大器的输入阻抗和输出阻抗,与开环放大器相比,均出现了系数$(1 + \beta A_{\mathrm{V}})$。是变成系数的倍数,还是变成系数分之一,将在 6.6 节～6.9 节具体探讨规律和原因。

6.3.2 仿真实验

为了验证图 6-4(b)的反馈放大器和经典五管单元的输出电阻的差异,可以来驱动同一个电容负载,反馈放大器闭环输出电阻仿真电路图和波形图分别如图 6-13 和图 6-14 所示。结果显示,闭环输出电阻,大约为开环输出电阻的 1/10。

反馈导致闭环
阻抗变化-案例

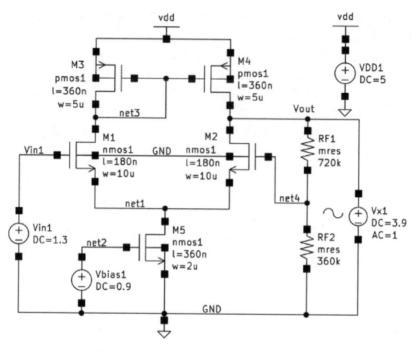

图 6-13   反馈放大器输出电阻仿真电路图

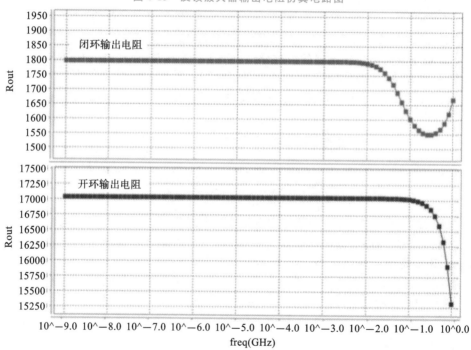

图 6-14   反馈放大器输出电阻仿真波形图

6.3.3   互动与思考

读者可以自行改变反馈电阻、反馈系数、尾电流大小等参数,观察放大器闭环输出电阻和开环输出电阻的变化。

请读者思考：

(1)本例计算中，只计算了开环和闭环状态下的输出电阻。请问，如果考虑电路中的寄生电容，请问闭环阻抗还与开环阻抗之间满足$(1+\beta A_V)$系数关系么？

(2)图 6-4(b)的输入阻抗，也满足闭环与开环之间的关系么？

(3)基于本节的两个实例，请读者尝试自己总结一个闭环放大器输入阻抗和输出阻抗，与对应的开环放大器输入阻抗和输出阻抗的对应关系。

(4)闭环输入阻抗和闭环输出阻抗的变化，对电路带来什么样的影响？

◀ 6.4 反馈系统的反馈电路实现 ▶

6.4.1 特性描述

在之前的电路实例中，我们用两个电阻，将输出电压的部分值反馈至五管 OTA 的反向输入端，就构成一个简单的反馈系统，构成该反馈系统的反馈系数 $\beta = R_2/(R_1+R_2)$ 是一个比例值。那么，我们是仅仅关心这个比例值呢？还是得关系两个电阻的具体值呢？或者说，如果我们要设计 2 倍的闭环增益，是不是只需满足 $R_1 = R_2$ 即可？

反馈系统的反馈
电路实现-视频

显然，这个说法并不正确。我们在学习源极跟随器时，讲过输出阻抗与负载阻抗的关系，知道了一个电路本身的输出阻抗，与负载阻抗之间需要满足一定的关系。例如，一个电压放大器驱动一个电阻负载，我们可以用图 6-15 所示的模型来解释电路工作情况。

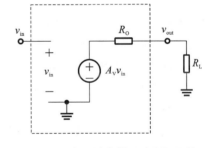

$$v_{out} = \frac{R_L}{R_O + R_L} A_V\, v_{in} \qquad (6\text{-}25)$$

图 6-15 电压放大器驱动电阻负载

变形得到电路的有效增益为

$$\frac{v_{out}}{v_{in}} = \frac{R_L}{R_O + R_L} A_V \qquad (6\text{-}26)$$

式(6-26)表明，放大器自身的输出阻抗，对放大器的增益产生影响。若 $R_O = 0$，则放大器的输出电压是一个"理想"的电压信号，无论负载电阻 R_L 多小，都能得到最大的增益 A_V。相反，若 $R_O \neq 0$，则放大器的增益恒低于 A_V。

虽然我们在电路设计时，希望电压放大器的输出阻抗尽可能小，但也不可能为 0。此时，为提供尽可能好的放大"效果"，则要求 R_L 尽可能大。

同理，如果是一个电流放大器，则希望其自身的输出阻抗尽可能大，而负载阻抗尽可能低，才能实现更理想的电流放大。反馈网络接在放大器上，也构成了放大器的负载。

放大器，存在输出电阻和负载的关系，也同样存在着输入端口上信号源内阻和输入阻抗的关系。例如，图 6-16 给出了一个电流放大器的输入阻抗和信号源的模型。该电流放大器的输入电阻不是理想情况下的"0",而是一个有限值 R_{in}。假定负载电阻 R_L 为 0,则该放大器的电流增益实际为

$$\frac{i_{out}}{i_S} = \frac{R_s}{R_s + R_{in}} A_I \qquad (6-27)$$

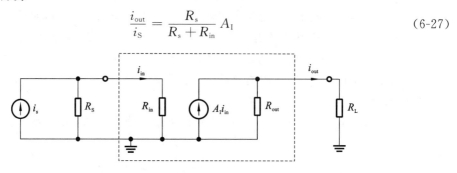

图 6-16   信号源内阻对电流放大器的影响

式(6-27)表明,如果 R_{in} 足够小,或者 R_s 足够大,则放大器能实现最高效率的电流放大。进一步,如果图 6-16 的电路的负载电阻 R_L 不为 0,则电流增益进一步降低为

$$\frac{i_{out}}{i_S} = \frac{R_s}{R_s + R_{in}} \frac{R_{out}}{R_{out} + R_L} A_I \qquad (6-28)$$

综上所述,反馈网络既会影响放大器的输出阻抗,也会影响放大器的输入阻抗。这说明,反馈电路的设计,不仅仅是反馈系数本身,还应该特别考虑反馈电路的输入阻抗和输出阻抗。因为输入阻抗和输出阻抗,会影响放大器的增益。

反馈电路的本质,是对输出信号采样,然后对采样到的输出信号(电压或者电流)取全部或者部分反馈到输入。什么样的电路,能对电压或者电流实现最理想的采样,且不会影响被采样信号? 当然是理想的电压表和电流表。电压表的最基本特征是其输入阻抗为无穷大,而电流表的最基本特征是其输入阻抗为无穷小。

回到反馈电路的实现上,如果我们要检测输出电压,则需要一个输入阻抗尽可能大的电路;如果我们要检测的是输出电流,则需要一个输入阻抗尽可能小的电路。

我们将图 6-4(b)所示电路再次画在图 6-17 中。图中 R_1 和 R_2 构成反馈电路,也构成了输出节点的负载。按照刚才的分析,我们希望 $R_1 + R_2$ 尽可能大,才不至于让放大器的放大效果变差。图中用虚线框标出了反馈网络,以及反馈网络的输入电阻 r_{FBi} 和输出电阻 r_{FBo}。

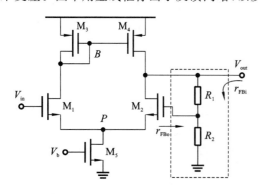

图 6-17   反馈电路对放大器的影响

图 6-17 电路检测输出电压,则要求该电路的输入阻抗尽可能大,从而我们需要选择很大的两个电阻值。众所周知,集成电路中要实现很大的电阻,则需要很大的面积,这增加了芯片的成本。另外,用电阻实现的反馈网络,其实存在一个矛盾。我们要求输入电阻 r_{FBi} 尽可能大,而输出电阻 r_{FBo} 尽可能小(输出电阻越小,输出电压信号就越理想),显然,这是不可能的。当然,因为从 M_2 的栅极看进去的输入阻抗在低频下为无穷大,所以,此处电路的输出电阻即使大一点,也不影响电路正常工作。

将图 6-17 的电路换成图 6-18 所示的电路,能解决很多困难。

电容串联后作为放大器的负载,其在低频下的阻抗非常高,可以实现非常好的电压检测。电容的阻抗为 $1/Cs$,即使电容值很小,也能实现很大的阻抗。前提是电路工作的频率较低。唯一需要注意的是,图 6-18 电路中,反馈电压 V_{FB} 没有固定的直流电压,从而无法确定 M_2 直流工作点,导致电路无法正常工作。从而,我们只需为 M_2 提供一个固定的直流偏置电压,再叠加上此处检测到的变化的输出电压的部分或者全部即可。即,我们检测输出电压,只检测输出电压的交流部分,而不用管直流部分。

从而,对于经典五管 OTA 的反馈电路而言,用电阻反馈则需要 $R_1 + R_2 \gg r_{O2} \parallel r_{O4}$,而用电容反馈,则无需大电容。显然前者比后者的代价大很多。

当然,如果我们要检测电流,则小电阻是最佳选择。

负反馈电路的另外一个问题是,反馈的信号如何与输入信号相减。图 6-19 给出了电流相减和电压相减的原理。电流相减的实现非常简单,依据的是"节点电流"原理,如图 6-19(a)所示。电压相减,可依据图 6-19(b)所示"环路电压"原理。

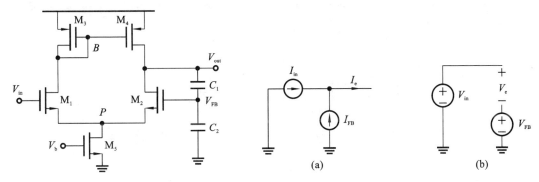

图 6-18 采用电容反馈的反馈放大器电路   图 6-19 反馈信号和输入信号相减的原理

实现电压相减,采用的电压串联连接方式。实现两个电压相减,可以有三种常见的方式。第一种利用图 6-20(a)所示的差分对方式,能天然的实现两个电压相减。另外,我们知道 MOS 管的 V_{GS} 是调节 MOS 管电流最主要的原因,从而将输入电压和反馈电压接到 MOS 管的栅极和源极,则输入电压和反馈的相对变化(之差)就能调节 MOS 管的电流,实现跨导。图 6-20(b)和(c)是用 MOS 管的 V_{GS} 实现两个电压相减的原理示意图。按照输入信号所在的端口不同,MOS 管分别工作在共源极和共栅极状态下。不过,无论是共源极,还是共栅极,都是输入电压与反馈电压的相对差值产生 V_{GS} 去调节 MOS 管电流。

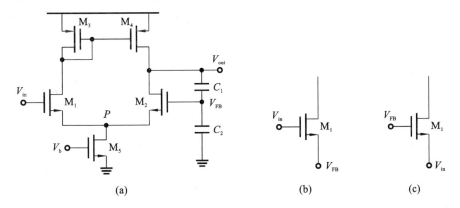

图 6-20 输入电压与反馈电压相减的具体实现

前面关于反馈电路的讲解中,检测到的电压信号或者电流信号,经过一个无量纲的系数 β 后,还是电压信号或者电流信号,与输入电压或者电流相减。这样的反馈电路用在电压放大器或电流放大器中。

根据本书 4.7 节介绍的,放大器有四种,除了电压放大器和电流放大器之外,还有跨导放大器和跨阻放大器,从而,反馈电路还有可能需要把输出电压信号变成反馈电流信号,与输入电流相减;或者还有可能需要把输出电流信号变成电压信号,与输入电压相减。相关的四种放大器,对应的四种反馈结构,将在本书 6.5 节讲述。此处,只讲述反馈电路如何实现将电流转换为电压,或者如何将电压转换为电流。

将检测到的电流转换为电压,最简单的实现方式是利用电阻。电流流过一个电阻,就会产生对应的电压。如图 6-21(a)电路,可以将输出电流检测后转换为电压反馈到输入端。此处的 R_1 是采样电阻,为了减小该采样电阻对电路的影响,R_1 的取值原则是尽可能小。将电压转换为电流,最简单的实现方式是利用 MOS 管。加载到栅极的电压,利用共源极的工作方式,能在漏端产生一个变化的电流。如图 6-21(b)电路,可以将输出电压检测后转换为电流反馈到输入端。

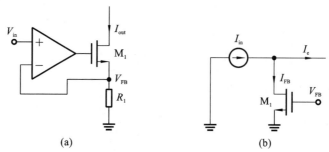

图 6-21　反馈电路将电压和电流互换

6.4.2　仿真实验

反馈系统的反馈
电路实现-案例

本例将仿真经典五管 OTA 反馈电路。我们考虑两种反馈网络,电容反馈网络和电阻反馈网络,仿真电路图如图 6-22 所示,仿真波形在图 6-23 中。我们假定两电阻和电容均相等,看看最终闭环增益是不是为 2。越接近 2,则说明反馈网络对放大器的影响越小。

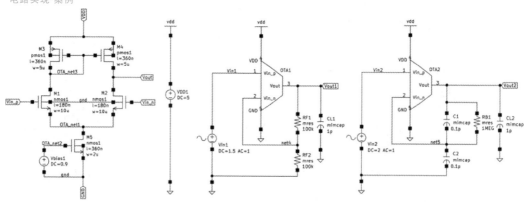

图 6-22　两种反馈网络的放大器仿真电路图

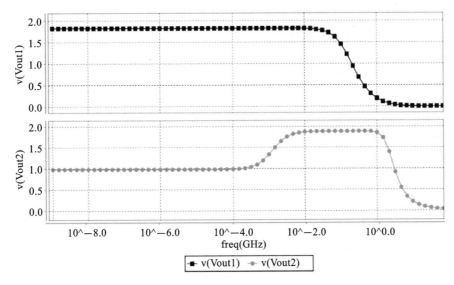

图 6-23　两种反馈网络的放大器仿真波形图

6.4.3　互动与思考

读者可以自行修改反馈网络的电阻值和电容值,观察 2 倍增益放大器的增益精度。

请读者思考:

(1)在用电阻反馈网络的放大器中,如何确定反馈电压和输入电压的?

(2)反馈网络中的 R_1 和 R_2 应该如何取值? 如果不考虑面积而只关心电路性能,是选择大的阻值,还是应该选择小的阻值?

(3)如果用电容构成反馈网络,则反馈网络的阻抗与频率和电容值都有关。电容的取值有何依据?

(4)纯粹用电容反馈时,因为无直流电平而导致电路无法工作。仿真中,通过加入极大电阻来保证栅极输入的直流电平。1 MΩ 电阻也会占用相当大的面积。请问电容反馈还有意义吗?

(5)图 6-21(a)是负反馈吗?

◀　6.5　反馈的四种结构　▶

6.5.1　特性描述

放大器有如图 6-24 所示的四种结构,依次为图 6-24(a)所示的电压放大器,图 6-24(b)所示的跨导放大器 ,图 6-24(c)所示的电流放大器,图 6-24(d)

反馈的四种
结构-视频

所示的跨阻放大器。这四种放大器，其实就是电路中的基本元件：电压控制电压源（VCVS）、电压控制电流源（VCCS）、电流控制电流源（CCCS）、电流控制电压源（CCVS）。基于这四种放大器，就构成了四种反馈结构，如图 6-25 所示。

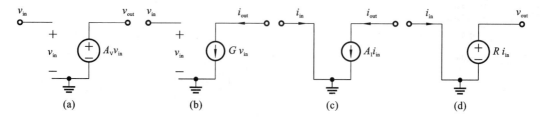

图 6-24　放大器的四种类型

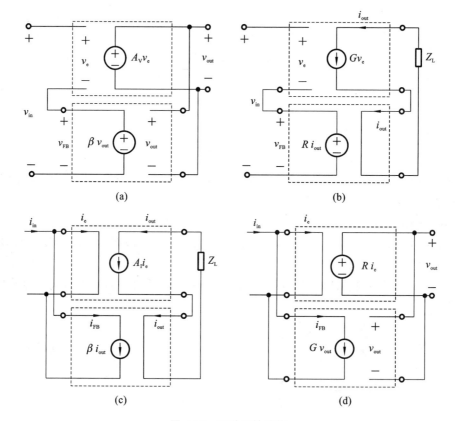

图 6-25　四种反馈结构

图 6-25(a)中，主放大器是电压放大器，电压增益为 A_V。需要把输出电压 v_{out} 采样，并乘以系数 β 后得到反馈电压 $v_{FB} = \beta v_{out}$。此处的反馈系数，也需要一个电压到电压的放大器。输出电压要与放大器的输出是并联，才能采样输出电压。反馈电路的输出电压，需要与输入电压相减，电压与电压相减的方法是串联。从而，图 6-25(a)电路结构被称为电压-电压负反馈，或者叫并联-串联负反馈，或者叫电压-串联负反馈。这三种说法，都是前一个词表示放大器输出端的信号或者连接方式，后一个词表示放大器输入端的信号或者连接方式（注：可能不同的教材有不同的说法，个别教材里出现了信号类型与串并联方式说法的次序区别对待，

个人并不认同）。由图 6-1 可知,该电路的闭环增益为

$$A_C = \frac{A_V}{1 + \beta A_V} \tag{6-29}$$

图 6-25(b)中,主放大器是跨导放大器(增益为 G),反馈环节为跨阻放大器(增益为 R)。该电路可称为电流电压负反馈,或者叫串联串联负反馈,或者叫电流串联负反馈。该电路的闭环增益为

$$A_C = \frac{G}{1 + RG} \tag{6-30}$$

图 6-25(c)中,主放大器为电流放大器(增益为 A_I),反馈环节也为电流放大器(增益为 β)。该电路可称之为电流电流负反馈,或者叫串联并联负反馈,或者叫电流并联负反馈。该电路的闭环增益为

$$A_C = \frac{A_I}{1 + \beta A_I} \tag{6-31}$$

图 6-25(d)中,主放大器为跨阻放大器(增益为 R),反馈环节为跨导放大器(增益为 G)。该电路可称为电压电流负反馈,或者叫并联并联负反馈,或者叫电压并联负反馈。该电路的闭环增益为

$$A_C = \frac{R}{1 + RG} \tag{6-32}$$

图 6-25 中的四个结构中,无论是主放大器,还是反馈放大器(增益为无量纲的 β,或者 R,或者 G),均采用了理想模型。即忽略了所有的输入阻抗和输出阻抗。

6.5.2　仿真实验

本例使用四种基本电路元件(压控电压源、压控电流源、流控电压源、流控电流源),构建四种放大器的宏模型,然后构成负反馈电路,分别仿真看电路的开环增益和闭环增益。仿真电路图如图 6-26 所示,仿真波形如图 6-27 所示。

反馈的四种
结构-案例

6.5.3　互动与思考

读者可以在不改变反馈网络的基础上,改变前向放大器的增益值,看看闭环增益是否有变化。

请读者思考:

(1)本节所有电路均忽略了电阻,考虑的是理想情况。如果考虑电阻,反馈放大器的哪些特性会出现变化?

(2)请读者思考,是不是所有反馈电路,均可划分到本节所提到的四种结构中去?

(3)如果放大器的增益与频率有关,则反馈放大器的闭环增益也与频率有关么?满足什么规律?

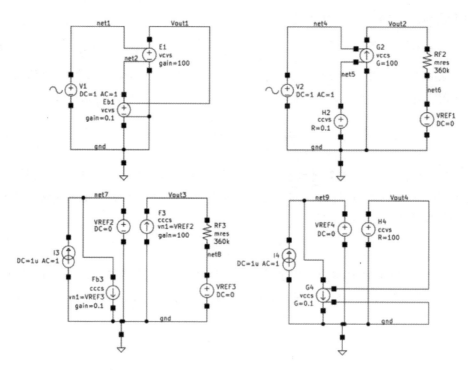

图 6-26　四种反馈电路仿真电路图

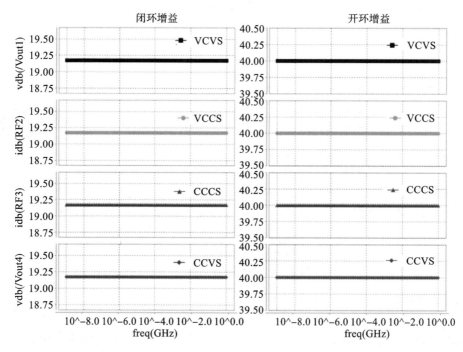

图 6-27　四种反馈电路仿真波形图

◀ 6.6 电压电压负反馈 ▶

6.6.1 特性描述

上一节讲述中,所有电路均为理想的电压源或者电流源,即忽略了所有的电阻。如果考虑这些电阻,反馈放大器所表现出来的闭环输出阻抗和闭环输入阻抗会出现哪些变化? 对放大器的闭环增益有影响么?

在前一节的基础上稍加难度,本节仅考虑放大器的输出电阻,而忽略反馈网络的电阻。基于图 6-28 所示电路,我们来分析电压电压负反馈结构的闭环增益,闭环输出电阻和闭环输入电阻。该电路中,放大器的开环输入电阻为 r_{io},开环输出电阻为 r_{oo},开环增益为 A_V。图中,忽略了输入信号源内阻以及反馈环节的输入电阻和输出电阻。

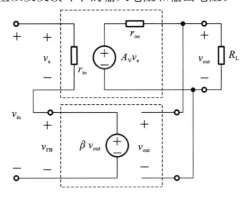

图 6-28 考虑放大器阻抗的电压电压负反馈结构

对图 6-28 列写如下方程

$$\begin{cases} v_e = v_{in} - v_{FB} \\ v_{FB} = \beta v_{out} \\ v_{out} = \dfrac{R_L}{r_{oo} + R_L} A_V\, v_e \end{cases} \qquad (6\text{-}33)$$

求解得到放大器的闭环增益

$$A_{VC} = \frac{v_{out}}{v_{in}} = \frac{\alpha A_V}{1 + \alpha \beta A_V} \qquad (6\text{-}34)$$

式中:$\alpha = \dfrac{R_L}{r_{oo} + R_L}$。电路实现中,我们往往要求 $r_{oo} \ll R_L$,则 $\alpha \approx 1$,从而式(6-34)变为我们

熟悉的闭环增益表达式 $A_{VC} = \dfrac{A_V}{1 + \beta A_V}$。

为计算反馈放大器的闭环输出电阻,绘制图 6-29 的小信号等效电路。列写如下方程

$$\begin{cases} v_e = -\beta v_x \\ v_x = i_x r_{oo} + A_V\, v_e \end{cases} \qquad (6\text{-}35)$$

求解得到闭环输出电阻为

$$r_{\text{oc}} = \frac{v_x}{i_x} = \frac{r_{\text{oo}}}{1 + \beta A_V} \tag{6-36}$$

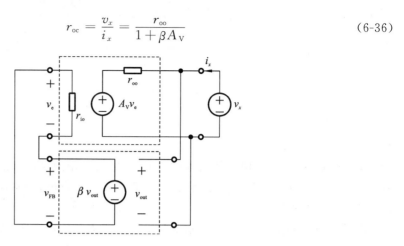

图 6-29　计算电压电压负反馈结构闭环输出阻抗的小信号电路图

为计算反馈放大器的闭环输入电阻,绘制图 6-30 所示的小信号等效电路。列写如下方程

$$\begin{cases} v_{\text{e}} = v_x - \beta v_{\text{out}} \\ i_x = v_{\text{e}} / r_{\text{io}} \\ v_{\text{out}} = \dfrac{R_{\text{L}}}{r_{\text{oo}} + R_{\text{L}}} A_V v_{\text{e}} \end{cases} \tag{6-37}$$

求解得到闭环输入电阻为

$$r_{\text{ic}} = \frac{v_x}{i_x} = r_{\text{io}} \left(1 + \frac{R_{\text{L}}}{r_{\text{oo}} + R_{\text{L}}} \beta A_V \right) \tag{6-38}$$

同理,$r_{\text{oo}} \ll R_{\text{L}}$,则 $\dfrac{R_{\text{L}}}{r_{\text{oo}} + R_{\text{L}}} \approx 1$,从而

$$r_{\text{ic}} = r_{\text{io}} (1 + \beta A_V) \tag{6-39}$$

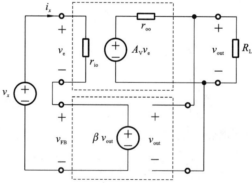

图 6-30　计算电压电压负反馈结构闭环输入阻抗的小信号电路图

　　计算出了闭环增益、闭环输入阻抗和闭环输出阻抗之后,我们发现一个共同的规律,三个表达式中均出现了系数 $(1 + \beta A_V)$。区别是,闭环增益和闭环输出阻抗是除以该系数,而闭环输入阻抗是乘以该系数。

　　图 6-31 给出了两个常见的电压电压负反馈电路实例。两个电路均在 6.3 节介绍过。两个电路都是将输出电压采样、分压后,与输入电压相减得到误差信号并放大。学习了本节的相关结论之后,我们其实可以快速计算反馈放大器的闭环增益、闭环输入电阻和闭环输出

电阻。计算的依据是,找出前向放大器的开环增益、开环输入电阻、开环输出电阻、以及反馈系数或者环路增益,然后利用式(6-34)、式(6-36)、式(6-39)直接计算。既然是分开计算,就需要将环路断开,区分前向放大器和反馈网络。图 6-32 中,给出了环路断开的位置,并用虚线框标出了前向放大器和反馈电路。

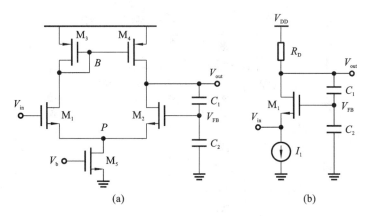

图 6-31 常见的电压电压负反馈结构电路

图 6-32(a)的开环增益为 $g_{\mathrm{m}}(r_{\mathrm{O2}} \parallel r_{\mathrm{O4}})$,开环输入阻抗为无穷大,开环输出阻抗为 $(r_{\mathrm{O2}} \parallel r_{\mathrm{O4}})$,反馈系数为 $C_1/(C_1+C_2)$。图 6-32(b)的开环增益为 $(g_{\mathrm{m}}+g_{\mathrm{mb}})R_{\mathrm{D}}$,开环输入阻抗为 $1/(g_{\mathrm{m}}+g_{\mathrm{mb}})$,开环输出阻抗为 R_{D},反馈系数为 $C_1/(C_1+C_2)$。

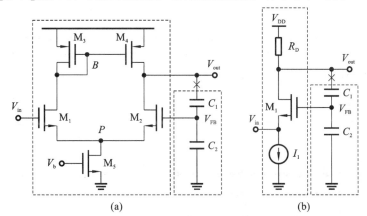

图 6-32 常见电压电压负反馈电路闭环断开

读者可以快速写出电路的闭环增益、闭环输入阻抗和闭环输出阻抗,此处不再赘述。

6.6.2 仿真实验

本例,基于宏模型来仿真电压电压负反馈电路的环路增益特性。特别注意观察放大器的开环输出电阻与负载电阻的关系,二者将决定整个反馈放大器的开环增益和闭环增益。仿真电路如图 6-33 所示,仿真波形如图 6-34 所示。结果显示,负载电阻越小,开环或闭环获得的增益均减小,负载效应越明显。当负载为 $100\ \Omega$ 时,开环增益为 28 dB,约为大负载电阻下的 $1/4$;闭环增

电压电压负
反馈-案例

益衰减至 17.1 dB,约为大负载电阻下的 7/10。相比之下,由于运放输出电阻被降低的原因,闭环增益对负载效应有改善效果。

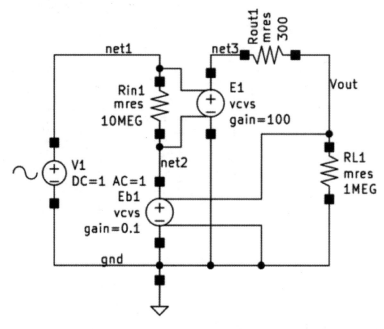

图 6-33 电压电压负反馈宏模型仿真电路图

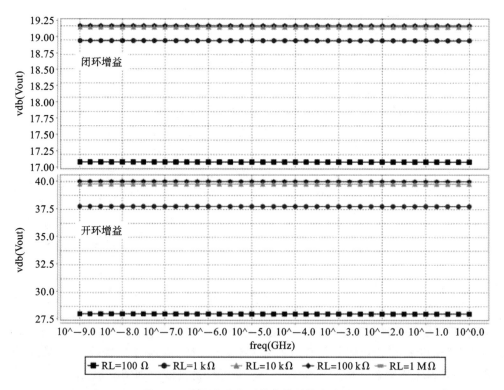

图 6-34 电压电压负反馈宏模型仿真波形图

6.6.3 互动与思考

读者可以调整开环输入电阻、开环输出电阻和负载电阻的值,观察闭环增益的变化情况。也可以在放大器的输出端并联一个电容,观察开环增益和闭环增益的频率特性。

请读者思考:

(1)如果考虑反馈电路的输入阻抗和输出阻抗,本节的分析要做哪些修正?结果的变化趋势是什么?

(2)CMOS 实现的放大器输入阻抗在低频下是无穷大,那么本节计算的输入电阻是否还有意义?

◀ 6.7 电流电压负反馈 ▶

6.7.1 特性描述

电流电压负
反馈-视频

基于图 6-35 所示电路来分析电流电压负反馈结构的闭环增益,闭环输出电阻和闭环输入电阻。该电路中,放大器的开环输入电阻为 r_{io},开环输出电阻为 r_{oo},开环增益为 G。反馈电路是将电流转换为电压,所以反馈电路的增益为 R。图中,忽略了输入信号源内阻,以及反馈环节的输入电阻和输出电阻。

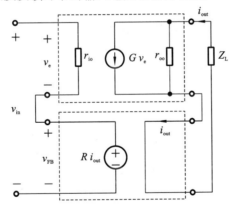

图 6-35 考虑放大器阻抗的电流电压负反馈结构

对图 6-35 列写如下方程

$$\begin{cases} v_e = v_{in} - v_{FB} \\ v_{FB} = R\,i_{out} \\ i_{out} = \dfrac{r_{oo}}{r_{oo} + Z_L} G\,v_e \end{cases} \tag{6-40}$$

求解得到闭环跨导增益为

$$G_C = \frac{i_{out}}{v_{in}} = \frac{\alpha G}{1 + \alpha R G} \tag{6-41}$$

式中：$\alpha = \dfrac{r_{oo}}{r_{oo} + Z_L}$。电路实现中，我们往往要求 $r_{oo} \gg Z_L$，则 $\alpha \approx 1$，从而式(6-41)变为我们熟悉的闭环增益表达式 $G_C = \dfrac{G}{1 + RG}$。

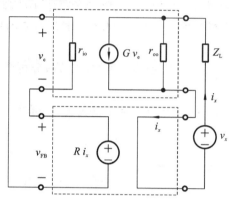

图 6-36　计算电流电压负反馈结构闭环输出阻抗的小信号电路图

为计算反馈放大器的闭环输出电阻，绘制图 6-36 的小信号等效电路。列写如下方程

$$\begin{cases} v_e = -R\,i_x \\ v_x = i_x Z_L + (i_x - G v_e)\,r_{oo} \end{cases} \tag{6-42}$$

求解得到

$$r_{oc} = \frac{v_x}{i_x} = Z_L + (1 + RG)\,r_{oo} \tag{6-43}$$

因为 $r_{oo} \gg Z_L$，则式(6-43)变化为

$$r_{oc} = (1 + RG)\,r_{oo} \tag{6-44}$$

为计算反馈放大器的闭环输入电阻，绘制图 6-37 的小信号等效电路。列写如下方程

$$\begin{cases} v_e = v_x - R\,i_{out} \\ i_x = v_e / r_{io} \\ i_{out} = \dfrac{r_{oo}}{r_{oo} + Z_L} G\,v_e \end{cases} \tag{6-45}$$

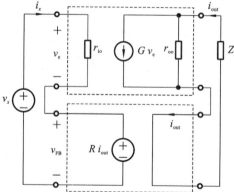

图 6-37　计算电流电压负反馈结构闭环输入阻抗的小信号电路图

求解得到闭环输入电阻为

$$r_{\mathrm{ic}} = \frac{v_x}{i_x} = r_{\mathrm{io}} \left(1 + \frac{r_{\mathrm{oo}}}{r_{\mathrm{oo}} + Z_{\mathrm{L}}} RG \right) \tag{6-46}$$

同理，$r_{\mathrm{oo}} \gg Z_{\mathrm{L}}$，则 $\dfrac{r_{\mathrm{oo}}}{r_{\mathrm{oo}} + Z_{\mathrm{L}}} \approx 1$，从而

$$r_{\mathrm{ic}} = r_{\mathrm{io}} (1 + \beta A_{\mathrm{V}}) \tag{6-47}$$

计算出了闭环增益、闭环输入阻抗和闭环输出阻抗之后，我们发现一个共同的规律，三个表达式中均出现了一个相同的系数 $(1 + \beta A_{\mathrm{V}})$。区别是，闭环增益是除以该系数，而闭环输出阻抗和闭环输入阻抗是乘以该系数。

图 6-38 给出了两个电流电压负反馈的电路实例。其中 6-38(a) 所示的为一个给电池恒流充电的简易电路。该电路中，R_{S} 为采样电阻，实现对输出电流的检测，变成电压值 $R_{\mathrm{S}} I_{\mathrm{out}}$，在该电压经过 A_1 放大后，与 V_{in} 做误差比较，再去调节 M_1 的电流，实现负反馈。最终实现 $V_{\mathrm{in}} = R_{\mathrm{S}} I_{\mathrm{out}} A_1$。如果设定 V_{in} 为某一固定值，则输出电流 I_{out} 也为固定值，这就实现了电池的恒流充电。在该电路中，R_{S} 为用于感知电流的采样电阻，为了提高电路的充电效率，R_{S} 为取值应该尽可能小。

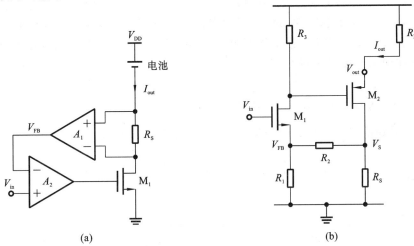

图 6-38　电流电压负反馈电路实例

图 6-38(a) 中，假定电池电流 I_{out} 变大，则 $R_{\mathrm{S}} I_{\mathrm{out}}$ 变大，从而 V_{FB} 变高，在 V_{in} 不变的情况下，则 A_2 输出电压变小，从而 M_1 电流 I_{out} 变小。可见，该电路是负反馈结构。

图 6-38(b) 所示电路的输出电流也是通过 R_{S} 实现采样，得到采样电压 $V_{\mathrm{S}} = R_{\mathrm{S}} I_{\mathrm{out}}$，接着，由 R_1 和 R_2 分压得到 $V_{\mathrm{FB}} = \dfrac{R_1}{R_1 + R_2} R_{\mathrm{S}} I_{\mathrm{out}}$。最终，由 V_{in} 与 V_{FB} 的差值实现对 M_1 的电流调节，通过源极负反馈共源极放大器之后，再去调节 M_2 的电流，实现恒定的跨导增益。为实现上述电路功能，R_{S} 应该尽可能小，从而让 M_2 的电流全部流过 R_{S} 而不要流过 R_2。如果流过 R_2，则采样电路会导致输出电流产生误差。R_2 应该尽可能大，避免在 R_2 上产生电流。

接着，我们来快速计算图 6-38 两个电路的闭环增益，闭环输入电阻，闭环输出电阻。为此，先将电路环路断开，图 6-39 标出了环路断开节点位置。

(a) 图环路断开后，则反馈系数为 A_1（严格来说是 $A_1 R_{\mathrm{S}}$），开环增益为 $A_2 g_{\mathrm{M1}}$，开环输入阻抗为无穷大，开环输出阻抗为 r_{o1}，此处忽略了小采样电阻 R_{S}。从而，闭环增益为

$$G_{\mathrm{C}} = \frac{A_2 \, g_{\mathrm{M1}}}{1 + A_1 \, R_{\mathrm{S}} \, A_2 \, g_{\mathrm{M1}}} \tag{6-48}$$

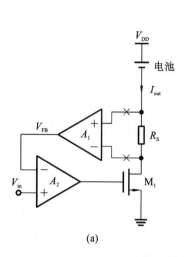

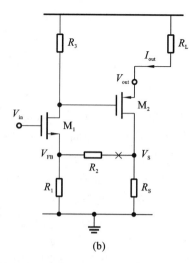

(a)   (b)

图 6-39   电流电压负反馈电路环路断开

式(6-48)中,若环路增益远大于1,则 $G_C = 1/A_1 R_S$。这个电路存在显著缺点:A_1 若是开环放大器,则 A_1 的精度很难保证,从而使得该电路的跨导增益很难实现精确值。为提高精度,可以将 A_1 用局部的负反馈结构实现。环路套环路的电路结构会给设计带来挑战。

闭环输出电阻直接列写如下

$$r_{oc} = (1 + A_1 R_S A_2 g_{M1}) r_{o1} \tag{6-49}$$

因为开环输入电阻为无穷大,则闭环也为无穷大,无需再做计算。

(b)图的环路断开后,则反馈系数为 $\dfrac{R_1}{R_1 + R_2}$(严格来说是 $\dfrac{R_1}{R_1 + R_2} R_S$),开环增益为 $-\dfrac{g_{m1} R_3}{1 + g_{m1} R_1} g_{m2}$,开环输入阻抗为无穷大,开环输出阻抗为 $1/g_{m2}$,此处忽略了小采样电阻 R_S,从而闭环增益为

$$G_C = \frac{-\dfrac{g_{m1} R_3}{1 + g_{m1} R_1} g_{m2}}{1 + \dfrac{R_1}{R_1 + R_2} R_S \cdot \dfrac{g_{m1} R_3}{1 + g_{m1} R_1} g_{m2}} \tag{6-50}$$

式(6-50)中,若环路增益远大于1,则变化为 $G_C = \dfrac{R_1 + R_2}{R_1 R_S}$。

闭环输出电阻直接列写如下

$$r_{oc} = \left(1 + \frac{R_1}{R_1 + R_2} R_S \cdot \frac{g_{m1} R_3}{1 + g_{m1} R_1} g_{m2}\right)/ g_{m2} \tag{6-51}$$

因为开环输入电阻为无穷大,则闭环也为无穷大,无需再计算了。

如果分析的更细致一点,则发现 R_2 无法取到无穷大时,V_S 节点到地的阻抗既包括了 R_S,也包括 R_1 和 R_2。即反馈网络的输入电阻不是0,这给输出信号带来坏的影响。同理,从 V_{FB} 节点到地的阻抗,既包括 R_1,也包括 R_2 和 R_S。显然,反馈网络的输出电阻不是0,这给放大器的正常工作也带来坏的影响。

这样来看,问题并没我们想象的那么简单。这个问题其实就是反馈网络的"负载效应",即反馈网络的输入电阻和输出电阻都不是理想情况,其必然对前向放大器的正常工作带来影响。该问题将在 6.10 节讲述。

6.7.2 仿真实验

电流电压负
反馈-案例

本例,基于运放的宏模型来仿真恒流充电电路。仿真电路如图 6-40 所示,仿真波形在图6-41中。电池可以用 20～50 mΩ 的内阻,串联一个 mF 级别的电容来模拟。仿真波形显示,输入电压决定了输出电流。如果给 V_{in1} 施加恒定的 3 V 电压,则电池充电电流为恒定的 30 mA。

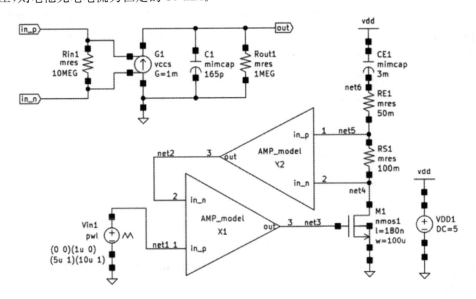

图 6-40 电流电压负反馈宏模型仿真电路图

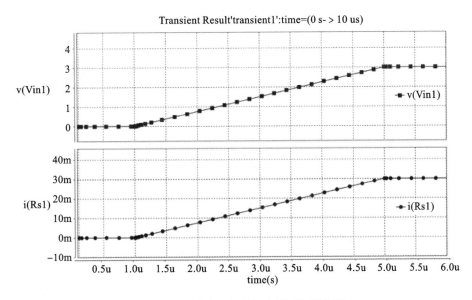

图 6-41 电流电压负反馈宏模型仿真波形

6.7.3　互动与思考

读者可以自行改变放大器宏开环输入电阻、开环输出电阻、负载电阻等参数,以及反馈网络的反馈系数,在输入电压不变的情况下,看输出电流的变化情况。读者也可以其他参数都不变的情况下,只改变电池内阻和电容,看输出电流是否变化。

请读者思考:

(1)截止目前,我们已经详细分析了两种反馈结构的闭环增益、闭环输入电阻和闭环输出电阻,发现都是开环值乘以或者除以系数$(1+\beta A_{\mathrm{V}})$。读者能否找出期中的规律,从而推导出另外两种反馈结构的相关闭环参数?

(2)图 6-39(b)所示电路是负反馈还是正反馈,请读者自行分析。

(3)图 6-40 中,如果输入电压 V_{in} 接固定值,改变 V_{dd},请问输出电流如何响应?

◀ 6.8　电流电流负反馈 ▶

6.8.1　特性描述

电流电流负
反馈-视频

基于图 6-42 所示电路来分析电流电流负反馈结构的闭环增益,闭环输出电阻和闭环输入电阻。该电路中,放大器的开环输入电阻为 r_{io},开环输出电阻为 r_{oo},开环增益为 A_{I}。反馈电路是将电流转换为电流,所以反馈电路的增益为 β。图中忽略了信号源内阻以及反馈环节的输入电阻和输出电阻。

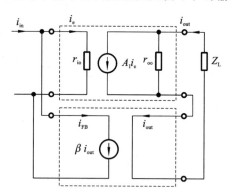

图 6-42　考虑放大器阻抗的电流电流负反馈结构

对图 6-42 列写如下方程

$$\begin{cases} i_{\mathrm{e}} = i_{\mathrm{in}} - i_{\mathrm{FB}} \\ i_{\mathrm{FB}} = \beta i_{\mathrm{out}} \\ i_{\mathrm{out}} = \dfrac{r_{\mathrm{oo}}}{r_{\mathrm{oo}} + Z_{\mathrm{L}}} A_{\mathrm{I}}\, i_{\mathrm{e}} \end{cases} \tag{6-52}$$

求解得到

$$A_{\text{IC}} = \frac{i_{\text{out}}}{i_{\text{in}}} = \frac{\alpha A_{\text{I}}}{1 + \alpha \beta A_{\text{I}}} \tag{6-53}$$

式中：$\alpha = \dfrac{r_{\text{oo}}}{r_{\text{oo}} + Z_{\text{L}}}$。电路实现中，我们往往要求 $r_{\text{oo}} \gg Z_{\text{L}}$，则 $\alpha \approx 1$，从而式（6-53）变为我们熟悉的闭环增益表达式 $A_{\text{IC}} = \dfrac{A_{\text{I}}}{1 + \beta A_{\text{I}}}$。

为计算反馈放大器的闭环输出电阻，绘制图 6-43 的小信号等效电路。注意，此时输入电流断开，列写如下方程

$$\begin{cases} i_{\text{e}} = -\beta i_x \\ v_x = i_x Z_{\text{L}} + (i_x - A_{\text{I}} i_{\text{e}}) r_{\text{oo}} \end{cases} \tag{6-54}$$

求解得到

$$r_{\text{oc}} = \frac{v_x}{i_x} = Z_{\text{L}} + (1 + \alpha \beta A_{\text{I}}) r_{\text{oo}} \tag{6-55}$$

因为 $r_{\text{oo}} \gg Z_{\text{L}}$，则式（6-55）变化为

$$r_{\text{oc}} = (1 + \beta A_{\text{I}}) r_{\text{oo}} \tag{6-56}$$

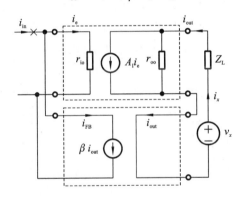

图 6-43　计算电流电流负反馈结构闭环输出阻抗的小信号电路图

为计算反馈放大器的闭环输入电阻，绘制图 6-44 的小信号等效电路。列写如下方程

$$\begin{cases} i_{\text{e}} = i_x - \beta i_{\text{out}} \\ v_x = i_{\text{e}} r_{\text{io}} \\ i_{\text{out}} = \dfrac{r_{\text{oo}}}{r_{\text{oo}} + Z_{\text{L}}} A_{\text{I}} i_{\text{e}} \end{cases} \tag{6-57}$$

求解得到闭环输入电阻为

$$r_{\text{ic}} = \frac{v_x}{i_x} = r_{\text{io}} \Big/ \Big(1 + \frac{r_{\text{oo}}}{r_{\text{oo}} + Z_{\text{L}}} \beta A_{\text{I}}\Big) \tag{6-58}$$

同理，$r_{\text{oo}} \gg Z_{\text{L}}$，则 $\dfrac{r_{\text{oo}}}{r_{\text{oo}} + Z_{\text{L}}} \approx 1$，从而

$$r_{\text{ic}} = r_{\text{io}} / (1 + \beta A_{\text{I}}) \tag{6-59}$$

计算出了闭环增益、闭环输入阻抗和闭环输出阻抗之后，我们发现一个共同的规律，即三个表达式中均出现了一个系数 $(1 + \beta A_{\text{I}})$。区别是，闭环增益和闭环输入阻抗是开环值除以该系数，而闭环输出阻抗是开环值乘以该系数。

图 6-45 所示的为电流电流负反馈的两个电路实例。图 6-45（a）中，输出电流通过 R_{S} 实

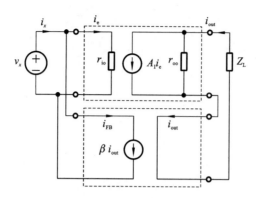

图 6-44　计算电流电压负反馈结构闭环输入阻抗的小信号电路图

现采样,得到采样电压 $V_S = R_S I_{out}$,R_2 能感知 V_S 值,并转换为电流送到输入端,与输入电流相减后送到共栅级放大器 M_1 中。通过调节 M_1 的电流,并最终控制 M_2 的电流,实现恒定的输出电流。为实现上述电路功能,R_S 应该尽可能小,从而让 M_2 的电流全部流过 R_S 而不要流过 R_2。如果流过 R_2,则采样电路会导致输出电流产生误差。R_2 应该尽可能大,不要在 R_2 上产生电流。需要注意,M_1 的源极节点实现输入电流和反馈电流相减产生误差电流,因为该点有一定的阻抗,从而在该点产生变化的电压,该电压与 V_{bias} 之差去调节 M_1 的跨导电流。

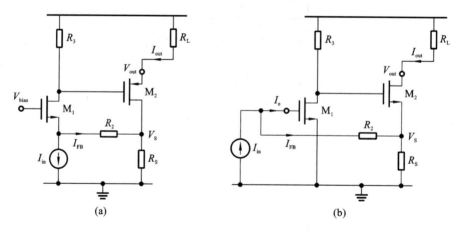

图 6-45　电流电流负反馈电路实例

图 6-45(b)电路中很多元素与(a)相同,如采样电路 R_S、R_2 实现电压到电流的转换、输入电流与反馈电路的相减。此处不再赘述图(b)的工作原理。

图 6-45 两个电路的环路断开,与 6.7 节电路一致,其开环和闭环参数的计算,此处也不再赘述。仅分析一下图 6-45(b)电路的相关参数。图 6-45(b)在 V_S 点断开,得到图 6-46 所示的电路图。则开环输入电阻为 R_2,开环输出电阻为 $g_{m2} r_{o2} R_S$,环路增益为 $R_S g_{m1} R_3 g_{m2}$,开环增益 $R_2 g_{m1} R_3 g_{m2}$,从而闭环增益为

$$A_{IC} = \frac{i_{out}}{i_{in}} = \frac{R_2 g_{m1} R_3 g_{m2}}{1 + R_S g_{m1} R_3 g_{m2}} \approx \frac{R_2}{R_S} \tag{6-60}$$

$$r_{oc} = (1 + R_S g_{m1} R_3 g_{m2}) g_{m2} r_{o2} R_S \tag{6-61}$$

$$r_{\mathrm{ic}} = R_2 / (1 + R_{\mathrm{S}}\, g_{\mathrm{m1}}\, R_3\, g_{\mathrm{m2}}) \qquad (6\text{-}62)$$

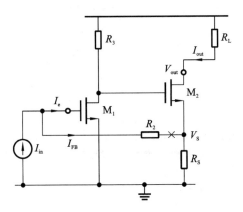

图 6-46　断开图 6-45 电路反馈环路

　　本节和 6.7 节的两个具体案例电路中,涉及反馈网络的输入阻抗和输出阻抗对放大器的正常工作带来干扰的问题,这都属于反馈网络的负载效应,将在 6.10 节介绍。

6.8.2　仿真实验

电流电流负
反馈-案例

　　本例基于宏模型来仿真电流电流负反馈电路的环路增益特性。特别注意观察放大器的开环输出电阻与负载电阻的关系,二者将决定整个反馈放大器的开环增益和闭环增益。仿真电路图和仿真波形分别如图 6-47、图 6-48 所示。输入电阻设置约为 1 kΩ,运放输出电阻设置约为 1 MΩ,负载电阻由 1 kΩ 扫描至 10 MΩ。理想情况下,该电路的闭环增益为 20 dB,而开环增益为 40 dB。然而,负载电阻越大,开环或闭环获得的增益均减小。当负载为 10 MΩ 时,开环增益为 19 dB,约为大负载电阻下的 1/10;闭环增益衰减至 13.5 dB,约为大负载电阻下的 2/5。相比之下,由于运放输出电阻被提高,闭环增益对负载效应有改善效果。

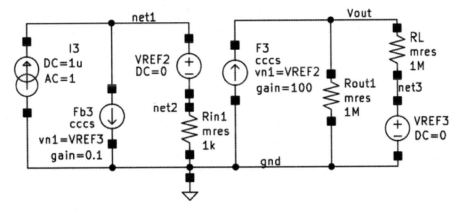

图 6-47　电流电流负反馈宏模型仿真电路图

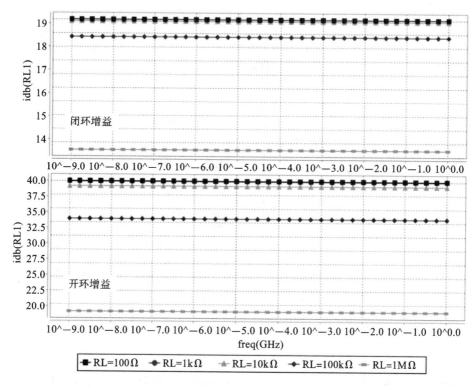

图 6-48　电流电流负反馈宏模型仿真波形

6.8.3　互动与思考

读者可以自行改变放大器宏模型的增益、反馈系数等参数,观察闭环增益的变化情况。请读者思考:

(1)经过多个输出是电流的反馈放大器具体电路的分析,读者是否能准确区分电流负反馈和电压负反馈了? 区别的关键是什么?

(2)有人说图 6-45(b)不应该算电流电流负反馈电路。因为输入如果是电流,则要求放大器的输入电阻应该尽可能小,而图 6-45(b)输入在 M_1 的栅极,输入阻抗非常大。从而,该电路无法正常工作。请问,这个说法对么? 问题是哪里?

◀　6.9　电压电流负反馈　▶

电压电流负
反馈-视频

6.9.1　特性描述

基于图 6-49 所示电路,我们来分析电压电流负反馈结构的闭环增益,闭环输出电阻和闭环输入电阻。该电路中,放大器的开环输入电阻为 r_{io},开环输出电阻为 r_{oo},开环增益为 R。反馈电路是将电流转换为电压,所以反馈电路的增益为 G。

图中,忽略了输入信号源内阻,以及反馈环节的输入电阻和输出电阻。

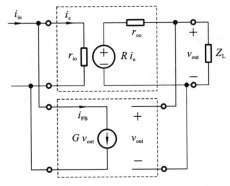

图 6-49   考虑放大器阻抗的电压电流负反馈结构

对图 6-49 列写如下方程

$$\begin{cases} i_e = i_{in} - i_{FB} \\ i_{FB} = G v_{out} \\ v_{out} = \dfrac{Z_L}{r_{oo} + Z_L} R i_e \end{cases} \tag{6-62}$$

求解得到

$$R_C = \frac{v_{out}}{i_{in}} = \frac{\alpha R}{1 + \alpha G R} \tag{6-63}$$

式中:$\alpha = \dfrac{Z_L}{r_{oo} + Z_L}$。电路实现中,我们往往要求 $r_{oo} \ll Z_L$,则 $\alpha \approx 1$,从而式(6-63)变为我们

熟悉的闭环增益表达式 $R_C = \dfrac{R}{1 + RG}$。

为计算反馈放大器的闭环输出电阻,绘制小信号等效电路如图 6-50 所示。列写如下
方程

$$\begin{cases} i_e = - G v_x \\ v_x = i_x r_{oo} + i_e R \end{cases} \tag{6-64}$$

求解得到

$$r_{oc} = \frac{v_x}{i_x} = r_{oo}/(1 + RG) \tag{6-65}$$

为计算反馈放大器的闭环输入电阻,绘制图 6-51 的小信号等效电路。列写如下方程

$$\begin{cases} i_e = i_x - G v_{out} \\ v_x = i_e r_{io} \\ v_{out} = \dfrac{Z_L}{r_{oo} + Z_L} R i_e \end{cases} \tag{6-66}$$

求解得到闭环输入电阻为

$$r_{ic} = \frac{v_x}{i_x} = \frac{r_{io}}{1 + \dfrac{r_{oo}}{r_{oo} + Z_L} RG} \tag{6-67}$$

同理,$r_{oo} \ll Z_L$,则 $\dfrac{Z_L}{r_{oo} + Z_L} \approx 1$,从而

$$r_{\text{ic}} = \frac{r_{\text{io}}}{1 + RG} \tag{6-68}$$

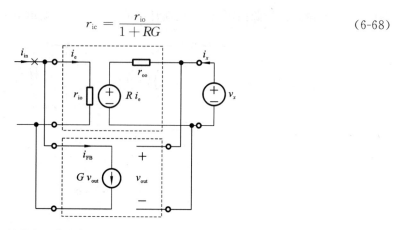

图 6-50　计算电压电流负反馈结构闭环输出阻抗的小信号电路图

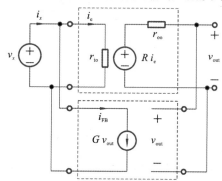

图 6-51　计算电压电流负反馈结构闭环输入阻抗的小信号电路图

计算出了闭环增益、闭环输入阻抗和闭环输出阻抗之后,我们发现一个共同的规律,三个表达式中均出现了系数 $(1 + \beta A_{\text{V}})$。区别是,闭环增益闭环输入阻抗是开环值除以该系数,而闭环输出阻抗是开环值乘以该系数。

图 6-52(a)电路是最常见、最简单的电压电流负反馈电路,常见于射频电路中的低噪声放大器(low noise amplifier,LNA)。此电路中,R_{F} 完成电压采样,以及电压向电流转换的功能。以电流并行的方式,反馈到输入端,与输入电流相减后送前向放大器。为了更好的采样,要求 $R_{\text{F}} \gg R_{\text{D}}$,以便输入电压和输出电压之间几乎没有电流流过 R_{F}。该电路的开环增益为 $- g_{\text{m1}} R_{\text{D}}$,开环输出电阻为 R_{D},开环输入电阻为 R_{F},反馈系数为 -1。从而环路增益为 $g_{\text{m1}} R_{\text{D}}$。

注意,该电路的开环输入电阻并非无穷大,而是 R_{F}。因为我们可以如图 6-52(b)所示,将电路环路断开。断开之后,从输入端看进去,有两条支路,一条支路的输入电阻是 R_{F},另外一条支路是 M_1 的栅极,输入电阻是无穷大。两条支路并联后,输入电阻即为 R_{F}。从而有

$$A_{\text{VC}} = \frac{- g_{\text{m1}} R_{\text{D}}}{1 + g_{\text{m1}} R_{\text{D}}} \tag{6-69}$$

$$r_{\text{ic}} = \frac{R_{\text{F}}}{1 + g_{\text{m1}} R_{\text{D}}} \tag{6-70}$$

$$r_{\text{oc}} = \frac{R_{\text{D}}}{1 + g_{\text{m1}} R_{\text{D}}} \tag{6-71}$$

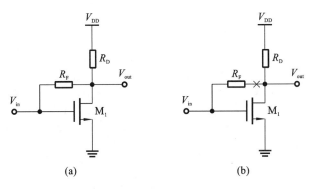

图 6-52　电压电流负反馈电路实例

式(6-71)中,若 $g_{m1} R_D \gg 1$,则可以变形为 $r_{oc} = \dfrac{1}{g_{m1}}$。这是二极管连接的 MOS 管漏端看进去的电阻值。刚才也提到,流过 R_F 电流非常小,该 MOS 管的确可以看作二极管连接的方式。从而,该电路的另外一个好处是,M_1 只要导通,就一定工作在饱和区,从而大大简化该电路的直流工作点设计。

但是,有人说,既然图 6-52 是电压电流负反馈电路,输入应该是电流信号,则重新绘制如图 6-53(a)所示,环路还是从输出节点和反馈电阻之间断开,如图 6-53(b)所示。同理,开环输入电阻依然为 R_F,该电路的开环增益为 $R_F g_{m1} R_D$,开环输出电阻为 R_D,开环输入电阻为 R_F,反馈系数为 $1/R_F$。从而环路增益为 $g_{m1} R_D$。

$$R_C = R_F \frac{g_{m1} R_D}{1 + g_{m1} R_D} \tag{6-72}$$

$$r_{ic} = \frac{R_F}{1 + g_{m1} R_D} \tag{6-73}$$

$$r_{oc} = \frac{R_D}{1 + g_{m1} R_D} \tag{6-74}$$

图 6-52 和图 6-53 所示的两个电路的差异在于输入信号不同,其实,两个电路是一回事。图 6-53 中,输入电流和反馈电流相减后,在输入节点产生误差电流,该误差电流乘以该点的输入电阻,得到了输入节点的电压值。基于该输入电压,才会去调节 M_1 的漏源电流,即

$$i_e = i_{in} - \frac{v_{out}}{R_F} \tag{6-75}$$

$$v_e = - i_e R_F \tag{6-76}$$

$$A_V = \frac{v_{out}}{v_e} = - g_{m1} R_D \tag{6-77}$$

所以闭环增益为

$$R_C = \frac{v_{out}}{i_{in}} = R_F \frac{g_{m1} R_D}{1 + g_{m1} R_D} \tag{6-78}$$

上面从不同角度,计算得到的闭环跨阻增益均为 $R_F \dfrac{g_{m1} R_D}{1 + g_{m1} R_D}$。

图 6-54(a)所示是一种采用差分结构实现的电压电流负反馈电路。注意,此处并未给出 M_2 的直流偏置电压电路,电路中的 V_{FB} 表示该点的小信号电压。可以采用开关电容电路,或者通过在 C_1 上并联电阻产生直流偏置电压。该电路工作情况与单端的图 6-52 几乎相同。

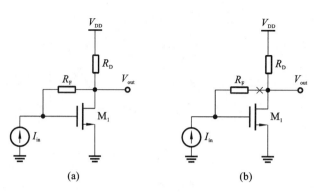

图 6-53　电压电流负反馈电路实例的另外一种形式

可以按图 6-54(b)电路断开环路。

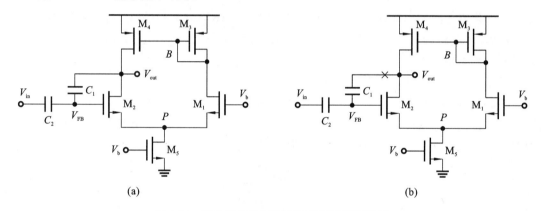

图 6-54　差分结构的电压电流负反馈电路实例

$$A_o = -\frac{C_2}{C_1 + C_2}\, g_{m1}(r_{o2} \parallel r_{o4}) \tag{6-79}$$

$$\beta A_o = \frac{C_1}{C_1 + C_2}\, g_{m1}(r_{o2} \parallel r_{o4}) \tag{6-80}$$

则闭环增益为

$$A_{VC} = \frac{A_o}{1 + \beta A_o} = \frac{-\dfrac{C_2}{C_1 + C_2}\, g_{m1}(r_{o2} \parallel r_{o4})}{1 + \dfrac{C_1}{C_1 + C_2}\, g_{m1}(r_{o2} \parallel r_{o4})} \tag{6-81}$$

式中,令 $g_{m1}(r_{o2} \parallel r_{o4}) \gg 1$,则得到

$$A_{VC} \approx -C_2 / C_1$$

针对图 6-54(a)所示电路,我们可以直接计算器闭环增益。因为流过 C_2 的电流与 C_1 电流相同(M_2 栅极没有电流流入),则

$$\begin{cases} (v_{out} - v_{FB})C_1 s = (v_{FB} - v_{in})C_2 s \\ v_{out} = -g_{m1} v_{FB} \end{cases} \tag{6-82}$$

求解得到

$$A_{\text{VC}} = \frac{-1}{\left(1 + \dfrac{1}{g_{\text{m1}}(r_{\text{o2}} \parallel r_{\text{o4}})}\right)\dfrac{C_1}{C_2} + \dfrac{1}{g_{\text{m1}}(r_{\text{o2}} \parallel r_{\text{o4}})}} \tag{6-83}$$

式中,令 $g_{\text{m1}}(r_{\text{o2}} \parallel r_{\text{o4}}) \gg 1$,则得到

$$A_{\text{VC}} \approx - C_2 / C_1$$

经过上面的讲述,相信大家已经很好地理解了电压电流负反馈的电路识别和分析方法了。让我们来对比图 6-54(a) 和图 6-32(a)。为了便于比较,我们将这两个电路一起放在图 6-55 中。因为之前都分析过,此处直接将两个电路的相关属性列在表 6-2 中。

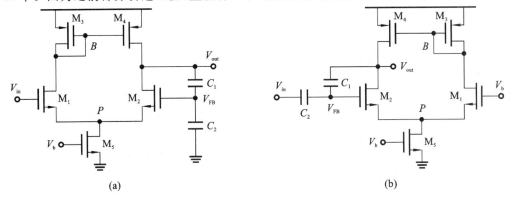

图 6-55　两个神似的负反馈电路

表 6-2　图 6-55 两个电路的属性汇总

属性	(a)电路	(b)电路
反馈类型	电压电压负反馈	电压电流负反馈
开环输入阻抗	∞	$\dfrac{1}{C_1 s} + \dfrac{1}{C_2 s}$
闭环输入阻抗	∞	$\dfrac{\dfrac{1}{C_1 s} + \dfrac{1}{C_2 s}}{1 + \dfrac{C_1}{C_1 + C_2} g_{\text{m1}}(r_{\text{o2}} \parallel r_{\text{o4}})}$
开环输出阻抗	$r_{\text{o2}} \parallel r_{\text{o4}}$	$r_{\text{o2}} \parallel r_{\text{o4}}$
闭环输出阻抗	$\dfrac{r_{\text{o2}} \parallel r_{\text{o4}}}{1 + \dfrac{C_1}{C_1 + C_2} g_{\text{m1}}(r_{\text{o2}} \parallel r_{\text{o4}})}$	$\dfrac{r_{\text{o2}} \parallel r_{\text{o4}}}{1 + \dfrac{C_1}{C_1 + C_2} g_{\text{m1}}(r_{\text{o2}} \parallel r_{\text{o4}})}$
开环增益	$g_{\text{m1}}(r_{\text{o2}} \parallel r_{\text{o4}})$	$-\dfrac{C_2}{C_1 + C_2} g_{\text{m1}}(r_{\text{o2}} \parallel r_{\text{o4}})$
反馈系数	$C_1 / (C_1 + C_2)$	C_1 / C_2
环路增益	$\dfrac{C_1}{C_1 + C_2} g_{\text{m1}}(r_{\text{o2}} \parallel r_{\text{o4}})$	$\dfrac{C_1}{C_1 + C_2} g_{\text{m1}}(r_{\text{o2}} \parallel r_{\text{o4}})$
闭环增益	$\dfrac{g_{\text{m1}}(r_{\text{o2}} \parallel r_{\text{o4}})}{1 + \dfrac{C_1}{C_1 + C_2} g_{\text{m1}}(r_{\text{o2}} \parallel r_{\text{o4}})} \approx 1 + \dfrac{C_2}{C_1}$	$\dfrac{-\dfrac{C_2}{C_1 + C_2} g_{\text{m1}}(r_{\text{o2}} \parallel r_{\text{o4}})}{1 + \dfrac{C_1}{C_1 + C_2} g_{\text{m1}}(r_{\text{o2}} \parallel r_{\text{o4}})} \approx -\dfrac{C_2}{C_1}$

如果将 6-55 的两个电路模型化,并稍稍变形,就得到图 6-56 所示的两个图。这两个图相信大家都见过,并能依据"虚短虚断"的方法,快速计算出电路的闭环增益。其中,图 6-55(a)所示电路为电压电压负反馈,闭环增益为

$$A_{\mathrm{VC}} = \frac{R_1 + R_2}{R_2} \tag{6-84}$$

图 6-55(b)所示电路为电压电流负反馈,闭环增益为

$$A_{\mathrm{VC}} = -\frac{R_1}{R_2} \tag{6-85}$$

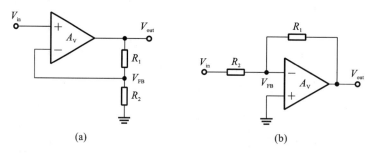

图 6-56　两个常见的负反馈电路

为了更好地理解这四种反馈结构,我们将四种反馈结构的特点和属性列在表 6-3 中。

表 6-3　反馈结构特效汇总表

反馈类型	检测值	闭环输出电阻	相减值	闭环输入电阻	闭环增益
电压-电压负反馈	电压	$R_{\mathrm{out}}/(1+T)$	电压	$R_{\mathrm{in}}(1+T)$	$A_{\mathrm{VO}}/(1+T)$
电流-电压负反馈	电流	$R_{\mathrm{out}}(1+T)$	电压	$R_{\mathrm{in}}(1+T)$	$G_{\mathrm{O}}/(1+T)$
电流-电流负反馈	电流	$R_{\mathrm{out}}(1+T)$	电流	$R_{\mathrm{in}}/(1+T)$	$R_{\mathrm{O}}/(1+T)$
电压-电流负反馈	电压	$R_{\mathrm{out}}/(1+T)$	电流	$R_{\mathrm{in}}/(1+T)$	$A_{\mathrm{IO}}/(1+T)$

关于输出检测的情况:如果输出是电压信号,我们就用并联的方式检测输出电压。此时的闭环输出阻抗变小。如果输出是电流信号,我们就用串联的方式检测输出电流。此时的闭环输出阻抗则变大。闭环输出阻抗的变化趋势,恰好是让放大器的输出信号更加理想(电压信号串联更小的输出电阻,电流信号并联更大的输出电阻)。

关于反馈回的信号与输入信号相减的情况:如果输入端是电压,则采用串联方式实现相减,闭环输入阻抗变大。如果输入端是电流,则采用并联方式实现相减,闭环输入阻抗变小。闭环输入阻抗的变化趋势,恰好是让放大器的输入信号可以更高效的加载到放大器(电压输入的放大器,希望更大的输入阻抗;电流输入的放大器,希望更小的输入阻抗)。

我们可以用一句话来描述反馈对放大器的输入和输出带来的影响:反馈让放大器可以工作更理想。

无论哪种结构的反馈放大器,其闭环增益均为开环增益除以系数(环路增益与 1 的和)。

6.9.2　仿真实验

　　本例,基于宏模型来仿真电压电压负反馈和电压电流负反馈电路的环路增益特性。特别注意观察放大器的开环输出电阻与负载电阻的关系,这将决定整个反馈放大器的开环增益和闭环增益。为了更便于观察,反馈网络的电阻取值相同。仿真电路和波形分别如图6-57和图6-58所示。仿真结果显示,采用电压电压负反馈的同相放大器理想闭环增益为2;采用电压电流负反馈的反相放大器理想闭环增益为1。反馈网络电阻越小,闭环获得的增益均减小,负载效应越明显。

电压电流负
反馈-案例

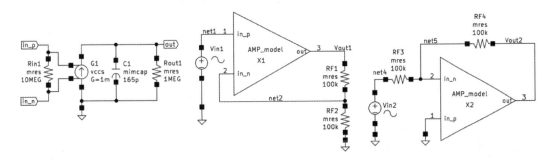

图 6-57　两个相似负反馈电路仿真电路图

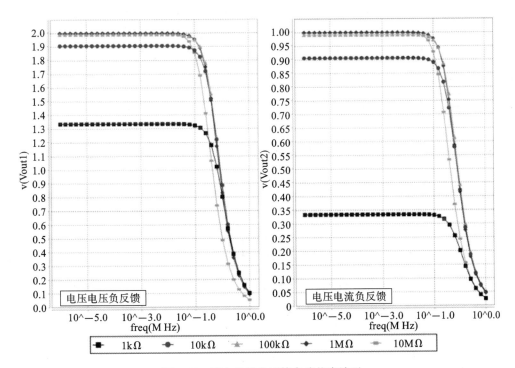

图 6-58　两个相似负反馈电路仿真波形

CMOS模拟集成电路设计基础

6.9.3　互动与思考

请读者思考：

(1)图 6-57 的电路中用两个电阻实现反馈。如果将电阻换成电容,仿真结果应该会如何变化? 请用仿真验证你的想法。

(2)放大器的开环输出阻抗与反馈网络的阻抗之间应该满足什么关系,才不至于影响放大器正常工作? 利用仿真验证你的观点。

◀　6.10　反馈系统中的负载效应　▶

6.10.1　特性描述

反馈系统中的
负载效应-视频

反馈网络既与放大器的输出连接,也与放大器的输入连接,所以,反馈网络的输入阻抗,成为了放大器的负载的一部分;同时,反馈网络的输出阻抗,又成为了放大器的输入阻抗的一部分。因此,我们需要考虑反馈网络对放大器的影响。

在本书前面的章节,特别是 6.4 节,介绍了对反馈网络的要求,但要求提的比较笼统,也没有具体分析反馈网络的阻抗对放大器带来哪些具体的影响。图 6-59 是在之前学习过的电压电压负反馈模型的基础上添加了反馈网络输入输出电阻的完整模型。该模型中,反馈网络的输入电阻为 r_{FBi},输出电阻为 r_{FBo}。同样,可以将环路断开后计算反馈网络的输入电阻和输出电阻。

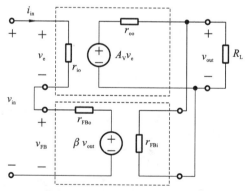

图 6-59　电压电压负反馈电路完整模型

对图 6-59 列写如下方程

$$\begin{cases} v_{\mathrm{e}} = (v_{\mathrm{in}} - \beta v_{\mathrm{out}}) \dfrac{r_{\mathrm{io}}}{r_{\mathrm{io}} + r_{\mathrm{FBo}}} \\[3mm] v_{\mathrm{out}} = \dfrac{R_{\mathrm{L}} \parallel r_{\mathrm{FBi}}}{r_{\mathrm{oo}} + R_{\mathrm{L}} \parallel r_{\mathrm{FBi}}} A_{\mathrm{V}} v_{\mathrm{e}} \end{cases} \tag{6-86}$$

求解得到

$$A_{\mathrm{VC}} = \frac{v_{\mathrm{out}}}{v_{\mathrm{in}}} = \frac{\alpha\gamma A_{\mathrm{V}}}{1 + \alpha\beta\gamma A_{\mathrm{V}}} \tag{6-87}$$

式中，$\alpha = \dfrac{R_{\mathrm{L}} \parallel r_{\mathrm{FBi}}}{r_{\mathrm{oo}} + R_{\mathrm{L}} \parallel r_{\mathrm{FBi}}}$，$\gamma = \dfrac{r_{\mathrm{io}}}{r_{\mathrm{io}} + r_{\mathrm{FBo}}}$。电路实现中，我们往往要求 $r_{\mathrm{oo}} \ll R_{\mathrm{L}}$ 且 $R_{\mathrm{L}} \ll r_{\mathrm{FBi}}$，则 $\alpha \approx 1$，我们也往往要求 $r_{\mathrm{io}} \gg r_{\mathrm{FBo}}$，则 $\gamma \approx 1$，从而式(6-87)变为我们熟悉的闭环增益表达式 $A_{\mathrm{VC}} = \dfrac{A_{\mathrm{V}}}{1 + \beta A_{\mathrm{V}}}$。

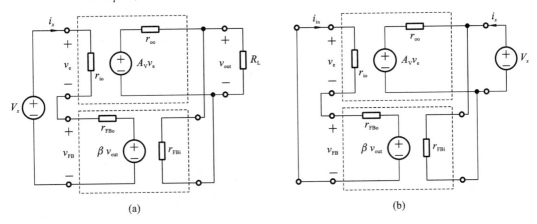

(a) (b)

图 6-60 电压电压负反馈电路完整模型计算输入和输出阻抗

绘制图 6-60(a)的小信号等效电路，用于计算该电路的小信号输入电阻。列写如下方程

$$\begin{cases} v_e = (v_{\mathrm{in}} - \beta v_{\mathrm{out}}) \dfrac{r_{\mathrm{io}}}{r_{\mathrm{io}} + r_{\mathrm{FBo}}} \\[2mm] i_x = v_e / (r_{\mathrm{io}} + r_{\mathrm{FBo}}) \\[2mm] v_{\mathrm{out}} = \dfrac{R_{\mathrm{L}} \parallel r_{\mathrm{FBi}}}{r_{\mathrm{oo}} + R_{\mathrm{L}} \parallel r_{\mathrm{FBi}}} A_{\mathrm{V}} v_e \end{cases} \tag{6-88}$$

令 $\alpha = \dfrac{R_{\mathrm{L}} \parallel r_{\mathrm{FBi}}}{r_{\mathrm{oo}} + R_{\mathrm{L}} \parallel r_{\mathrm{FBi}}}$，求解得到闭环输入电阻为

$$r_{\mathrm{ic}} = \frac{v_x}{i_x} = (r_{\mathrm{io}} + r_{\mathrm{FBo}})(1 + \alpha\beta A_{\mathrm{V}}) \tag{6-89}$$

同理，令 $r_{\mathrm{oo}} \ll R_{\mathrm{L}}$，则 $\dfrac{R_{\mathrm{L}}}{r_{\mathrm{oo}} + R_{\mathrm{L}}} \approx 1$，通常有 $r_{\mathrm{io}} \gg r_{\mathrm{FBo}}$，从而

$$r_{\mathrm{ic}} = r_{\mathrm{io}}(1 + \beta A_{\mathrm{V}}) \tag{6-90}$$

为计算反馈放大器的闭环输出电阻，绘制图 6-60(b)的小信号等效电路。列写如下方程

$$\begin{cases} v_e = -\beta v_x \dfrac{r_{\mathrm{io}}}{r_{\mathrm{io}} + r_{\mathrm{FBo}}} \\[2mm] i_x = \dfrac{v_x - A_{\mathrm{V}} v_e}{r_{\mathrm{oo}}} + \dfrac{v_x}{r_{\mathrm{FBi}}} \end{cases} \tag{6-91}$$

令 $\gamma = \dfrac{r_{\mathrm{io}}}{r_{\mathrm{io}} + r_{\mathrm{FBo}}}$，求解得到

$$r_{\mathrm{oc}} = \frac{v_x}{i_x} = \frac{r_{\mathrm{oo}}}{1 + \gamma\beta A_{\mathrm{V}}} \parallel r_{\mathrm{FBi}} \tag{6-92}$$

如果令 $r_{io} \gg r_{FBo}$，且 $r_{FBi} = \infty$，则式(6-92)同样变成我们熟悉的形式

$$r_{oc} = \frac{v_x}{i_x} = \frac{r_{oo}}{1 + \beta A_V} \tag{6-93}$$

下面依然来看我们之前分析过的一个常见电路，如图 6-61(a)所示的电压电流负反馈电路。分析该电路的关键，是找出图 6-59 中反馈网络的输入电阻 r_{FBi} 和输出电阻 r_{FBo}，即图 6-61(b)中标出的两个小信号电阻。计算小信号输入电阻 r_{FBi} 的小信号等效电路如图 6-61(c)所示。可知

$$r_{FBi} = R_F + R_S \tag{6-94}$$

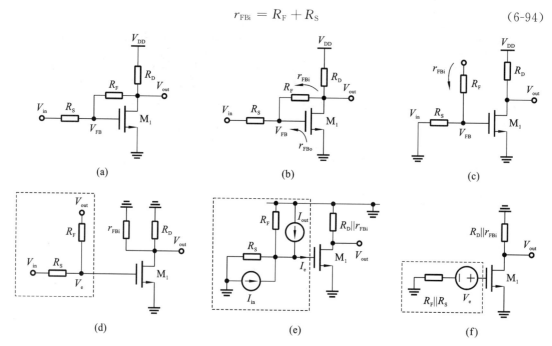

图 6-61 电压电流负反馈电路实例

从而，电路可以变形为图 6-61(d)。该电路中，输出节点考虑了反馈网络的小信号输入电阻 r_{FBi}，然后输出电压通过 R_F，在 M_1 栅极产生误差电压 V_e，经过共源级放大器后得到输出电压 V_{out}，此时

$$\frac{v_{out}}{v_e} = -g_m(R_D \parallel r_{FBi}) \tag{6-95}$$

不得不提的是，该电路虽然电路是电压电流负反馈，但产生的误差电流，是无法直接加载到共源极放大器的输入的。为此，需要将输入电流转换为电压。从而，图 6-61(d)电路转换为(e)。

$$i_e = \frac{v_{out}}{R_F} + \frac{v_{in}}{R_S} \tag{6-96}$$

最后，将图 6-61(e)电路转换为(f)。

$$v_e = i_e(R_S \parallel R_F) = \left(\frac{v_{out}}{R_F} + \frac{v_{in}}{R_S}\right)(R_S \parallel R_F) \tag{6-97}$$

将式(6-97)代入式(6-95)得到

$$A_{VC} = \frac{v_{out}}{v_{in}} = \frac{-\dfrac{R_F}{R_F + R_S} \cdot g_m (R_D \parallel r_{FBi})}{1 + \dfrac{R_S}{R_F + R_S} \cdot g_m (R_D \parallel r_{FBi})} \tag{6-98}$$

最终的闭环增益表达式为

$$A_{VC} = \frac{v_{out}}{v_{in}} = -\frac{\dfrac{R_F}{R_F + R_S} \cdot g_m \cdot [R_D \parallel (R_F + R_S)]}{1 + \dfrac{R_S}{R_F + R_S} \cdot g_m \cdot [R_D \parallel (R_F + R_S)]} \tag{6-99}$$

现将图 6-61 所示的电压电流负反馈电路的相关特性总结在表 6-4 中。

表 6-4　图 6-61 的电压电流负反馈电路属性汇总

开环跨阻增益 A_{RO}	$-\dfrac{R_S R_F}{R_F + R_S} g_m [R_D \parallel (R_S + R_F)]$
开环电压增益 A_{VO}	$-\dfrac{R_F}{R_F + R_S} g_m [R_D \parallel (R_S + R_F)]$
反馈系数 β	$-\dfrac{R_S}{R_F}$
闭环电压增益 A_{VC}	$-\dfrac{\dfrac{R_F}{R_F + R_S} \cdot g_m \cdot [R_D \parallel (R_F + R_S)]}{1 + \dfrac{R_S}{R_F + R_S} \cdot g_m \cdot [R_D \parallel (R_F + R_S)]}$
环路增益	$\dfrac{R_S}{R_F + R_S} \cdot g_m \cdot [R_D \parallel (R_F + R_S)]$

6.10.2　仿真实验

本例仿真 6-61(a) 所示的电压电流负反馈电路的闭环增益、开环增益和环路增益。仿真电路和波形分别如图 6-62 和图 6-63 所示。本题案例为了体现负载效应带来的增益衰减，仿真方法为在反馈系数不变的前提下，改变 R_F 和 R_S 的数量级，讨论 $g_m [R_D \parallel (R_S + R_F)]$ 这一项中 $R_S + R_F$ 带来的影响，为此，设置反馈系数为 $\beta = -R_S / R_F = -1/3$。

反馈系统中的
负载效应-案例

仿真结果显示，负载电阻越小，负载效应越明显，闭环输出几乎没有增益，开环增益也由于 R_F 属于负载而减小；当 R_F 增大时，其对输出节点阻抗的影响越来越小，使得开环和闭环增益逐渐提高。R_F 很大时，负载效应可以忽略。

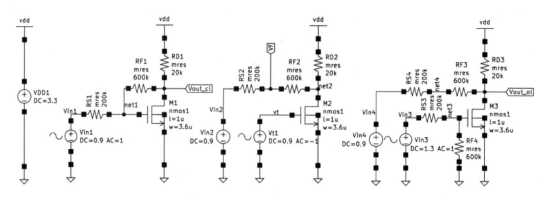

图 6-62　电压电流负反馈电路仿真电路图

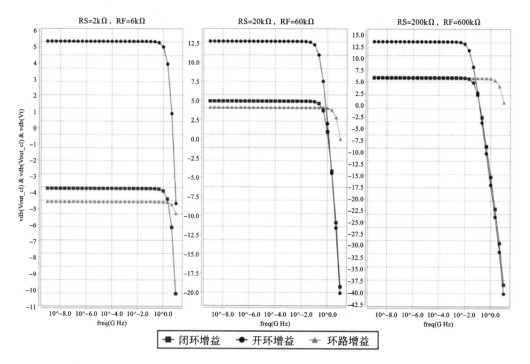

图 6-63　电压电流负反馈电路仿真波形

6.10.3　互动与思考

读者可以改变图 6-62 中的三个电阻值,观察增益的变化。

请读者思考:

(1)图 6-61 的电路中用两个电阻实现反馈。如果将电阻换成电容,仿真结果应该会如何变化? 请用仿真验证你的想法。

(2)放大器的开环输出阻抗与反馈网络的阻抗之间应该满足什么关系,才不至于影响放大器正常工作? 利用仿真验证你的观点。

6.11 反馈系统的开环、闭环和环路增益

6.11.1 特性描述

反馈系统的开环、闭环和环路增益-视频

图 6-64 表示的基本反馈系统中，我们通常定义三个不同的增益，分别是开环增益 A_O、闭环增益 A_C 和环路增益 A_L。假定放大器为最简单的单极点系统，则开环增益表示为

$$A_O(s) = \frac{A_O}{1 + \dfrac{s}{\omega_p}} \qquad (6\text{-}100)$$

式中：A_O 为开环增益的低频增益值；ω_p 为开环增益的 -3 dB 带宽。整个反馈系统的闭环传递函数，即闭环增益为

$$A_C(s) = \frac{Y}{X}(s) = \frac{A_O(s)}{1 + \beta A_O(s)} \qquad (6\text{-}101)$$

式中：$\beta A_O(s)$ 即为该闭环系统的环路增益。显然，低频下 $\beta A_O(s) \gg 1$，则式（6-101）可以化简为

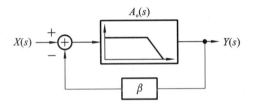

图 6-64 基本的反馈系统

$$A_C(s) \approx \frac{A_O(s)}{\beta A_O(s)} \qquad (6\text{-}102)$$

显然，当环路增益很大时，闭环增益近似为 $1/\beta$。

此处，我们从另外一个角度来理解式（6-102）。式（6-102）表示，放大器的闭环增益等于开环增益除以环路增益。在波特图的辐频响应曲线中，赋值是对数坐标（增益的算子为 20 lgA），有

$$20\lg A_C = 20\lg A_O - 20\lg(\beta A_O) \qquad (6\text{-}103)$$

式（6-103）可以理解为，波特图中的开环增益的低频幅值与环路增益的低频幅值之差，等于闭环增益的低频幅值。

当一个放大器接成反馈放大器后，我们需要分析该闭环系统是正反馈还是负反馈；如果是负反馈，我们还要分析系统的相位裕度（phase margin，PM）是多少。虽然前人发明了多种分析闭环系统稳定性的方法，但最简单实用的还是根据环路增益的辐频、相频响应曲线（两者合起来，也被称之为波特图，即 Bode 图）找出相位裕度。关于相位裕度的定义，详见 8.1 节。

绘制图 6-64 所示反馈系统的波特图，如图 6-65 所示。图中绘制了开环传递函数和闭环传递函数的辐频和相频响应曲线。由式（6-103）可知，闭环增益幅值与开环增益幅值的差值是环路增益幅值 βA_O。在波特图中，闭环增益比开环增益的赋值低 βA_O，闭环传递函数比开环传递函数的带宽高 βA_O 倍。从而闭环传递函数的低频增益延长线与开环增益的交点，对应的频率就正好是闭环传递函数的带宽。

这就为我们分析环路稳定性提供了捷径。在绘制了开环传递函数和闭环传递函数的波特图之后，无需修改相频响应曲线，只需把辐频响应曲线的 X 轴移动到闭环增益低频处，则此时新坐标系中的开环传递函数的辐频响应曲线即为环路增益辐频响应曲线。该波特图如图 6-66 所示。从而环路增益过零的频率即为原闭环增益的带宽，图中也标识出了相位裕度 PM，它的定义是放大器的环路增益为 0 dB 时的频率下的相位与 $-180°$ 之间的差值。显而易见，在单极点系统中，组成的反馈系统的相位裕度与反馈系数有关。

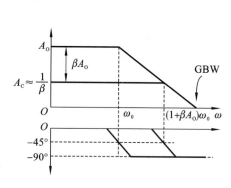

图 6-65　一个坐标系中的三个增益　　　　图 6-66　环路增益和 PM

当 $\beta = 1$ 时，系统组成单位增益负反馈，闭环增益降低到 1，对数坐标系下的闭环传递函数 A_C 的低频段位于 X 轴上，环路增益的过零点频率即为图中的 GBW，此时的相位裕度为最低，但也至少是 90°。当 $\beta = 0$ 时，这是另外一个极端。系统不再构成反馈系统，成了开环系统。此时的环路增益为 0。则环路增益的低频段位于 X 轴上，环路增益的过零点频率即为图中的主极点频率 ω_0 处，此时的相位裕度最高，为 135°。

而且，之前已经学过，无论反馈系统的反馈系数 β 为何值，闭环传递函数的低频增益与带宽之积是定值，即由开环传递函数决定的 GBW。

反馈系统的开
环、闭环和环
路增益-案例

6.11.2　仿真实验

　　本例在本书 5.10 节仿真反馈系统的增益带宽的基础上，观察反馈系统的开环增益、闭环增益、环路增益，以及相位裕度。为了简单起见，也用宏模型代替运放。仿真电路图和波形图分别如图 6-67、图 6-68 所示。

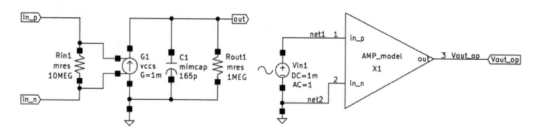

图 6-67　开环增益、闭环增益、环路增益仿真图

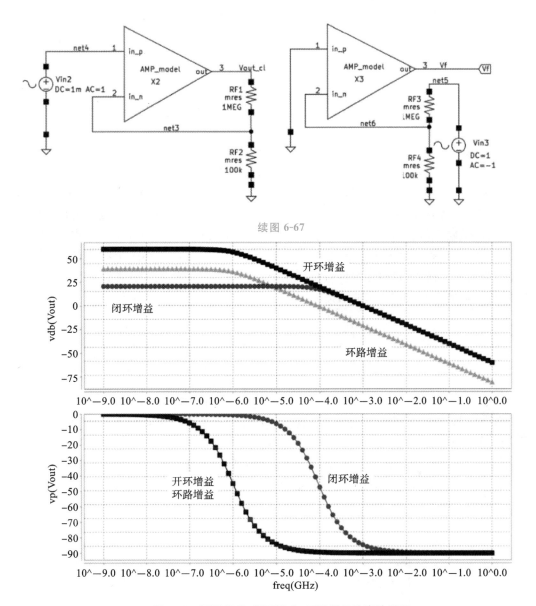

续图 6-67

图 6-68　开环增益、闭环增益、环路增益仿真波形图

6.11.3　互动与思考

读者可以通过改变运放的增益、带宽，以及反馈系数，观察开环、闭环、环路增益、相位裕度的变化情况。

请读者思考：

（1）如果运放有两个低频极点，那么组成的反馈放大器的闭环增益、环路增益与单极点系统有何差异？请读者在开环增益的波特图基础上做修改。

（2）分析一个反馈系统的相位裕度，是用环路增益的传递函数。请问，闭环增益的传递函数的相频特性有何用途？

7 | 运算放大器

很多模拟信号的处理离不开运算放大器。然而,并不是所有的放大器都叫运算放大器。本章从理想运算放大器入手,介绍运算放大器的相关特性,重点讲述实际运放的相关特性,包括增益、带宽、增益带宽积、转换速率、电源抑制比、失调电压、线性度等。运放可以分为单级运放、二级运放、多级运放。最实用和常见的是单级运放和二级运放。本章将重点讲述不同结构的单级运放和二级运放的电路结构、分析方法。本章还将讲述一个经典二级运放的设计和仿真流程。最后,我们介绍增益提高技术和共模负反馈技术。前者让电路性能得以改善,后者是很多运放正常工作的前提。

◀ 7.1 理想的运算放大器 ▶

理想的运算
放大器-视频

之前,我们学习了很多种类的放大器,例如基于单个 MOS 管构成的共源级放大器,共漏极放大器,共栅极放大器,还有复杂一点的差分放大器。我们也学习了放大器的四种类型,并结合反馈讲了四种放大器的相关特性。

所谓运算放大器,是指具有高增益的放大器。利用反馈的原理,通过在其外围接入无源器件,能实现信号的加、减或微分、积分等数学运算,因而得名"运算放大器(简称运放)"。通常,我们说的运算放大器是电压放大器。当运放是理想运放时,可以依据"虚短虚断"的简易分析方法来分析图 7-1 所示的电路功能。

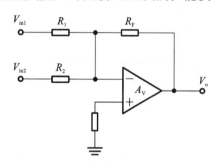

图 7-1 反向加法器电路

$$\frac{V_{in1}}{R_1} + \frac{V_{in2}}{R_2} = -\frac{V_o}{R_F} \tag{7-1}$$

变形得

$$V_o = -\left(\frac{R_F}{R_1}V_{in1} + \frac{R_F}{R_2}V_{in2}\right) \tag{7-2}$$

如果取 $R_1 = R_2 = R_F$,则式(7-2)变形为

$$V_o = -(V_{in1} + V_{in2}) \tag{7-3}$$

式(7-3)表明,该电路的输出电压值是两个输入电压值的和,但符号相反。该电路的名称叫"反向加法器",实现了模拟电压信号的相加运算。图中的放大器是运放。

在上述分析中,我们没有考虑运放的输入、输出电阻,也没考虑反馈网络的输入电阻和输出电阻对运放的负载效应,也没考虑运放的增益和带宽等相关参数。我们将运放看作理想运放。本节汇总一下理想运放的相关特性。

（1）输入电阻无穷大。

运放"虚断"是说从运放的输入端流入的电流为 0，这就要求运放的输入电阻为无穷大。关于无穷大的输入电阻，CMOS 工艺下能很容易实现，因为共源级放大器从栅极看进去的阻抗，在低频下表现为无穷大。双极型晶体管来实现运放，则无法真正表现出"无穷大"的输入电阻。因为电路其实并未真正断开，所以叫"虚断"。

输入电阻无穷大的放大器，才能尽可能避免输入电压信号不够理想时放大器增益效率降低的现象。

图 7-2 所示的是一个有限输入阻抗的运放，则输入信号源内阻、反馈放大器输出电阻，均加载到了放大器的输入端。现在，运放的输入电阻越大，则输入信号和反馈信号作用到运放输入的比例才会更高。如果信号源内阻和反馈放大器输出电阻不能做到 0，则反过来要求运放的输入电阻尽可能大。

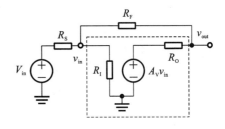

图 7-2　电压控制电压源实现的运放反馈电路

（2）增益无穷大。

在图 7-1 所示的反向加法器电路中，对于运放本身而言，有

$$V_{\text{o}} = A_{\text{V}}(V_{+} - V_{-}) \tag{7-4}$$

工作在负反馈电路中的运放，如果存在有限的 $V_{+} - V_{-}$，则经过放大后，反馈到输入端与输入信号相减。最终，只有当 $V_{+} - V_{-} = 0$ 时，电路才会进入稳定的工作状态。由第六章可知，在 $\beta A \gg 1$ 的前提下，反馈系统的闭环增益等于 $1/\beta$。A 越大，则闭环增益越趋近于 $1/\beta$。

从而，我们说，正是由于放大器的增益无穷大，放大器才能表现出虚短的现象。虚短，即 $V_{+} = V_{-}$，表现为正向输入端和反向输入端"短接"在一起。

当然，我们无法设计、制造出无穷大增益的放大器，通常情况下，60dB 以上的增益，我们都可以认为是无穷大的增益，也就可以利用"虚短"来简易、快速分析放大器的特性。

反过来看，如果放大器的增益不太大，会出现什么情况？显然，基于该运放的"运算"电路存在误差。具体原因和后果，在 7.2 讲解。

（3）输出电阻为零。

刚才讲述反向加法器电路时，我们只要求三个电阻相等，并未对电阻的取值做任何要求。其实，这个说法是有问题的，或者说有前提的。相关的概念，在 6.4 已经提到。因为反馈网络的输入阻抗，成为了放大器输出节点的负载，为了保证反馈网络不会对放大器的增益带来影响，则要求反馈网络的输入电阻要远大于放大器的输出电阻。在反馈网络的输入电阻无法做大的情况下，只能要求放大器的输出电阻无穷小。

电压放大器，也可以用"电压控制电压源"来建模。图 7-2 所示的电压放大器，输入电阻 R_{I} 为无穷大，若输出电阻 $R_{\text{O}} = 0$，则无论输入信号源内阻是多少，无论放大器的负载是什么，该放大器均能实现最大的增益效率。

（4）带宽无限大。

运放对两个信号相加，不是将两个直流电压相加，而是将两个交流信号相加。我们希望运放能实现的运算电路不要受信号频率的限制，即运放的带宽为无穷大。

现实中,无论是双极型晶体管,还是 MOS 管,均存在大量寄生电容,这会限制运放的带宽。从而,如果要处理的信号频率比较低,只要低于运放带宽,我们就认为信号处理不受运放带宽的限制和影响。

(5)其他因素。

运放都是差分结构的,如同第三章介绍的,差分放大器还存在共模增益和共模抑制比。共模增益越小越好,我们认为理想运放的共模增益为零,从而共模抑制比为无穷大。

差分的运放,我们希望当输入电压差值为 0 时,输出电压也为 0。

电源的噪声也不应该对放大器的正常工作带来影响。

前面章节有许多用压控电压源来构成的运放,除了增益不是无穷大、输出电阻不为 0 之外,其他特性均符合理想运放的特性。

◀ 7.2 实际的运算放大器 ▶

7.2.1 特性描述

实际的运算
放大器-视频

7.1 节,我们介绍了理想的运放。从其属性上来看,现实中我们无法实现理想的运放。我们只能实现出尽可能理想的运放。那么,一个不够理想的运放有哪些属性?这些属性对信号的处理带来什么样的影响?本节将从放大器增益、带宽、增益带宽积、失调电压、增益线性度、转换速率、电源抑制比等参数,介绍实际运放的特性,以及这些特性对系统的影响。

(1)增益。

放大器的增益是运放最重要的指标。运放的应用场合通常可以简单分为两类:开环应用和闭环应用。开环应用中,运放增益很难保持恒定。因为运放的增益容易受到 MOS 管偏置、MOS 管尺寸误差、工艺参数误差,以及电源电压、温度等参数的影响。在本书第 2 章对电阻负载共源极放大器的分析中,我们对输入电压做直流扫描,观察不同输入直流电平下的放大器的增益,发现增益的变化特别大。

后来学习了源极负反馈的共源极放大器、二极管负载的共源极放大器,以及差分放大器,发现放大器的增益受输入直流电平变化的影响变小。当时,我们用线性度来表征放大器的这个特性。线性度其实也是用来描述放大器的增益的。一个放大器的增益不随输入直流电平的变化而变化,我们可以说放大器的线性度比较好,也可以说放大器的增益恒定。我们通常希望放大器的增益恒定,但开环状态下这几乎无法实现。更多的时候,电路设计人员也不奢求增益值恒定,更多追求的是实现更大、更线性的增益。

更大的增益,用在以运放为核心的负反馈系统中后,能很好的减小增益误差。原因在式(6-8),这里重新写出来

$$\frac{\mathrm{d}A_c}{A_c} = \frac{\mathrm{d}A}{A}\left(\frac{1}{1+\beta A}\right) \tag{7-5}$$

式(7-5)表明,放大器闭环增益的相对误差,与开环增益相对误差有关。式(7-5)还表明,

虽然闭环增益的相对误差取决于开环增益的相对误差,但关系非常弱,因为两者之间有一个极小的系数 $\frac{1}{1+\beta A}$。

那么,闭环增益的误差与开环增益之间的关系具体如何?我们来看如图 7-3 所示的电路。假定放大器的开环增益为 1000(即 60 dB),反馈系数 $\beta=1/2$。从而放大器的闭环增益大约为 2,因为

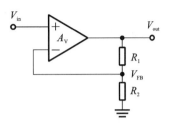

$$A_\mathrm{C} = \frac{A}{1+\beta A} \approx \frac{1}{\beta} \tag{7-6}$$

注意,上式是约等于,误差来源于 A 并不无穷大,从而

图 7-3　实现比例放大的反馈电路

$$A_\mathrm{C} = \frac{1}{\beta}\frac{1+\beta A-1}{1+\beta A} = \frac{1}{\beta}\left(1-\frac{1}{1+\beta A}\right) \tag{7-7}$$

代入 $\beta=1/2,A=1000$,则 $\frac{1}{1+\beta A}\approx 0.2\%$。即式(7-6)出现了 0.2% 的相对误差。同理,对于闭环增益为 2 的电路,如果我们需要相对误差小于 0.1%,则要求开环增益 $A>2000$。

另外,闭环增益越大,则对开环增益的要求越高。例如,加入对于闭环增益为 10 的电路,如果我们需要误差小于 0.2%,则要求开环增益 $A>5000$。

上述电路实例说明,为了降低闭环增益误差,往往要求放大器有尽可能大的开环增益。

关于增益的仿真,我们很少用直流扫描,几乎不会使用瞬态仿真,通常采用交流扫描。

(2)带宽。

放大器的增益,即使工作在较理想的闭环状态下,也难以永远恒定。因为无论何种放大器,都会出现频率响应。随着频率的增加,增益必定下降。最常见的电阻负载共源极放大器,在输入节点和输出节点,各出现一个极点,另外还由于存在一个前馈通道,导致出现一个零点。5.2 节给出了电阻负载共源极放大器的开环传递函数为

$$\frac{V_\mathrm{out}}{V_\mathrm{in}}(s) = \frac{-g_\mathrm{m}R_\mathrm{D}(1-s/\omega_\mathrm{Z})}{(1+s/\omega_\mathrm{in})(1+s/\omega_\mathrm{out})} \tag{7-8}$$

电路的增益幅值每经过一个极点,就按 -20 dB/dec 下降,每经过一个零点就按 $+20$ dB/dec 上升。放大器中,往往频率最低是极点而不是零点。频率从低到高,遇到的第一个极点叫主极点,也叫电路的带宽。当电路的输入信号频率高于带宽,则电路增益下降。

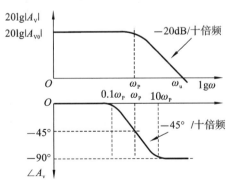

图 7-4　放大器的带宽位于主极点处

所以,为了保证运放有足够的增益,我们要求信号不能超过带宽。如果信号频率很高,就给电路设计带来挑战。图 7-4 给出了单极点系统的幅频相应曲线和相频相应曲线。图中,在极点频率处,相移正好是 45°。

(3)增益带宽积。

让我们继续来看电阻负载的共源极放大器。其低频增益为 $A_\mathrm{V}=-g_\mathrm{m}R_\mathrm{out}$,其中 R_out 为输出节点总的等效电阻,甚至包括负载电阻。为了保证增益尽可能大,在 g_m 无法继续增大的情况下,只需选择更大的输出电阻 R_out。另外,放大器往往驱

动较大的负载电容 C_L，从而导致输出节点通常会成为放大器的主极点，主极点频率即带宽为 $1/R_{out}C_L$。所以，该放大器的增益带宽积为 $GBW = g_m/C_L$，这是一个与输出电阻无关的值。在增益、带宽和增益带宽积这三个因素中，最不易提高的增益带宽积。因为跨导增加难度很大，负载电容又不由放大器本身来决定。所以，在增益带宽积差不多无法增加的情况下，增益和带宽成反比关系。为了更大的带宽，往往要通过减小输出电阻来实现，这无疑降低了增益。

我们接着来看反馈放大器的闭环增益。由本书式（6-12），反馈结构可改变放大器的增益和带宽。

闭环系统的增益为 $A_{V0}/(1+\beta A_{V0})$，而带宽为 $(1+\beta A_{V0})\omega_p$，我们求得闭环增益的增益带宽积为 $A_{V0}\omega_p$。也就是说，闭环系统的增益带宽积就是开环增益的增益带宽积。由于 $(1+\beta A_{V0})$ 系数的存在，闭环系统的增益大幅下降，而带宽大幅提升。

当我们嫌一个系统的带宽不够时，可以采用闭环负反馈结构，用增益和功耗来换带宽。

假定需要将 20 MHz 的方波信号放大 100 倍。如何实现？有人立即设计了一个低频增益为 100 的放大器，但可惜的是，该放大器的带宽只有 10 MHz。显然，信号频率高于电路带宽，则信号无法实现很好的放大。

有人则想到了负反馈结构。用反馈系数 $\beta = 1/10$，将放大器的带宽提升 10 倍至 100 MHz。增益则降低到 1/10，即 10 倍。闭环放大器能达到信号放大的带宽要求，但不满足增益要求。两级串联即可解决增益不够的问题。

图 7-5 给出了两种实现方案的电路原理。图 7-6 则给出了这两种方案的幅频响应特性，图中给出了单级带宽为 10 MHz，增益为 100 的放大器幅频特性曲线，也给出单级带宽为 100 MHz，增益为 10 的（反馈）放大器幅频响应曲线，以及两级级联之后的放大器总的幅频响应曲线。为了将三条曲线区分开，此处特意将三条曲线挪开避免重叠看不清楚。三条曲线告诉我们，采用图 7-5(b) 所示的电路，利用反馈放大器可以增加带宽，代价是电路略复杂，消耗更大面积和功耗。

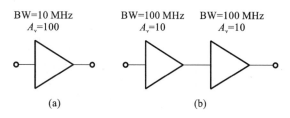

图 7-5 两种实现 100 倍放大的电路方式

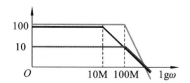

图 7-6 图 7-5 电路的幅频响应特性

（4）失调电压。

差分放大器特别强调两条支路要尽可能对称。如果差分放大器不够对称，会带来差分放大器的共模增益变大，导致差分放大器性能变差。

能检测到的最小直流和交流差模电压，是差分放大器的重要性能指标。放大器的不匹配和温漂都在输出端产生了难以区分的直流差模电压。同样，不匹配的温漂会使非零的"共模输入-差模输出（即 A_{cm-dm}）"和非零的"差模输入-共模输出"增益增大，非零的 A_{cm-dm} 对于放大器的影响尤为突出，因为它将共模输入电压转换为差模输出电压。

在电路分析中，我们通常将共模输入电压转换为差模输出电压的能力，定义为共模增益,并最终决定放大器的共模抑制比 CMRR。失调电压(voltage offset)也与共模增益有关,是差分放大器不匹配的另外一个评价指标。

实际的运放中,当差模输入信号为零时,由于输入级的差分对不匹配及电路本身的偏差,使得输出不为零,而为一个较小的值,该值为输出失调电压。输出失调电压除以增益,就可以折算到输入级,即为等效输入失调电压。我们平时定义的失调电压通常指的是等效到输入端的失调电压,即 V_{OS}。

差分放大器的失调电压,可以简单分为两类。一类出现在全差分放大器中,出现的原因是两条支路在生产制造中出现的不匹配造成的。另外一类出现在差分输入单独输出电路中,最常见的是有源电流镜负载的差分放大器。这类电路无论生产制造的精度控制的如何好,天然就存在电路的不对称性。有源电流镜负载的差分放大器,两条支路的负载分别可以看作二极管负载和电流源负载,明显不对称。

运放的失调电压对电路性能影响很大。例如,我们将输入信号 10 mV 放大 100 倍。实现方式是设计 $\beta=1/100$ 的反馈电阻网络,例如,$R_1=1$ kΩ,$R_F=100$ kΩ。如果运放有 4 mV 失调电压,如图 7-7 所示,如果假定运放其他参数理想,则可以利用"虚短虚断"计算可知,输出电压为 -596 mV。这与期望的输出值 -1000 mV,相差甚远。注:图 7-7 中仅给出了小信号,并未给出大信号电压。

根据定义,输入失调电压 V_{OS} 是输入为零的时候,输出电压与放大倍数的比值。可以采用图 7-8 所示的方法,仿真得到等效的输入失调电压。电路接成单位增益负反馈的形式,由于是差分输入,又是单位增益放大器,从而失调电压 V_{OS} 即输出电压与输入电压之差的绝对值。所以,如果令图中 $v_{in}=0$,则 $v_{out}=V_{OS}$。失调电压的其因是电路的不对称,而不对称是随机量。从而,失调电压无法通过仿真精确得到,除非代工厂提供了精确的蒙特卡洛模型。从而,往往我们尽可能从设计中保证电路对称,待芯片制造出来之后,通过图 7-8 的原理测试得到实际的失调电压。

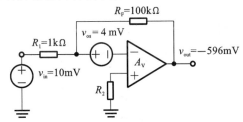

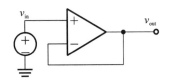

图 7-7　输入失调电压 V_{OS} 带来的误差　　　　图 7-8　输入失调电压 V_{OS} 的测试方法

在 MOS 管组成的放大器中,如果输入信号加在 MOS 管栅极,因为输入阻抗无穷大,所以不存在输入失调电流,只存在输入失调电压。

(5)增益线性度。

第 2.4 节已经介绍了共源极放大器的增益线性度。运放的增益线性度,跟单端放大器的概念相同。而且,之前的章节也介绍了,差分放大器相对单端放大器,天然的具有更高的增益线性度,主要原因是尾电流决定了用于信号放大的 MOS 管的偏置状态。

为了提高放大器的增益线性度,可行的措施包括:源极负反馈技术,二极管负载技术,负反馈技术等等。相关内容可以参考 Razavi 教授的经典教材 14.1 节。

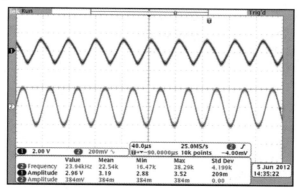

（6）转换速率。

我们评价一个电路工作速度，可以从两个角度。第一个角度就是常说的"带宽"，这是一个小信号概念。如果电路输入信号超出放大器的带宽，则电路增益下降，或者我们也可以说电路无法容忍那么高频率的信号工作。

第二个角度是一个大信号概念，即 4.11 节介绍的压摆率（也叫转换速率）SR。4.11 节介绍了一个运放工作在开环时的工作速度问题。我们设想运放输入一个正弦波，这个正弦波被放大到输出，比如输出端产生一个峰峰值为 2 V 的 100 kHz 正弦波。这意味着，输出信号需要在半个周期（5 μs）内上升 2 V。显然，放大器能否无失真的完成该信号放大，必须取决于放大器的转换速率 SR。工业界提出的要求是

$$SR \geqslant 2\pi \cdot f \cdot V_{pk} \tag{7-9}$$

式中：f 为信号频率；V_{pk} 为输出信号幅值。

从而我们要求这个运放的 SR≥2π·100k·1＝0.628 V/μs。如果运放的 SR 低于这个值，放大会出现失真。图 7-9 所示的是 TI 的工程师在一篇文章中展示的波形。输入信号 2 是理想的正弦波，因为运放速度不够，导致输出信号 1 有点趋近于三角波。转换速率不够导致的直接影响，就是使输出信号的上升时间或下降时间过慢，从而引起信号失真。

因此，我们在设计运放时，需要根据待处理信号的频率，设计合适的带宽。还需要根据输出端信号的幅值和频率，来设计合适的转换速率。

此处，我们再来看看反馈放大器的工作速度问题。如图 7-10 所示的负反馈电路中，我们设想，如果输入信号是快速且大幅度的变化信号，例如，从较低电平阶跃到正常工作的共模电压。显然，输入信号阶跃之前，放大器并未正常工作，且输出电压 $V_{out}＝0$，M_1 和 M_2 均未导通。一旦 V_{in} 出现大幅度的电压上升，则 M_1 突然打开，但输出电压的变化却需要时间，输出电压的变化取决于多大的电流给负载处的电容充电。图 7-10 中的 $SR＝I_{M5}/C_L$。随着输出电压的增加，M_2 也才能逐渐进入正常工作的状态。因此，转换速率决定了运放响应速度，而这个速度是正比于运放的电流的。这也可以得到另外一个大致的结论：运放的功耗越低，其转换速率越小。

图 7-9　转换速率不够导致信号失真[①]

在运放设计中，转换速率和功耗是一对需要折中考虑的量，也是一对相互关联的量。往往，我们根据运放的功耗要求，得到运放尾电流；再根据尾电流和转换速率要求，选择合适的负载电容。

① https://e2echina.ti.com/support/amplifiers/f/amplifiers-forum/21086/-part18-sr

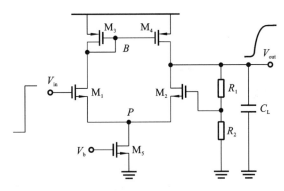

图 7-10　转换速率不够导致信号失真

（7）电源抑制比。

前面章节的学习中，我们学习了单端放大器和差分放大器的电源噪声，以及电源抑制比，了解到差分放大器的电源抑制比比单端电路强不少。我们也学习了电源噪声分为 VCC 的噪声和 GND 的噪声，以及两个电源噪声如何影响电路中各偏置电压。电源抑制比也是运放中一个很重要的指标。

（8）其他。

除了上述介绍的 7 个指标之外，还有不少指标也能影响运放的性能，如功耗、输入共模范围、输出直流工作点、输出电压摆幅、输入电容、零极点分布、相位裕度、噪声、共模增益、共模抑制比等，此处不一一赘述。

7.2.2　仿真实验

实际的运算放大器-案例 1

实际运放有许多特性，都可以一一仿真。本例仿真，主要来观察几个特殊的现象。首先，仿真图 7-5 所示的电路实例。我们用理想模型搭建一个运放，增益为 100，带宽为 10 MHz，接着利用反馈的原理，设计两个增益为 10（即反馈系数为 1/10）的反馈放大器，并级联。然后我们放大 20 MHz 的方波信号，观察输出。仿真电路图如图 7-11 所示，仿真波形如图 7-12 所示。

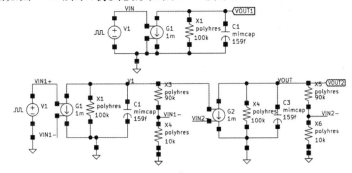

图 7-11　20 MHz 方波信号放大电路仿真图

实际的运算放大器-案例 2

本节第二个仿真为用一个转换速率不足够高的运放，去放大一个正弦波。注意，该正弦波的频率为 100 kHz，是明显低于运放带宽的。仿真电路图和波形图如图 7-13 所示。仿真结果显示，输出信号已然从正弦波畸变为三角波，同时，幅值有所衰减。

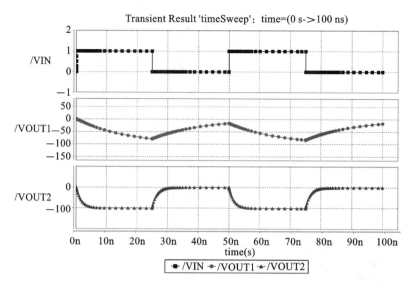

图 7-12　20 MHz 方波信号放大电路仿真波形图

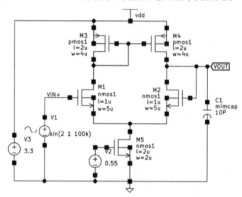

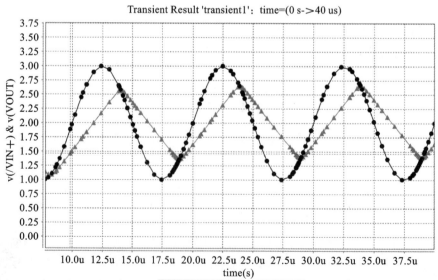

图 7-13　转换速率不够的放大电路仿真图和波形图

7.2.3　互动与思考

读者可改变运放参数,或者负载电容值和反馈网络参数,观察上述两个仿真结果的差异。

请读者思考:

(1)在放大 20 MHz 方波的电路中,正向阶跃和负向结论的输出结果一致么? 如果电路的输入换成 20 MHz 的正弦波,则输出呈现什么变化?

(2)转换速率和带宽,对放大一个正弦波信号的影响有哪些异同?

(3)在转换速率的电路分析中,输入信号是正向跳变和负向跳变,延时是相同还是不相同?

(4)全差分放大器存在失调电压吗?

(5)差分放大器的失调电压,与共模增益之间是否存在联系?

◀　**7.3　单级运放**　▶

7.3.1　特性描述

差分输入的放大器,只要尽可能满足输入阻抗、输出阻抗和增益等属性,就可以被当作运放。因此,之前学习过的全差分放大器、有源电流镜负载的差分放大器,均可以被认为是运放。这些电路,从输入到输出,只有一级放大,因此,这类放大器也称为单级运放。

单级运放-视频

(1)全差分放大器。

图 7-14(a)所示的为电流源负载的全差分放大器,图 7-14(b)所示的为电阻负载的全差分放大器。该放大器的工作原理在此不再赘述,我们直接给出其性能参数如表 7-1 所示。电流源负载和电阻负载,最大的区别是输出电压的直流工作点。前者无法确定,而后者是确定的。第二个区别是,电流源可以用很小的电压降实现很大的负载电阻,而电阻却不行。

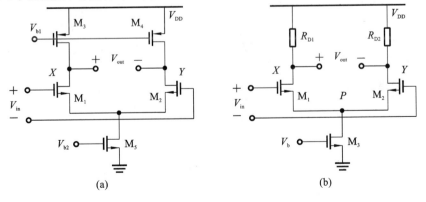

图 7-14　全差分放大器

表 7-1　图 7-14 两个全差分放大器的性能参数汇总表

性能参数		电流源负载	电阻负载
大信号特性	功耗	$I_{M5}\,V_{DD}$	$I_{M3}\,V_{DD}$
	输入电压范围	$V_{OD5}+V_{GS1}\leqslant V_{in,CM}\leqslant V_{out,DC}+V_{TH}$	$V_{OD3}+V_{GS1}\leqslant V_{in,CM}\leqslant V_{out,DC}+V_{TH}$
	输出电压直流工作点 $V_{out,DC}$	不确定	$V_{DD}-\dfrac{1}{2}\,I_{M3}\,R_D$
	输出电压摆幅	$V_{DS,M5}+V_{OD1}\leqslant V_{out}\leqslant V_{DD}-\lvert V_{OD3}\rvert$	$V_{DS,M3}+V_{OD1}\leqslant V_{out}\leqslant V_{DD}$
小信号特性	低频增益 A_{V0}	$g_{m1}\,(r_{o1}\parallel r_{o3})$	$g_m\,(r_{o1}\parallel R_D)$
	传递函数	$\dfrac{A_{V0}\,(1-s/\omega_Z)}{(1+s/\omega_{P1})(1+s/\omega_{P2})}$	$\dfrac{A_{V0}\,(1-s/\omega_Z)}{(1+s/\omega_{P1})(1+s/\omega_{P2})}$
	极点频率 ω_{P1}	$\dfrac{1}{(r_{o1}\parallel r_{o3})\,C_L}$（$R_S$ 很小时）	$\dfrac{1}{(r_{o1}\parallel R_D)\,C_L}$（$R_S$ 很小时）
		g_{m1}/C_L（R_S 很大时）	g_{m1}/C_L（R_S 很大时）
	极点频率 ω_{P2}	$1/R_S\,C_{in}$	$1/R_S\,C_{in}$
	主极点位置	输出节点（R_S 很小时）	输出节点（R_S 很小时）
	输入电容 C_{in}	$A_{V0}\,C_{GD}+C_{GS}$	$A_{V0}\,C_{GD}+C_{GS}$
	零点频率 ω_Z	g_{m1}/C_{GD}	g_{m1}/C_{GD}
	带宽 BW	$\dfrac{1}{2\pi}\,\omega_{P1}$（$R_S$ 很小时）	$\dfrac{1}{2\pi}\,\omega_{P1}$（$R_S$ 很小时）
	增益带宽积	$g_{m1}/2\pi\,C_L$	$g_{m1}/2\pi\,C_L$

注：表中 R_S 为输入电压信号的内阻；C_L 为负载电容，图 7-14 中并未给出。

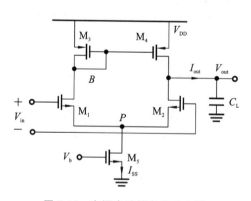

图 7-15　有源电流镜负载放大器

除了电流源和电阻负载之外，还可以有二极管负载，或者二极管与电流源并联负载，或者交叉互联负载，电感负载，等等。

（2）有源电流镜差分放大器。

图 7-15 所示的有源电流镜负载差分放大器的性能参数汇总在表 7-2 中。其属性与电流源负载的全差分放大器的最大区别有三点：①本电路是单端输出，而全差分放大器是差分输出；②本电路 B 点存在一个极点，同时存在一个左半平面零点，该零点频率为极点频率的 2 倍；③本电路输出节点有确定的直流电平。

表 7-2　有源电流镜负载放大器的性能参数

性能参数		有源电流镜负载放大器
大信号特性	功耗	$I_{M5} V_{DD}$
	输入电压范围	$V_{OD5} + V_{GS1} \leqslant V_{in,CM} \leqslant V_{DD} - \mid V_{GS3} \mid + \mid V_{THP} \mid$
	输出电压直流工作点 $V_{out,DC}$	$V_{DD} - \mid V_{GS3} \mid$
	输出电压范围	$V_{DS,M5} + V_{OD2} \leqslant V_{out} \leqslant V_{DD} - \mid V_{OD4} \mid$
小信号特性	低频增益 A_{V0}	$g_{m1} (r_{o2} \parallel r_{o4})$
	传递函数	$\dfrac{A_{V0} (1 + s/\omega_Z)}{(1 + s/\omega_{P1})(1 + s/\omega_{P2})(1 + s/\omega_{P3})}$
	极点频率 ω_{P1}	$\dfrac{1}{(r_{o2} \parallel r_{o4}) C_L}$（$R_S$ 很小时） g_{m2} / C_L（R_S 很大时）
	极点频率 ω_{P2}	$\dfrac{1}{R_S C_{in}}$
	极点频率 ω_{P3}	g_{m3} / C_B
	主极点位置	输出节点（R_S 很小时）
	输入电容 C_{in}	$A_{V0} C_{GD} + C_{GS}$
	零点频率 ω_Z	$2 g_{m3} / C_B$
	带宽 BW	$\dfrac{1}{2\pi \omega_{P1}}$（$R_S$ 很小时）
	增益带宽积	$g_{m1} / 2\pi C_L$

注：表中 C_B 为 B 点总的等效电容。

（3）共源共栅级放大器。

当普通的电流源负载的差分放大器和有源电流镜负载的差分放大器增益不够时，提高增益最简单的方式是利用共源共栅级。图 7-16 是两个不同形式的共源共栅级差分放大器。图（a）是 Cascode 电流源负载，图（b）是 Cascode 有源电流镜负载。

此处的两个电路虽然有相同的增益和带宽，但两种也存在明显出区别：①差分输出和单端输出；②全差分放大器的频率特性比单端输出放大器好很多，因为没有零点；③输出电压存在确定的直流工作点。

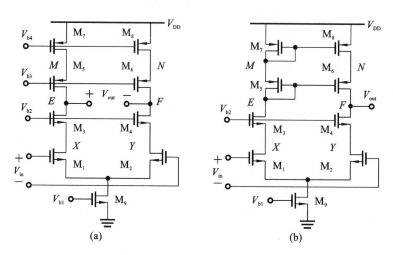

图 7-16 共源共栅级负载放大器

表 7-3 共源共栅级放大器的性能参数

性能参数		Cascode 电流源负载	Cascode 有源电流镜负载
大信号特性	功耗	$I_{M9} V_{DD}$	$I_{M9} V_{DD}$
	共模输入电压范围	$V_{OD9} + V_{GS1} \leqslant V_{in,CM}$ $\leqslant V_X + V_{THN}$	$V_{OD9} + V_{GS1} \leqslant V_{in,CM}$ $\leqslant V_X + V_{THN}$
	输出电压直流工作点	不确定	$V_{DD} - \mid V_{GS7} \mid - \mid V_{GS5} \mid$
	输出电压范围	$V_{DS,M5} + V_{OD1} + V_{OD3} \leqslant V_{out}$ $\leqslant V_{DD} - \mid V_{OD5} \mid - \mid V_{OD7} \mid$	$V_{DS,M3} + V_{OD2} + V_{OD4} \leqslant V_{out}$ $\leqslant V_{out,DC} + \mid V_{THP} \mid$
小信号特性	低频增益 A_{V0}	$g_{m1} (g_{m3} r_{o3} r_{o1} \parallel g_{m5} r_{o5} r_{o7})$	$g_{m1} (g_{m3} r_{o3} r_{o1} \parallel g_{m6} r_{o6} r_{o8})$
	传递函数	$\dfrac{A_{V0}}{(1 + s/\omega_{P1})(1 + s/\omega_{P2})}$	$\dfrac{A_{V0}(1 + s/\omega_Z)}{(1 + s/\omega_{P1})(1 + s/\omega_{P2})(1 + s/\omega_{P3})}$
	极点频率 ω_{P1}	$\dfrac{1}{(g_{m3} r_{o3} r_{o1} \parallel g_{m5} r_{o5} r_{o7})C_L}$	$\dfrac{1}{(g_{m3} r_{o3} r_{o1} \parallel g_{m6} r_{o6} r_{o8})C_L}$
	极点频率 ω_{P2}	g_{m3} / C_X	g_{m3} / C_X
	极点频率 ω_{P3}	无	g_{m7} / C_M
	主极点位置	输出节点	输出节点
	输入电容 C_{in}	$A_{VM1} C_{GD1} + C_{GS1}$	$A_{VM1} C_{GD1} + C_{GS1}$
	零点频率 ω_Z	无	$2 g_{m7} / C_M$
	带宽 BW	$1/2\pi \omega_{P1}$	$1/2\pi \omega_{P1}$
	增益带宽积	$g_{m1} / 2\pi C_L$	$g_{m1} / 2\pi C_L$

注：①V_X 为图中 X 点电平；A_{VM1} 为输入信号到 X 节点的低频增益；C_M 为 M 点的总等效电容；②两个电路中都存在多个高频极点，如图(a)电路的 X 点、M 点，以及(b)的 X 点和 E 点；③图(b)还有多个高频极点，本表忽略了。

电流源负载的电路,除了需要外围辅助电路来确定输出节点的直流工作点以外,还需要设计非常复杂的偏置电路。在对比了电流源负载的差分放大器和电流源负载的差分放大器之后,大家应该明白了,为什么如此复杂的电路还有其存在意义。核心原因是其频率特性更好。当然,也有部分原因是有时候不得不选用差分输出的电路结构。

图 7-16(b)所示的有源电流镜负载共源共栅级差分放大器的外围辅助电路比较简单,只需给电路提供两个基本偏置电压 V_{b1} 和 V_{b2} 即可。为了能对该电路的工作情况有更深入的理解,下面我们重点再分析一下该电路的偏置(大信号)情况。

假定电源电压为 3 V,PMOS 管的阈值电压为 -0.7 V,而 NMOS 管的阈值电压为 0.7 V。为了让 MOS 管有很好的跨导,我们通过设定合适的偏置电压和尺寸,让所有 MOS 管的过驱动电压均为 0.3 V(注:此处让所有 MOS 管均有 0.3 V 的过驱动电压,并不是最优设计方案,更不是唯一设计方案。这样做的目的仅仅是为了简单说明问题)。

为了更清楚的分析,绘制图 7-17(a)电路图。输出节点 F 的直流工作点就是电路输入差分电压为零时的输出节点直流电压,此时 F 点电压与 E 点电压相同。则 $V_{out,DC} = V_{DD} - |V_{GS7}| - |V_{GS5}| = 1$ V。

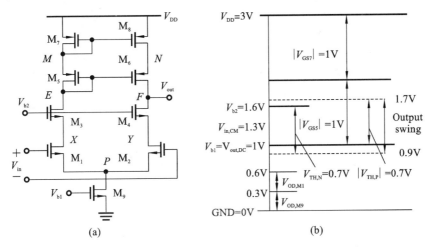

图 7-17　Cascode 电流镜负载的共源共栅级差分放大器大信号分布示意

分析输出摆幅时,我们要清醒地认识到,无论输出电压如何变化,N 点电压必须和 M 点电压相同,因为 $I_{M5} = I_{M7} = I_{M8} = I_{M6}$,我们必须保证 $V_{GS5} = V_{GS6}$。从而,$V_N = 2$ V。从而输出节点最高电压为 $V_N - V_{OD6} = 1.7$ V。输出节点最高电压也可以从 M_6 的栅极电压来计算。为了保证 M_6 工作在饱和区,有 $|V_{DS}| \geqslant |V_{GS}| - |V_{TH}|$,从而输出电压最高为 $V_E + 0.7 = 1.7$ V。输出电压的最低值,当然需要保证所有 NMOS 管工作在饱和区。基于源极跟随器的原理,图中 P 点电压取决于输入直流电压,图中 X 点和 Y 点电压,则取决于 V_{b2}。为了保证输出电压能得到最大的摆幅,则需保证 M_9、M_2、M_4 三个 MOS 管均工作在饱和区和三极管区的临界点上,输出电压可以实现最低值。此时要求 $V_{in,CM} = 1.3$ V,$V_{b2} = 1.6$ V。从而输出电压最低值仅为三个 NMOS 管的过驱动电压之和,即 0.9 V。从而得到输出电压的范围为:$0.9 \text{ V} \leqslant V_{out} \leqslant 1.7 \text{ V}$。

我们将上述分析得到的大信号特性的结论绘制在图 7-17(b)中。此时,我们更容易看到输出电压的特点:以 1 V 为中心,最高变化到 1.7 V,最低变化到 0.9 V。

这并不是一个很好的结果。因为以 1 V 为中心，最低变化到 0.9 V。如果要放大的信号是正弦波，则不失真的输出电压范围只有 0.9~1.1 V。如果要放大的信号不是正弦波，则不存在以中心值上下对称的情况，输出电压范围为 0.9~1.7 V，这个范围也不够大。

想要增大电压摆幅，则需要从二极管连接的 MOS 管的电压降上想办法。图 7-18(a) 是优化输出电压摆幅的 Cascode 电流镜负载差分放大器。该电路中，将 M_7 的二极管连接方式稍作改变，并额外给 M_5 和 M_6 提供偏置。这样的好处是，输出节点的直流工作点就是 E 点电压，为 $V_{out,DC} = V_{DD} - |V_{GS7}| = 2$ V，选择尽可能高的 V_{b3}，从而可以让图中 M 点和 N 点电压尽可能高，N 点电压最高为 $V_{DD} - |V_{OD8}| = 2.7$ V，则最高的 $V_{b3} = 2.7 - V_{GS6} = 1.7$ V，此时，M_8 能工作在饱和区和三极管区的临界点上，接着让 M_6 也工作在饱和区和三极管区的临界点上，最终使得输出节点 F 达到最高值为 $V_{DD} - |V_{OD8}| - |V_{OD6}|$。同图 7-13 电路一样，输出电压最低值为三个 NMOS 管过驱动电压之和，为 0.9 V。从而关于输出的结论为：以 2 V 为直流工作点，输出电压变化范围为 0.9~2.4 V。比图 7-17 电路高出 0.7 V。图7-18(b) 给出了该电路所有大信号的分布示意。这个输出电压范围，是以输出电压具有最大的摆幅为前提，去设计的输入偏置电压。

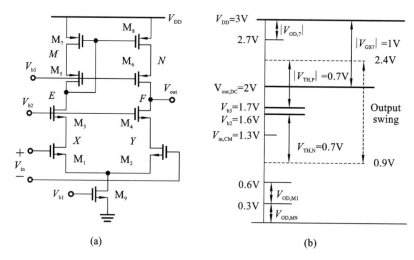

图 7-18　优化输出电压摆幅的 Cascode 电流镜负载差分放大器信号发布示意

7.3.2　仿真实验

单级运放-案例

本节给出了常见的几种单级运放电路，读者可以逐一仿真。此处重点仿真图 7-17(a) 和图 7-18(a) 所示的两个电路。两个电路均可以称为有源 Cascode 电流镜负载的 Cascode 差分放大器。仿真电路图和波形图分别如图 7-19 和图 7-20 所示。仿真方法是将电路接成负反馈的形式，反馈系数为 1/10。观察输出波形，当增益大约为 10 时，对应为电路正常工作的合理输出电压范围。请读者重点关注这两个电路的直流特性，包括各偏置电压的取值、输出直流工作点、输出信号摆幅。

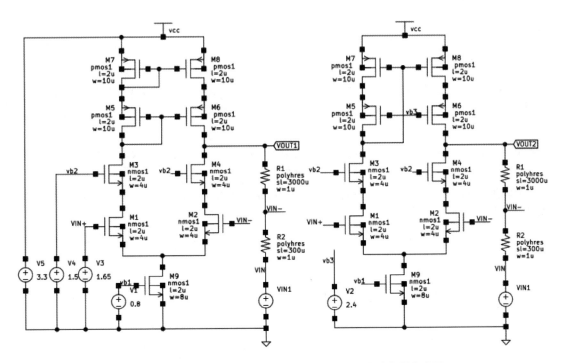

图 7-19 有源 Cascode 电流镜负载的 Cascode 差分放大器仿真图

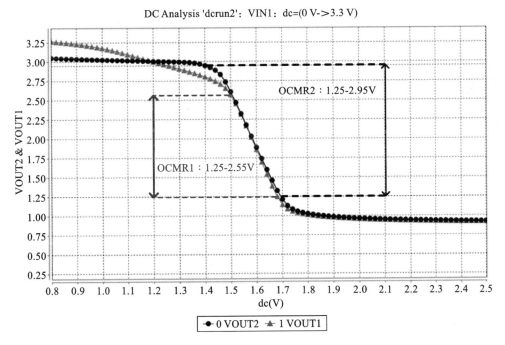

图 7-20 有源 Cascode 电流镜负载的 Cascode 差分放大器仿真波形图

7.3.3　互动与思考

读者可以改变运放的各项设计包括偏置电压、尾电流等等,观察上述两个电路的差异,尤其请观察输出摆幅的变化情况。

请读者思考:

(1)在本例的好几个电路中,设置偏置电压时,都是以输出电压具有最大的摆幅为依据的。为何不是以输入信号的范围最大为依据?

(2)在 Cascode 有源电流镜负载的 Cascode 放大器中,理论上输出电压的最大摆幅是多少?

(3)除了表中列举的极点和零点之外,本节的几个电路中,是否还存在其他零点和极点?

(4)请为图 7-18(a)电路设计合适的偏置电路。允许使用一个恒流源。

(5)图 7-18(a)电路中,所有 MOS 管的尺寸满足什么样的关系?

◀ 7.4　折叠式共源共栅极运放 ▶

7.4.1　特性描述

折叠式共源共栅极运放-视频

第 2 章学习了折叠式的共源共栅级放大器,图 7-21 给出了套筒式共源共栅级放大器和折叠式共源共栅放大器,两个电路的异同很明显。基于这个单端的放大器,很容易拓展为差分放大器。

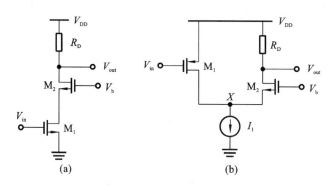

图 7-21　套筒式和折叠式共源共栅放大器

注意:折叠点位于共源 MOS 管和共栅 MOS 管之间的那个点。折叠之后,原输入的共源极 MOS 对管,应该更换器件类型,即 NMOS 和 PMOS 管互换。依据这个原则,可以将图 7-22(a)所示的套筒式共源共栅差分放大器折叠成图 7-22(b)所示的电路。因为有两条支路做了折叠,因此需要两个偏置电流源,即图中标示出来的 I_{SS1} 和 I_{SS2}。显然,折叠之后,功耗是

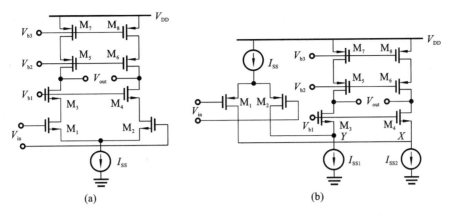

图 7-22　套筒式和折叠式共源共栅差分放大器

套筒式电路的两倍。

为了更好的理解折叠式共源共栅级放大器的特性,此处将两种共源共栅级放大器的特性对比,列写在表 7-4 中。表中,套筒式和折叠式共源共栅级放大器的最大差异在于共模输入电压范围。前者受到保证尾电流和输入 MOS 管工作在饱和区的限制,要求大于 $V_{OD,SS}$ + V_{GS1}。而折叠之后,输入 MOS 管由 NMOS 管变成 PMOS 管,共模输入电压的最小值,变成了 $V_X - |V_{THP}|$。V_X 最小值是偏置电流 I_{SS1} 的饱和压降,从而 $V_X - |V_{THP}|$ 可以为零,甚至低于零。只是低于零并无实际意义而已。两者的第二个差异在于功耗,折叠式功耗是套筒式放大器的 2 倍。第三个差异是二者的低频增益和带宽。因为折叠式在 X 和 Y 点引入了两个偏置电流的小信号输出电阻 $r_{o,SS1}$ 和 $r_{o,SS2}$,从而降低了总的小信号输出电阻和带宽。因为电阻值的改变并不大,表现出的差异并不特别明显。第四个差异,折叠式共源共栅级放大器的输出电压摆幅略大。第五个差异,在于共源和共栅级的公共点(即图中 X 和 Y 点)的寄生电容不同。后者还必须包括偏置电流 I_{SS1} 和 I_{SS2} 的 MOS 管寄生电容,从而折叠式共源共栅级放大器的 X 点极点频率会降低。

表 7-4　折叠式和套筒式共源共栅级放大器的性能参数

性能参数		套筒式 Cascode 差分放大器	折叠式 Cascode 差分放大器
大信号特性	功耗	$I_{ss} V_{DD}$	$2 I_{ss} V_{DD}$
	输入电压范围	$V_{OD,SS} + V_{GS1} \leqslant V_{in,CM}$ $\leqslant V_{b1} - V_{GS3} + V_{THN}$	$V_X - |V_{THP}| \leqslant V_{in,CM}$ $\leqslant V_{DD} - |V_{OD,SS}| - |V_{GS1}|$
	输出直流工作点 $V_{out,DC}$	不确定	不确定
	输出电压摆幅	$V_{DS,SS} + V_{OD1} + V_{OD3} \leqslant V_{out}$ $\leqslant V_{DD} - |V_{OD5}| - |V_{OD7}|$	$V_{OD,SS1} + V_{OD3} \leqslant V_{out}$ $\leqslant V_{DD} - |V_{OD5}| - |V_{OD7}|$

性能参数		套筒式 Cascode 差分放大器	折叠式 Cascode 差分放大器
小信号特性	低频增益 A_{V0}	$g_{m1}(g_{m3}\,r_{o3}\,r_{o1}\parallel g_{m5}\,r_{o5}\,r_{o7})$	$g_{m1}\big[g_{m3}\,r_{o3}(r_{o1}\parallel r_{o,SS1})\parallel g_{m6}\,r_{o6}\,r_{o8}\big]$
	传递函数	$\dfrac{A_{V0}}{(1+s/\omega_{P1})(1+s/\omega_{P2})}$	$\dfrac{A_{V0}}{(1+s/\omega_{P1})(1+s/\omega_{P2})}$
	极点频率 ω_{P1}	$\dfrac{1}{(g_{m3}\,r_{o3}\,r_{o1}\parallel g_{m5}\,r_{o5}\,r_{o7})C_L}$	$\dfrac{1}{\big[g_{m3}\,r_{o3}(r_{o1}\parallel r_{o,SS1})\parallel g_{m6}\,r_{o6}\,r_{o8}\big]C_L}$
	极点频率 ω_{P2}	$\dfrac{1}{R_S\,C_{in}}$	$\dfrac{1}{R_S\,C_{in}}$
	主极点位置	输出节点	输出节点
	输入电容 C_{in}	$A_{VM1}\,C_{GD1}+C_{GS1}$	$A_{VM1}\,C_{GD1}+C_{GS1}$
	零点频率 ω_Z	无	无
	带宽 BW	$1/2\pi\,\omega_{P1}$	$1/2\pi\,\omega_{P1}$
	增益带宽积	$g_{m1}/2\pi\,C_L$	$g_{m1}/2\pi\,C_L$

注:表中 $V_{DS,SS}$ 表示尾电流 MOS 管的漏源电压,$V_{OD,SS}$ 表示尾电流 MOS 管的过驱动电压,V_X 为 X 点电压。

在前面章节也介绍过,电流源负载可以换成有源电流镜负载,所以折叠式的共源共栅级运放,其负载也可以由电流源变换为有源电流镜。图 7-23 是差分输入、单端输出的折叠式共源共栅级运放。

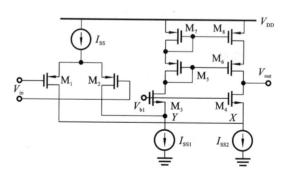

图 7-23 单端输出的折叠式共源共栅级运放

7.4.2 仿真实验

本节仿真套筒式和折叠式共源共栅级放大器。仿真电路图如图 7-24 所示,仿真波形如图 7-25 所示。本例仿真两个电路,重点是观察两者的差异。仿真结果显示,折叠式共源共栅极放大器的共模输入范围更广。

折叠式共源共栅
极运放-案例

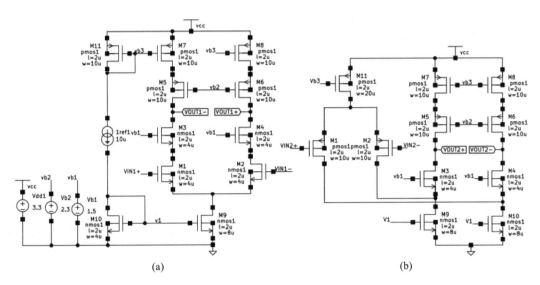

图 7-24 套筒式和折叠式共源共栅差分放大器仿真电路图

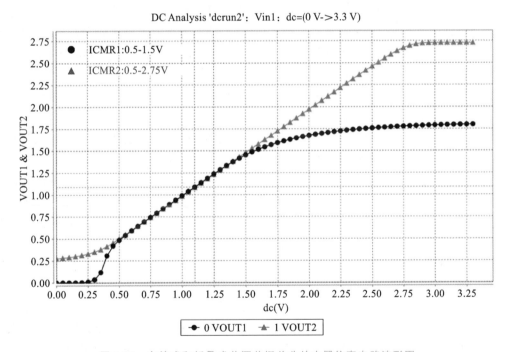

图 7-25 套筒式和折叠式共源共栅差分放大器仿真电路波形图

7.4.3 互动与思考

读者自行调节运放电路参数,观察上述两个仿真结果的差异。

请读者思考:

(1)在折叠式共源共栅级差分放大器中,有人说,X 点和 Y 点虽然电容变大,但电阻变小,因而该点的极点频率并不一定会降低。请问这种说法是否有道理?

(2)有同学说,折叠式差分放大器消耗两倍的功耗,产生比套筒式差分放大器还略低的增益,并无多大的存在意义。请问这种说法错在哪里?

◀ 7.5 二级放大器 ▶

7.5.1 特性描述

二级放大器
-视频

当单级放大器的增益不够的时候,我们该如何提高增益? Cascode 负载的 Cascode 放大器是最简单直接的选择。如果增益还不够,可以用三级的 Cascode 放大器。但这样的方法有如下几个天然的弊端:①运放输出摆幅被严重压缩,特别是在低供电电压的电路中,电路完全不实用;②输出节点电阻超级大,导致放大器带宽很窄;③偏置电路异常复杂。

在有的应用中,我们要驱动比较小阻值的电阻负载,如驱动耳机(普通耳机的电阻为 16 Ω 或者 32 Ω)。常规的运放无法驱动这么小阻值的负载,要么换用电流放大器,要么换用跨导增益放大器。这类放大器应用通常是在常规的运放后,再接一级源极跟随器。这就构成了两级放大器。

在有的应用中,我们既需要大的增益,又需要大的摆幅。显然,之前学过的单级放大器也无法满足这个要求,解决方案是采用多级放大器。

图 7-5 就给出了一种二级放大器电路。通过两个增益为 10,带宽为 100 MHz 的运放级联,得到的总增益为 100,带宽依然为 100 MHz。

所谓级联,就是第一级的输出,作为第二级的输入。基于这个原理,可以轻松设计出图 7-26 所示的高增益大摆幅二级运放。该电路第一级,能产生非常高的增益,但第一级的输出电压摆幅不大。接着经过第二级共源极放大。第二级放大器没有差分放大器的典型特性"尾电流",因而不是严格意义上的"差分放大器",但能提供线性度不够高的差动放大。该放大器的输出电压摆幅很大,为 $2(V_{DD} - |V_{ODP}| - V_{ODN})$,这几乎是放大器能提供的最大摆幅。

如果想进一步改善第二级的性能,可以将第二级放大器也改成全差分放大器,即在图 7-26(a)的基础上,将 M_9 和 M_{10} 的电流,汇总到尾电流 MOS 管 M_{14} 中,构成图 7-26(b)所示电路。变成差分放大器之后,增益线性度大幅提高。但弊端是输出电压的摆幅会减小。图 7-26(b)所示电路第二级放大器是 PMOS 管作为输入,NMOS 管作为负载。也可以互换为 NMOS 管作为输入,PMOS 管作为负载,此时的尾电流 MOS 管也需要换成 NMOS 管。

图 7-26 所示的两级放大器,也可以改变为双端输入单端输出的形式,如图 7-27 所示。该电路还可以进一步将第二级改成有源电流镜负载的差分放大器,这需要增加一个尾电流。

接着我们关注二级放大器的增益和带宽的关系。假定某放大器的低频增益为 $A_V = -g_m r_{out}$,极点频率为 $\omega_p = 1/r_{out} C_{out}$,带宽 BW $= 1/2\pi r_{out} C_{out}$,从而增益带宽积 GBW 为

$$\text{GBW} = A_V \cdot \text{BW} = \frac{g_m}{2\pi C_{out}} \qquad (7\text{-}10)$$

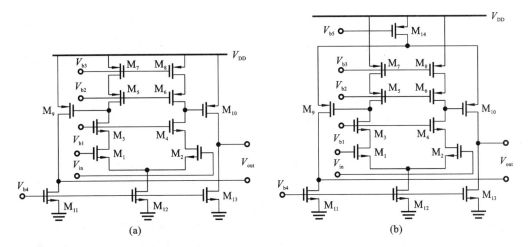

图 7-26　高增益大摆幅两级放大器

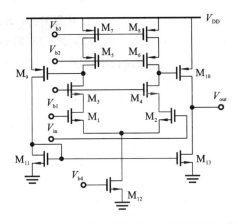

图 7-27　单端输出的高增益大摆幅两级放大器

若放大器驱动的负载电容 C_{out} 是定值,则放大器的增益带宽积仅仅取决于放大器跨导 g_{m}。跨导 g_{m} 无法在大范围内调节。因此,增大输出阻抗可以提高低频增益,但代价是降低了带宽。为了在保证带宽的同时能增大增益,简单的做法是采用多级放大器。

让两个特性相同的放大器级联,如图 7-28 所示,则考虑频率特性后,总的增益表达式为

$$A_{\text{V}}(s) = \frac{g_{\text{m}}\, r_{\text{out}}}{1 + \dfrac{s}{\omega_{\text{p}}}} \cdot \frac{g_{\text{m}}\, r_{\text{out}}}{1 + \dfrac{s}{\omega_{\text{p}}}} \tag{7-11}$$

此处的分析中,我们使用运放的小信号宏模型可以更加直观的看出结论,因为增益和带宽的分析只涉及小信号。让放大器串联,则带宽由两个放大器中带宽较低的那个放大器决定(图 7-28 的两个放大器的增益和带宽均相同),而低频增益则是两个放大器增益的乘积。从而,二级放大器的 GBW 为

$$\text{GBW} = \frac{g_{\text{m}}\, g_{\text{m}}\, r_{\text{out}}}{2\pi\, C_{\text{out}}} = g_{\text{m}}\, r_{\text{out}} \cdot \frac{g_{\text{m}}}{2\pi\, C_{\text{out}}} \tag{7-12}$$

显然,二级放大器级联有效提高了 GBW。当然,上述计算忽略了很多因素,特别是容性和阻性负载。

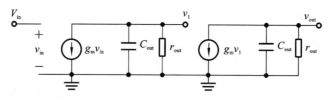

图 7-28　两个放大器串联

两级放大器还有其他很多种不同的结构。图 7-29 就是一种很精妙的二级运放。M_1 和 M_2 是第一级放大器的输入差分对管，其负载为二极管连接的 M_3 和 M_4。同时，B 点和 A 点也作为了第二级的输入。第二级是有源电流镜负载的差分放大器，输入 M_5 和 M_6，尺寸相同的 M_7 和 M_8 构成有源电流镜负载。该电流还可以从另外一个角度来理解。M_3 和 M_5 是电流镜，M_4 和 M_6 也是电流镜，都能实现 N 倍的电流镜像。从而，将输入差分电压，转变为 M_3 和 M_4 两个反向变化的电流。一路电流通过 M_6 送到输出，另外一路电流通过 M_5，到 M_7 之后，通过 M_8 送到输出。从而，在输出节点产生差动变化的电流输出。这个放大器，理论上讲输出是电流信号，我们也称该电路为二级对称 OTA。该电路有很多优点：①单端输出，且输出有确定的直流工作点。选择合适的尺寸，可以让图中 A、B、C、D 四个节点的直流工作点相同，且是定值。因为 A、B、C 三点都是二极管连接的 MOS 管栅极电压所在处，都有确定的直流电压。②电路的偏置非常简单，只需提供一个偏置电压 V_b。③增益高，摆幅大。输出端只受到两个 MOS 管饱和压降的限制。

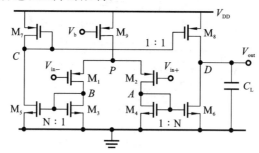

图 7-29　二级对称 OTA

二级对称 OTA 的低频增益为跨导与输出电阻之积

$$A_V = g_{M1} \cdot N \cdot (r_{O8} \parallel r_{O6}) \tag{7-13}$$

在信号从输入到输出的通道上，经过的节点包括图中 $A(B)$、C、D。这几个点中，$A(B)$ 和 C 节点的小信号电阻很小，都是 $1/g_M$ 数量级，从而，这两个节点产生的极点频率较高。放大器的主极点位于 D 点。从而放大器的带宽为

$$BW = \frac{1}{2\pi(r_{O8} \parallel r_{O6})C_D} \tag{7-14}$$

式中：C_D 为 D 点总的等效电容。

从而，可以计算出该电路的增益带宽积为

$$GBW = N\frac{g_{M1}}{2\pi C_D} \tag{7-15}$$

从增益和增益带宽积两个表达式，我们看出，增大电流镜像比值 N，能同时增大增益和增益带宽积。然而，我们应该看到，N 不能过大。因为该二级对称 OTA 在 $A(B)$ 和 C 节点还存在极点，比较合适的取值通常为 3～5。C 点有一个极点，以及频率为二倍极点频率的零

点。因为该极点频率和零点频率是两倍关系,且都是左半平面,因此,C 点的零极点对对系统的稳定性影响可以忽略。从而,我们只需关注 $A(B)$ 点的极点频率。该点的电阻为 $1/g_{M4}$,电容为 M_2、M_4、M_6 三个 MOS 管贡献的总电容。从而,如果 N 太大,则会导致 M_6 管引入到 $A(B)$ 点的电容过大,最终拉低 $A(B)$ 点的极点频率。下一章我们会学习到,如果主极点 D 点和次主极点 $A(B)$ 点的频率相隔太近,会导致系统相位裕度减小,稳定性变差。

此处我们只讨论 A 点的极点频率,而没有讨论 B 点极点频率,是因为该电路 A 点和 B 点对称,两点的频率特性相同。

如果图 7-29 所示的二级对称 OTA 增益不够,可以把电路第二级换成 Cascode 形式。

7.5.2　仿真实验

本例将仿真二级放大器的 GBW,作为对比,还可以关注第一级放大器的 GBW。为了忽略次要因素,可以直接采用图 7-30 所示的宏模型电路进行仿真。两级电路相同,增益均为 1000,极点频率均为 1 kHz。仿真波形如图7-31所示。两级放大器有两个相同的极点,则增益以 -40 dB/dec 下降。仿真结果显示,V_1 波形中出现了一个极点,而 V_{out} 波形中,出现了两个完全重合的极点。

二级放大器
-案例

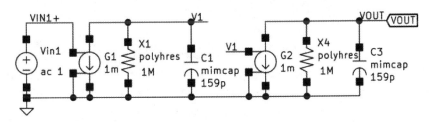

图 7-30　二级差分放大器 GBW 仿真电路图

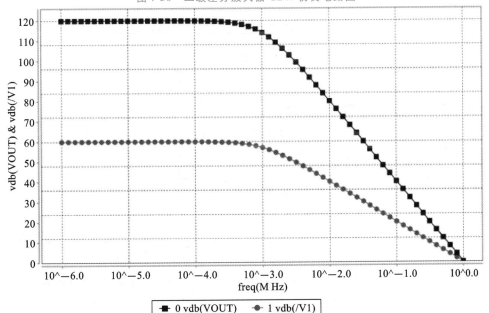

图 7-31　二级差分放大器 GBW 仿真波形图

7.5.3　互动与思考

读者自行改变放大器宏模型各参数,观察二级放大器 GBW 的变化,以及与一级放大器 GBW 的区别。

请读者思考:

(1)在负载电容不变的条件下,如何提高二级放大器的 GBW?

(2)如何在负载电容不同,而且 GBW 不变的情况下,提高放大器的增益? 或者如何提高带宽?

(3)两个放大器级联后,整体电路带宽由带宽较低的那个放大器决定。请问带宽较高的那个放大器的带宽对多级放大器的影响是什么?

◀　7.6　经典二级放大器设计　▶

7.6.1　特性描述

经典的二级放大
器设计-视频

所有二级运放中,最经典、用途最广的是图 7-32 所示的差分输入单端输出运放。该电路第一级是有源电流镜负载的差分放大器,第二级是电流源负载的共源极放大器。电路中的 C_C 为用于频率补偿的密勒电容。C_L 为电路的负载电容。该电路,常见的应用是接成电压电压负反馈的结构,以实现更高精度的电压信号放大。

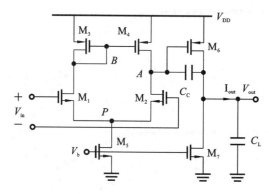

图 7-32　差分输入单端输出的经典二级放大器

本节我们将讨论在给定设计指标和电路结构的情况下,如何完成本电路的参数设计。这里所说的参数设计包括每一个器件的宽长比、以及所有器件的偏置电压。

整个放大器的压摆率 SR 由第一级放大器的尾电流 I_5 和密勒补偿电容 C_C 来决定

$$SR = \frac{I_5}{C_C} \tag{7-16}$$

第一级放大器低频增益

$$A_{V1} = -g_{m1}(r_{O2} \parallel r_{O4}) = -\frac{2\,g_{m1}}{I_5(\lambda_2 + \lambda_4)} \tag{7-17}$$

第二级放大器低频增益

$$A_{V2} = -g_{m6}(r_{O6} \parallel r_{O7}) = -\frac{g_{m6}}{I_6(\lambda_6 + \lambda_7)} \tag{7-18}$$

运放的主极点位于第一级的输出节点 A，因为跨接在第二级输入和输出节点之间的密勒电容 C_C 会放大之后引入到 A 点，且 A 点具有很大的电阻。从而，系统主极点频率为

$$\omega_P = \frac{1}{(r_{O4} \parallel r_{O2})C_C A_{V2}} \tag{7-19}$$

整个电路的增益带宽积

$$GBW = A_{V1}\,A_{V2}\,\omega_P/2\pi = \frac{g_{m1}}{2\pi C_C} \tag{7-20}$$

输出节点往往需要驱动比较大的负载电容 C_L，从而次主极点往往位于输出节点。注意，我们不能直接想当然的说该点输出电阻 $r_{O6} \parallel r_{O7}$，电容为 $C_L + C_C$。这是很多初学者容易犯的错误。

回顾共源极放大器的频率响应，我们在计算输出节点的极点频率时，考虑了两种情况，一种是输入信号的内阻很小的情况，另外一种是输入信号内阻很大的情况。考虑这两种情况的原因是，输入信号和输出信号都能影响 MOS 管的栅极电压。

当输入信号的内阻很小时，输入信号对栅极电压影响更大。从而，计算输出电阻时，栅极需要接到输入信号（输入电压接地），从而输出电阻为 r_O 数量级。

当输入信号的内阻很大时，输入信号对栅极的影响，远小于输出信号通过 C_C 对栅极的影响。直观的理解是，高频下，C_C 建立了一个极低阻抗的反馈通路，将 M_6 的漏极和栅极连接在一起，从而 M_6 工作在类似于二极管连接的 MOS 状态，从而，输出节点的等效电阻，由原来的 $(r_{O6} \parallel r_{O7})$ 变成 $1/g_{m6}$。阻抗的大幅降低，意味着该极点频率的大幅提高！

从而，输出节点的极点频率为

$$\omega_{P2} = -\frac{g_{m6}}{C_L} \tag{7-21}$$

由密勒电容构成的前馈通道，导致出现了一个右半平面（RHP）零点。让 MOS 管输出的小信号电流等于流过 C_C 的电流，可以计算出零点频率为

$$\omega_{Z1} = \frac{g_{m6}}{C_C} \tag{7-22}$$

共模输入电压最大值，受到 B 点电压的限制，由于 $|V_{GS3}| = \sqrt{\dfrac{2I_3}{\mu_N \cdot C_{ox}(W/L)_3}} + |V_{TH3}|$，从而正 ICMR 为

$$V_{in}(\max) = V_{DD} - \sqrt{\frac{2\,I_3}{\mu_N \cdot C_{ox}(W/L)_3}} - |V_{TH3}| + V_{TH1} \tag{7-23}$$

共模输入电压最小值，受到 P 点电压的限制，由于 $V_{GS1} = \sqrt{\dfrac{2\,I_1}{\mu_N \cdot C_{ox}(W/L)_1}} + V_{TH1}$，负 ICMR

$$V_{in}(\min) = V_{SS} + \sqrt{\frac{2\,I_1}{\mu_N \cdot C_{ox}(W/L)_1}} + V_{OD5} + V_{TH1} \tag{7-24}$$

其中，V_{OD5}表示M_5管的过驱动电压，是M_5能工作在饱和区的最低漏源电压值。NMOS管的过驱动电压为

$$V_{ODi} = \sqrt{\frac{2\,I_i}{\mu_N \cdot C_{ox}(W/L)_i}} \qquad (7\text{-}25)$$

在上面的关系中，需保证所有晶体管都工作在饱和区。

7.6.2 设计流程

电路设计中通常会给出如下设计指标：

(1)低频增益A_V；

(2)增益带宽 GBW；

(3)输入共模范围 ICMR；

(4)负载电容C_L；

(5)压摆率 SR；

(6)输出电压摆幅；

(7)功耗P_{diss}。

在开始设计之前，我们要选择合适的工艺。常见的 CMOS 工艺，包括普通 CMOS 工艺，高压 CMOS 工艺，BCD 工艺，射频工艺等等。每种工艺又可以选择不同的特征尺寸（即 MOS 管最小沟长）。

我们在选择工艺时，通常要考虑的因素大致包括：①芯片工作速度。特征尺寸越小，工作速度越快，在某些射频电路设计中，往往只能选射频工艺。②成本。特征尺寸越小，成本越高。特殊器件越多，成本越高。③电源电压。当今集成电路的电源电压有不断降低的趋势，动力是超大规模数字集成电路的功耗随着电源电压的下降而下降。然而，某些模拟集成电路或者电源管理芯片却要求能耐更高的电压，更大的摆幅，更宽的输入电压范围。④衬底和阱。常见的工艺是 P 衬 N 阱，但如果对 MOS 管的衬底电位有特殊要求，例如要求所有 NMOS 管均不具有衬底偏置效应，则 NMOS 管就不能共用同一个衬底，此时可以选用双阱工艺。⑤特殊器件。某些电路需要不同温度系数的大电阻，需要用于修调的多晶硅可熔断器件 Fuse，需要高精度的 MIM 电容，需要更高耐压的 MOM 电容，需要电感，需要小的漏源导通电阻的功率开关管，需要能耐高压大电流的 MOS 管，需要 OTP（One Time Programmable，一次性可编程）器件，需要 EEPROM 器件。这些都是特殊器件，需要特殊的工艺才能支持。⑥产品定位。包括消费类电子芯片可穿戴式设备芯片、汽车电子芯片、军用芯片、通信类芯片、工业芯片等等。不同的产品定位，应该选择合适的工艺。⑦产能。这是纯商业问题，此处忽略。

根据芯片功能/产品定位等多方面的因素，确定一个合适的工艺。紧接着要做的事是熟悉该工艺。代工厂为某个工艺提供了大量的说明文档和使用手册。说明文档和使用手册有助于我们对选用的工艺有明确，完整，详细的了解。然而，真正具体的参数，与电路设计和仿真有关的参数，却存在于其器件模型中。当今主流工艺，通常提供两种格式的器件模型，分别是 Spice 格式和 Spectre 格式，分别对应两类主流的电路仿真工具。

我们学习过的器件参数包括：μ、C_{ox}、V_{TH}、λ。这些参数，构成了 MOS 器件最基本的一级

模型。一级模型简单,是我们进行手工计算的得力武器,是我们充分利用人脑去理解电路、推导电路、改进电路的重要依据。而代工厂提供的器件模型,无论是哪种格式的器件模型,每一个器件的参数均非常多,远多于截止目前我们学习过的 MOS 管器件模型参数。人工没法做详细、精确的计算,但计算机可以。

如何把代工厂提供上百个参数的复杂模型,与只有四个参数的一级模型对应起来?这是我们首先需要解决的问题。否则,我们无法利用这个工艺库中的模型来完成手工的电路初步设计。

复杂模型对应到一级模型参数的方法是仿真。例如我们选用了 $0.18~\mu m$ CMOS 工艺,我们可以仿真比如 $W = 0.5~\mu m$,$L = 0.18~\mu m$ 的 MOS 管 I-V 特性曲线,然后在曲线上找出 V_{TH},并找出两个工作在饱和区的直流工作点,根据其 I 和 V 的值,联立方程组计算 μC_{ox}、λ。

现在开始设计,首先选择在整个电路中使用的器件栅长。这个值将确定沟道长度调制系数 λ 的值,这是计算放大器增益时所必需的参数。因为 MOS 的小信号输出电阻随沟道长度变化很大。

MOS 器件的栅长选好后,可以确定补偿电容 C_C 的最小值。控制理论告诉我们,如果次主极点的频率与单位增益带宽(GBW)相同时,则系统有 $45°$ 的相位裕度。如果次主极点频率比 GBW 高,则有超出 $45°$ 的相位裕度。经验值告诉我们,设置位于输出节点的次主极点 ω_{p2} 高于 2.2 GBW 时可以获得 $60°$ 的相位裕度。同时,我们还需让 RHP 零点 ω_{Z1} 高于 10 GBW。此处关于零极点位置的建议,读者可以用 Matlab,或者手工简单分析快速获得。

由零点和次主极点、单位增益带宽的表达式,导致对 C_C 的最小值有下面的要求

$$C_C > (2.2/10)C_L \tag{7-26}$$

根据压摆率要求,可以确定尾电流 I_5。由式(7-17),I_5 的值确定为

$$I_5 = SR \cdot C_C \tag{7-27}$$

如果压摆率的指标没有给出,可以按建立时间要求设计尾电流 I_5。在后面设计中如果有需要还可以调整 I_5。现在可以确定 M_3(M_4)的宽长比,它可根据输入共模范围要求来确定。因为 $I_5 = 2I_3$,由式(7-23)可推出的 $(W/L)_3$ 的设计公式

$$\left(\frac{W}{L}\right)_3 = \frac{I_5}{\mu_N \cdot C_{ox}\left[V_{DD} - V_{in}(\max) - |V_{TH3}| + V_{TH1}\right]^2} \tag{7-28}$$

输入管的跨导可以由 C_C 和 GBW 的知识来确定。跨导 g_{m1} 可以用下面的公式计算

$$g_{m1} = GBW \cdot C_C \tag{7-29}$$

宽长比 $(W/L)_1$ 直接由 g_{m1} 得出如下

$$\left(\frac{W}{L}\right)_1 = \frac{g_{m1}^2}{\mu_N \cdot C_{ox} I_5} \tag{7-30}$$

下面计算 M_5 管的饱和电压。用 ICMR 公式计算 V_{DS5},由式(7-24)推导出下面的关系

$$V_{OD5} = V_{in}(\min) - V_{SS} - \sqrt{\frac{I_5}{\mu_N \cdot C_{ox}(W/L)_1}} - V_{TH1} \tag{7-31}$$

确定了 V_{OD5} 后,$(W/L)_5$ 可以用式(7-24)按下面的方法得到

$$\left(\frac{W}{L}\right)_5 = \frac{2I_5}{\mu_N \cdot C_{ox} \cdot V_{OD5}^2} \tag{7-32}$$

到这里,运算放大器的第一级设计完成了。接下来考虑输出级。

为了有 $60°$ 的相位裕度,假定将输出极点设置在 2.2 GBW 处。基于这个假设和式

(7-20)中 P_2 极点的频率 ω_{P2}，跨导 g_{m6} 可以用下面的关系确定

$$g_{m6} = 2.2\, g_{m2} \frac{C_L}{C_C} \tag{7-33}$$

通常，为了得到合理的相位裕度，希望右半平面零点位于增益过零点频率的 10 倍处。从而，g_{m6} 的值近似取输入跨导 g_{m1} 的 10 倍。此时，有两种可能的方法来完成 M_6 的设计，即设计适当的 $(W/L)_6$ 或者适当的 I_6。首先为达到图 7-31 中第一级电流镜负载（M_3 和 M_4）的正确镜像，就要求 $V_{SG4} = V_{SG6}$。因为 $g_m = \mu_N \cdot C_{ox}(V_{GS} - V_{TH})$，我们可以写出

$$\left(\frac{W}{L}\right)_6 = \left(\frac{W}{L}\right)_4 \frac{g_{m6}}{g_{m4}} \tag{7-34}$$

知道了 g_{m6} 和 $(W/L)_6$，就可以用下面的公式来确定直流电流 I_6

$$I_6 = \frac{g_{m6}^2}{2\,\mu_P \cdot C_{ox}\left(\dfrac{W}{L}\right)_6} = \frac{g_{m6}^2}{2\,\mu_P \cdot C_{ox}\, S_6} \tag{7-35}$$

下面检查最大输出电压要求是否得到满足。如果不满足，那么可增加电流或 W/L 以获得更小的 V_{OD}。

第二种设计输出级的方法是用 g_{m6} 的值和 M_6 所要求的 V_{OD} 来确定电流。考虑 g_m 的定义式和 V_{OD}，得出一个与 (W/L)、V_{OD}、g_m 和工艺参数相关联的公式。利用此关系，由输出范围指标得到 V_{OD} 要求，可得到 (W/L) 如下

$$\left(\frac{W}{L}\right)_6 = \frac{g_{m6}}{\mu_P \cdot C_{ox}\, V_{OD6}} \tag{7-36}$$

然后，I_6 的值可由式（7-35）计算。在确定 I_6 的任何一种方式中，应该检查功耗的要求，因为 I_6 是功耗的主要部分。

M_7 管的尺寸可以由下面给出的平衡方程式决定

$$\left(\frac{W}{L}\right)_7 = \left(\frac{W}{L}\right)_5 \frac{I_6}{I_5} \tag{7-37}$$

至此完成了所有 MOS 管的 W/L 比值的初步设计。

最后，可按下式检查总的放大增益是否满足要求

$$A_V = \frac{2\, g_{m1}\, g_{m6}}{I_5(\lambda_2 + \lambda_4)\, I_6(\lambda_6 + \lambda_7)} \tag{7-38}$$

附加的考虑还包括噪声或 PSRR。输入电压噪声主要由第一级输入管和负载管引起，有热噪声和 $1/f$ 噪声。任何管子的 $1/f$ 噪声可以通过增加管子面积（即增加 WL）来降低。任何管子的热噪声可以通过增大自身 g_m 来减小。这可以由增大 W/L、增大电流、或者同时增大两者来实现。可以通过减小 $g_{m3}/g_{m1}(g_{m4}/g_{m2})$ 的比值，来减小由负载管引起的有效输入噪声电压。必须注意，进行噪声性能的调整时不要反过来影响运算放大器的其他重要性能。

电源抑制比在很大程度上是由所采取的结构决定的。对负 PSRR 的改进可通过增大 M_5 的输出电阻来实现。这通常是在不影响其他性能的情况下成比例地增大 W_5 和 L_5 来完成的。

7.6.3　互动与思考

(1)根据复杂的工艺库模型，如何得到手工设计电路需要的一级模型参数？

(2)依据式(7-38),有哪些方法可以提高放大器的增益?

(3)读者能找到放大器设计中几个重点关注的折中性能指标吗?请读者自行尝试找出几个这样的例子。比如增益与功耗、增益与带宽等等。

(4)如果输出极点没有设置在 2.2 GBW 处,而是正好设置在了 GBW 处,则系统的相位裕度是多少?

◀ 7.7 经典二级放大器仿真 ▶

7.7.1 二级放大器的共模输入范围

经典二级放大器仿真-视频

二级放大器的共模输入范围-案例

二级放大器的共模输入范围(ICMR),对保证运放正常工作至关重要。共模输入电压太低,或者太高,都将导致部分 MOS 管离开饱和区,电路不能正常工作。本书 3.4 节介绍了全平衡差分放大器的共模响应,并介绍了仿真方法,本节介绍另外一种简易的仿真方法:采用单位增益结构来测量或仿真二级放大器的 ICMR。图 7-33 给出了仿真测试线图,仿真结果如图 7-34 所示。

本例中,对 V_{IN} 从 0 扫描到 V_{DD}。当 V_{IN} 较小时,尾电流 MOS 管并未进入我们期待的饱和区。随着 V_{IN} 的增加,刚刚进入共模输入范围时,运放的尾电流进入饱和区,达到恒定值 I_5,以此作为 ICMR 的起点。当 V_{IN} 较大,离开共模输入范围时,输出 V_{OUT} 不再跟随 V_{IN} 线性变化,以此作为 ICMR 的终点。

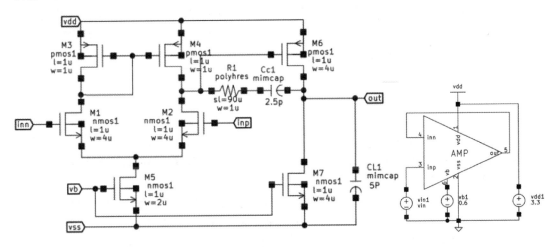

图 7-33 ICMR 仿真测试线路图

因此,我们需要同时观测输出电压与输入电压的关系曲线,以及 I_5 与输入电压的关系曲线,找出尾电流(大约)为恒定值,而且输出电压能紧紧跟随输入电压变化的输入电压范围,即为本电路的 ICMR。从图 7-34 可以读出,本例电路的共模输入范围是 $0.65\sim3$ V。

读者可以自行调整 M_1、M_2、M_3、M_4 和 M_5 的 W/L,以及 V_b,观察共模输入范围的变化趋势。

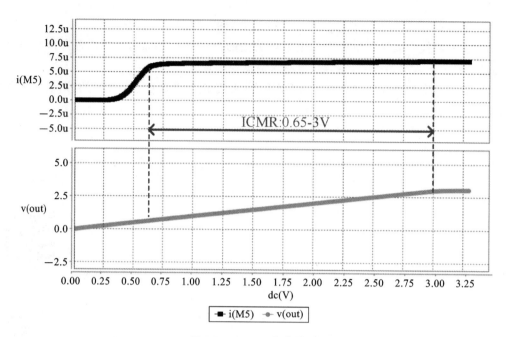

图 7-34　ICMR 仿真结果

请读者思考：

(1)如果改变 V_b，共模输入范围该如何变化？

(2)如果仅改变 M_5 的 W/L，请问共模输入范围该如何变化？

(3)有哪些增大共模输入范围的方式？

(4)本例中，我们说 M_5 从线性区进入饱和区，也就是看 M_5 的电流是否恒定，作为判断共模输入电压的最小值，那么共模输入电压的最大值受到什么因素的影响？ 其他都不变的情况下，如何进一步提高共模输入电压的最大值？

7.7.2　二级放大器的输出电压范围

二级放大器的
输出电压范围
-案例

　　放大器的输出电压范围应该与后一级电路的输入电压范围相匹配，否则，后一级电路不能正常工作。为此，我们除了关注差分放大器的共模输入范围，还需要关心放大器的输出电压范围。

　　在前一例的单位增益结构中，传输曲线的线性特性受到 ICMR 的限制，若采用高增益结构，传输曲线的线性部分与放大器输出电压范围一致。为此，仿真二级放大器的输出范围通常采用图 7-35 所示的电路。选择仿真电路的闭环增益为 10。对输入电压进行直流扫描，当运放正常工作时，则输出应该跟随输入信号而变化，并且输出相对于输入信号的小信号增益为 10。也就是说，当增益为 10 时，其输出电压为运放的输出电压范围。仿真波形参见图7-36。读图可知，该电路的输出电压变化范围为 $0.25\sim2.8$ V。

　　请读者自行调整电路的器件以及偏置电压 V_b 参数，观察输出电压范围的变化趋势。

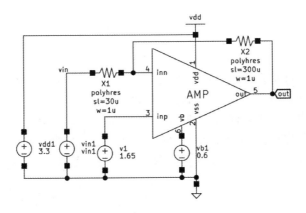

图 7-35 输出摆幅的仿真测试图

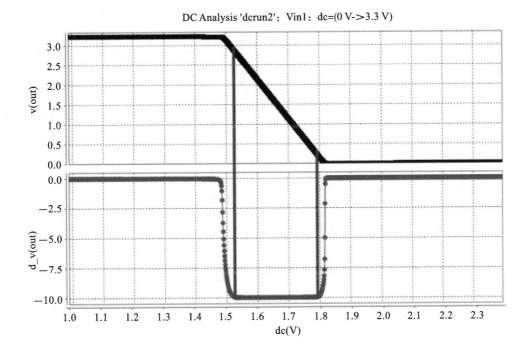

图 7-36 输出摆幅的仿真波形图

请读者思考：

(1)如果改变 V_b, 以及所有 MOS 管尺寸, 请问输出电压范围该如何变化? 特别的, 改变偏置电压, 以及 M_6、M_7 的 W/L, 请问输出电压范围该如何变化?

(2)输出电压范围与哪些因素有关? 如何增大二级放大器的输出电压范围?

(3)此处的输出电压范围和我们平时所说的电压摆幅是一回事吗?

(4)输出电压范围和输出直流工作点是一回事吗?

(5)本例中, 我们将放大器的反馈系数设为 0.1, 即放大系数为 10。请问, 为何设置为 10? 设置其他值是否可以? 请将反馈系数设为 0.2, 再仿真一次以验证你的想法。

7.7.3　二级放大器的增益及单位增益带宽

开环增益 A_V 及单位增益带宽(即运放的增益带宽积 GBW)是运放的重要特性。最直接最简单的仿真方法是,运放的同向和反向输入端加上相同的直流电平作为共模信号,同时在差分输入端之间施加上一个 $AC=1$ 的交流小信号电压,作为差模信号,观察输出 V_{OUT}。仿真电路图如图 7-37 所示。

需要注意的是,需要考虑放大器的负载电容,否则单位增益带宽或者放大器的频率特性会变化。在本例中,由于主极点位于第一级放大器的输出处,因此负载电容 C_L 将影响次主极点位置,并最终影响放大器的相位裕度和频率稳定性。仿真波形在图 7-38 中,从仿真结果可知:低频增益 $A_V=$ 82.5 dB,增益带宽积 GBW≈2.5 MHz。

读者可以任意调整电路参数,观察增益频率特性的变化趋势。

请读者思考:

(1)如何在不增加功耗的基础上,提高放大器的低频增益?

(2)读者可以从本例仿真结果中读出该电路的相位裕度。如果希望提高相位裕度,请问最简单直接的方式是什么?

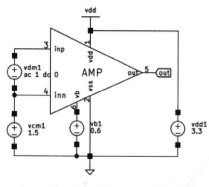

图 7-37　A_V 及 GBW 仿真测试线路图

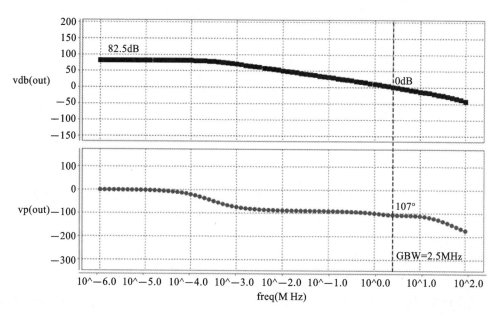

图 7-38　A_V 及 GBW 仿真波形图

（3）对于没有构成反馈结构的放大器,不存在稳定性的问题。我们关注其增益和单位增益带宽是否有意义?

7.7.4 二级放大器的共模抑制比

差分电路共模抑制比 CMRR 最直接的仿真方法是根据 CMRR 的定义,分别仿真出放大器的共模增益和差模增益,再将两者相除得到。

二级放大器的
共模抑制比
-案例

此处介绍另外一种更简单,可以直接仿真得到 CMRR 的方法。在图 7-39 的电路中,两个相同的交流电压源均为 AC＝1 V,与接成单位增益结构的运算放大器的两输入端相接,其小信号有如下关系

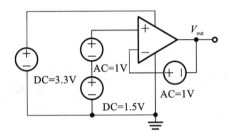

图 7-39　CMRR 简易仿真原理图

$$V_{OUT} = A_V(V_{INP} - V_{INN}) \pm A_C V_{CM} \tag{7-39}$$

$$V_{INN} = V_{OUT} + V_{AC} \tag{7-40}$$

$$V_{INP} = V_{AC} \tag{7-41}$$

$$V_{CM} = \frac{1}{2}(V_{INP} + V_{INN}) \tag{7-42}$$

从而

$$V_{OUT} = -A_V V_{OUT} \pm A_C V_{AC} \tag{7-43}$$

$$\frac{V_{OUT}}{V_{AC}} = \frac{\pm A_C}{-(\pm A_C/2)+1+A_V} \approx \frac{\pm A_C}{A_V} = \frac{1}{CMRR} \tag{7-44}$$

式(7-44)中,运放的共模增益为 A_C,通常情况下有 $A_C \ll A_V$,并且$A_V \gg 1$。

若交流信号 $V_{AC} = 1$ V,则在对数坐标下,观察输出 V_{OUT},即可得到 1/CMRR。采用本方法的实际仿真电路图如图 7-40(c)所示。为了更清楚直接仿真和本节介绍的快速仿真的区别或者误差,我们另外直接仿真出差模增益 A_V 和共模增益 A_C,再将二者相除,仿真电路图如图 7-40（a）和（b）所示。仿真结果在图 7-41 中,结果显示两种方法得到的低频下 CMRR,以及 CMRR 衰减频率值均相差并不大,该电路的共模抑制比大约为 90 dB。但是,两种方法仿真得到的高频特性却不相同。

注意,CMRR 是一个远小于 1 的值,从而用 dB 表示应该为负数。此处仿真的 是 1/CMRR。为了便于比较,直接仿真也取正值,即 A_C/A_V。

读者可以调整 V_b、M_1、M_2、M_3、M_4、M_6、M_7 的宽长比,以及 M_5 的宽长比,观察 CMRR 的变化。

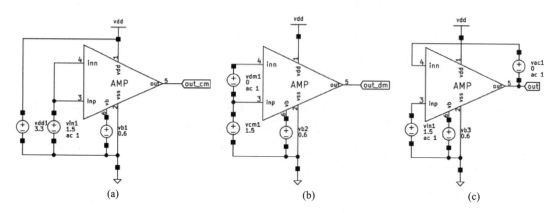

图 7-40　差分放大器 CMRR 的仿真电路图

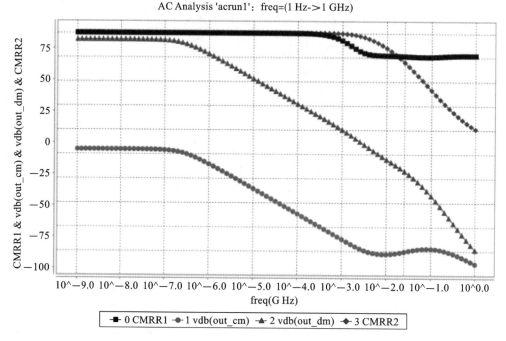

图 7-41　差分放大器 CMRR 的仿真波形图

7.7.5　二级放大器的 PSRR

二级放大器的
PSRR-案例

对于图 7-42 的二级放大器而言，计算电源增益时，不用外加输入信号，从而差模输入电压为 0，因此，图中 A 点和 B 点电压相同，可以短接。

绘制图 7-43 的小信号等效电路，计算 V_{DD} 上的小信号噪声对输出电压的影响。当尾电流 I_{SS} 的小信号输出电阻 r_{o5} 很大时，流过 r_{o5} 的小信号电流几乎为零，则 $v_A = v_B = v_{DD}$，因此

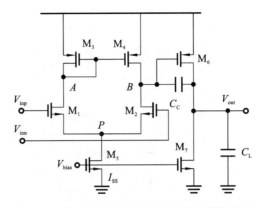

图 7-42　差分输入单端输出二级放大器电路图

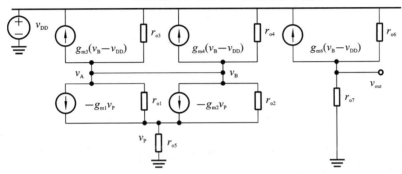

图 7-43　计算正电压增益的两级 OTA 低频小信号等效电路

$$A^+ = \frac{v_{\text{out}}}{v_{\text{DD}}} \approx \frac{r_{\text{o6}} \parallel r_{\text{o7}}}{r_{\text{o6}}} \tag{7-45}$$

另外,该差分放大器的差模增益为

$$A_{\text{v}} = g_{\text{m1}} \, g_{\text{m6}} \, (r_{\text{o2}} \parallel r_{\text{o4}})(r_{\text{o6}} \parallel r_{\text{o7}}) \tag{7-46}$$

从而,计算出正电源抑制比为

$$\text{PSRR}^+ = \frac{A_{\text{v}}}{A^+} = g_{\text{m1}} \, g_{\text{m6}} \, r_{\text{o6}} \, (r_{\text{o2}} \parallel r_{\text{o4}}) \tag{7-47}$$

同理,绘制图 7-44 的小信号电路,用于计算负电源的噪声对输出的影响。图中,v_{b} 和 v_{i} 为尾电流偏置电压和输入电压的共模电平部分,这两个信号均是以 V_{SS} 为参考的输入信号,在绘制小信号等效电路时应该接 v_{SS}。因此,图中 M_5 和 M_7 的跨导电流项均不起作用。

$$v_{\text{B}} = \frac{v_{\text{SS}}}{1 + 2 \, g_{\text{m3}} \, r_{\text{o5}} \, g_{\text{m1}} \, r_{\text{o1}}} \tag{7-48}$$

$$v_{\text{out}} = - g_{\text{m6}} \, (r_{\text{o6}} \parallel r_{\text{o7}}) v_{\text{B}} + \frac{r_{\text{o6}}}{r_{\text{o6}} + r_{\text{o7}}} v_{\text{SS}} \tag{7-49}$$

$$\begin{aligned} A^- = \frac{v_{\text{out}}}{v_{\text{SS}}} &= \frac{r_{\text{o6}}}{r_{\text{o6}} + r_{\text{o7}}} - \frac{g_{\text{m6}} \, (r_{\text{o6}} \parallel r_{\text{o7}})}{1 + 2 \, g_{\text{m3}} \, r_{\text{o5}} \, g_{\text{m1}} \, r_{\text{o1}}} \\ &\approx \frac{r_{\text{o6}}}{r_{\text{o6}} + r_{\text{o7}}} - \frac{g_{\text{m6}} \, (r_{\text{o6}} \parallel r_{\text{o7}})}{2 \, g_{\text{m3}} \, r_{\text{o5}} \, g_{\text{m1}} \, r_{\text{o1}}} \\ &\approx \frac{r_{\text{o6}}}{r_{\text{o6}} + r_{\text{o7}}} \end{aligned} \tag{7-50}$$

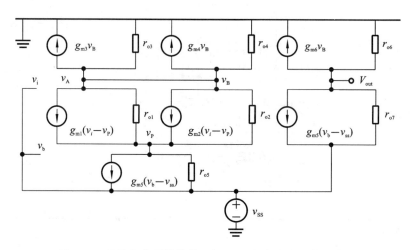

图 7-44　计算负电压增益的两级 OTA 低频小信号等效电路

$$\mathrm{PSRR}^- = \frac{A_\mathrm{V}}{A^-} = \frac{g_{\mathrm{m1}}\,g_{\mathrm{m6}}\,(r_{\mathrm{o2}} \parallel r_{\mathrm{o4}})\,(r_{\mathrm{o6}} \parallel r_{\mathrm{o7}})}{\dfrac{r_{\mathrm{o6}}}{r_{\mathrm{o6}} + r_{\mathrm{o7}}}}$$

$$= g_{\mathrm{m1}}\,g_{\mathrm{m6}}\,(r_{\mathrm{o2}} \parallel r_{\mathrm{o4}})\,r_{\mathrm{o7}} \tag{7-51}$$

　　从上面的计算中得到的结论是,无论正电源还是负电源,其 PSRR 均在 $(g_\mathrm{m}\,r_\mathrm{o})^2$ 数量级,与差模增益是同一个数量级。

　　然而,随着频率的增加,PSRR$^+$ 和 PSRR$^-$ 均会恶化。PSRR$^+$ 恶化的原因是,密勒补偿电容 C_C 具有前馈效应。当频率升高时,C_C 的阻抗迅速减小,可以看作是输出节点与 B 节点短接,即 B 点的噪声直接传递到输出。而由前面的分析可知,V_DD 的噪声会直接传递到 B 点,从而使 PSRR$^+$ 随频率增加而恶化。

　　PSRR$^-$ 恶化的原因可以从 C_C 和 C_{GD7} 两个前馈通道分析。随着频率的增加,这两个前馈通道阻抗也会减小,将 B 点噪声和 V_ss 的噪声传递到输出。从式(7-48)可知,V_ss 的噪声传递到 B 点时有很大的衰减,因此,V_ss 的噪声经过 B 点、C_C 前馈通道到输出的传递将出现在较高频率处,而且有较大衰减。另外,$C_{\mathrm{GD7}} \ll C_\mathrm{C}$,$V_\mathrm{ss}$ 的噪声经 C_{GD7} 前馈通道传递到输出,将发生在更高频率处。基于上述两个原因,PSRR$^-$ 随频率的恶化程度远没有 PSRR$^+$ 随频率的恶化程度那么严重。

　　本例将仿真二级放大器的 PSRR。为了简单起见,仅仅将噪声信号施加在电源上,而假定其他所有偏置电压的信号均未受到电源噪声的影响。仿真时,将放大器接成单位增益负反馈的形式,则 $A_\mathrm{V} = 1$,从而有

$$\mathrm{PSRR}^+ = \frac{A_\mathrm{V}}{A^+} = \frac{1}{A^+} = \frac{v_\mathrm{dd}}{v_\mathrm{out}} \tag{7-52}$$

　　只需在 V_ss 或者 V_DD 上叠加 AC 信号,就能容易仿真出 PSRR。PSRR$^+$ 和 PSRR$^-$ 的仿真电路图分别如图 7-45 所示。也可以采用最直接的方法,仿真差模增益,以及电源增益,得到电源抑制比,仿真电路如图 7-46 所示。仿真波形如图 7-47 所示。读者可以观察两种不同仿真方法的结论有多大差异。

　　读者可以改变二级放大器中所有 MOS 管的宽长比,以及 C_C、C_L、V_b,来观察二级放大

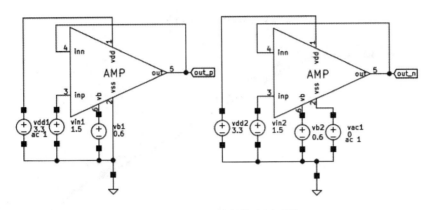

图 7-45　PSRR 简易仿真测试图

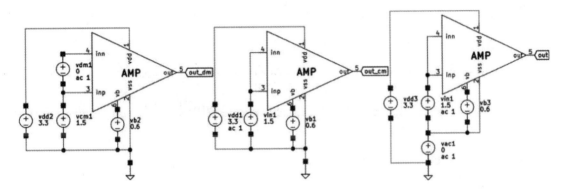

图 7-46　PSRR 的直接仿真测试图

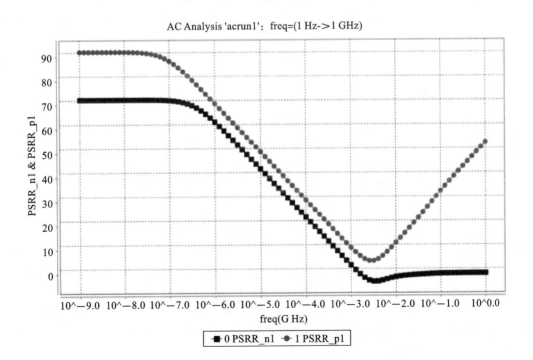

图 7-47　PSRR 仿真波形图

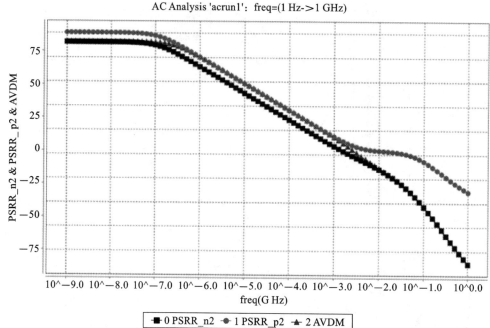

AC Analysis 'acrun1': freq=(1 Hz->1 GHz)

续图 7-47

器 PSRR 的变化趋势。特别是,当 C_C 和 M_7 改变时,PSRR 如何变化?

请读者思考:

(1)从仿真结果来看,$PSRR^+$ 和 $PSRR^-$ 的低频特性和高频特性有何区别?

(2)如何在不改变电路结构的基础上提高二级放大器的 $PSRR^+$ 和 $PSRR^-$?请读者通过仿真验证你的结论。

7.7.6　转换速率 SR 和建立时间

转换速率 SR
和建立时间
-案例

图 7-48 所示的二级放大器中,当 V_{inp} 有一个大的正向阶跃时,M_1 会流过全部的尾电流,从而通过 M_4,以电流值 I_{ss} 给 C_C 充电,以及通过 M_6 和 M_7 的电流之差给 C_C 和 C_L 充电,让 V_{out} 上升至最终的稳定电平。通常情况下,SR 不受输出级的限制,而由第一级来决定。从而,上升过程的压摆率 SR 为

$$\mathrm{SR} = I_5 / C_C \tag{7-53}$$

同理,当 V_{inp} 有一个大的负向阶跃时,M_2 会流过全部的尾电流,从而以电流值 I_{ss} 给 C_C 放电。下降过程的 SR 与上升过程的 SR 相同。

本例仿真二级放大器的 SR,接成电位增益负反馈的仿真电路图如图 7-49 所示。基于该图,还可以测量电路的大信号建立时间。仿真波形如图 7-50 所示。

从仿真结果可知,$\pm\mathrm{SR}\approx1.5$ V/μs,建立时间为 2 μs。读者可以改变所有 MOS 管尺寸、尾电流偏置电压、密勒补偿电容 C_C,观察正负压摆率的变化。特别的,改变尾电流大小,以及密勒电容 C_C,观察正负压摆率的变化。

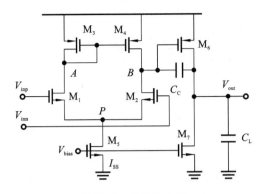

图 7-48　二级放大器

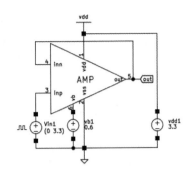

图 7-49　SR 及建立时间的仿真电路图

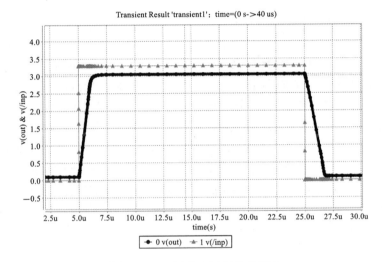

图 7-50　SR 及建立时间仿真波形

请读者思考：

(1)SR 与哪些因素有关,如何提高一个二级放大器的 SR？

(2)为什么说二级放大器的 SR 与第二级无关？理论依据是什么？

7.7.7　放大器的功耗

功耗其实无需单独仿真。在做任何仿真时,都会进行直流工作点的仿真,从而其输出文件中会出现电路电流及功耗。

电路仿真的输出文件部分截图如图 7-51 所示。可知,该放大器的功耗为 66.9 μW。

放大器的功
耗-案例

请读者思考：如果电路不做任何修改,仅仅降低尾电流的偏置电压,则减小了尾电流的电流值,从而降低了放大器的功耗。请问,这会让放大器的哪些性能指标变差？

```
Device Instance: Vdd1
Device Model: vsource
Device Type: vsource
        p : V(vcc) = 3.3 V
        n : val(0) = 0
        v = 3.3 V
        i = -20.2661 uA
        pwr = -66.8782 uW
```

图 7-51　仿真输出文件的电流和功耗部分

<h2 align="center">◀　7.8　增益提高技术　▶</h2>

7.8.1　特性描述

增益提高技
术-视频

　　当增益不够大时,采用多级放大器能有效提升增益。然而,运放多一级,就会多一个节点,从而多一个极点。两个及以上极点的系统在构成负反馈时,都存在稳定性问题。因此,单级放大器在某些应用场合也大有用武之地。

　　如何提高单级放大器的增益?大家首先想到的应该是共源共栅级。这个问题老生常谈了,此处不再赘述。然而分析共源共栅级放大器能提高增益的原因,对我们进一步提高增益具有意义。共源共栅级放大器能提高增益的根本原因是提高了输出电阻。根据之前学过的知识,每增加一级共栅级,则输出阻抗增大该共栅级 MOS 管的本征增益倍。即,图 7-52 的共源级的输出电阻为 $r_{\text{out1}} = r_{O1}$,而共源共栅级的输出电阻为 $r_{\text{out2}} \approx g_{m2} r_{O2} r_{O1}$,再套筒一个共栅级的输出电阻为 $r_{\text{out3}} \approx g_{m3} r_{O3} g_{m2} r_{O2} r_{O1}$。

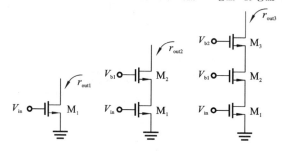

图 7-52　共源和共源共栅级的输出电阻差异

　　放大器的增益为跨导与输出电阻的乘积。因此,即使跨导不变,增大输出电阻也能提高增益。

　　那么,除了共栅级能提高输出电阻之外,是否还有其他技术也能提高输出电阻?在第六章,我们了解到反馈结构除了能改变增益、带宽之外,还能改变电路的闭环输出电阻和闭环输入电阻。进一步,我们学过如果反馈结构在输出采样电流,则输出电流更加理想,即输出电阻变大。因此,如果我们刻意构造出电流电压负反馈,或者电流电流负反馈,则输出电阻必然增大。

　　图 7-53(a)是 6.7 节学习过的电池恒流充电电路。该电路在输出电流支路中串联一个电阻 R_{S},利用电阻实现电流的采样,并转换为电压 V_{FB}。该电压与输入电压进行误差放大后去调节 M_1 的电流,最终实现 I_{out} 为恒定值。

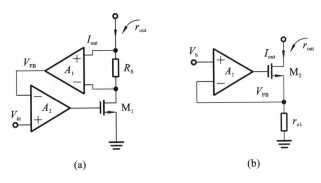

图 7-53　两个电流负反馈电路

要实现电流的采样，也可以采用 7-53(b)所示的电路图。图中，r_{O1} 为串联在输出支路的电阻。r_{O1} 一端接地，则图中 V_{FB} 就是通过 r_{O1} 采样到的与输出电流有关的电压。

根据反馈的原理，闭环输出电阻为

$$r_{out} = r_{out,o}(1 + A\beta) \tag{7-54}$$

该电路的开环输出电阻为共栅级放大器的输出电阻

$$r_{out,o} = g_{m2} r_{O2} r_{O1} \tag{7-55}$$

计算环路增益时，我们看到 M_2 表现为一个源极跟随器，其增益约等于 1，图 7-53(b)电路环路增益约等于 A_1，从而由式(7-54)可知电路闭环输出电阻为

$$r_{out} \approx A_1 \, g_{m2} r_{O2} r_{O1} \tag{7-56}$$

这是一个比加入 A_1 负反馈结构之前的电路更大的输出电阻。将图中 r_{O1} 换为 MOS 管，即可实现放大器，如图 7-54 所示。图中，I_1 和 M_3 组成电流源负载的共源极放大器，用以代替图 7-53(b)中的 A_1，增益为 $-g_{m3} r_{O3}$。从而图 7-54 的小信号输出电阻为

$$r_{out} \approx g_{m3} r_{O3} \, g_{m2} r_{O2} r_{O1} \tag{7-57}$$

最终，该电路的增益为

$$A_V \approx g_{m1} \cdot g_{m3} r_{O3} \, g_{m2} r_{O2} r_{O1} \tag{7-58}$$

如果去掉图 7-54 中的 M_3 反馈电路，则电路的增益为 $A_V \approx g_{m1} \cdot g_{m2} r_{O2} r_{O1}$。显然，通过电流负反馈，增益提高了许多。

分析了电路的增益之后，再分析该电路的大信号特性。输出电压摆幅是大信号分析中最值得关注的特性。输出电压最小值，需要保证 M_1、M_2、M_3 均工作在饱和区。但是，图中 V_{FB} 处电压最低值不是让 M_1 工作在三极管区和饱和区临界点的 V_{OD1}，而是让 M_3 正常工作的电压 $V_{TH} + V_{OD3}$。从而，图 7-54 电路输出电压最低值为 $V_{TH} + V_{OD3} + V_{OD2}$。作为对比，如果没有 M_3 组成的反馈电路，输出电压最低值为 $V_{OD1} + V_{OD2}$。这表明，引入反馈电路后，放大器增益提高，代价是输出电压摆幅减少 V_{TH}。

图 7-54 是在共源共栅级放大器的基础上，通过引入电流负反馈来提升增益，我们也可以将这个思路拓展到差分放大器上去。只要是共源共栅级结构，我们均可以按照图 7-54 的方式提高增益。图 7-55 是差分放大器中通过电流负反馈来提高增益的示意图。图(a)是用两个单独的放大器实现负反馈，图(b)是用全差分放大器实现负反馈。显然，对于全差分的放大器，采用全差分结构来实现反

图 7-54　通过电流负反馈
提高增益的放大器

CMOS 模拟集成电路设计基础

馈的图(b)具有更好的对称性能。图 7-55 仅仅画了输入差分对,并未画出电路负载。

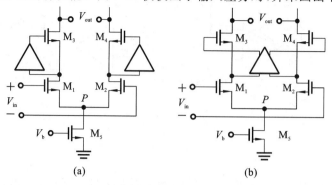

图 7-55　通过电流负反馈提高增益的差分放大器示意图

实现负反馈的差分放大器,也需要采用差分放大器,图 7-56(a)给出了其中最基本的一种实现方式。其中由 M_5、M_6、I_3、I_1 和 I_2 构成了用于电流负反馈的放大器。另外,我们学习过,实现电流负反馈的放大器的环路增益大小,决定了输出电阻的增加倍数。因此,想要进一步提高增益,可以增大反馈放大器的增益。图 7-56(a)中的电流负反馈放大器,是基本的电流源负载的共源极放大器,在 M_5 和 M_6 的上方,各增加一个共栅的 MOS 管 M_7 和 M_8,就变成图 7-56(b)所示的电路。该电路的负反馈环路增益提高了,导致整体放大器增益提高。

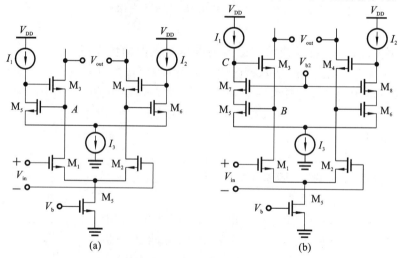

图 7-56　通过电流负反馈提高增益的差分放大器

我还关心引入电流负反馈之后的输出电压摆幅变化情况。图 7-56(a)中 A 点最低值为 I_3 的过驱动电压与 M_5 栅源电压之和,即 $V_{OD,I3} + V_{TH} + V_{OD5}$。图 7-56(b)中 B 点最低值为 $V_{OD,I3} + V_{TH} + V_{OD5}$,图中 C 点最低值为 $V_{OD,I3} + V_{OD5} + V_{OD7}$。图 7-56 两个电路的输出电压最低值相同,均为 $V_{OD,I3} + V_{TH} + V_{OD5} + V_{OD3}$,这是一个并不低的值。

为了降低输出电压的最低值,可以将图 7-56 两个电路中反馈放大器的 NMOS 管换为 PMOS 管。实现方式如图 7-57 所示,将反馈放大器的套筒式共源共栅级变换为折叠式共源共栅级放大器。此时,图 7-57 中 D 点的电压,没有最低值的限制,只有最高值的限制。从而,输出节点最小值不再受到反馈放大器的限制。

进一步的,图 7-57 电路中,我们只考虑了放大器的输入级,并未考虑放大器是负载。为提高增益,负载部分也可以采用类似的技术提高输出电阻:电流负反馈技术、折叠式共源共

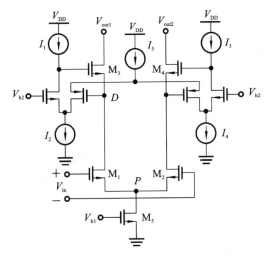

图 7-57　通过电流负反馈提高增益的差分放大器

栅级技术。折叠式共源共栅级技术既可以用在放大器本身上,也可以用在反馈放大器上。

7.8.2　仿真实验

本节将仿真基于电流负反馈技术的共源共栅级全差分放大器,重点关注放大器的增益、带宽和输出电压摆幅。仿真电路图和仿真波形图分别如图 7-58 和图 7-59 所示。图中的 A_1 和 A_2 差分放大器,均为折叠式共源共栅级差分放大器。仿真结果表明,该放大器虽然是单级放大器,但增益居然高达 120 dB,不可避免地,该电路的带宽尤其窄。

增益提高技术-案例

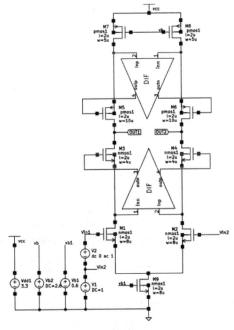

图 7-58　电流负反馈提高增益的差分放大器仿真电路图

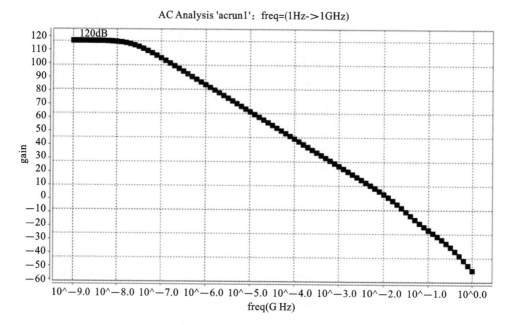

图 7-59　电流负反馈提高增益的差分放大器仿真波形图

7.8.3　互动与思考

读者可以自行调制非尾电流的偏置电流直流电平,观察放大器的增益、输出电压摆幅、带宽的变化情况。

(1)请问图 7-58 电路输出电压有确定的直流电平么?

(2)引入电流负反馈之后,电路是否存在稳定性方面的隐患?

◀　7.9　共模负反馈技术　▶

7.9.1　特性描述

共模负反馈技术-视频

在之前学习电流源负载的共源极放大器时,我们就曾指出,这类放大器输出没有确定的直流电平。电流源负载的全差分放大器同样也没有确定的输出直流电平。2.2 节和 3.8 节已经介绍了为何没有确定的输出直流电平的原因。用图 7-60 来简单总结输出无确定直流电平的判断方法。图中,从 V_{DD} 流出的电流,由 V_{bP} 偏置 M$_1$ 决定;流入 GND 的电流,则由 V_{bN} 偏置 M$_2$ 决定。如果两个偏置电压有任何微小的偏差,或者是两个 MOS 管尺寸、工艺参数有任何微小的偏差,均会带来 PMOS 管和 NMOS 管电流不相等的趋势。为保证上下电流一致,就只能依靠调节 MOS 管的漏源电压去调节电流。因为 MOS 管电流与漏源电压弱相关,所以哪怕是电流出现非常小误差的趋势,也需要较大的漏源电压变化去调节。简而言之,如果一个放大器中,上面 PMOS 管电流和下面 NMOS 管电流均由外部输入提供偏置,则出现输出无确定直流电平的现象。

本节来探讨如何保证输出有确定的直流电平。采用的方法全称"共模负反馈(简称 CMFB)"技术。该技术的核心是负反馈,就要求包括负反馈的三个环节:信号采样电路、反馈增益环节、与原输入信号叠加(相减)。

图 7-60 中,反馈回来的信号可以去控制 V_{bP},也可以去控制 V_{bN}。目的是即使不用调节 MOS 管的漏源电压,仅仅通过调节栅源电压,就能保证流出 V_{DD} 和流入 GND 的电流一致。

图 7-61(a)是一种简单的共模负反馈实现技术实现原理图。

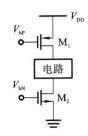

图 7-60 输出无确定直流电平的电路

图中 I_1 为输入 MOS 管的电流,I_2 为外界提供偏置的负载电流。显然,这属于输出不能确定直流电平的情况。为此,图中引入 M_1,其偏置电压为输出电压。试想,若输出直流电压偏高,则 M_1 的 $|V_{GS1}|$ 减小,在 I_2 和 I_1 不变的情况下,则 $|V_{DS1}|$ 变大,最终导致输出直流电压降低,实现了负反馈的作用。

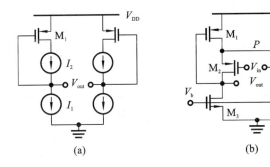

图 7-61 共模负反馈简单实现方式

图 7-61(b)是该方式的一种具体实现电路。图中 P 点将差分电路的两条支路连接在一起,从而,两个反馈控制的 MOS 管 M_1,实现了差分放大器的尾电流。

这种共模负反馈技术实现简单,然而最终得到的共模输出电压(直流电平)却依然不是固定值,或者说我们无法设定。因为图中的 I_2 和 I_1 到底会有多大的偏差,这是一个随机量。从另外一个角度来看,该电路并未引入固定的参考值,从而其输出共模电压不是确定值。

这种共模负反馈技术的第二个缺点是,因为输出连在 M_1 的栅极,从而压缩了输出电压摆幅。如果没有共模负反馈,则图 7-61(b)输出电压最高值为 $V_{DD}-V_{OD1}-V_{OD2}$。图 7-61(b)实际的输出电压最高值为 $V_{DD}-V_{OD1}-V_{TH1}$。

更加复杂、完整的共模负反馈实现方式参见图 7-62。完整的共模负反馈包括了这三个环节:共模电平检测电路能检测电路输出节点电压,反馈增益环节能实现误差放大,与原输入信号叠加环节就是将增益误差反馈到原电路中去调节电流。

关于共模负反馈的三个环节,设计时的重要提示如下:①共模电平检测电路要采样电压信号,要求其输入阻抗越大越好,否则,该电路会干扰差分放大器的正常工作。②反馈增益环节,希望实现更大的增益,从而达到"深度负反馈",让检测的输出共模电压最终稳定为 V_{REF}。同时,我们要关注放大器的极性。如果极性接反,则构成正反馈,电路无法稳定工作。

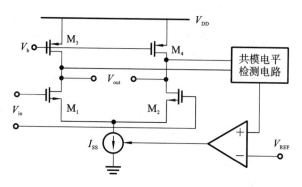

图 7-62　通用的共模负反馈实现方式

③误差放大器的输出与原输入信号叠加时,要考虑放大器的输出阻抗和输入信号要求之间是否匹配。当然,在 MOS 电路设计中,我们通常将反馈控制信号作用于 MOS 管栅极,其输入阻抗低频下无穷大,从而,阻抗匹配问题不是大问题。④引入了反馈之后,需要考虑系统的环路稳定性。

图 7-63(a)为采用电阻实现输出共模(直流)电平采样的电路。图中,令 $R_1 = R_2 = R \gg R_{out}$,则

$$V_{out,CM} = (V_{out1} + V_{out2})/2 \tag{7-59}$$

当反馈放大器增益足够大时,$V_{out,CM} = V_{REF}$。从而将输出共模电平被设置在一个固定的参考值上。

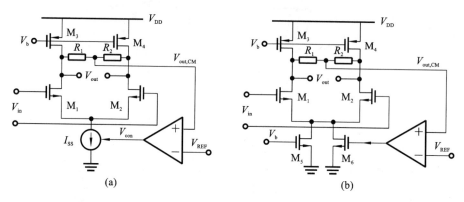

图 7-63　全差分放大器的共模负反馈电路

为了避免采样电路(图中 R_1 和 R_2)对放大器的正常工作带来影响,要求这两个电阻的阻值尽可能大。这带来两个问题:①大阻值会占用大面积;②即使图中 A 点没有很大的输入电容,也会因为该点有很大的电阻而导致该点存在较低的极点频率,会带来稳定性方面的巨大挑战。

鉴于上述两个问题,用电阻实现共模负反馈的采样技术并不实用。

如图 7-63(a),反馈信号去控制尾电流 I_{SS} 时,该控制信号为

$$V_{con} = V_{CON} + A_V(V_{out,CM} - V_{REF}) \tag{7-60}$$

式中 V_{CON} 可以理解为误差放大器输出电压的直流大信号部分,而 $A_V(V_{out,CM} - V_{REF})$ 可以理解为误差放大器输出电压的交流小信号部分。既然这样,考虑到因为器件失配带来的电流差异本来就不大,为了保证电路更容易、更快的进入稳定状态,我们可以考虑图 7-63(a)变

化为图 7-63(b)，反馈控制信号只部分调节尾电流。两个 MOS 管的设计经验值是 M_5：M_6 ＝7：3。

　　鉴于图 7-63 的采样电路不实用，可以稍加变化为图 7-64 所示的电路。图中 M_5 和 M_6 是两个源极跟随器电路，得到仅比输出电压的共模电平低 V_{GS5} 和 V_{GS6} 的两个电平。再利用两个电阻即可实现输出共模电压的采样。因为源极跟随器的输出电阻极小，则此处检测共模电平的两个电阻就不需要非常大了。对输出共模电平采样的源极跟随器输入电阻很大，从而不会影响放大器的正常工作。

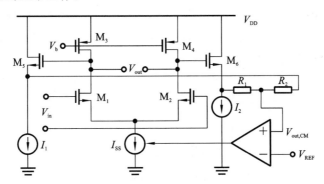

图 7-64　引入源极跟随器的全差分放大器共模负反馈电路

　　再来看看 7.6 节设计的经典二级放大器。该电路的第二级，也存在所谓的输出直流工作点不确定的问题。因为 M_6 和 M_7 的电流有可能不匹配。那么，该电路工作时需要如何保证输出直流工作点呢？

　　在设计该电路时，我们特意强调了该电路需要引入弥勒电容 C_c，目的是完成负反馈结构的频率补偿，这是默认该电路工作在负反馈状态下。如果该电路工作在开环状态，则不会存在稳定性问题，也就无需考虑该电路的频率补偿了。图 7-65 中，该经典二级放大器工作在电压-电压负反馈结构的电路实现示例。其中，$V_{FB} = \dfrac{R_2}{R_1 + R_2} V_{out}$。当该负反馈电路工作在深度负反馈的稳定状态下，则 $V_{FB} = V_{in}$。从而输出电压的直流电平稳定在 $\dfrac{R_1 + R_2}{R_1} V_{in}$。可见，图 7-65 的负反馈结构中，输出电压有确定的直流工作点。

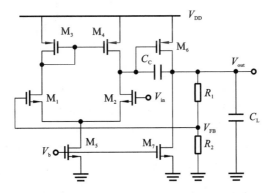

图 7-65　工作在反馈状态的差分输入单端输出的经典二级放大器

该经典二级放大器有可能工作在开环状态下么？如果工作在开环状态,则输出直流工作是不确定的。这恰好是比较器电路需要工作的状态:输入信号如果存在超出一定范围的差值,则输出电压要么为高,要么为低。开环比较器的应用中,我们没有必要考虑其中的稳定性问题,弥勒补偿同样失去意义。

7.9.2　仿真实验

共模负反馈技
术-案例 1

　　本节仿真简易的共模负反馈电路,仿真电路和波形分别如图 7-66 和图 7-67 所示。仿真结果显示,当输入共模电压在 0～2.1 V 变化时,输出 V_{OUT1} 电压恒定为 2.5 V。

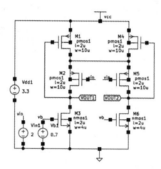

图 7-66　简易共模负反馈仿真电路图

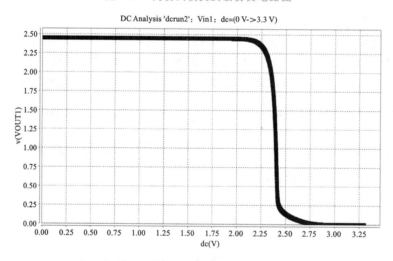

图 7-67　简易共模负反馈仿真波形图

共模负反馈技
术-案例 2

　　另外,本节还将仿真经典二级放大器电路,依次仿真工作在开环和闭环状态下的输出直流工作点。为了能看到电路输出直流工作点的是否确定,可以让 M_7 的尺寸,或者 M_6 的尺寸,与设计值差 5%。仿真电路和波形分别如图 7-68 和图 7-69 所示。图中,M_6 的尺寸分别是正常情况下为 $2\ \mu/1\ \mu$,以及制造中产生偏差的 $2.1\ \mu/1\ \mu$。仿真结果显示,当电路工作在闭环状态下,电路即使有偏差,也不会导致输出直流电平的变化。当电路工作在开环状态下,当电路出现偏差时,输出直流电平会飘走。

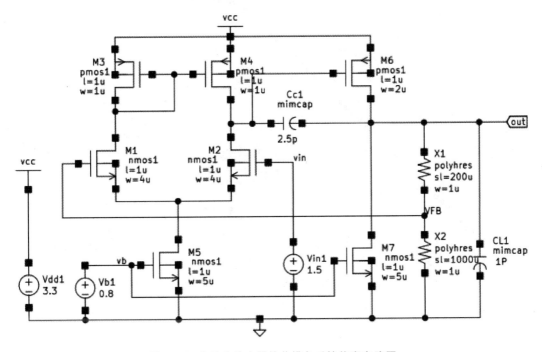

图 7-68　全差分放大器的共模负反馈仿真电路图

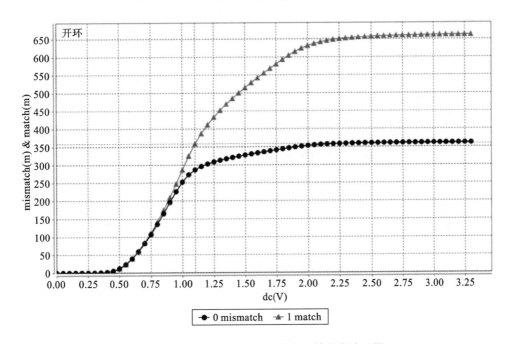

图 7-69　全差分放大器的共模负反馈仿真波形图

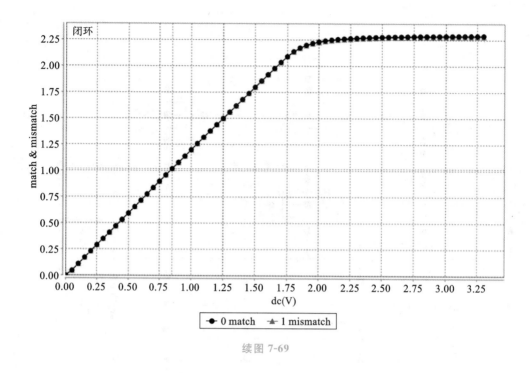

续图 7-69

7.9.3 互动与思考

读者可以认为设定差分对的误差比例,看输出共模电平在共模负反馈的条件下是否能保持固定值。

请读者思考:

(1)如果两级全差分放大器均是无确定输出共模电平的电路,那么我们需要两级都安排共模负反馈么?

(2)利用大电阻采样输出电压的电路中,大电阻和运放的输入电容形成了低频极点。你能想到哪些方式可以尽量避免出现低频极点?

(3)图 7-63(b)中,M_5 和 M_6 两个 MOS 管栅极是否要求相同的直流电压?如果有差异会出现哪些状况?

8 | 稳定性和频率补偿

当电路构成负反馈结构,传递函数中的分母在某个频率下可能为零,从而环路存在不稳定的情况。本章将讲授稳定性问题产生的原因,以及判断反馈电路是否稳定的巴克豪斯判据、相位裕度、幅值裕度等相关概念。为改善环路的频率稳定性,本章从介绍频率补偿思路入手,重点讲授降低主极点频率法和极点分裂法这两种频率补偿的方法,以及这两种方法的适用范围。另外,我们还需要关注电路中的零点,因为零点也会影响电路的环路稳定性。本章介绍两种消除零点影响的方法,分别是串联电阻法和断开前馈通路法。

◀ 8.1 闭环电路的稳定性问题 ▶

8.1.1 特性描述

反馈电路的闭环增益为

$$A_C = \frac{A}{1 + \beta A} \tag{8-1}$$

式中,A 为具有频率特性的放大器开环增益;β 为反馈系数,通常为比例电阻或者比例电容电路,无频率特性。考虑频率特性后,更一般的表达式为

闭环电路的
稳定性问题
-视频

$$A_C(s) = \frac{A(s)}{1 + \beta A(s)} \tag{8-2}$$

常识告知我们,该表达式的分母不能为零。然而,$A(s)$ 随着频率的变化,其幅值和相位均会变化,在某频率下存在 $1 + \beta A(s_1) = 0$ 的可能性。

$1 + \beta A(s_1) = 0$,即 $\beta A(s_1) = -1$。进一步可以解释为,在 s_1 频率下,$|\beta A(s_1)| = 1$,$\angle \beta A(s_1) = 180°$。假如开环增益 $A(s)$ 为一个双极点系统,绘制 $\beta A(s)$ 环路增益的波特图如图 8-1 所示。增益为 0 dB 时,满足 $|\beta A(s_1)| = 1$,该频率 ω_1 也被称为 GX 频率,即增益幅值过零频率。图中 ω_1 处,增益的幅值为 0 dB,相位接近 $-180°$。该频率下的相位虽然不是 $-180°$,但非常接近 $-180°$。从而,在 ω_1 频率附近,$1 + \beta A(s_1) \approx 0$。回到式(8-2),当其分母接近于 0 时,则闭环增益不稳定。

一个双极点系统构成闭环后的环路增益波特图如图 8-1 所示。图中 ω_{P1} 和 ω_{P2} 为放大器的两个极点频率,GX(增益过零点频率的简称)为环路与 X 轴的交点,即增益的幅值为 1 的频率点。GX 频率下的相位与 $-180°$ 之间的差值称为相位裕度(Phase Margin,简称 PM)。根据刚才的分析,PM 越小,则系统越不稳定。

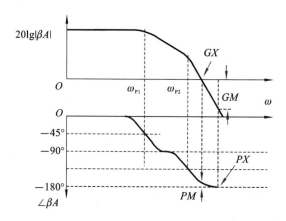

图 8-1　双极点系统的环路增益波特图

除了最常见的用相位裕度评估系统环路稳定性之外,也可以用幅值裕度。图 8-1 中,环路增益的相位达到 $-180°$ 的频率为 PX(简称相位过 $-180°$ 频率)点,该频率下的增益幅值与 0 dB 之间的差值,被称为幅值裕度 GM。

综上,我们判断一个闭环系统是否稳定,依据有两个:

$$\begin{cases} |\beta A(j\omega_1)| = 1 \\ \angle\beta A(j\omega_1) = 180° \end{cases} \tag{8-3}$$

式(8-3)就是大名鼎鼎的巴克豪斯判据(Barkhausen's Criteria)。当两式同时成立时,系统在 ω_1 频率下不稳定,即使没有输入信号,系统也会因为自身存在的噪声信号导致信号被无限放大,进入振荡状态。关于相位裕度和幅值裕度的定义,就是看一个闭环系统离式(8-3)的解有多远。裕度越大,就是离巴克豪斯判据的结论越远,从而系统就越稳定。

因为单极点的系统中,最大的相移只有 90°,从而最差情况下的相位裕度有 90°,系统恒稳定。

两个极点的系统中,最大的相移出现在频率无穷大时,为 $-180°$。从而系统的相位裕度在有限频率范围内大于 0°。虽然无法满足巴克豪斯判据的两个条件,但系统依然可能存在不稳定的情况,或者说存在需要很久才能稳定的情况。

对于两个极点的系统,什么情况下的稳定性最差? 如图 8-2 所示,图中绘出了两条幅频特性曲线,两者的差异是反馈系数 β 不同。反馈系数 β 变小,则幅频响应曲线向下方移动。注意:β 的变化,并不会影响相频响应曲线,因此,图中两个幅频响应曲线,对应的是相同的相频响应曲线。图中显示,GX′对应的相位裕度更大。可见,最大反馈系数的闭环系统的相位裕度最小,稳定性最差。负反馈系统中,单位增益负反馈这种特殊的情况下,β 为最大值 1。其它反馈系统的 β 都是小于 1 的,因为我们只取部分输出信号反馈到输入端。结论是:单位增益负反馈的两极点系统的稳定性最差。反过来,如果一个单位增益负反馈系统都能稳定,则由该放大器组成的其他任何负反馈都能稳定工作。这也是我们有时候直接通过绘制开环系统的波特图来分析相位裕度,进而分析稳定性的原因。因为开环增益与反馈系数为 1 的闭环增益,其波特图是完全相同的。

如果系统有三个极点,则系统构成闭环时大概率不稳定。进一步推论,两个极点和一个右半平面零点的系统,构成闭环时也不易稳定。

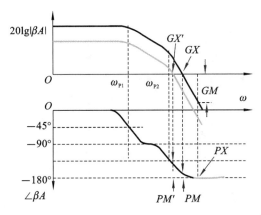

图 8-2　不同反馈系数下双极点系统的环路增益波特图

本节我们用波特图来判断环路稳定性,这是一种简单直观的方法,这种方法并不严谨。即分析电路的环路稳定性,仅仅采用交流仿真看相位裕度是不够的。通常我们还会做瞬态仿真,如果瞬态仿真也能得到迅速稳定的结果,才能说环路稳定。例如图 8-3 所示的电路,是一个负反馈系统。设置合适的参数,该电路可以达到满足稳定条件的相位裕度。然而,瞬态仿真发现,该电路在输入信号阶跃到正常工作范围时,输出信号会出现不可忽略的振荡。说明,该系统的稳定性依然不够。原因是,相位裕度是小信号分析的结果,代表的是小信号稳定性。而瞬态仿真则是大信号分析的结果,代表的是大信号稳定性。两者不是同一个概念。

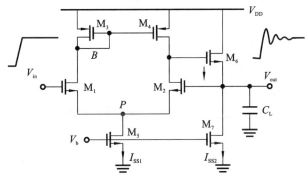

图 8-3　相位裕度足够的系统也可能不稳定

采用瞬态仿真来观察电路的上电过程,也是评价电路稳定性的重要手段。我们往往先通过 AC 交流仿真分析零极点位置,设计合理的频率补偿方案,最后通过瞬态仿真再次确认环路稳定性。

8.1.2　仿真实验

本例将仿真图 8-3 所示的电路,进一步理解放大器的环路稳定性、相位裕度等相关概念,同时了解大信号稳定性和小信号稳定性的差异。仿真电路如图 8-4 所示,仿真波形如图 8-5 所示。图中显示该系统有 30°相位裕度,系统做瞬态仿真中可见明显的不稳定。

闭环电路的稳定性问题-案例

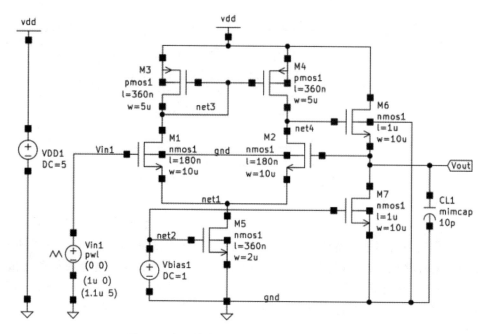

图 8-4　负反馈电路的环路稳定性仿真电路图

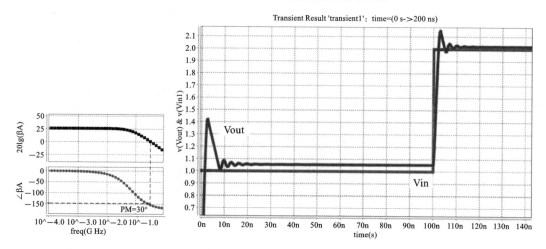

图 8-5　负反馈电路的环路增益波特图和瞬态波形图

8.1.3　互动与思考

请读者自行改变电路参数,设计更大增益的放大器。从中体会反馈放大器的增益有更好的鲁棒性。

请读者思考:

(1)为什么不同反馈系数的闭环系统,其环路增益都是相同的相频响应曲线?

(2)为什么说只要单位增益放大器稳定了,改变反馈系数的其他闭环系统均是稳定的?

(3)分析环路稳定性时要看相位裕度,应该看开环增益、闭环增益、环路增益中的哪一个的波特图? 为什么?

（4）两极点系统中，什么情况下系统有 45°的相位裕度？什么情况下系统有 60°的相位裕度？

<h1 style="text-align:center">◀ 8.2 频率补偿方法概述 ▶</h1>

8.2.1 特性描述

根据之前的知识，我们了解到：三极点系统大概率不稳定，二极点系统可能不稳定，单极点系统必然稳定。因此，如果我们能减小极点个数，则系统有变稳定的趋势。从电路实现的角度，减小极点个数的方法包括：①设计尽可能简单的放大器结构，从而减少节点数目，最终减少极点数目。随着极点数目的增加，频率补偿复杂度急剧增加。目前文献报道的频率补偿方案，也仅限于二极点放大器和三极点放大器。②利用增加的零点去抵消原有的极点。如果一个左半平面的零点频率与左半平面的极点频率相同，则传递函数中分子分母被同时约掉，从而减小了极点数量。

频率补偿方法概述-视频

图 8-6(a)黑线绘出了三极点系统的波特图，显然，当第三个极点的频率超过 GX 频率后，系统的相位裕度不满足稳定的条件。如果我们简单粗暴的去掉第三个极点，波特图如图 8-6(a)中的灰色线所示。显然，系统的相位裕度得以提升。但是，因为第二个极点比 GX 低，从而，相位裕度低于 45°。第二个极点频率离 GX 越远，相位裕度越小。对于如图所示的改进后的二极点系统，相位裕度低，从而也不稳定，二极点系统的频率补偿方法后续介绍。

图 8-6(b)中的黑线为三极点系统波特图，灰线是直接去掉最低频极点（主极点）的情况。去掉主极点后，系统的带宽增加，相位和幅值均在更高频处变化，GX 变化到更高的 GX'但相位裕度也是相对增加的，这也增加了系统稳定性。需要注意的是，因为提高电路的带宽并不容易，从而消除低频极点往往很困难。这种减少提升环路稳定性的思路并不现实。

图 8-6 所示的为两个波特图情况，我们还可以从另外一个角度，即增益相位为 −180°的频率的相对位置来解释环路稳定性。如果系统为三极点系统，则 PX 一定位于某有限值，而二极点系统的 PX 则位于频率无穷大处。减小极点数量，则是提高 PX 频率值。从而，在 GX 频率一定的情况下，PX 越高则系统越稳定。同理，在 PX 频率一定的情况下，GX 越低则系统越稳定。或者说，PX 离 GX 越远则系统越稳定。从而，我们也可以把这类减少极点数目的频率补偿方法归结为推高 PX 频率。

减少极点数量，从而推高 PX，有助于提高系统稳定性。相对应的，还有一种频率补偿方法是降低 GX 频率。

为了降低 GX，第一种方法是降低主极点频率，图 8-7(a)中，黑色线为频率补偿之前的波特图。通过降低主极点频率，得到图中灰色线。显然，GX 降低为图中的 GX'。因为第二个极点频率不变，则 PX 频率不变。从波特图可知，降低主极点频率后相位裕度得到显著增强。图中 GX'频率低于次主极点频率，则系统的相位裕度超过 45°。图 8-7(b)中，不仅仅降低主极点频率，同时适当增加次主极点频率，这将可以得到更大的相位裕度。图 8-7(c)中，我们选择更小的反馈系数 β，则幅频响应曲线整体下移，相频响应曲线不变，这也是一种降

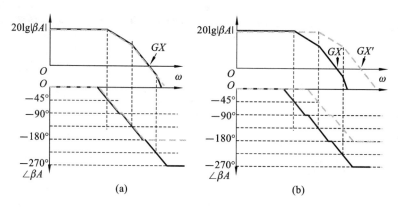

图 8-6　减少极点数量的多极点系统波特图

低 GX 频率的简单方法。

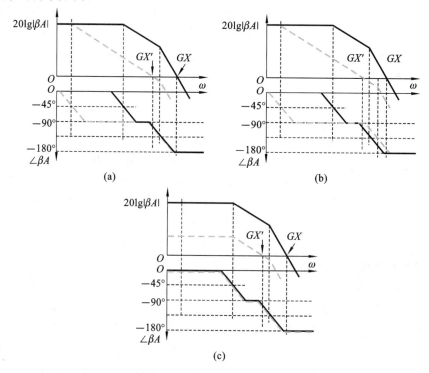

图 8-7　降低 GX 频率的多极点系统波特图

　　图 8-7 的三种频率补偿方案,均能降低 GX 频率。然而,第三种方法并不实用,因为闭环系统的闭环增益往往是由应用决定,β 无法轻易改变。

8.2.2　仿真实验

频率补偿方法
概述-案例

　　本例将基于运放的宏模型,构建一个负反馈系统。仿真电路如图 8-8 所示。左图为二极点的运放,右图为三极点的运放。本例仿真中,仿真得到两个系统的波特图。改变反馈系数,得到系列波特图如图 8-9 所示。结果显示,二极点系统中的高频极点比 GX 高,系统有超过 45°的相位裕度,另外,反馈系数越低,稳定性越好。三极点系统中,第二个极点比 GX 低,系统的相位裕度不足 45°。同样,反馈系数降低,稳定性变好。

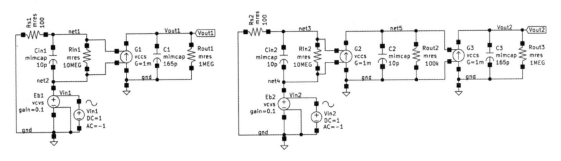

图 8-8　频率补偿原理性仿真电路图

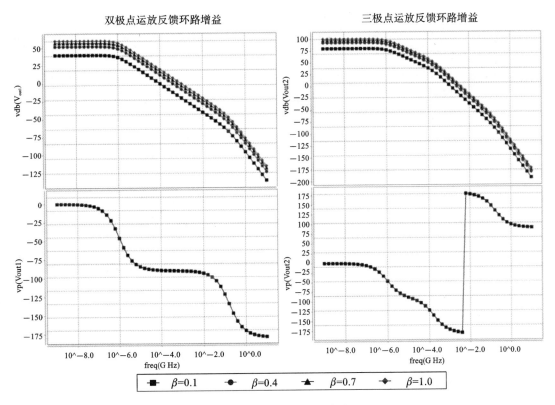

图 8-9　频率补偿原路线仿真波形图

8.2.3　互动与思考

请读者自行改变运放的极点频率、反馈系数、低频增益等值,仿真观察相位裕度值,体会频率补偿方法。

请读者思考:

(1)三极点的系统是否都不稳定?你能找出例外吗?

（2）什么样的二极点系统不稳定？如何让二极点系统的环路增益达到 60°相位裕度？

（3）我们通常不太用幅值裕度来评估环路稳定性，那么我们本节讲述的推高 PX 是否理论性不足？请说明原因。

（4）我们说左半平面的零点可以抵消左半平面的极点，满足什么条件才能抵消？请解释原因。

◄ **8.3 降低主极点频率的频率补偿方法** ►

8.3.1 特性描述

降低主极点频率的频率补偿方法-视频

前一节介绍了常见的频率补偿方法。本节就来看看这些频率补偿方法如何具体应用。

图 8-10（a）的经典五管单元 OTA 中，从输入到输出有两个通道，如果忽略输入节点的极点，则还有两个左半平面极点和一个左半平面零点。5.7 节给出了该电路的传递函数为

$$A_{\mathrm{V}} = A_{\mathrm{V0}} \cdot \frac{1 + s/(2\,\omega_{\mathrm{P2}})}{(1 + s/\,\omega_{\mathrm{P1}})(1 + s/\,\omega_{\mathrm{P2}})} \tag{8-4}$$

式中：ω_{P1} 为低频极点；ω_{P2} 为高频极点；$2\,\omega_{\mathrm{P2}}$ 为零点频率。

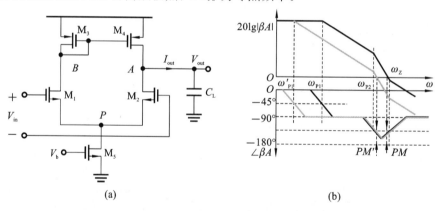

(a)　　　　　　　　　(b)

图 8-10　双极点一零点系统的稳定性问题

左半平面零点能减小相移，从而在高频下相当于系统只有一个极点。图 8-10（b）给出了该电路可能的一种零极点分布下的波特图。图中，零点频率是次主极点频率的二倍，从而该电路的幅频响应曲线中，相移始终不会达到 −180°。从而，系统基本能稳定。即使这样，我们如果降低低频极点，也可以改变相移，从而影响相位裕度。图中灰线表示降低主极点频率后的波特图，显然，此时的 GX 频率更低，频率稳定性更好。

此处，我们只降低主极点频率，并不改变低频增益，采取的措施只需在位于输出节点的主极点处并联大电容。

接着，让我们考虑更复杂一点的情况。如图 8-11（a）所示的 Cascode OTA，该电路通过

采用共源共栅极结构来提高增益。从输入到输出,该电路的节点包括:X(Y)、E、M(N)、F 共四个。其中 F 点的极点频率最低,因为该点有 $g_m r_o r_o$ 数量级的电阻,也往往因为驱动大电容负载而拥有最大的节点电容。而其他节点的输出电阻均在 $1/g_m$ 数量级。除了 E 点电容稍大外,其他节点的电容都差不多大。另外,因为电路是两条通道,从而还存在一个零点,该零点频率依然为 E 点的极点频率的二倍,可以抵消其中一个高频极点。从而,我们认为该电路是 1 个低频极点,2 个高频极点的系统。如果次主极点低于 GX(即 GBW)频率,则系统的相位裕度低于 $45°$,系统不易稳定,需要考虑频率补偿。如果电路中的次主极点比 GX 高,则系统的相位裕度高于 $45°$;如果次主极点频率高出 GX 较多,如为 GX 频率的 2.2 倍,则系统的相位裕度可达 $60°$。此时,系统已经稳定,无需考虑频率补偿。

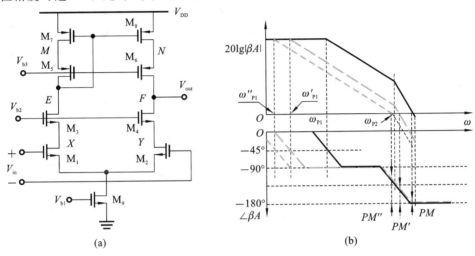

图 8-11　降低主极点频率从而提升稳定性

图 8-11(b)绘制了该电路的波特图,该波特图考虑的是两个极点频率均低于 GX 的情况。图中忽略了比 GX 更高的高频极点,只保留了两个低于 GBW 的极点。我们通过增大输出节点的负载电容,将主极点频率从 ω_{P1} 降低到 ω'_{P1},此时,低频增益不变,高频极点频率也不变。从而,波特图变为图中灰色线表示的幅频和相频响应曲线。因为增益过零点 GX 左移,在高频相位不变的情况下,则相位裕度从图中 PM 增加为 PM′。如果相应裕度达不到稳定性的要求,则还可以进一步增大负载电容。图中将低频极点进一步降低到为 ω''_{P1},则相位裕度增加到 PM″。当次主极点频率超过 PX 频率之后,则系统有超过 $45°$ 的相位裕度。

本小节通过降低主极点频率的频率补偿方法,仅仅适用于主极点频率与次主极点频率相距较远的情况。如果主极点频率与次主极点频率相距较近,则本节的方法效率很低或者难以实现电路稳定。

8.3.2　仿真实验

本例将要仿真验证降低主极点频率从而改善环路稳定性的方式。具体仿真电路如图8-12所示,仿真波形如图 8-13 所示。仿真结果显示,输出节点并联电容越大,系统的相位裕度越大。该电路中,输出并联 100 fF 已经能实现 $84°$ 相位裕度,无需并联更大电容。即 10 pF 电容浪费了面积,并无必要。

降低主极点频率
的频率补偿
方法-案例

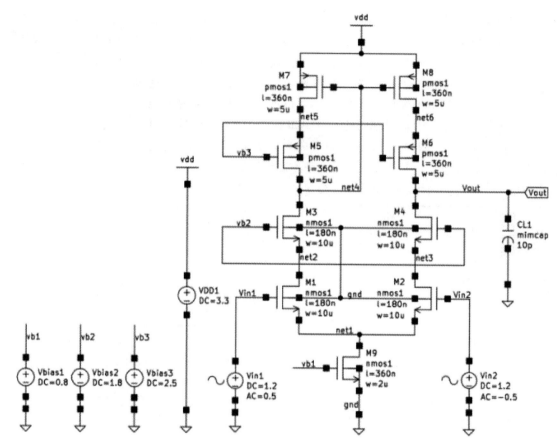

图 8-12   降低主极点频率仿真电路图

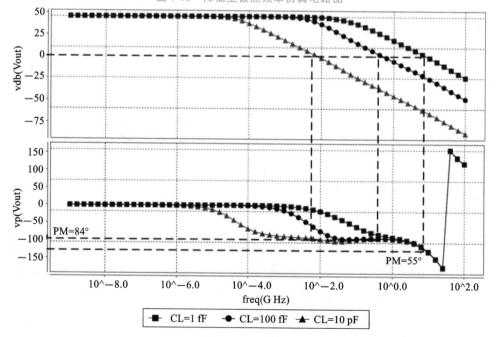

图 8-13   降低主极点频率仿真波形图

8.3.3　互动与思考

读者可以通过增大输出节点的电容,从而观察是否提升了环路稳定性。

请读者思考:

(1)有人认为某节点的频率取决于该点的电阻和电容。为了降低主极点频率,既然可以增大某节点的电容,那么也可以增大某节点的电阻。这种说法正确吗? 给出你的解释。

(2)有人说,左半平面的零点可以增强环路稳定性,而右半平面的零点却是降低环路稳定性。这种说法正确吗? 给出你的解释。

(3)在使用降低主极点频率从而提升环路稳定性的方法时,有哪些缺点?

(4)通过降低主极点频率来提升环路稳定性的方法,适合哪些电路?

(5)为什么说主极点频率与次主极点频率相距较近时,则本节的方法效率很低或者难以实现电路稳定?

◀　8.4　极点分裂法　▶

8.4.1　特性描述

如图 8-14 所示的二级全差分放大器电路中,第一级为高增益的 Cascode 负载的 Cascode 放大器,第二级为电流源负载共源极放大器。图中省略了偏置电路,以及共模负反馈电路,只绘制了放大器的核心电路。

极点分裂法
-视频

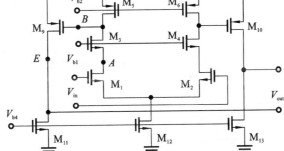

图 8-14　全差分二级放大器

若忽略所有 MOS 管的衬底偏置效应,则该放大器第一级和第二级的低频增益分别为

$$A_{V1} = g_{m1}\left[\left(g_{m3}\,r_{o3}\,r_{o1}\right) \| \left(g_{m5}\,r_{o5}\,r_{o7}\right)\right] \tag{8-5}$$

$$A_{V2} = g_{m9}\left(r_{o9} \| r_{o11}\right) \tag{8-6}$$

两级运放在提高增益(主要由第一级实现)的同时,还会增大输出电压摆幅(第二级电路

的输出摆幅比第一级大很多)。然而,该电路有至少四个极点,需要关注放大器的频率响应,从而保证基于本放大器构成的反馈电路能稳定工作。

电路的四个极点分别位于输入节点、A、B 和 E 点。其中,A 点的电阻为 $1/g_{m3}$ 数量级,该点电容很小,因此该点的极点频率较高,在分析中可不用考虑。输入节点处的密勒等效电容很小(见 5.5 节共源共栅放大器的密勒效应),在信号的内阻也很有限的情况下,该节点的极点频率也较高。另外,B 点电阻很大(Cascode 的输出阻抗为 MOS 管小信号输出电阻 r_o 的本征增益倍),即 $(g_{m3} \, r_{o3} \, r_{o1}) \parallel (g_{m5} \, r_{o5} \, r_{o7})$,而且存在 M_9 的栅漏电容 C_{GD} 的密勒等效项,这也是一个较大的值。因此,可以推断 B 点对应的极点频率较低。而 E 点通常要求能带比较大的容性负载,从而 E 点的电容比较可观。E 点的输出电阻,则不那么直观。

回忆本书 5.2 节的共源极放大器的频率响应知识,共源极放大器的输出电阻,需要基于两种不同情况分别考虑,即输入电压信号的内阻是大还是小。更加准确是说法应该是取决于跨接在 B 点和 E 点的电容,以及 B 点的小信号电阻。如果输入电压信号的内阻大,且密勒电容也大,则 MOS 管栅极电压受到输出信号影响更大,即密勒电容表现出的低阻抗通道,将 MOS 管的漏和栅相连,从而大大减小了此时的输出电阻,导致此时的输出电阻降低到了 $\dfrac{C_{GS} + C_{GD}}{C_{GD}} \dfrac{1}{g_m}$ 数量级。

因此,B 点为主极点,E 点为次主极点,A 点为高频极点。可以假定输入电压信号比较理想,且 $M_1(M_2)$ 的密勒效应很弱,从而输入节点的极点频率较高。

解决两个极点比较靠近带来的稳定性问题,采用降低主极点频率的方法已经不再适用。最简单的方法是采用密勒电容进行补偿。为了深入理解二级放大器的频率特性以及密勒补偿原理。我们先看图 8-15 所示的二级放大器简化小信号等效电路。图中 r_o 是某点看进去的总电阻,C 是某节点看进去的总电容。

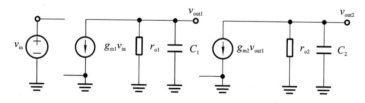

图 8-15　二级放大器简化小信号等效电路

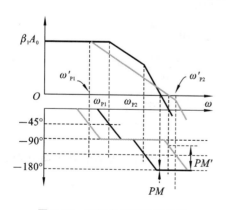

图 8-16　双极点系统的波特图

图 8-15 中的电路有两个极点(此处忽略了输入节点的极点),极点频率分别是

$$\omega_{P1} = \frac{1}{r_{o1} \, C_1} \tag{8-7}$$

$$\omega_{P2} = \frac{1}{r_{o2} \, C_2} \tag{8-8}$$

如果上述两个极点的频率都会低于单位增益带宽,即放大器的辐频响应曲线穿过增益为 0 dB 的频率比上述两个极点频率高,就会导致该放大器的相位裕度 PM 过低,由此构成的反馈系统不够稳定。该电路的波特图如图 8-16 黑色

线所示。

为解决稳定性,最简单的解决方法是前人发明的一种叫做"极点分裂法"的频率补偿技术。该方法是在图 8-15 电路中的第二级输入和输出之间加入密勒补偿电容 C_c,电路图如图 8-17所示。

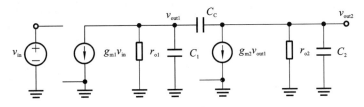

图 8-17　加入密勒补偿的二级放大器简化小信号等效电路

C_c 等效到第一级输出节点的电容为 $g_{m2} r_{o2} C_c$,远大于 C_1,从而补偿后第一级的极点频率降低为

$$\omega'_{P1} = \frac{1}{r_{o1} g_{m2} r_{o2} C_c} \tag{8-9}$$

第二级的极点频率本来可以通过严格的推导得出,但过程稍显复杂,感兴趣的读者可以自行推导,或者阅读其他书籍学习。此处我们通过直观的分析,并直接给出结果。C_c 为跨接在第二级放大器的输入和输出之间的电容,为第二级放大器在高频下提供了一个极低阻抗的反馈回路,近似为将 M_2 的漏极和栅极端接。从而,从第二级输出节点看到的输出阻抗由原来的 r_{o2},变为更小的 $1/g_{m2}$(这也是二极管连接方式的 MOS 管从漏极看进去的阻抗)。从而补偿后第二级的极点频率增加为

$$\omega'_{P2} \approx \frac{g_{m2}}{C_2} \tag{8-10}$$

上述密勒等效的结果是,让高频极点向高频移动,低频极点向更低频移动。该方法是将两个非常靠近的低频主极点和次主极点进行分裂,从而系统相位裕度会增加,故该方法被称为"极点分裂法"。采用密勒补偿后,双极点系统的波特图用灰色线绘制在了图 8-16 中。图中,ω_{P1} 在补偿后变为更低频的 ω'_{P1},ω_{P2} 在补偿后变为更高频的 ω'_{P2},这带来的最直接的结果是,相位裕度由 PM 变为 PM'。

"极点分裂法"的另外一种理解可以基于前面章节由小信号等效电路精确计算出的传递函数表达式(5-24)。我们将式(5-24)简化表示为

$$A = A_0 \frac{1 - cs}{1 + as + bs^2} \tag{8-11}$$

同样,假定两个极点频率相隔比较远,则低频极点(主极点)可以表示为

$$\omega_{P1} = -\frac{1}{a} \tag{8-12}$$

从而,高频极点(次主极点)可以表示为

$$\omega_{P2} = -\frac{a}{b} \tag{8-13}$$

当采用 C_c 密勒电容跨接在第二级放大器输入和输出端之后,该电容乘以第二级放大器的增益,即为等效到第一级放大器的输出节点的电容,从而将第一级放大器输出节点的低频极点降低。即通过密勒效应,增大了式(8-13)中的 a,则 a 的增大将直接导致次主极点频率 ω_{P2} 增加。

8.4.2　仿真实验

极点分裂法
-案例

　　本例将对全差分二级运放进行 AC 分析,得到其增益的频率特性曲线(波特图),仿真电路图如图 8-18 所示。仿真中,假定输入信号 V_{in} 的内阻无穷小或者为 50 欧姆,放大器的负载电容 C_L 为 5 pF。仿真没加密勒补偿电容的情况时,可以设置 C_C 的值为 0。仿真波形如图 8-19 所示。结果显示,密勒补偿之前的相位裕度为 5°,而引入密勒补偿之后的相位裕度提升至 50°。图 8-20 给出了频率补偿之前和补偿之后的零极点分布情况。补偿后,主节点从 4.9 MHz,降低为 53 kHz,次主极点从 15 MHz,升高为 60 MHz。然而,补偿后,产生了一个右半平面零点,为 59 MHz。这个零点与次主极点频率接近,会降低相位裕度,导致最终的相位裕度只有 50°。

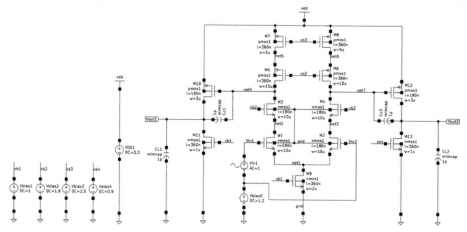

图 8-18　极点分裂法频率补偿仿真电路图

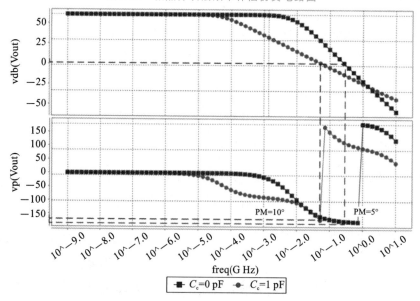

图 8-19　极点分裂法频率补偿频谱响应图

Poles (Hz)

	Real	Imaginary	Qfactor
1	−4.93579e+06	0.00000e+00	5.00000e−01
2	−1.50314e+07	0.00000e+00	5.00000e−01
3	−2.80661e+09	0.00000e+00	5.00000e−01
4	−2.34923e+10	0.00000e+00	5.00000e−01

Zeros (Hz)
at V(Vout1,Vout2)/Vin1

	Real	Imaginary	Qfactor
1	−2.14155e+09	0.00000e+00	5.00000e−01
2	3.73858e+10	0.00000e+00	−5.00000e−01
3	5.98309e+10	0.00000e+00	−5.00000e−01

Poles (Hz)

	Real	Imaginary	Qfactor
1	−5.39825e+04	0.00000e+00	5.00000e−01
2	−6.08370e+07	0.00000e+00	5.00000e−01
3	−2.18841e+09	0.00000e+00	5.00000e−01
4	−2.33863e+10	0.00000e+00	5.00000e−01

Zeros (Hz)
at V(Vout1,Vout2)/Vin1

	Real	Imaginary	Qfactor
1	5.94689e+07	0.00000e+00	−5.00000e−01
2	−2.14155e+09	0.00000e+00	5.00000e−01
3	3.73858e+10	0.00000e+00	−5.00000e−01

图 8-20　极点分裂前后的零极点位置清单

8.4.3　互动与思考

读者可以通过改变密勒电容 C_C 值,观察主极点和次主极点相对位置的变化,以及相位裕度的变化情况。

读者可以思考:

(1)通过密勒电容 C_C 能否彻底解决频率稳定问题?

(2)有人将密勒电容接在第二级输出和 A 点之间。请问,这样连接电路是否具有频率补偿的作用? 效果如何? 此时主极点有变化吗?

(3)第一级也存在密勒效应。该效应是否有可能让输入节点变为频率比较低的极点? 为什么?

(4)本例中,主极点是否有可能是 E 点? 为什么?

（5）极点分裂技术让原来主极点的频率变得更低，即放大器的带宽更小。请解释该技术存在的价值。

（6）式（8-11）显示出该系统存在一个零点。请问该零点是否会影响环路增益的频率响应以及系统稳定性？

◀ 8.5 串联电阻的零点消除法 ▶

8.5.1 特性描述

串联电阻的零点
消除法-视频

如图 6-3 所示电路，通过在第一级输出和第二级输出之间接一个密勒电容 C_C，实现了两个低频极点的分离。然而，由于密勒电容 C_C 的引入，第二级放大器的输入和输出之间存在两个信号通道，从而引入了一个右半平面的零点。零点减缓了幅值的下降速度，从而使增益交点频率 GX 向高频处移动，同时还会导致相移进一步增加，从而使稳定性变差。

为了避免该零点引起的频率稳定性变差，前人已经发明了多种方法，其中最简单的方法见图 8-21，增加一个与密勒补偿电容串联的电阻 R_Z。因为在零点频率下，放大器输出电压为零，即输出节点电压和电流均无变化，则流过 R_Z 和 C_C 的电流，与 MOS 管的小信号电流 $g_m v_{gs}$ 相同，从而有

$$g_{m9} = \frac{1}{R_Z + \dfrac{1}{s_Z C_C}} \tag{8-14}$$

从而，得到零点的频率为

$$\omega_Z = \frac{1}{C_C(g_{m9}^{-1} - R_Z)} \tag{8-15}$$

选择合适的 R_Z，只需 $R_Z = g_{m9}^{-1}$，则该零点被消除，或者说零点移到了频率无穷远处。

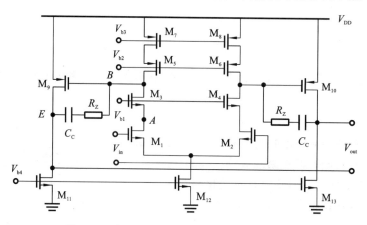

图 8-21　全差分二级放大器的零点补偿电路图

选择合适的 R_z，如果 $R_z \geqslant g_{m9}^{-1}$，则 $\omega_z \leqslant 0$。从而也可以将该零点移动到左半平面。移到左半平面后，还可以令其等于次主极点频率，从而能消除次主极点，从而

$$\frac{1}{C_C(g_{m9}^{-1} - R_z)} = \frac{-g_{m9}}{C_E} \tag{8-16}$$

式中，C_E 为图 8-20 中 E 点总的等效电容，既包括密勒电容的输出端等效，也包括 M_{11} 和 M_9 相应端口的寄生电容，还包括 E 点的负载电容。式(8-16)计算得

$$R_z = \frac{C_E + C_C}{g_{m9} \, C_C} \tag{8-17}$$

不幸的是，由于 g_{m9} 不易精确控制，因此实际中无法选择到合适的串联电阻值，以便恰好消除次主极点。不过值得庆幸的是，即使不能完全抵消一个极点，但左半平面的零点，就具有改善频率稳定性的作用。通过 PVT 的仿真可以具体评估电路的相位裕度是否能满足电路稳定工作需求。

8.5.2 仿真实验

本例将在前例仿真全差分二级运放进行交流小信号分析的基础上，分析如何改变零点位置从而提高稳定性。仿真电路图如图 8-22 所示。未串联电阻时的零极点发布如图 8-23(a)所示，电路中频率较低的主极点(Poles-1)来自密勒等效极点，次极点(Poles-2)来自输出结点；由于密勒效应带来的前馈，电路中出现了危害稳定性的右半平面零点(Zeros-1)。串联了电阻之后的零极点发布如图 8-23(b)所示，此时将右半平面零点改变为半平面左零点(Zeros-1)，且该左半平面零点频率为 9.18 MHz，低于次主极点频率 98 MHz，系统的相位裕度必定增加。

串联电阻的零点消除法-案例

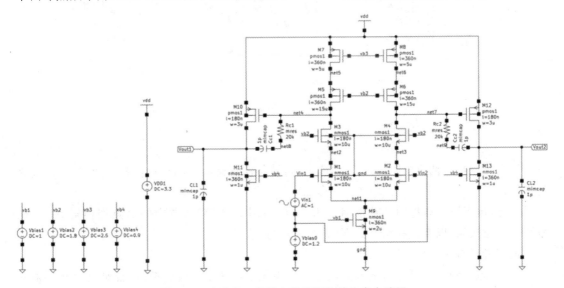

图 8-22　全差分二级放大器频率特性仿真电路图

```
                    Poles (Hz)

          Real                    Imaginary              Qfactor

  1   -5.39825e+04              0.00000e+00           5.00000e-01
  2   -6.08370e+07              0.00000e+00           5.00000e-01
  3   -2.18841e+09              0.00000e+00           5.00000e-01
  4   -2.33863e+10              0.00000e+00           5.00000e-01

                    Zeros (Hz)
                    at V(Vout1,Vout2)/Vin1

          Real                    Imaginary              Qfactor

  1    5.94689e+07              0.00000e+00          -5.00000e-01
  2   -2.14155e+09              0.00000e+00           5.00000e-01
  3    3.73858e+10              0.00000e+00          -5.00000e-01
```

(a) 未串联电阻

```
                    Poles (Hz)

          Real                    Imaginary              Qfactor

  1   -5.36236e+04              0.00000e+00           5.00000e-01
  2   -9.85547e+07          +/- 3.30345e+07           5.27341e-01
  3   -2.85993e+09              0.00000e+00           5.00000e-01
  4   -2.34933e+10              0.00000e+00           5.00000e-01

                    Zeros (Hz)
                    at V(Vout1,Vout2)/Vin1

          Real                    Imaginary              Qfactor

  1   -9.18548e+06              0.00000e+00           5.00000e-01
  2   -2.14155e+09              0.00000e+00           5.00000e-01
  3    3.73858e+10              0.00000e+00          -5.00000e-01
  4    5.18339e+10              0.00000e+00          -5.00000e-01
```

(b) 串联电阻

图 8-23　全差分二级放大器频率零极点分布情况

8.5.3　互动与思考

读者可以自行调整电阻 R_z、C_c 的值，通过波特图观察零点和极点位置的变化，以及系统稳定性。

另外，读者还可以把频率补偿网络（R_z 和 C_c 的串联支路）从图中的 B 点切换至 A 点，观察频率补偿效果，以及该补偿方式下的 R_z 和 C_c 选值。

请读者思考：

（1）电阻在制造中可能出现较大误差。如果无法让零点和极点抵消，会对放大器的频率响应带来什么影响？

（2）假如通过多次仿真迭代，确保了式(8-17)的精确成立。实际制造出来的电路还是发现零点没有完全消除。请解释可能出现的原因。

8.6 隔断前馈通道的零点消除法

8.6.1 特性描述

隔断前馈通道
的零点消除
法-视频

前面的学习中,我们采用了简单的方法计算零点频率。计算方法是看什么频率下,两条到输出支路的电流能正好抵消,从而输出到负载上的电流为零,则输出电压为零。从而,只要从输入到输出存在两条通道,就存在出现零点的可能性。图 8-24 为一个简单的共源极放大器,图中标出了存在的两个电流通道 i_1 和 i_2。

为了消除这个零点,我们还可以从断开电流通路的角度入手,即从电路上断开图中通过 C_{GD} 构成的前馈通道电流 i_2。但是,反馈通道却不能断开,因为我们需要依靠反馈通道,来实现电容的密勒效应,同时利用 MOS 管的漏极电压去影响栅极,从而减小输出电阻,最终实现"极点分裂"的目的。

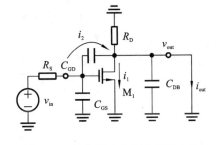

图 8-24 计算零点频率的简易方法

图 8-25(a)中,密勒电容 C_C 连接在放大器的输入输出端之间,前馈通道和反馈通道是均存在的。如图 8-25(b),在密勒电容 C_C 和输出节点之间,引入一个源极跟随器 M_2。源极跟随器,只能栅极输入源极输出,而不能源极输入栅极输出。从而,密勒电容仅仅具有反馈通道,而前馈通道不复存在。

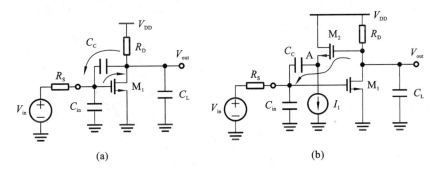

(a)   (b)

图 8-25 采用源极跟随器断开前馈通道的电路实现

图 8-25(b)电路,输入节点和输出节点处各有一个极点,极点频率分别是

$$\omega_{p1} \approx \frac{1}{R_S \, g_{m1} R_D C_C} \tag{8-18}$$

$$\omega_{p2} \approx \frac{g_{m1}}{C_L} \tag{8-19}$$

因为该电路不存在前馈通道,必定有电流流进输出节点到地的负载,从而电路不存在零

点。精细的计算会得到反馈通道的 A 点依然存在一个左半平面的零点,频率为 $-\dfrac{g_{m2}}{C_C}$。左半平面的零点,只会增强电路稳定性。

图 8-25(b)电路存在两个问题。①输出电压摆幅受限。在加入 M_2 和 I_1 之前,输出电压最低值为 M_1 管的过驱动电压,加入 M_2 和 I_1 之后,要求保持 I_1 和 M_2 均能工作在饱和区,输出电压最低值大约为 $V_{TH}+2V_{OD}$。显然,输出电压摆幅减小许多。②次主极点仅为 g_{m1}/C_L,并不是一个足够高的值。系统的稳定性还需要关注左半平面的零点频率 $-g_{m2}/C_C$。

第二种断开前馈通道的电路实现方式如图 8-26(a)所示。图中 M_2 工作在共栅级放大器状态,从而能实现电流的传递(共栅极放大器的电流增益大约等于 1)。

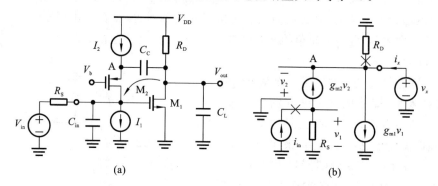

图 8-26　采用共栅极放大器断开前馈通道的电路实现

显然,图 8-26(a)电路的输入节点极点频率跟之前电路一样,依然为 $1/(R_S\,g_{m1}\,R_D\,C_C)$。为计算输出节点的极点频率,我们先做一些简化处理:高频下 C_C 的阻抗足够小,忽略 M_1 和 M_2 的小信号沟长调制效应和衬底偏置效应。另外,我们将输入信号由戴维南形式转换为诺顿形式。绘制出图 8-26(b)所示的小信号等效电路来计算(a)电路的小信号输出电阻。注意,在计算输出电阻时,输入电流信号断开。图中 R_D,我们可以在放在最后做并联处理,计算中也可以先忽略。由图 8-26(b),可知

$$v_x = -v_2 \tag{8-20}$$

$$v_1 = -g_{m2}v_2 R_S \tag{8-21}$$

$$i_x = g_{m1}v_1 - g_{m2}v_2 \tag{8-22}$$

联立上述三式,可得

$$i_x = (g_{m1}\,g_{m2}\,R_S + g_{m2})\,v_x \tag{8-23}$$

从而

$$\frac{i_x}{v_x} = g_{m1}\,g_{m2}\,R_S + g_{m2} \approx g_{m1}\,g_{m2}\,R_S \tag{8-24}$$

考虑到输出节点还有电阻 R_D,从而小信号输出电阻为

$$r_{out} \approx \frac{1}{g_{m1}\,g_{m2}\,R_S} \parallel R_D \approx \frac{1}{g_{m1}\,g_{m2}\,R_S} \tag{8-25}$$

从而,图 8-26(a)电路输出节点的极点频率是

$$\omega_{P2} \approx \frac{g_{m1}\,g_{m2}\,R_S}{C_L} \tag{8-26}$$

式(8-26)表示,图 8-26(a)电路的次主极点频率比图 8-25(b)电路的次主极点频率高许

多。在两极点系统中,两个极点的频率相距越远,则相位裕度越高。这可以用图 8-27 所示的波特图来解释。图中,低频极点均为 ω_{p1},高频极点分别为 ω_{p2} 和 ω'_{p2} 时,相位裕度分别为 PM 和 PM'。所以,次主极点的频率越高越好。

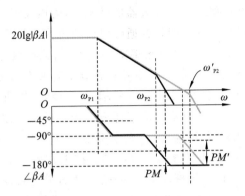

图 8-27　两极点系统中次主极点的位置影响相位裕度

如同图 8-25 电路一样,图 8-26 电路反馈通道的 A 点,也存在一个左半平面的零点,频率为 $-g_{m2}/C_C$。左半平面的零点,只会增强电路稳定性。

为了实现 60° 的相位裕度,下面我们计算一下次主极点的频率要求。计算时,我们假定其他极点和零点频率均比较高。

$$PM = 180° - \arctan\left(\frac{\omega_{PM}}{\omega_{P1}}\right) - \arctan\left(\frac{\omega_{PM}}{\omega_{P2}}\right) \tag{8-27}$$

式中,ω_{PM} 为计算 PM 时的频率,即为增益过零点的频率,也就是该放大器的增益带宽积 GBW。从而,$\omega_{PM} = \text{GBW} = A_{V0} \cdot \omega_{P1}$,代入式中,得

$$PM = 180° - \arctan(A_{V0}) - \arctan\left(\frac{\omega_{PM}}{\omega_{P2}}\right) \tag{8-28}$$

因为 A_{V0} 很大,PM = 60°,则 $\arctan\left(\frac{\omega_{PM}}{\omega_{P2}}\right) = 30°$,从而

$$\omega_{P2} = 1.74\,\text{GBW} \tag{8-29}$$

式(8-29)表明,只要次主极点为 1.74 倍 GBW,则系统能达到 60° 的相位裕度。然而,上述分析中忽略了零点的影响。单纯的密勒补偿会产生一个右半平面零点,如果该零点位于 10 倍 GBW 处,则也会增加相移从而降低相位裕度,此时

$$PM = 180° - \tan^{-1}\left(\frac{\omega_{PM}}{\omega_{P1}}\right) - \tan^{-1}\left(\frac{\omega_{PM}}{\omega_{P2}}\right) - \tan^{-1}\left(\frac{\omega_{PM}}{\omega_Z}\right) \tag{8-30}$$

$$PM = 180° - \tan^{-1}(A_{V0}) - \tan^{-1}\left(\frac{\omega_{PM}}{\omega_{P2}}\right) - \tan^{-1}(0.1) \tag{8-31}$$

则

$$\omega_{P2} = 2.2\,\text{GBW} \tag{8-32}$$

可见,如果还有其他极点或者零点贡献相移,那么次主极点还得比 GBW 更高。根据刚才的计算,大家在实际电路设计中,可以利用 1.74 和 2.2 这两个数值快速、简单的规划次主极点位置。

8.6.2 仿真实验

隔断前馈通道的零点消除法-案例

本例在两级全差分放大器的基础上，为增大第一级放大器增益，选用了共源共栅极结构。第二级是普通的电流源负载的共源极放大器。采用的是密勒补偿法，将低频极点 B 点频率降的更低，将高频极点 E 点频率增的更大。和之前密勒补偿法不同的是，电路将密勒电容接在 E 点和 A 点之间，而非 E 点和 B 点之间，电路图如图 8-28 所示。仿真结果如图 8-29 所示。为了对照，本例也同时给出了没有隔断前馈通道的密勒补偿的波形。可见，隔断前馈通道之前，相位裕度仅为 $10°$，隔断前馈通道后，右半平面零点消失了，相位裕度改善为 $75°$。图 8-30 为隔断前馈通道之前和之后的零极点分布图。结果显示，隔断前馈通道之前，在关心的频率范围内，有两个极点一个右半平面零点，隔断前馈通道之后，次主极点频率提升约一个数量级，产生了两个频率差不多的左半平面零点和右半平面零点。系统产生两个频率差不多的零点，但一个在左半平面一个在右半平面，相移几乎可以忽略，而幅值衰减更慢，无疑可以大提升相位裕度。

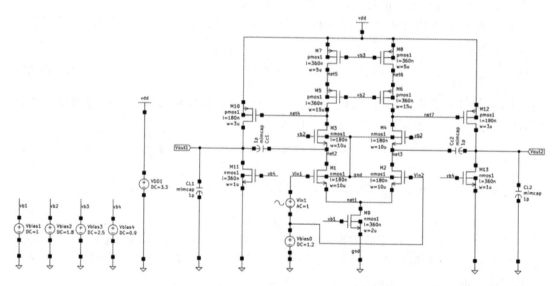

图 8-28 隔断前馈通道消除零点的仿真电路图

8.6.3 互动与思考

请读者分别将密勒电容分别接在 E 点和 A 点之间，以及 E 点和 B 点之间，观察电路频谱特性的差异。请读者思考：

(1)图 8-28 电路的工作原理是什么？该电路起到分裂极点的作用了吗?

(2)图 8-28 电路的优缺点分别是什么？

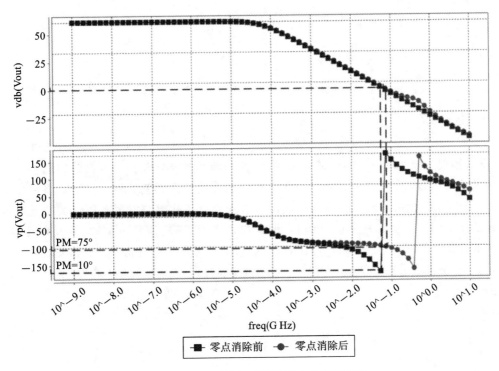

图 8-29 隔断前馈通道消除零点的仿真结果

Poles (Hz)		
Real	Imaginary	Qfactor
1 $-5.39825e+04$	$0.00000e+00$	$5.00000e-01$
2 $-6.08370e+07$	$0.00000e+00$	$5.00000e-01$
3 $-2.18841e+09$	$0.00000e+00$	$5.00000e-01$
4 $-2.33863e+10$	$0.00000e+00$	$5.00000e-01$

Zeros (Hz)
at V(Vout1,Vout2)/Vin1

Real	Imaginary	Qfactor
1 $5.94689e+07$	$0.00000e+00$	$-5.00000e-01$
2 $-2.14155e+09$	$0.00000e+00$	$5.00000e-01$
3 $3.73858e+10$	$0.00000e+00$	$-5.00000e-01$

Poles (Hz)		
Real	Imaginary	Qfactor
1 $-6.02833e+04$	$0.00000e+00$	$5.00000e-01$
2 $-2.31278e+08$	$+/- 3.95545e+08$	$9.90579e-01$
3 $-2.81302e+09$	$0.00000e+00$	$5.00000e-01$

Zeros (Hz)
at V(Vout1,Vout2)/Vin1

Real	Imaginary	Qfactor
1 $4.15305e+08$	$0.00000e+00$	$-5.00000e-01$
2 $-4.89920e+08$	$0.00000e+00$	$5.00000e-01$
3 $-2.86281e+09$	$0.00000e+00$	$5.00000e-01$
4 $3.73858e+10$	$0.00000e+00$	$-5.00000e-01$

图 8-30 阻断前馈通道消除零点前后的零极点分布

9 基准电压源和电流源

电流镜仅仅能实现电流的传递或者镜像，并未涉及基准的源头。电流镜中的参考电流源，在设计中却面临工艺偏差、温度、电源电压三者变化带来误差的挑战。本章将讲授不随 PVT 三个因素变化的基准电压源和电流源。首先介绍了几类与电源电压无关的基准电流源，包括基于阈值电压的基准电流源、自偏置电流源、简易自偏置电流源、Wilson 电流镜。接着，本章介绍了不同温度系数的电压，以及如何基于这些电压构成与温度无关的电压基准的方法。本章重点讲授了基于 CMOS 工艺的带隙基准源的产生方式。最后，本章还介绍了如何基于纯 MOS 管来产生与温度无关的基准电压源，即蔡湧达电压源。

◀ 9.1 基于阈值电压的电流源 ▶

9.1.1 特性描述

基于阈值电压的
电流源-视频

在模拟集成电路中，存在着大量的电流源基准和电压源基准应用需求。所谓基准就是恒定不变，不随制造批次的影响，不随电源电压的影响，不随芯片工作温度的影响。例如，图 5-59 所示的低压差线性稳压源电路，需要将采样的输出电压与一个参考电压 V_{REF} 进行误差放大，去调节调制管的导通电阻，从而维持输出电压的稳定。此处将 LDO 重新绘制在图 9-1 中。当环路增益较大，且运放尽可能理想，则

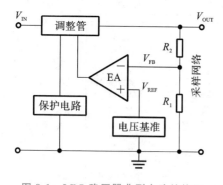

图 9-1 LDO 稳压器典型电路结构图

$$\frac{R_1}{R_1 + R_2} V_{out} = V_{REF} \quad (9\text{-}1)$$

式(9-1)表明，输出电压 V_{out} 的精度，主要取决于基准电压 V_{REF} 的精度。为此，我们希望实现高精度的 V_{REF}，希望 V_{REF} 在 PVT 三个因素变化时依然保持很高的精度。

模拟数字转换器(analog-digital-convertor, ADC)电路，是将输入的未知电压与 2^N 个不同的已知电压做比较，从而得到 N 位数字信号。此处的 2^N 个不同已知电压，往往由基准电压通过分压网络得到。这里我们以具有 3 位分辨率和 2 V 参考电压的 ADC 为例。由上所述，它可以将 $0\sim2$ V 模拟电压映射为 $8(2^3)$ 个不同的电平，如图 9-2 所示。如果输入的模拟电压

为 0.25～0.5 V,那么数字值是十进制的 1 和二进制的 001。同样,如果模拟电压为 0.5～
0.75 V,则数字值为十进制的 2 和二进制的 010。能精确的实现模数转换的前提是精确地产
生 2^N 个电压信号。

集成电路中,使用参考电流或者基准电
流的地方更多。差分放大器需要电流源作
为尾电流,折叠式共源共栅放大器需要偏置
电流,共源极放大器需要使用电流源作为负
载。这里提到的三个电流,决定了放大用
MOS 管的偏置情况。MOS 管偏置电流又
决定了 MOS 管的工作状态和很多参数,如
跨导。跨导如果变化,则放大器的增益也会
变化。为了尽可能提高放大器的增益稳定
性,希望能提供尽可能恒定的偏置电流。

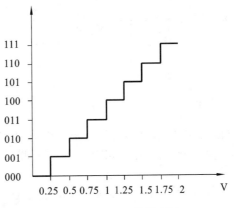

图 9-2　ADC 工作原理图

产生恒定电压或者恒定电流的困难在
哪里?归结起来为三大因素的偏差:PVT,
即制造工艺(Process)、电源电压(Voltage)、工作温度(Temperature)。这三大因素中,任意
一个因素的偏差或者变化,都会带来电路工作状态的偏差。而且,三大因素必然产生偏差,
这些偏差无法预估且随机出现。我们在评估三大因素的偏差对电路的影响时,针对 P 可以
做工艺角的仿真;针对 V 可以做电源电压的 DC 扫描;针对 T 可以做温度扫描。

图 9-3 所示的为一个最简单的偏置电压产生电路。图中,通过两个电阻分压,为 M_1 提
供偏置 V_b,从而有

$$V_b = \frac{R_2}{R_1 + R_2} V_{DD} \tag{9-2}$$

虽然两个电阻本身可能会出现超过 $\pm 20\%$ 的绝对误差,但因为是比例关系式,在同一工
艺下,电阻等比例产生误差,从而相对误差非常小。因为温度变化,会导致 R_1 和 R_2 同时按相
同的比例产生误差。同理,工艺误差也会导致 R_1 和 R_2 同时按相同的比例产生误差。即虽然
R_1 和 R_2 有很大误差,但 $\frac{R_2}{R_1 + R_2}$ 误差非常小。该电路的问题主要出在 V_{DD} 上,因为我们无
法为电路提供恒定的电源电压。从而,因为 V_{DD} 的误差,导致偏置电压 V_b 有误差。

当然,如果产生一个与电源电压、温度、工艺无关的电压,再基于该电压产生电流,是可
以产生精确电流源的。然而,要实现一个与电源电压、温度、工艺无关的基准电压,并不容
易。9.7 节将要介绍的"带隙基准源",即是这样一个基准电压源。

在图 9-4 的电路中,电阻 R_2 上的电压降为 M_1 的栅源电压 V_{GS1},因此输出电流为

$$I_{OUT} = \frac{V_{GS1}}{R_2} = \frac{V_{TH} + V_{OD1}}{R_2} = \frac{V_{TH} + \sqrt{\dfrac{2\,I_{IN}}{k'_n\left(\dfrac{W}{L}\right)_1}}}{R_2} \tag{9-3}$$

如果 M_1 设计较大的器件尺寸 W/L,则电流一定的情况下,M_1 的过驱动电压变得较小,
从而实现 $V_{TH} \gg V_{OD1}$。虽然 I_{IN} 与 V_{DD} 有关,但 M_1 的过驱动电压 V_{OD1} 可以被忽略,从而输出
电流主要取决于 M_1 的阈值电压,实现与 V_{DD} 基本无关的偏置电流。因此,图 9-4 的电路也被

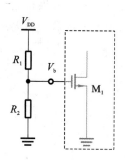

图 9-3　简单的偏置电压产生电路

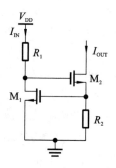

图 9-4　基于阈值电压的电流源

称为基于 MOS 管阈值电压的参考电流源。该电路能产生相对恒定的输出电流,要求有大的 M_1 尺寸,以及小的 I_{IN}。相对其他电流源而言,基于阈值电压的电流源更适合提供小输出电流。

图 9-4 所示的基于阈值电压的电流源电路结构简单,性能如何? 通常从四个角度来衡量一个电流源的性能:

(1)电流源精度,即输出电流受外界因素的影响程度。例如,电源电压、工作温度、工艺偏差,对输出带来多大的影响。

(2)输出电压余度,即电源电压减去电流源本身消耗的电压降。电压余度越大越好。

(3)电流源正常工作时的最低电源电压要求。

(4)电流源小信号输出电阻。该电阻值决定了电流源的理想程度。

图 9-4 的电路中,如果忽略 M_1 的过驱动电压,则输出电流与电源电压无关。当 M_1 的过驱动电压不能忽略时,输出电流自然与电源电压有关。

电源电压变化,对输出电流有多大的影响? 列写如下三个方程

$$I_{OUT} R_2 + V_{OD2} + V_{TH2} + I_{IN} R_1 = V_{DD} \tag{9-4}$$

$$I_{IN} = k'_n \left(\frac{W}{L}\right)_1 (I_{OUT} R_2 - V_{TH1})^2 \tag{9-5}$$

$$I_{OUT} = k'_n \left(\frac{W}{L}\right)_2 V_{OD2}{}^2 \tag{9-6}$$

联立式(9-4)~式(9-6),可以消去 I_{IN} 和 V_{OD2},可以得到 I_{OUT} 与 V_{DD} 的关系式

$$I_{OUT} R_2 + \sqrt{I_{OUT} / \left[k'_n \left(\frac{W}{L}\right)_2\right]} + R_1 k'_n \left(\frac{W}{L}\right)_1 \left\{I_{OUT} R_2 + \sqrt{I_{OUT} / \left[k'_n \left(\frac{W}{L}\right)_2\right]} - V_{TH1}\right\}^2$$
$$= V_{DD} - V_{TH2} \tag{9-7}$$

式(9-7)稍显复杂,此处略去计算结果。但很明显,输出电压与电源电压有关。

为了评价参考电流与电源电压之间的关系,特定义“敏感度”概念。变量 y 相对于变量 x 的敏感度,定义为

$$S_x^y = \frac{\partial y / y}{\partial x / x} = \frac{x}{y} \frac{\partial y}{\partial x} \tag{9-8}$$

从而,图 9-4 电路中,输出电流相对于电源电压的敏感度为

$$S_{V_{DD}}^{I_{OUT}} = S_{V_{DD}}^{I_{IN}} \cdot S_{I_{IN}}^{I_{OUT}} \tag{9-9}$$

采用输入电流 I_{IN} 过渡的原因是因为式(9-3)是 I_{IN} 和 I_{OUT} 的关系式,而在忽略 M_1 的沟长调制效应时,电源电压与输入电流之间关系变得简单明了,即

$$I_{\mathrm{IN}} = \frac{V_{\mathrm{DD}} - V_{\mathrm{G2}}}{R_2} \tag{9-10}$$

$$S_{V_{\mathrm{DD}}}^{I_{\mathrm{IN}}} = \frac{V_{\mathrm{DD}}}{I_{\mathrm{IN}}} \frac{\partial I_{\mathrm{IN}}}{\partial V_{\mathrm{DD}}} = \frac{V_{\mathrm{DD}}}{\dfrac{V_{\mathrm{DD}} - V_{\mathrm{G2}}}{R_2}} \frac{1}{R_2} \approx 1 \tag{9-11}$$

$$S_{I_{\mathrm{IN}}}^{I_{\mathrm{OUT}}} = \frac{I_{\mathrm{IN}}}{I_{\mathrm{OUT}}} \cdot \frac{\partial I_{\mathrm{OUT}}}{\partial I_{\mathrm{IN}}} = \frac{\dfrac{I_{\mathrm{IN}}}{V_{\mathrm{GS1}}}}{R_2} \cdot \frac{\sqrt{2}}{2R_2 \sqrt{I_{\mathrm{IN}} k'_{\mathrm{n}} \left(\dfrac{W}{L}\right)_1}} = \frac{V_{\mathrm{OD1}}}{2V_{\mathrm{GS1}}} \tag{9-12}$$

所以

$$S_{V_{\mathrm{DD}}}^{I_{\mathrm{OUT}}} \approx \frac{V_{\mathrm{OD1}}}{2V_{\mathrm{GS1}}} \tag{9-13}$$

假定 $V_{\mathrm{OD1}} = 0.1\ \mathrm{V}, V_{\mathrm{TH}} = 0.7\ \mathrm{V}$，则图 9-4 所示电路的输出电流相对于电源电压的敏感度为

$$S_{V_{\mathrm{DD}}}^{I_{\mathrm{OUT}}} \approx \frac{V_{\mathrm{OD1}}}{2V_{\mathrm{GS1}}} = \frac{0.1}{2 \times 0.8} \times 100\% = 6.25\% \tag{9-14}$$

显然，这并不是一个很好的结果。

还可以直接用小信号等效电路计算电源电压到输出电流的跨导增益。小信号等效电路图如图 9-5 所示。

$$v_{\mathrm{gs1}} = i_{\mathrm{out}} R_2 \tag{9-15}$$

$$v_{\mathrm{dd}} - R_1 \left(g_{\mathrm{m1}} v_{\mathrm{gs1}} + \frac{v_2}{r_{\mathrm{o1}}}\right) = v_{\mathrm{gs1}} + v_{\mathrm{gs2}} \tag{9-16}$$

$$i_{\mathrm{out}} = g_{\mathrm{m2}} v_{\mathrm{gs2}} - \frac{v_{\mathrm{gs1}}}{r_{\mathrm{o2}}} \tag{9-17}$$

联立式(9-15)～式(9-17)可得

$$\frac{i_{\mathrm{out}}}{v_{\mathrm{dd}}} = \frac{g_{\mathrm{m2}}\, r_{\mathrm{o2}}\, r_{\mathrm{o1}}}{(r_{\mathrm{o1}} + R_1)(r_{\mathrm{o2}} + R_2 + g_{\mathrm{m2}}\, r_{\mathrm{o2}}\, R_2) + g_{\mathrm{m2}}\, r_{\mathrm{o2}}\, g_{\mathrm{m1}}\, r_{\mathrm{o1}}\, R_1\, R_2} \tag{9-18}$$

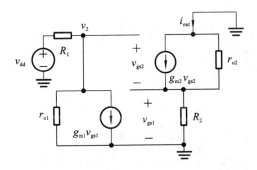

图 9-5　基于阈值电压的电流源小信号等效电路

该增益值比较小，说明电源电压的变化，对输出电流有较小的影响。如果该增益为零，则说明输出电流与电源电压无关。

绘制图 9-6 来计算基于阈值电压电流镜的小信号输出电阻。

$$v_{\mathrm{gs1}} = i_{\mathrm{out}} R_2 \tag{9-19}$$

$$v_{\mathrm{gs2}} = -(R_1 \parallel r_{\mathrm{o1}}) g_{\mathrm{m1}} v_{\mathrm{gs1}} \tag{9-20}$$

$$v_x = i_x R_2 + (i_x - g_{\mathrm{m2}} v_{\mathrm{gs2}}) r_{\mathrm{o2}} \tag{9-21}$$

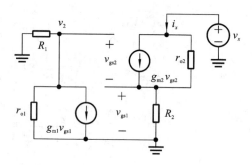

图 9-6　计算基于阈值电压电流源小信号输出电阻的小信号等效电路

从而

$$r_{out} = \frac{v_x}{i_x} = R_2 + r_{o2} + g_{m2}\, r_{o2}\, R_2 \big[(R_1 \parallel r_{o1})\, g_{m1} + 1\big] \qquad (9\text{-}22)$$

式(9-22)表明，在 R_1 和 r_{o1} 的值相当时，电流源的输出电阻在 $g_m r_o g_m r_o$ 数量级，是一个相对比较理想的电流源。

电流源能正常工作的最低电源电压，也影响着电源的应用范围。如图 9-4 所示电路，有

$$V_{DD} = V_{GS1} + V_{GS2} + I_{IN} R_2 \qquad (9\text{-}23)$$

可见，该电路对电源电压的要求还是比较高的。即使电流很小，也可以取很小的过驱动电压，但电源电压必须要求高出二倍阈值电压。

最后，电流源的输出电压范围也是衡量一个电流源好坏的重要指标。本节电路中，为保证所有 MOS 管工作在饱和区，则要求

$$V_{out} \geq V_{GS1} + V_{GS2} - V_{TH2} \qquad (9\text{-}24)$$

式(9-24)也可以看成是输出电压要大于两个 MOS 管的过驱动电压与一个阈值电压之和。这个值并不小。

9.1.2　仿真实验

基于阈值电压的
电流源-案例

本例将仿真该电路，观察电源电压变化时输出电流的变化情况。仿真电路图和波形分别如图 9-7、图 9-8 所示。图中显示，当电源电压超过 1.4 V 之后，输出电流变化较小。

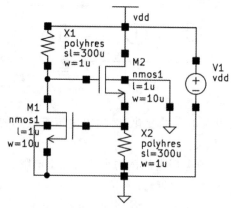

图 9-7　MOS 管阈值电压参考电流源仿真电路图

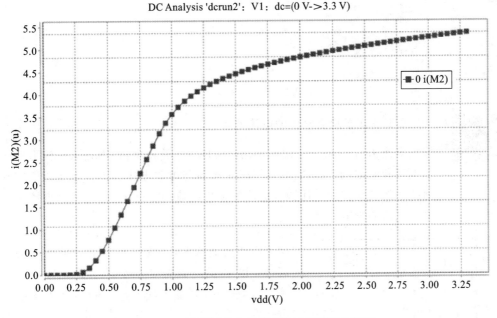

图 9-8　MOS 管阈值电压参考电流源仿真波形图

9.1.3　互动与思考

读者可以改变电路中 M_1、M_2、R_1、R_2 等参数,观察输出电流相对于电源电压的灵敏度变化。

请读者思考:

(1)输出电流的灵敏度可以定义为其他因素(例如电源电压)变化时,引起输出电流的变化百分比。本例电路中,如何降低输出电流相对于电源电压的灵敏度?请读者给出方案并通过仿真进行验证。

(2)本例电路中,M_1 的阈值电压恒定吗?不同工艺角、不同温度下,最大的误差达到多少?这引起的输出电流最大相差多少?

(3)由式(9-3)可知,当 M_1 的过驱动电压越低,则输出电流越稳定。请问,如何让 M_1 有尽可能低的过驱动电压?

(4)R_1 和 R_2 对输出电流的影响分别是什么?设计该电路时如何选取 R_1 和 R_2 阻值?

(5)能否将图 9-4 中的两个 MOS 管,换成两个 NPN 三极管?新的电路是否有相对独立于电源电压的输出电流?另外请计算该输出电流相对于电源电压的敏感度。

(6)基于阈值电压的电流源有何优点和缺点?

(7)为什么说基于阈值电压的电流镜只适合产生比较小的电流?

◀ 9.2 基于阈值电压的自偏置电流源 ▶

9.2.1 特性描述

基于阈值电压的自偏置电流源-视频

9.1节基于阈值电压的电流源中,输入电流为 $I_{IN} = \dfrac{V_{DD} - V_{G2}}{R_1}$,$V_{G2}$ 则与输出电流 I_{OUT} 有关。这说明输出电流取决于输入电流,而输入电流取决于输出电流和电源电压,最终导致了输出电流与电源电压有关。电流镜能实现电流的比例镜像。如果让输入电流与输出电流关联起来,就能消除电源电压对输出电流的影响。

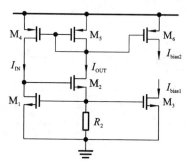

图9-9 基于阈值电压的自偏置电流源

如图9-9所示的电路中,M_1、M_2 和 R_2 组成基于阈值电压的电流源,实现基于与电源电压无关的电流;M_5 和 M_4 的电流镜结构,保证了 I_{OUT} 与 I_{IN} 基本相等,从而进一步降低了输出电流相对于电源电压的敏感度。该电路称为基于阈值电压的自偏置电流源。根据前例,有

$$I_{OUT} = \frac{V_{GS1}}{R_2} = \frac{V_{TH} + V_{OD1}}{R_2} = \frac{V_{TH} + \sqrt{\dfrac{2 I_{IN}}{k'_n \left(\dfrac{W}{L}\right)_1}}}{R_2}$$

(9-25)

另外,基于 M_5 和 M_4 的电流镜结构,如果忽略其沟长调制效应,则

$$I_{OUT} \approx I_{IN} \tag{9-26}$$

从而,无论是否有 $V_{TH} \gg V_{OD1}$,均会产生一个确定,且与 V_{DD} 无关的 I_{OUT},这个固定的输出电流也是式(9-25)和式(9-26)联立之后得到的那个有意义的解。从而,本例基于阈值电压的自偏置电流源,比前例基于阈值电压的电流源,相对于电源电压更加不敏感。在忽略电流镜沟长调制效应的情况下,输出电流表达式中并未出现电源电压,从而 $S_{V_{DD}}^{I_{OUT}} = 0$。

如果考虑电流镜的沟长调制效应带来的输出支路电流与输入支路电流的镜像误差,则电源电压就会对输出电流带来影响,该电路的分析,作为本节的课后思考题。

在图9-9中,输出电流流过二极管连接的 M_5,则 M_5 的栅源电压固定,该电压即为电流镜的源头,除了镜像给 M_4 之外,还可以作为输出,产生系列电流源,例如,图9-9中,通过将该偏置电压加到 M_6 的栅极,产生与电源电压无关的偏置电流 I_{bias2}。同理,因为流过 M_1 的电流为恒定电流,这就必要求 M_1 的栅源电压为定值。我们将该栅源电压输出,也可以产生类似的偏置电流 I_{bias1}。

通过利用额外的 M_3 和 M_6 来提供镜像电流,相对于9.1节的基于阈值电压的电流源而言,本节电路输出电流的电压余度更大,即电流负载的电压变化范围更大。不过,由共源共栅极电流变成普通电流镜,输出电流的小信号输出电阻变小,电流源理想程度变差。

9.2.2　仿真实验

基于阈值电压
的自偏置电流
源-案例

本例将仿真基于阈值电压的自偏置电流源，观察 V_{DD} 变化时的输出电流波形，仿真电路图和波形图分别如图 9-10 和图 9-11 所示。注意观察图 9-11 中的两个输出电流是否有差异。结果显示，当电源电压超过 1.1 V 之后，流过 M_5 和 M_6 的电流几乎为定值。

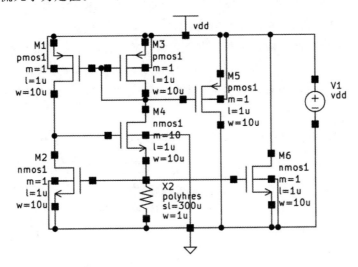

图 9-10　基于阈值电压自偏置电流源仿真电路图

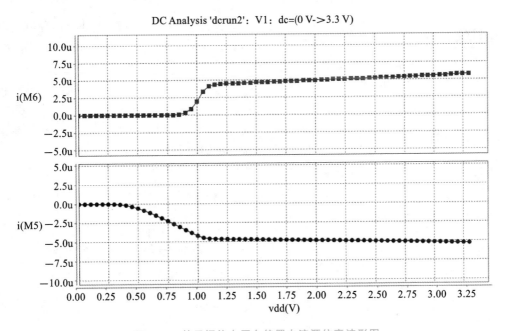

图 9-11　基于阈值电压自偏置电流源仿真波形图

9.2.3 互动与思考

读者可以改变电路中 M_1、M_2、M_4、M_5、R_2 的参数,观察输出电流相对于电源电压的灵敏度变化。

请读者思考:

(1)本例电路与前一例基于阈值电压的偏置电流源,哪种电路的输出电流相对于电源电压的敏感度更低? 通过仿真,验证你的结论。

(2)本例电路是否存在镜像电流两条支路均为 0 的工作状态? 如果存在,如何避免电路停留在该状态?

(3)图 9-9 中,I_{bias2} 可以很好的作为镜像电流源输出,那么 I_{bias1} 呢? 哪个可以更好的作为镜像电流源输出?

(4)如果不能忽略电流镜的沟长调制效应,请推导输出电流相对于电源电压的灵敏度。

◀ 9.3 Widlar 自偏置电流源 ▶

9.3.1 特性描述

Widlar 自偏置
电流源-视频

Widlar 在 1965 年发明了一种三极管构成的电流源[①],基于这种电流源,Widlar 发明了许多知名的早期运算放大器,如大名鼎鼎的 μA471。替换成 MOS 管之后的 Widlar 电流源电路版本如图 9-12 所示。

Widlar 电流源中,若所有 MOS 管均工作在饱和区,并忽略沟长调制效应,则

$$V_{GS1} = V_{GS2} + I_{OUT} R_S \tag{9-27}$$

忽略衬底偏置效应,两边同时减去阈值电压,则

$$V_{OD1} = V_{OD2} + I_{OUT} R_S \tag{9-28}$$

对于 M_2 管而言,当工作在饱和区时,有

$$V_{OD2} = \sqrt{\frac{2 I_{OUT}}{k'_n \left(\dfrac{W}{L}\right)_2}} \tag{9-29}$$

从而

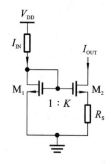

图 9-12 Widlar 电流源

---

① R. J. Widlar, "Some circuit design techniques for linear integrated circuits," IEEE Trans. Circuit Theory, vol. 12, no. 4, pp. 586-590, Dec. 1965.

$$V_{OD1} = \sqrt{\frac{2\,I_{OUT}}{k'_n \left(\dfrac{W}{L}\right)_2}} + I_{OUT}\,R_S \tag{9-30}$$

这是一个关于 $\sqrt{I_{OUT}}$ 的一元二次方程,求解得

$$\sqrt{I_{OUT}} = \frac{\sqrt{\dfrac{2}{k'_n \left(\dfrac{W}{L}\right)_2} + 4\,R_2\,V_{OD1}} - \sqrt{\dfrac{2}{k'_n \left(\dfrac{W}{L}\right)_2}}}{2\,R_S} \tag{9-31}$$

式(9-31)只保留了合理的正值结果,负值此处略去了。该式表明,输出电流与 M_1 过驱动电压 V_{OD1},以及各器件尺寸有关,我们并没有求解出唯一的解。

基于 9.2 节有源电流镜的原理,将 Widlar 电流源中的 I_{OUT} 和 I_{IN} 关联起来,即可实现与电源电压无关的电流源。图 9-13 给出了 Widlar 自偏置电流源实现方法。

在图中,M_1 和 M_2 的器件尺寸之比刻意设计为 $1:K$,其中 K 为一个大于 1 的整数。

令 M_3 和 M_4 尺寸相同,从而 M_3 和 M_4 构成 $1:1$ 电流镜,若忽略 M_3 和 M_4 的沟长调制效应,则 $I_{IN} = I_{OUT}$。基于式(9-27),同时有

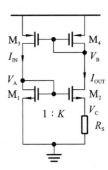

图 9-13　与电源无关的 Widlar 自偏置电流源

$$V_{OD} = \sqrt{\frac{2I}{k'_n \dfrac{W}{L}}} \tag{9-32}$$

因此有

$$V_{TH1} + \sqrt{\frac{2\,I_{OUT}}{k'_n \left(\dfrac{W}{L}\right)_1}} = V_{TH2} + \sqrt{\frac{2\,I_{OUT}}{k'_n K \left(\dfrac{W}{L}\right)_1}} + I_{OUT}\,R_S \tag{9-33}$$

忽略 M_2 的衬底偏置效应,则 M_1 和 M_2 的阈值电压相同,从而

$$\sqrt{\frac{2\,I_{OUT}}{k'_n \left(\dfrac{W}{L}\right)_1}}\left(1 - \frac{1}{\sqrt{K}}\right) = I_{OUT}\,R_S \tag{9-34}$$

$$I_{OUT} = \frac{2}{k'_n \left(\dfrac{W}{L}\right)_1} \cdot \frac{1}{R_S^{\,2}} \cdot \left(1 - \frac{1}{\sqrt{K}}\right)^2 \tag{9-35}$$

由式(9-35)可知,输出电流与电源电压无关,仅与器件尺寸和 R_S 有关。这个结论是忽略了沟长调制效应和衬底偏置效应的情况下得到的。如果要精确计算输出电流相对于电源电压的敏感度,可以采用 9.1 节介绍的方法。该方法基于 MOS 管的大信号模型,给出了电流的表达式,再通过微分计算。既然是利用微分的概念计算,那么可以直接利用小信号模型,绘制出该电路的小信号等效电路,然后直接计算输出电流 i_{out} 和电源电压 v_{dd} 之间的关系式。

图 9-13 电路的小信号等效电路如图 9-14 所示。图中,我们将电源电压 v_{dd} 作为输入信号。图中 M_1 和 M_4 为二极管连接方式,其小信号电阻可以直接视为 $r_o \parallel 1/g_m$。从而在计算中我们可以用 r_1 和 r_4 替代。图中有三个中间变量 v_a、v_b、v_c,可以列写四个方程,消去这三个

中间变量,便可以得到输出电流 i_{out} 和电源电压 v_{dd} 之间的关系式。假定 $g_{\text{m3}}r_{\text{o3}} \gg 1, g_{\text{m1}}r_{\text{o1}} \gg 1, g_{\text{m4}} r_{\text{o4}} \gg 1$,则得到

$$\frac{i_{\text{out}}}{v_{\text{dd}}} \approx \frac{1}{r_{\text{o3}}} \frac{1}{\dfrac{1}{\dfrac{1}{R_{\text{S}}}(r_{\text{o3}} \parallel r_1)} - g_{\text{m3}} r_4} \tag{9-36}$$

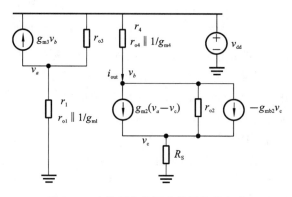

图 9-14　自偏置电流源小信号等效电路

显然这是一个很小的值。如果 $r_{\text{o3}} = \infty$,则 $i_{\text{out}} / v_{\text{dd}} = 0$,即该电路的输出电流相对于电源电压的敏感度为 0。

虽然精度并不高,但实现简单,也有一定的应用价值。

跨导在模拟电路中是一个很重要的参数,我们通常希望跨导不受电源电压和温度变化的影响。图 9-13 电路的输出电流如式(9-35)所示,从而 M_1 的跨导为

$$g_{\text{m1}} = \sqrt{2 k'_{\text{n}} \left(\frac{W}{L}\right)_1 I_{\text{OUT}}} \tag{9-37}$$

$$g_{\text{m1}} = \frac{2}{R_{\text{S}}} \left(1 - \frac{1}{\sqrt{K}}\right) \tag{9-38}$$

可见,该跨导是一个与电源电压、MOS管尺寸无关的量,仅与电阻 R_{S} 有关。

然而,上述电路存在三个问题。

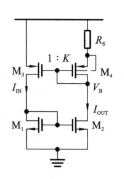

图 9-15　消除衬底偏置效应的
恒定跨导偏置电路

首先,由于 R_{S} 与温度有关,最终的跨导也与温度有关。而且,R_{S} 存在较大的工艺偏差,也会对输出跨导带来影响。可以采用开关电容等效的电阻来代替此处的 R_{S},有助于提高跨导精度。

其次,此处忽略了 M_4 和 M_3 的沟长调制效应才会有两条支路的电流相同;否则,也会带来误差。改进的方法是选用更长的 L,或者选用 Cascode 电流镜。

再次,在分析电路时假定了 M_1 和 M_2 的阈值电压相同。在常见的 P 衬 N 阱工艺中,所有的衬底均接最低的 GND 电平。因此,由于衬底偏置效应,M_2 与 M_1 的阈值电压并不相等,从而带来电路输出跨导的误差。改进的方法是将 R_{S} 接在电源和 PMOS 管之间,并将相连的 PMOS 的衬底接到其源极电平。

具体实现电路如图 9-15 所示。

9.3.2　仿真实验

　　本例将要仿真自偏置电流源,仿真电路如图 9-16 所示。对 V_{DD} 进行直流扫描,观察输出电流和 MOS 管跨导的响应曲线,仿真波形如图 9-17 所示。为了更好地看到衬底偏置效应对自偏置电流源的影响,本例仿真给出了两种仿真电路。由仿真结果可知,利用 PMOS 管消除衬底偏置效应的电路,能产生更恒定的电流。

Widlar 自偏置
电流源-案例

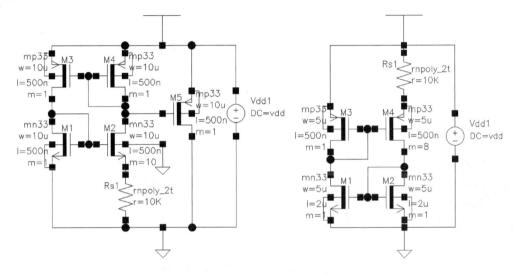

图 9-16　Widlar 自偏置电流源仿真电路图

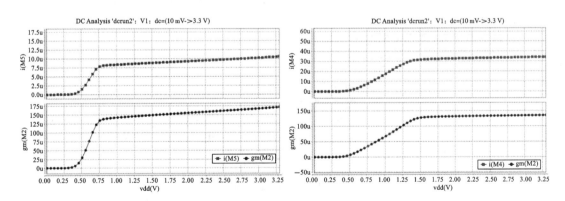

图 9-17　Widlar 自偏置电流源仿真电路图

9.3.3　互动与思考

　　请读者自行改变电路中所有器件参数(注意始终让 M_1 和 M_2 的尺寸相同,让 M_3 和 M_4 的尺寸也相同),观察输出电流和随电源电压的变化曲线。

请读者思考：

（1）从仿真结果来看，输出电流并不是完全独立于电源电压。请分析可能的原因。

（2）在电路结构不变的前提下，如何能尽可能保证输出电流不随电源电压变化而变化？能否实现输出电流恒定不变？导致输出电流不恒定的因素有哪些？

（3）如何设计自偏置电路中的 R_S？设计的原则是什么？

（4）如果实际制作出的 R_S 与理论值的误差为 10%，那么输出电流误差多少？

（5）在不考虑温度对电路器件的影响下，如何尽可能的保持跨导恒定？给出你的方法并通过仿真验证。

（6）本节给出的电路并没有对外输出，请问如何使用本节设计的恒定跨导？

◀ 9.4 自偏置电流源的启动问题 ▶

9.4.1 特性描述

自偏置电流源的
启动问题-视频

9.3 节电路的分析中，由式（9-34）推导出式（9-35）时，其实漏掉另外一个解，即 $I_{OUT}=0$。也就是说，两条支路的电流均为零，也是一个稳定的工作状态。

为了让电路得到唯一的由式（9-34）表示的非零解，还需让电路离开所有 MOS 管均不导通（即 $I_{OUT}=0$）的状态，这也被称为这类自偏置电路的"启动问题"。

最简单的解决方案如图 9-18（a）所示。通过在原电路中增加一个二极管连接的 MOS 管 M_6，则在电源和地之间形成了"$V_{DD}\rightarrow M_4 \rightarrow M_6 \rightarrow M_1 \rightarrow GND$"的通路。这个通道上，三个 MOS 管均是二极管的连接方式，如图 9-18（b）所示。只要电源电压超过三个 MOS 管的阈值电压，则电路必然导通，离开电流为零的状态，实现电路正常启动。

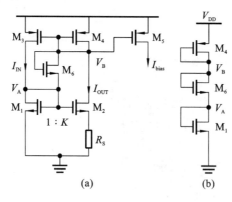

图 9-18　增加了启动电路的自偏置电流源

启动电路能正常工作还有另外一个原则，即当电路正常启动之后，启动电路要么不工作，要么不对电流源主电路造成影响。在图 9-18（a）的电路中，正常工作后，M_6 必须关闭，否则电路不能正常工作。下面，我们分析一下该电路的启动过程。当电路启动之后，则有电流

流过 M_1 和 M_4，从而 V_B 下降，V_A 上升。随即 M_3 和 M_2 导通，并流过电流。随着电流的增加，V_B 进一步下降，V_A 进一步上升，即 $V_B - V_A$ 减小。一旦电路启动，M_3 和 M_4 均工作在饱和区，其栅源电压相同，则其电流大体相同，从而 M_1 流过 M_3 和 M_4 的电流之和。电路启动之后，V_A 也能开启 M_2，M_2 电流也随着 V_A 电压上升而增大。最终，出现 $I_1 \approx I_2$ 和 $I_3 \approx I_4$ 的趋势，从而 $V_B \approx V_A$。这将导致 $V_{GS6} \approx 0$，从而 M_6 必定关闭。

9.4.2 仿真实验

自偏置电流源的
启动问题-案例

本例将自偏置电流源电路进行瞬态仿真，观察 V_{DD} 从 0 上升至电路标称电源电压过程中的输出电流响应，为了理解 M_6 管在启动中发挥的作用，也需要观察 M_6 的电流。仿真电路和波形分别如图 9-19 和图 9-20 所示。

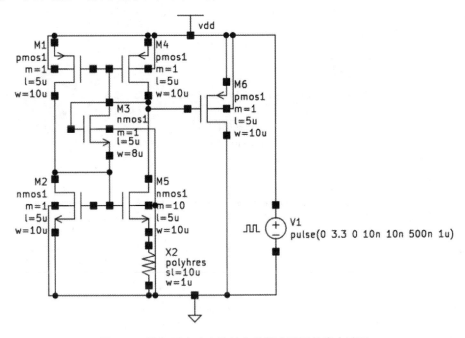

图 9-19 增加了启动电路的自偏置电流源仿真电路图

9.4.3 互动与思考

读者可以通过改变器件参数（注意始终让 M_1 和 M_2 的尺寸相同，让 M_3 和 M_4 的尺寸也相同），观察瞬态响应的变化情况。

请读者思考：

（1）电路正常启动后，M_6 工作在什么状态？

（2）在四个 MOS 管尺寸不变的情况下，改变 R_S 能改变输出电流大小。请问，R_S 如何变化，能更有效地保证电路正常工作而将 M_6 断开？

（3）如何设计四个 MOS 管的尺寸，能在 V_{DD} 尽可能低的情况下让电路输出相对恒定电流？

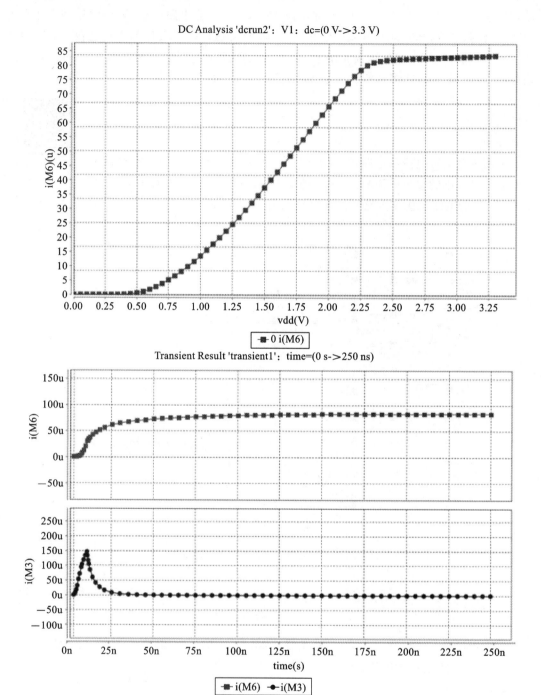

图 9-20 增加了启动电路的自偏置电流源仿真波形图

（4）在什么情况下，需要考虑电路的启动问题？

9.5　基于 V_{BE} 的自偏置电流源

9.5.1　特性描述

基于 V_{BE} 的自
偏置电流源-视频

在 9.3 节的电路中,增加一个三极管 Q_1,同时让 M_1 和 M_2 器件尺寸相同,M_3 和 M_4 器件尺寸相同,构成如图 9-21 所示的电路。该电路中,M_4 和 M_5 尺寸相同并构成镜像电流源结构,忽略其沟长调制效应,则 $I_{IN} = I_{OUT}$,从而 M_1 和 M_2 的栅源电压相同,从而 M_1 和 M_2 的源极电压相同,即 R_1 的电压降与 Q_1 的 $|V_{BE}|$ 相同,因此有

$$I_{OUT} = \frac{|V_{BE1}|}{R_1} \tag{9-39}$$

Q_1 的 $|V_{BE1}|$ 等效为二极管的导通压降,通常为在 $0.6\sim0.7$ V 范围内的固定值。该电路的输出电流与电源电压无关,被称之为基于 V_{BE} 的自偏置电流源。该电流源可以通过镜像方式,提供多路电流输出,图中是将 M_5 的电流镜像到 M_6,提供输出电流 I_{bias}。

图 9-21 中,互为电流镜的四个 MOS 管中,如果 M_4 和 M_5 尺寸相同,且 M_1 和 M_2 尺寸相同,则可以看作是一个简易的运算放大器。运放的输入端分别位于 M_1 和 M_2 的源极。正常工作时,要求这两个 MOS 管源极电压相同。

根据器件的物理知识可知,NPN 双极型晶体管的基极发射极电压 V_{BE}(即器件的 PN 结电压)与温度成反比,即 V_{BE} 的温度系数为负。

例如,当 $V_{BE} = 750$ mV,$T = 300°$K 时,由微电子器件相关知识得知

$$\frac{\partial V_{BE}}{\partial T} \approx -1.5 \text{ mV/°K} \tag{9-40}$$

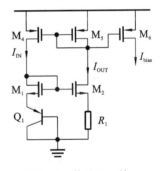

图 9-21　基于 V_{BE} 的
自偏置电流源

此处我们不做推导,并假定 V_{BE} 的温度系数是一个定值。其实,V_{BE} 的温度系数本身与温度有关,即温度系数是变量。因为变化不大,因此我们通常将其看作恒定值。该温度系数相对其他器件而言更恒定。围绕晶体管 V_{BE} 的温度系数,诞生了很多与温度有关的电路应用。例如,我们通常用晶体管的 V_{BE} 温度系数特点来测量片上温度。如果需要精确测量温度值,还需设计相对复杂的电路。如果用晶体管的 V_{BE} 来实现芯片的"过温保护"功能,则只需拿 V_{BE} 和某一个设定的参考电压做比较即可。

与之前学习过的自偏置电流源类似,本电路也存在着"启动问题",解决方式可以参照 9.4 节介绍的方案。

9.5.2　仿真实验

本例将仿真基于 V_{BE} 的自偏置电流源电路,仿真电路图和仿真波形分别如图 9-22 和图 9-23 所示。图 9-23 表明,当电源电压高于 2.1 V 之后,输出电

基于 V_{BE} 的自
偏置电流源-案例

流保持相对恒定。也就是说,该电路的工作条件是电源电压需要大于 2.1 V。

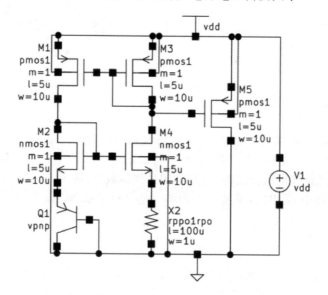

图 9-22　基于 V_{BE} 的自偏置电流源仿真电路图

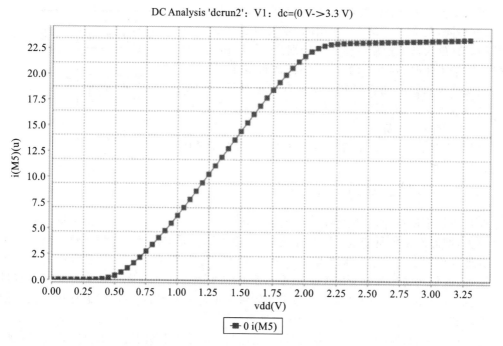

图 9-23　基于 V_{BE} 的自偏置电流源仿真波形图

本例中,我们还将通过仿真观察双极型晶体管 V_{BE} 的温度特性。因为标准 CMOS 工艺中无法实现 NPN 管,只有 PNP 管,此处应该仿真观察 PNP 管 V_{EB} 的温度特性,仿真电路图依然沿用图 9-22,仿真结果在图 9-24 中。请读者根据仿真波形,读(计算)出双极型晶体管 V_{BE} 的温度系数为 $TC = \dfrac{617-860}{125+40} = -1.47 \text{ mV/℃}$。

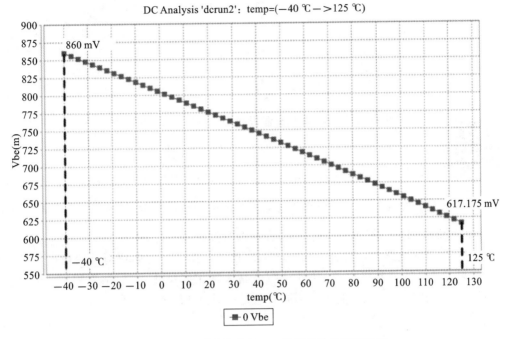

图 9-24   双极型晶体管的 V_{BE} 温度特性仿真波形图

9.5.3   互动与思考

读者可以调整器件参数,观察当电源电压变化时,输出电流的变化情况。

请读者思考:

(1)本电路中,是否可以在电路结构不变的情况下,降低电源电压对输出电流的敏感度?你的措施是什么?

(2)相对于 9.2 节基于阈值电压的电流源,哪个电路的电源敏感度更低?

(3)选择不同尺寸的三极管,输出电流是否会变化? 从面积考虑会选择尺寸较小的三极管,这会带来其他不利因素吗?

(4)该电路存在启动问题吗? 是否可以使用前例一样的电路方案来避免无法启动的问题?

(5)可以将本例电路中的 PNP 型三极管替换为 NPN 型吗?

(6)晶体管 V_{BE} 的温度系数与哪些因素有关? 请读者改变仿真设置,来验证你的结论。

(7)不同尺寸的 PN 结,在相同的工作温度下,是否具有相同的温度系数? 请读者换用同工艺下的其他双极型晶体管模型做仿真,然后对比结果。

(8)NPN 型三极管和 PNP 型三极管的 V_{BE} 是否具有相同的温度系数?

◀ 9.6 ΔV_{BE} 的正温度特性 ▶

9.6.1 特性描述

ΔV_{BE} 的正温度
特性-视频

双极型晶体管的基极发射极结电压 V_{BE} 可以表示为

$$V_{BE} = V_{T}\ln\left(\frac{I_{C}}{I_{S}}\right) \tag{9-41}$$

式中：V_{T} 为晶体管的热电压；I_{C} 为晶体管集电极电流；I_{S} 为晶体管饱和电流，是一个与发射结面积有关的电流量。进一步热电压 $V_{T} = \frac{kT}{q}$，k 是 Boltzmann

常数，q 是电荷量。V_{T} 具有正的温度系数，在室温时大约为 $+0.087$ mV/℃。

图 9-25 所示的电路中，将晶体管的基极（B）和集电极（C）相连，则对外表现出二极管的特性。如果忽略晶体管基极电流，并且让两个晶体管相同尺寸（发射结面积）相同（ $I_{S1} = I_{S2}$ ），同时，我们让这两个三极管流过不同的电流分别为 nI_0 和 I_0，则

$$\Delta V_{BE} = V_{BE1} - V_{BE2} \tag{9-42}$$

$$\Delta V_{BE} = V_{T}\ln\frac{nI_0}{I_{S1}} - V_{T}\ln\frac{I_0}{I_{S2}} = V_{T}\ln n \tag{9-43}$$

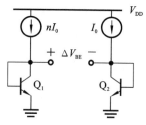

图 9-25　ΔV_{BE} 产生电路

式（9-43）告诉我们，如果两个双极型晶体管工作在不相等的电流密度下，则两个晶体管的 V_{BE} 的差值 ΔV_{BE} 与绝对温度成正比。因为热电势 V_{T} 具有正的温度系数，若 $n > 1$，则 ΔV_{BE} 具有同样的正温度系数。

尽管集成电路制造出来的很多器件具有温度特性，如 MOS 管阈值电压、电阻、电容等，但晶体管的 ΔV_{BE} 和 V_{BE} 这两个电压的温度系数却是非常稳定的。

9.6.2 仿真实验

ΔV_{BE} 的正温度
特性-案例

本例将通过仿真，观察 ΔV_{BE} 的温度特性，还可以通过计算得到 ΔV_{BE} 的温度系数。仿真电路图如图 9-26 所示，仿真结果如图 9-27 所示。读者可以基于图 9-27 计算出 ΔV_{BE} 的温度系数。仿真中，采用了两个理想电流源给晶体管提供电流，从而此处无须添加电源电压。实际电路设计时，无法提供理想电流源，需要提供电源电压以便让晶体管正常工作。另外，本仿真中，使用两个 PNP 替代了图 9-25 中的两个 NPN 晶体管。

9.6.3 互动与思考

请读者根据仿真波形，读（计算）出双极型晶体管 ΔV_{BE} 的温度系数。读者可以改变电路

中的电流比例 n、I_0，以及双极型晶体管的尺寸（选择该工艺下其他尺寸的晶体管模型），观察温度扫描时的 ΔV_{BE} 曲线变化情况。

请读者思考：

（1）ΔV_{BE} 的温度系数与哪些量有关？其温度系数的线性度如何？有无可能提高其温度系数？

（2）如果是多个晶体管并联（例如，多个尺寸相同的 Q_1 并联，或者多个尺寸相同的 Q_2 并联），那么其输出电压差 ΔV_{BE} 的温度系数会如何变化？

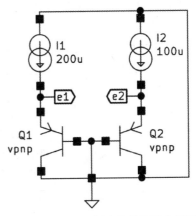

图 9-26　ΔV_{BE} 温度特性仿真电路图

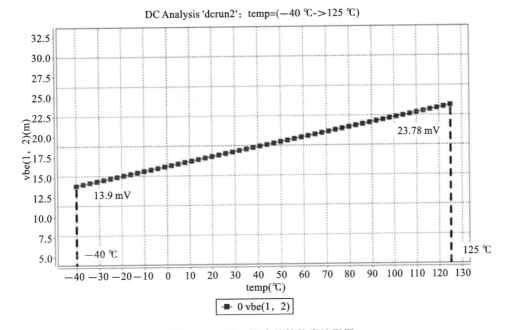

图 9-27　ΔV_{BE} 温度特性仿真波形图

◀ 9.7　带隙基准源 ▶

9.7.1　特性描述

带隙基准源-视频

前面学习中，我们分别得到了一个具有负温度系数的电压 V_{BE}，以及一个具有正温度系数的电压 ΔV_{BE}。试想一下，如果将两个电压相加，得到的电压的温度系数会如何？显然，负温度系数会抵消部分正温度系数，从而输出电压的温度系数会更小。如果两个电压具有绝对值相同的正负温度系数，并将两者相加,则得到一个与温度无关的电压。

图 9-28 给出了原理示意图,图中,正温度系数(PTC)的电压与负温度系数(NTC)的电压相加,如果两个温度系数的绝对值相同,则合成的电压恰好为零温度系数。要实现零温度系数的电压,需满足的条件包括:任何温度下的 PTC 电压和 NTC 电压的温度系数绝对值均相等;NTC 和 PTC 的温度系数线性度很好。如果这两个条件不满足,则无法满足所有温度下的电压温度系数均为零。

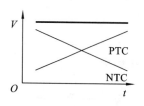

图 9-28　零温度系数电压构成示意图

前面两例的仿真中,我们得到了室温下的 V_{BE} 和 V_T 的温度系数分别大致为 -1.47 mV/°K 和 $+0.087$ mV/°K。因为两个温度系数绝对值不同,要实现图 9-28 的零温度系数电压,还需将热电压 V_T 的系数放大。我们希望实现 $V_{REF} = \alpha_1 V_{BE} + \alpha_2 V_T \ln n$,令 $\alpha_1 = 1$,则 $\alpha_2 \ln n \approx 17.2$ 时,V_{REF} 具有零温度系数,此时

$$V_{REF} \approx V_{BE} + 17.2 V_T \approx 1.25 \tag{9-44}$$

这是一个与温度无关的固定电压,因为该值与硅的带隙电压有关,我们称之为带隙基准源。

为了产生零温度系数的电压,需要将正温度系数的电压和负温度系数的电压相加。而产生正温度和负温度系数,需要用到双极型晶体管的基极和发射极电压,显然,使用晶体管来构成带隙基准电源理所当然。1971 年,Widlar 最早提出了带隙基准源电路的基本结构[1],如图 9-29 所示。

$$V_{R3} = V_{BE1} - V_{BE2} = \Delta V_{BE} = V_T \ln n \tag{9-45}$$

从而,流过 R_3 的电流为 $I_{R3} = V_{R3}/R_3$,忽略 Q_2 的基极电流,则该电流全部流过 R_2,因此有

$$V_{REF} = V_{BE3} + \frac{R_2}{R_3} \Delta V_{BE} \tag{9-46}$$

根据式(9-44),如果 $\frac{R_2}{R_3} \ln n \approx 17.2$,则式(9-46)能产生零温度系数的基准电压。Widlar 的带隙基准源电路结构简单、性能优异,在集成电路发展史上产生了重要的影响。

随着集成电路工艺的发展,CMOS 电路越来越盛行。最早采用 CMOS 工艺实现的带隙基准电压电路实现原理如图 9-30 所示,由 Kujik 在 1973 年提出[2]。如果图中运放为理想运放,忽略 M_1 和 M_2 的沟长调制效应,且令 M_1 和 M_2 尺寸相同,则两条支路的电流 $I_1 = I_2$。根据负反馈原理,运放两个输入点电压相等。因此,R_1 的电压降为

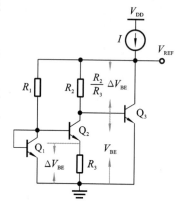

图 9-29　Widlar 带隙基准源构成示意图

[1]　R. J. Widlar, "New Developments in IC Voltage Regulators," IEEE JOURNAL OF SOLID-STATECIRCUITS, VOL. SC-6, NO 1, vol. 12, no. 4, pp. 2-7, Jan. 1971.

[2]　K. E. Kujik, "A precision reference voltage source," IEEE J. Solid-State Circuits, vol. 8, pp. 222-226, June 1973.

$$V_{R1} = V_{EB1} - V_{EB2} = V_T \ln n \tag{9-47}$$

从而，$I_2 = V_{R1} / R_1$，$V_{OUT} = V_{EB2} + (R_1 + R_2) I_2$，因此有

$$V_{OUT} = V_{EB2} + \frac{(R_1 + R_2)}{R_1} V_T \ln n \tag{9-48}$$

令 $\dfrac{(R_1 + R_2)}{R_1} \ln n \approx 17.2$，式(9-48)即可实现零温度系数的输出电压。

鉴于任何器件在制造时会出现偏差，这些偏差会导致电路性能变化。对于带隙基准源而言，晶体管在实际电路设计中，选择 n 时务必考虑到其具体物理实现方式，Q_1 和 Q_2 需要保持尽可能匹配，否则会带来零温度系数点的漂移。最佳实现方式是 1∶8，实现如图9-31所示的版图布局方式。

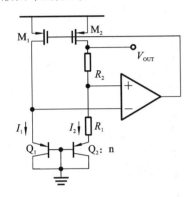

图 9-30　Kujik 带隙基准源构成示意图

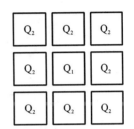

图 9-31　带隙电压产生电路中的
晶体管版图布局

电路设计者只需设置合适的 R_1 和 R_2，并保证 $\dfrac{(R_1 + R_2)}{R_1} \ln 8 \approx 17.2$ 即可。无论对于正的或负的温度系数的电压值，我们推导出与温度无关的电压都是依赖于双极型器件的指数特性。所以必须在 CMOS 工艺中找到具有这种特性结构的器件，否则标准 CMOS 工艺无法实现。在 P 衬 N 阱 CMOS 工艺中，PNP 晶体管可以按图9-32所示结构实现。这是利用高掺杂浓度的 P 区、低掺杂浓度的 N 区，以及低掺杂浓度的 P 区，构成寄生的 PNP 晶体管。图中标出了 PNP 晶体管的发射极 E、基极 B、集电极 C。

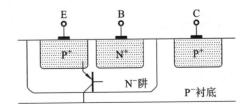

图 9-32　CMOS 工艺中 PNP 双极型晶体管的实现

N 阱中的 P$^+$ 区(与 PMOS 的源漏区相同)作为发射区，N 阱本身作为基区，P 型衬底作为 PNP 管的集电区。在标准 CMOS 工艺中，P 衬 N 阱工艺要求 P 型衬底接最低电位，因此该方法实现的 PNP 晶体管的 C 极必须接最低电位，通常为地。有别于双极型晶体管工艺中的器件结构，标准 CMOS 工艺中唯一能实现的晶体管，也叫衬底 PNP，或者叫纵向 PNP。

9.7.2 仿真实验

带隙基准源
-案例

本例将仿真一个带隙基准源电路的理论电路,对该电路进行温度扫描,观察输出电压的温度特性。为了仅仅说明带隙的工作原理,此处的运放直接采用了 VCVS(即电压控制电压源)器件,其增益设置为 1000。仿真电路如图 9-33 所示,图中 M_1 和 M_2 尺寸相同,晶体管个数之比为 1:8。此处我们仅做温度扫描,仿真波形如图 9-34 所示。结果显示,在大约 30 ℃时,温度系数大约为零。其余温度下,温度系数并不为零。但其他温度下,输出电压随温度变化时的稳定性很好,在 $-40\sim125$ ℃区间,总的电压变化不超过 0.0023 V。

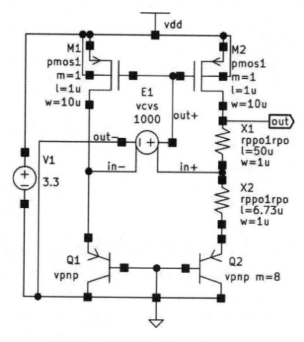

图 9-33　带隙基准源电路仿真电路图

请读者注意,带隙基准源中的运放要实现负反馈,环路才能达到稳定的工作状态。图 9-33电路中,运放的两个输入端导致电路产生两个不同的环路增益。分析发现,M_1、X_1 和运放是更重要的环路,其增益决定了环路增益。为此,我们需保证该环路的增益为负。

9.7.3 互动与思考

有哪些因素会改变输出电压的温度特性?请读者通过仿真验证你的想法。

请读者思考:

(1)正常电路设计时,会让温度扫描曲线的近似抛物线的顶点落在 40 ℃附近。请问如何调整电路,使顶点能向高温处移动?向低温处移动的方法又是什么?请通过仿真验证。

(2)将电路中的所有电阻等比例缩小,或者放大,会对带隙电路整体性能带来什么影响?

(3)如果放大器不够理想,比如增益不够大,输入阻抗不是无穷大,输出阻抗不为零等,

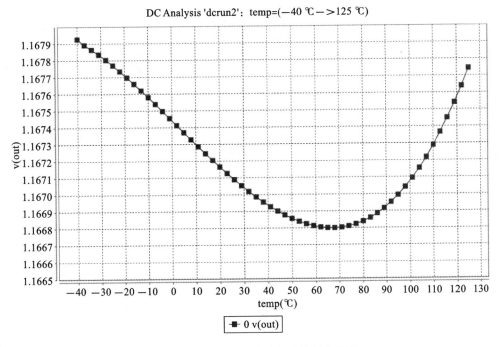

图 9-34　带隙基准源电路温度特性曲线图

对该带隙基准的输出电压会有何影响？请读者通过改变宏模型的相关参数,仿真观察结果的相应变化。

（4）为何带隙基准源电路的输出电压的温度特性曲线看起来类似于抛物线？

◀ 9.8 蔡湧达电压源 ▶

9.8.1 特性描述

　　纯粹借助 CMOS 器件,也可以构造出较高精度的基准电流源和电压源。图 9-35 所示的是蔡湧达设计的基准源[①]。图中 R_1 的电压降为 M_1 的 V_{GS1} 与 M_2 的 V_{GS2} 之差。从而,流过 R_1 的电流为

$$I_1 = \frac{|V_{GS1}| - |V_{GS2}|}{R_1} \qquad (9\text{-}49)$$

蔡湧达电压源
-视频

　　图中 M_1 和 M_2 是同一工艺下两种不同阈值电压的 MOS 管,而且 M_5 和 M_6 的尺寸之比为 $2:1$,M_3 和 M_2 的尺寸之比为 $1:1$。假定流过 M_6 和 M_3 的电流为 I_1,则流过 M_5 的电流为 $2I_1$,流过 M_2 的电流为 I_1,显然,流过 M_1 的电流也为 I_1。此处忽略了沟长调

---

　　① Cai Yongda,Zou Zhige,Wang Zhen,Lei Jianming. Threshold-voltage-difference-based CMOS voltage reference derived from basic current bias generator with 4.3 ppm/℃ temperature coefficient. Electronics Letters,Volume 50,Issue 7,27 March 2014,p. 505-507.

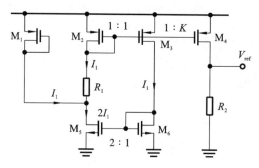

图 9-35　蔡湧达电压源

制效应。将式(9-49)中的V_{GS}换成饱和区电流公式,则有

$$I_1 = \frac{1}{R_1}\left[\,|V_{\mathrm{TH1}}| - |V_{\mathrm{TH2}}| + 2\,I_1\left(\sqrt{\frac{1}{\left(\mu\,C_{\mathrm{ox}}\dfrac{W}{L}\right)_1}} - \sqrt{\frac{1}{\left(\mu\,C_{\mathrm{ox}}\dfrac{W}{L}\right)_2}}\,\right)\right] \tag{9-50}$$

如果通过电路的尺寸优化设计,保证$\dfrac{\left(\dfrac{W}{L}\right)_1}{\left(\dfrac{W}{L}\right)_2} = \dfrac{(\mu\,C_{\mathrm{ox}})_2}{(\mu\,C_{\mathrm{ox}})_1}$,则得到

$$I_1 = \frac{1}{R_1}(\,|V_{\mathrm{TH1}}| - |V_{\mathrm{TH2}}|\,) \tag{9-51}$$

流过M_2的电流被镜像到M_4,从而得到输出电压为

$$V_{\mathrm{ref}} = K\frac{R_2}{R_1}(\,|V_{\mathrm{TH1}}| - |V_{\mathrm{TH2}}|\,) \tag{9-52}$$

显然,因为M_1和M_2的阈值电压相对恒定,而且具有几乎相同的温度特性,另外,R_2和R_1选择温度系数相同的同一类型电阻,则V_{ref}具有温度和电源电压独立性。除了可以用标准 CMOS 工艺实现的优点之外,该电路输出基准电压值可以由$K\dfrac{R_2}{R_1}$轻易控制,甚至实现较低的基准电压。该电路的局限和关键在于对制造工艺有特别要求,要求该工艺下必须具有两种不同阈值电压的 MOS 管。

图 9-35 的电路是基于两个 PMOS 管构成V_{GS}之差,还可以变形为使用两个 NMOS 管实现V_{GS}之差。

9.8.2　仿真实验

蔡湧达电压
源-案例

本例将仿真蔡湧达电压源,仿真电路如图 9-36 所示。注意,M_1和M_2选用了不同的 PMOS 管模型。仿真波形如图 9-37 所示,结果显示,当电源电压超出 1.3 V 后,输出电压基本恒定。计算可知,该电路的温度系数为:$TC = \dfrac{1.2425 - 1.2380}{1.24(125 + 40)} \times 10^6 = 22$ ppm。

从仿真结果上看,该电路的性能并不够优秀,但还有改进空间,例如使用 Cascode 电流镜来替代原电路中的多个基本电流镜,能进一步提高电流的比例精度。

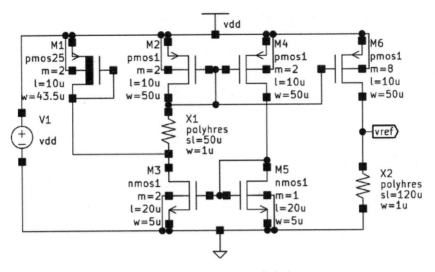

图 9-36　蔡湧达电压源仿真电路图

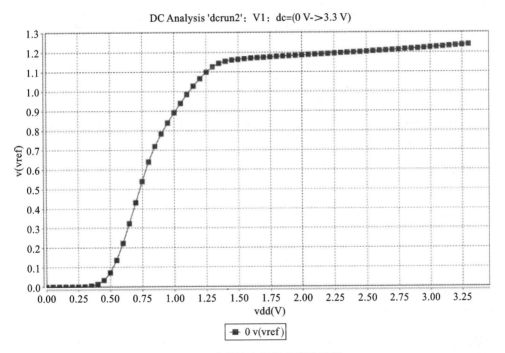

图 9-37　蔡湧达电压源仿真波形图

9.8.3　互动与思考

读者可以自行改变电路器件参数,观察输出电流波形的变化趋势。

请读者思考:

(1)本例电路中存在两个基本电流镜,其镜像精度对整个电路的输出有多大影响?

(2)为降低输出电流的电源电压和温度灵敏度,请问有何措施?

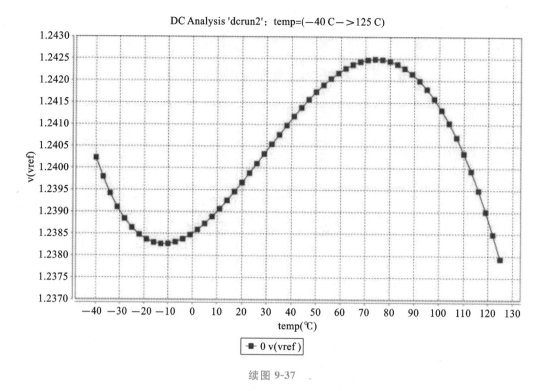

DC Analysis 'dcrun2': temp=(−40 C−>125 C)

续图 9-37

（3）可以用 Cascode 电流镜代替本例电路中的基本电流镜吗？如何替代？

（4）如果某工艺中没有阈值电压不同的同类型 MOS 管，本例电路还能实现吗？

（5）如果某工艺只有两种不同阈值电压的 NMOS 管，如何基于本例电路原理来实现类似的基准电流源电流吗？

◀ 9.9 另外一种带启动电路的自偏置电流源 ▶

9.9.1 特性描述

另外一种带启动
电路的自偏置
电流源-视频

所有的自偏置电路都有两个工作状态，我们应该避免自偏置电路进入电流为零的未启动状态。

图 9-38 所示的 Widlar 自偏置电流源电路中，左侧是其启动电路。若自偏置电路电流为零，则 M_1 的栅极电压 V_A 不足以使 M_1 和 M_2 导通，同样也不足以使 M_5 导通。M_6 的栅极电压 V_B 和 M_3、M_4 的栅极电压 V_C，均位于 V_{DD} 和 $V_{DD}-|V_{THP}|$ 之间，不足以使 M_6、M_3、M_4 导通。M_7 的栅极、漏极电压很高，而源极电压很低，从而 M_7 导通，形成 $M_4 \rightarrow M_7 \rightarrow M_1$ 的电流通道，进而将 M_3、M_4 的栅极电压 V_C 拉低，导致 M_3 和 M_4 导通。M_7、M_3、M_4 导通后，M_1、M_2 的栅极电压 V_A 抬升，M_1 和 M_2 也导通，从而进入了自偏置电路的平衡状态。可见，M_5、M_6 和 M_7 完成了启动的功能。

那么，正常工作后，M_5、M_6 和 M_7 对电路有什么影响呢？如果正常工作后，M_7 继续导通，

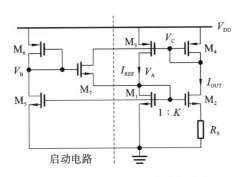

图 9-38　Widlar 自偏置电流源电路

则无法停留在 $I_{\mathrm{OUT}} \approx I_{\mathrm{REF}}$ 的自偏置稳定状态。我们一定要让 M_7 不导通！实现的方法是尽可能降低 M_7 的栅极电压。显然，若 M_6 的 W/L 很小，则需要很大的过驱动电压，才能保证 M_5、M_6 的电流相同。经验值是 M_6 的 L 选择至少为 M_5 的 5 倍，才能实现在正常工作时 M_7 不导通。

　　本节启动电路的缺点是，电路完成启动之后，M_5、M_6 两个器件依然有电流，消耗了无谓的功耗。

9.9.2　仿真实验

　　图 9-39 为本节电路的仿真电路图。对 V_{DD} 进行直流扫描，观察 I_{OUT} 的响应情况。为了验证启动过程，给 V_{DD} 加 PWL 波形，在时域内扫描 I_{OUT}。仿真波形如图 9-40 所示。正常启动之后，M_3 管电流为零。

另外一种带启动电路的自偏置电流源-案例

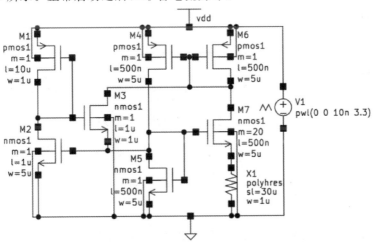

图 9-39　带启动电路的自偏置电流源仿真电路图

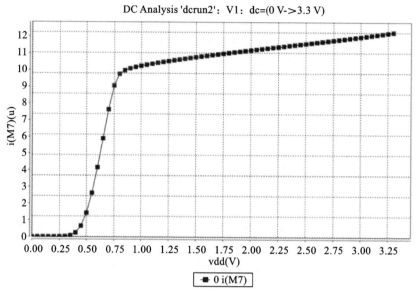

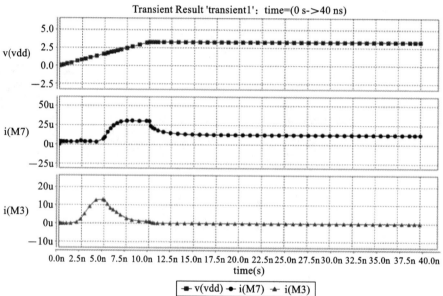

图 9-40　自偏置电流源仿真波形图

9.9.3　互动与思考

读者可以自行改变电路器件参数,观察输出电流波形的变化趋势。

请读者思考:

(1)M_6 的 W/L 设计太大或者太小会有什么问题?

(2)M_7 的尺寸大小,对电路产生什么影响?

10 | 带隙基准源设计实例

9.7 节介绍了带隙基核准源的电路构成原理。然而，在实际电路设计时，还有很多因素未综合考虑。例如，无法控制其何时工作何时停止工作？需要多久才能从启动到正常工作？不同电源电压、不同温度、不同工艺角下，输出电压存在多大的误差？环路稳定性如何？电路功耗如何？电阻、晶体管尺寸如何设计能更好地提高电路性能？这些问题都是在设计带隙基准源电路时要特别考虑的。本章将完成一个实际带隙基准源电路的设计，重点介绍带隙核心电路、软启动电路、快速软启动电路的设计。在实际电路设计中，对电路进行完整、全面的电路仿真，是电路设计的关键。本章还将介绍如何全面完成带隙基准源电路的仿真。

◀ 10.1 带隙基准源主体电路 ▶

10.1.1 特性描述

图 10-1 为带隙基准源电路图。当带隙基准源电路被使能时，该电路正常工作，为其他电路模块提供稳定、高精度的基准电压 V_{REF}，并为其他电路提供 PTAT 特性的偏置电流 I_{BIAS}。

带隙基准源主体
电路-视频

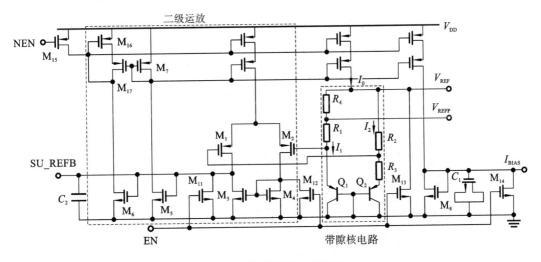

图 10-1 带隙基准源电路图

图 10-1 电路中的输入输出信号描述如下：

V_{DD}：整个模块的输入电压，即电源输入。

EN、NEN：使能电路输出的控制信号，控制着本电路工作与否。NEN 与 EN 互为反向信号。

SU_REFB：SU_REF 软启动模块（10.2 节讲述）给本基准模块的软启动信号。

I_{BIAS}：镜像电流源的输出电压，让其他模块电路提供 PTAT 电流。

V_{REF}：带隙基准源的输出电压。

V_{REFP}：输出约为带隙基准电压 95％的另外一个参考电压。

本例的带隙基准源电路采用了典型的带隙基准源电路结构。带隙基准源电路的核心电路为 Q_1、Q_2、R_1、R_2、R_3、R_4。M_1、M_2、M_3、M_4 组成的 OTA 是误差放大器的第一级，而 M_6 和 M_{16}、M_{17}，构成误差放大器的第二级。第二级放大器的输出去调节 I_0，最终使得差分放大器的两个输入电压相等。

图中 C_2 是第一级与第二级放大器之间的频率补偿电容，改善了环路稳定性；同时它还是电路软启动的电容。C_1 为用 MOS 器件实现的电容，作用是让 PTAT 偏置电流更稳。在标准 CMOS 工艺中，能实现单位面积电容最大值的电容类型是 MOS 器件电容。因为 MOS 管的栅极氧化层是该工艺中介电常数最大、厚度最薄的介质层。当然，在一些高级 CMOS 工艺中，三明治电容或者 MIM（金属-介质-金属）电容，也能实现比较大的单位面积电容值。电容 C_1 不要求有准确的取值，只需让 I_{BIAS} 电压更稳，更不易受到干扰，从而，通常取较大的电容值，用 MOS 电容是最优选择。

EN 高电平，NEN 为低电平时，则使能 MOS 管导通，整个电路中的偏置电流源被关断，有源负载截止而呈现非常高的阻抗。为了防止晶体管 Q_2 和 Q_1 的 BE 结能量储存，M_{13} 保证 V_{REF} 完全为 0，M_{14} 保证 I_{BIAS} 电流完全为 0，电路关断，基准电压无输出。EN 为低电平，NEN 为高电平时，所有使能 MOS 管截止，电路正常工作。

该电路中利用电容 C_2 软启动。系统刚上电时，基准启动模块通过信号线 SU_REFB 对电容 C_2 充电，C_2 的电压逐渐升高，直到使 M_6 和 M_5 导通，从而产生了非零的偏置电流。运放开始工作后，带隙基准的核心电路启动工作，当基准电压达到一定值（一般为 1.0 V 左右），启动模块被关闭，启动模块不再有电流输出，此时电容 C_2 作为频率补偿电容；所以经过一段时间（5.5 μs 左右），这个闭合回路将达到稳定，基准建立起来，最终值约为 1.16 V。

图中 M_5 和 M_7 是一个辅助支路，目的是为了产生一个偏置电压，为所有的共源共栅极电流源提供共栅极 MOS 管的偏置电压。该偏置电压无精度方面的要求。

带隙基准的工作原理是根据硅材料的带隙电压与供电电压和温度无关的特性，利用 ΔV_{BE} 的正温度系数与双极型晶体管 V_{BE} 的负温度系数相互抵消，实现低温漂、高精度的基准电压。双极型晶体管提供发射结偏压 V_{BE}；由两个晶体管之间的 ΔV_{BE} 产生热电压 V_T，通过电阻网络将 V_T 放大 α 倍；最后将两个电压相加，即 $V_{REF} = V_{BE} + \alpha V_T$，适当选择放大倍数 α，使两个电压的温度漂移相互抵消，从而可以得到在某一温度下为零温度系数的电压基准。

二极管上电流和电压的关系为

$$I = I_S(e^{qV_{BE}/kT} - 1) \tag{10-1}$$

当 $V_{BE} \gg \dfrac{kT}{q}$ 时，$I \approx I_S e^{qV_{BE}/kT}$，从而

$$V_{BE} = V_T \ln\left(\frac{I}{I_S}\right) \tag{10-2}$$

式中：$V_T = \dfrac{kT}{q}$ 为热电压，k 是 Boltzmann 常数，q 是电荷量。

图 10-2 所示的是本例带隙基准的等效架构电路，$R_{14} = R_1 + R_4$。R_3、Q_2 和 Q_1 构成带隙电压产生器，放大器 AMP 和 M_6 为负反馈电路，保证 A 点和 B 点电位相等。

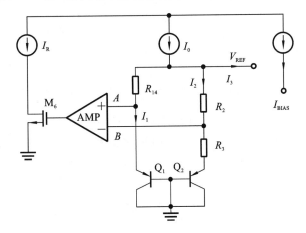

图 10-2　带隙基准源核心模块等效结构图

由运算放大器"虚短"的性质，得

$$V_{R3} = V_{EB1} - V_{EB2} = V_T \ln\left(\frac{I_1}{I_{S1}}\right) - V_T \ln\left(\frac{I_2}{I_{S2}}\right) = V_T \ln\left(\frac{I_1 A_{E2}}{I_2 A_{E1}}\right) \tag{10-3}$$

式中，A_{E2}、A_{E1} 是 Q_2、Q_1 管的发射区面积，它们的比值为 $N:1$。由于 $V_A = V_B$，则 $I_2 R_2 = I_1 R_{14}$，代入式（10-3）得

$$V_{R3} = V_T \ln\left(N \frac{R_2}{R_{14}}\right) \tag{10-4}$$

于是

$$I_2 = \frac{V_{R3}}{R_3} = \frac{V_T}{R_3} \ln\left(N \frac{R_2}{R_{14}}\right) \tag{10-5}$$

$$I_1 = I_2 \frac{R_2}{R_{14}} \tag{10-6}$$

故 V_{REF} 为

$$V_{REF} = V_{EB2} + V_{R2} + V_{R3} = V_{EB2} + \left(\frac{R_2 + R_3}{R_3}\right) V_T \ln\left(N \frac{R_2}{R_{14}}\right) \tag{10-7}$$

从式（10-7）可得到基准电压只与 PN 结的正向压降、电阻的比值以及 Q_2 和 Q_1 的发射区面积比有关，因此在实际的工艺制作中将会有很高的精度。当基准建立之后，基准电压与输入电压无关。第一项 V_{EB} 具有负的温度系数，通过 9.5 节仿真得知在室温时大约为 -1.3 mV/℃，第二项 V_T 具有正的温度系数，在室温时大约为 $+0.087$ mV/℃。通过设定合适的工作点，便可以使两项之和在某一温度下达到零温度系数，从而得到具有较好温度特性的电压基准。

图 10-2 中 I_{BIAS} 是基准提供给其他模块的电流，与 I_0 成比例，而 I_0 为

$$I_0 = I_1 + I_2 = \left(1 + \frac{R_2}{R_{14}}\right) \frac{1}{R_3} V_T \ln\left(N \frac{R_2}{R_{14}}\right) \tag{10-8}$$

由式(10-7)可知,当工艺确定后,微电流工作状态下,V_{EB}及其温度系数可以确定;N一般选取4、6、8、10,从版图布局来考虑$N=8$最理想。如果要减小版图面积,也可考虑$N=4$,但容易带来设计误差。

为了满足零温度系数,对等式(10-7)两边求导,考虑了V_{EB}和V_T的温度系数,近似得

$$\frac{R_3+R_2}{R_3}\ln\left(N\frac{R_2}{R_{14}}\right)\approx\frac{1.3}{0.087}\approx15 \tag{10-9}$$

代入式(10-8)得

$$I_0=\left(1+\frac{R_2}{R_{14}}\right)\frac{1}{R_3}V_T\frac{15R_3}{R_2}=15V_T\left(\frac{1}{R_{14}}+\frac{1}{R_2}\right) \tag{10-10}$$

由式(10-10)可知,如果要减小功耗即选择较小的I_0,需要选择较大的R_{14}和R_2。但电路设计者还希望$(R_{14}+R_2)$较小,从而减小版图面积。显然,功耗和面积需要折中考虑,比如可以选取$R_2=R_{14}$,则I_0较小而(R_1+R_2)较大。一般来说,选取$R_2=4R_{14}$左右较合适。如果$N=8$,则根据公式(10-9)可得

$$R_2\approx3.328R_3 \tag{10-11}$$

从而有

$$R_{14}\approx0.832R_3 \tag{10-12}$$

$$I_0\approx22.5\frac{V_T}{R_3} \tag{10-13}$$

设计时,需要根据静态电流的要求确定电阻值。

根据MOS管的宽长比特点,偏置电路之间的电流关系设计为:$I_A=\frac{2}{3}I_0$,$I_{BIAS}=\frac{1}{6}I_0$,$I_C=\frac{1}{6}I_0$,$I_E=\frac{1}{12}I_0$。

电路中的静态电流I_{QREF}大小为

$$I_{QREF}=I_0+I_A+I_{BIAS}+I_C+I_E\approx2.1I_0 \tag{10-14}$$

带隙基准源电路在设计时需特别注意器件的匹配问题。提高电阻匹配性的措施包括:

(1)所有电阻均选用相同的电阻类型。例如都选用高阻值多晶硅电阻。

(2)不用蛇形电阻,而用多个条状电阻。图10-3给出了两种电阻的版图形式。蛇形电阻图10-3(a)因为存在多个"拐角",从而带来更大误差。

(3)尽可能用相同的多个条状电阻作为单位电阻,然后用并联和串联方式实现需要的电阻值,如图10-3(b)所示。

(4)为了减小电阻误差,不要采用工艺允许的最小宽度。取二倍或者四倍最小宽度,是比较合适的。器件尺寸越大,则工艺偏差相对值越低。

(5)可以在电阻外侧,布置部分无效电阻(即Dummy电阻),如图10-3(b)所示。无效电阻能保证电阻的周边环境尽可能一致,从而减小外侧电阻的误差。

如同电阻取值要求尽可能一样,晶体管选择1:8时也要尽可能保证一致性和匹配性。方法包括本书图9-30所示的器件布局措施,还包括选择尽可能大的晶体管。

当然,晶体管和电阻的尺寸大,意味着占用更大的面积。因此,在实际电路设计时,面积和精度二者的折中问题不容忽视。

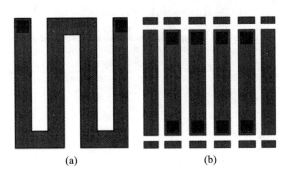

(a)　　　　　　　　　(b)

图 10-3　蛇形电阻和条状电阻版图布局方式

10.1.2　仿真实验

经过上述设计,可以得出电路的基本参数。辅以仿真,微调部分器件参数,可以得到尽可能理想的带隙输出特性。关于参数调整时,需遵循如下原则:①镜像电流源的 MOS 取相同的 L;②核心电路中的四个电阻都要求是单个电阻的串联或者并联的组合;③理论计算是电路微调参数的依据;④电路参数微调,除了考虑带隙电压的温度系数之外,还应该考虑电阻面积和电路功耗等多个因素的折中。

带隙基准源主
体电路-案例

带隙输出电压的温度特性,以及随电源电压的变化特性,是评价带隙输出电压的最基本仿真。本例仿真的 BANDGAP 电路图如图 10-4 所示。图 10-5 所示的为电源电压变化时带隙基准电压的仿真波形,图 10-6 所示的为温度变化时带隙基准电压的仿真波形。

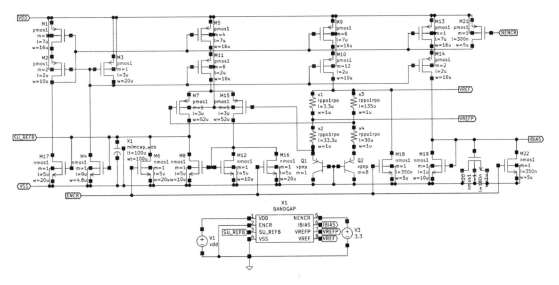

图 10-4　带隙基准源仿真电路图

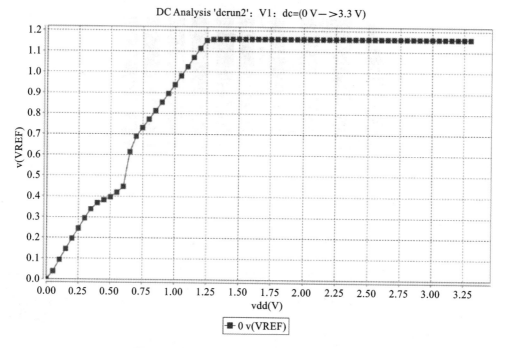

图 10-5　带隙电压与电源电压关系的仿真曲线

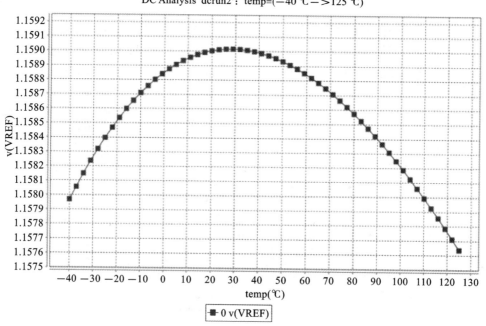

图 10-6　温度变化时带隙电压的仿真波形

10.1.3　互动与思考

请读者做如下思考和互动：

(1)仅仅将所有电阻等比例放大或缩小，看看输出特性是否有变化。

（2）仅仅减小放大器的增益，比如简单减小放大器的尾电流，看看输出特性是否有变化。

（3）如果期望温度特性曲线图 10-6 的拐点出现在 50 ℃，如何调整电路参数？

（4）电路中从 R_2、R_3 的电阻中分压作为输出，与采用 R_4、R_1 的电阻分压作为输出，有区别吗？

（5）图 10-1 中 C_2，以及 MOS 电容 C_1，分别起什么作用？应该如何取值？

（6）如果 M₁ 和 M₂组成的放大器的输入正好接反，电路还能正常工作吗？请自行分析电路构成的是正反馈还是负反馈。

◀　10.2　带隙基准源的软启动电路　▶

10.2.1　特性描述

带隙基准源的软
启动电路-视频

带隙电路通常具有两个工作点，需要软启动电路来消除电流为零的工作点，从而让电路进入正常的工作状态。图 10-7 是为上例设计的具有自偏置功能的带隙基准启动电路。图中 EN 为使能控制信号，低电平时，虚线框中的局部偏置电流产生电路启动并产生合适的偏置电压；V_{REF} 为带隙基准电压；SU_REFB 为启动信号，给 BANDGAP 模块提供软启动电流；NREF 为带隙基准电压的"非"信号，当带隙基准电压大于 1 V，NREF 输出低电平。

软启动等效架构图如图 10-8 所示。I_1、I_2 为简易偏置电路镜像产生的较稳定偏置电流，带隙电压 V_{REF} 通过非门得到 NREF，控制 M₁ 的工作状态。芯片刚上电时，基准源电路未启动，V_{REF} 为低电平，经过"非门"处理后 NREF 输出高电平，M₁ 饱和导通，I_2 给带隙基准源电路 REF 模块的电容 C_2 充电，当电容上的电压超出 MOS 管的阈值电压后，REF 模块开始工作，让 V_{REF} 电压逐步升高。设计合适的反向器器件尺寸，让 V_{REF} 达到 1 V 左右时，反向器翻转，从而 NREF 变为低电平，使 M₁ 截止，停止对电容 C_2 充电，软启动完成。

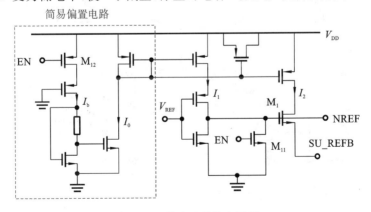

图 10-7　软启动模块电路图

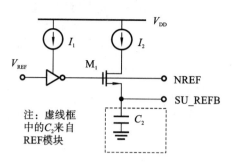

图 10-8　软启动电路等效结构图

10.2.2　仿真实验

软启动电路的仿真电路如图 10-9 所示,仿真波形如图 10-10 所示。本例采用的是瞬态仿真,观察软启动阶段的 NREF 和 SU_REFB 两个信号。注意,不同工艺角下的充电速度不同,得到的软启动电压也不同。

带隙基准源的软
启动电路-案例

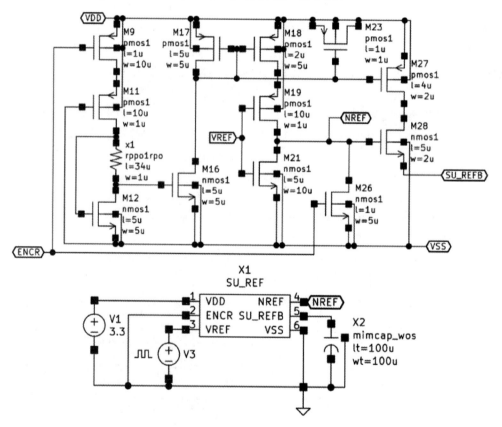

图 10-9　软启动仿真电路图

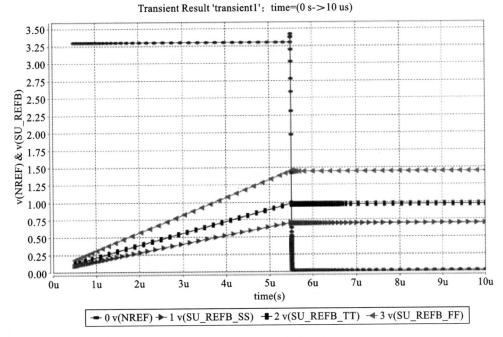

图 10-10　软启动仿真波形图

10.2.3　互动与思考

读者可以做如下思考和互动：

(1) C_2 对启动时间有何影响？请读者自行改变 C_2 的值,看看启动时间是否有变化。

(2)改变 I_2 的值,看看启动时间是否有变化。

(3)改变构成反向器的那些 NMOS 和 PMOS 管尺寸或者并联个数,将对启动特性带来什么样的变化？

(4)图中唯一的电阻有何作用？改变该电阻值,对启动特性有何影响？

◀　10.3　带隙基准源的精度　▶

10.3.1　特性描述

理想的基准电压与电源电压、工艺角和温度均无关。但我们无法实现理想的基准电压,带隙电压也一样会随着工艺、温度、电源电压的变化而变化。

实际电路中由于运放的增益不够大,当输入电源电压变化时,会引起输出基准电压的变化。我们用电源调整率来描述该直流特性,定义为输出电压的相对变化量与电源电压的变化量之比,单位可以用％/V 来表示。电源调整率也可以理解为电源增益除于输出电压,即

带隙基准源的
精度-视频

$$S_{V} = \frac{\Delta V_{REF} / V_{REF}}{\Delta V_{DD}} \qquad (10\text{-}15)$$

我们还用温度系数来描述基准电压的精度

$$TC = \frac{\Delta V_{REF}}{V_{REF}(T_{max} - T_{min})} \times 100\% \qquad (10\text{-}16)$$

因为带隙基准源随温度变化并不大，所以常常用 ppm/℃ 来表示。例如一个标称值为 1.25 V 的基准源，在 0~100 ℃ 之间变化时，输出电压的最大误差为 1 mV，则

$$TC = \frac{0.001}{1.25 \times 100} \times 10^{6} = 8 \ ppm/℃ \qquad (10\text{-}17)$$

10.3.2　仿真实验

带隙基准源的
精度-案例

我们将进一步仿真在各种外界条件出现变化时的带隙输出电压。仿真电路如图 10-11 所示。

"PVT"变化时，均会导致输出电压变化。为了评估三者对输出电压的影响，我们需要同时考虑不同的三者组合情况下输出电压的变化。工艺角中，NMOS、PMOS、晶体管、电阻、电容，均存在三种不同的工艺角。为此，单纯考虑这些器件的不同组合，则存在 $3^5 = 243$ 中不同的组合方式。在此基础上，再考虑低温、室温、高温情况，最低供电电压、正常供电电压、最高供电电压的情况，则总共需要做 $3^7 = 2187$ 种不同的组合方式仿真工作。无疑这是海量的仿真任务，无论哪家公司，都存在着上市时间的巨大压力，因此即使是计算资源相对丰富的当今，也依然无法完成所有仿真组合。

单纯考虑工艺角的组合，更一般的做法是 $1 + 2^n$ 种组合方式来仿真。其中 1 是指所有元器件均采用典型值的情况；2^n 是指用 n 种元器件的最大和最小值组合时的情况。例如，如果一个电路中，有 NMOS 管、PMOS 管、晶体管、电阻、电容，则 $n = 5$，从而需要考虑做 $1 + 2^5 = 33$ 中组合仿真。

在抽取版图的寄生参数之后做后仿真时，仿真速度更慢。通常，无须像前仿一样，做尽可能完善的仿真组合。时间有限时，可以只做典型情况和最恶劣情况下的仿真。

本例，我们要做尽可能多的仿真组合。图 10-11 是仿真电路图。图 10-12 是电源电压变化时，输出电压在室温下、三个典型工艺角下的仿真波形。由于电源电压高过某个值之后带隙电路才能正常工作，我们在计算电源调整率时通常从带隙输出电压基本稳定之后开始计算。仿真结果表明，工艺角对输出电压的影响，要远大于供电电压。

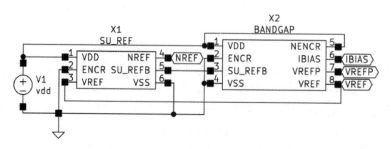

图 10-11　带隙输出电压精度仿真电路图

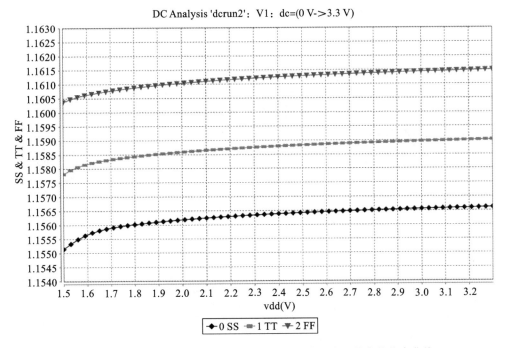

图 10-12 基准源输出电压在不同工艺角下随电源电压的变化仿真曲线

图 10-13 是电源电压变化时,输出电压在典型工艺角,以及低温、室温、高温三个典型温度下的仿真波形。同理,我们仅关注从带隙输出电压基本稳定之后开始的波形。仿真结果表明,温度对输出电压的精度影响,要远大于供电电压。

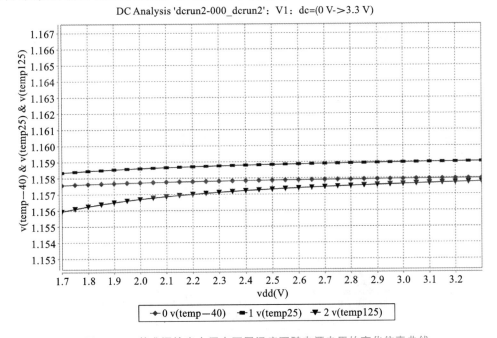

图 10-13 基准源输出电压在不同温度下随电源电压的变化仿真曲线

图 10-14 所示的是温度变化时,输出电压在典型工艺角下,以及能保证电路正常工作的三个不同供电电压下的仿真波形。仿真结果表明,温度对输出电压的影响,要远大于供电电压。

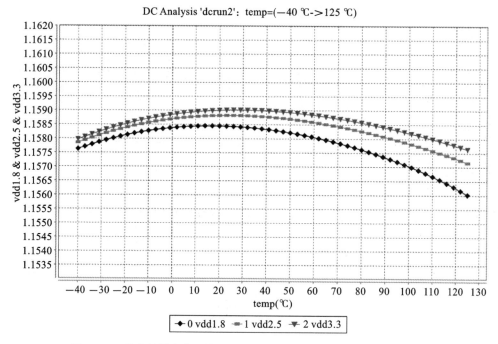

图 10-14　基准源输出电压在不同电源电压下的全温度范围的仿真曲线

图 10-15 所示的是温度变化时,输出电压在室温下,以及三个不同工艺角下的仿真波形。仿真结果表明,温度和工艺角均对输出电压的精度产生影响。甚至,在某些特殊的工艺角下,带隙基准源的类似抛物线波形会变成单调递增或者单调递减波形,有可能导致输出精度变差。

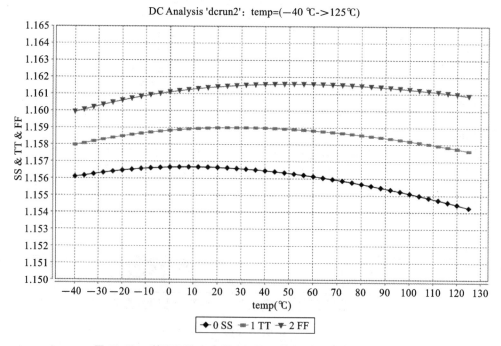

图 10-15　基准源输出电压在不同工艺角下的全温度仿真曲线

10.3.3　互动与思考

请读者自行仿真,填写表 10-1 和表 10-2,并利用本节公式,计算电源调整率。

表 10-1　$V_{CC}=1.8\sim3.3$ V 变化时的基准电压变化量($\Delta V_{ref}=V_{refmax}-V_{refmin}$)

单位:mV

Temp	Model				
	TT (ΔV_{ref})	SS (ΔV_{ref})	FF (ΔV_{ref})	FS (ΔV_{ref})	SF (ΔV_{ref})
−40 ℃					
25 ℃					
125 ℃					

表 10-2　温度在 −40~125 ℃ 之间变化时的基准电压变化量($\Delta V_{ref}=V_{refmax}-V_{refmin}$)

单位:mV

V_{CC}	Model				
	TT (ΔV_{ref})	SS (ΔV_{ref})	FF (ΔV_{ref})	FS (ΔV_{ref})	SF (ΔV_{ref})
1.5					
2					
3.3					

请读者思考:

(1)电源抑制比和电源调整率是一个概念吗? 差异在哪里?

(2)为降低电源调整率,可以从哪些设计角度进行考虑?

(3)改变温度,观察其电源调整率特性是否变化。

(4)从本例来看,工艺角、电源电压和温度,谁对基准电压的影响更大?

(5)为什么温度为 25 ℃ 时输出电压较高,而 −40 ℃ 和 125 ℃ 下的输出电压均较低而且差异不大?

◀ 10.4　带隙基准源的静态电流 ▶

10.4.1　特性描述

衡量带隙基准源电路的功耗,只需看该电路的静态电流。

图 10-1 所示的带隙基准源电路图中,除了 M₇ 这条电流支路之外,其余所有电流都是 M₁₆ 这条支路电流的镜像。而 M₁₆ 的电流取决于差分放大器输出直流电压产

带隙基准源的
静态电流-视频

生的 M_6 电流。

图 10-7 所示的带隙基准启动电路中,电流为 I_b 和 I_0,以及 I_0 的多个镜像电流。

显然,这两个电路中的电流,都不是很理想,都与电源电压、温度、工艺角有关。从而,当电路的电源电压、温度、工艺角出现变化时,电路的静态电流也会变化。

10.4.2　仿真实验

带隙基准源的静态电流-案例

基于图 10-11 所示的仿真电路图,在不同工艺角下,对电源电压进行直流扫描,观察流过电源电压的电流。仿真波形如图 10-16 所示。电路静态电流受电源电压和温度影响不太大,受工艺角的影响更大。但是,电路静态电流仅仅影响电路功耗,对电路性能几乎无影响。

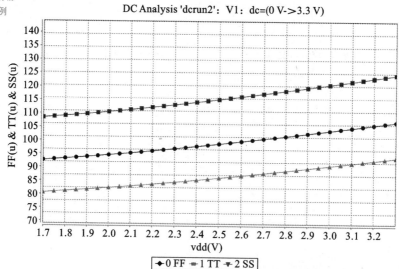

图 10-16　电源电压变化时的静态电流仿真曲线

10.4.3　互动与思考

请读者修改仿真设置,全面仿真各种情况下的静态电流,完成表 10-3。找出该电路的最大、最小电流,什么情况下的静态电流是最大的?

表 10-3　基准电压源的静态电流与输入电压之间关系数据表

单位:μA

Temp	Model									
	TT		SS		FF		FS		SF	
	I_{Qmax}	I_{Qmin}	I_{Qmax}	I_{Qmin}	I_{Qmax}	I_{Qmin}	I_{Qmax}	I_{Qmin}	I_{Qmax}	I_{Qmin}
−40 ℃										
25 ℃										
125 ℃										

◀ 10.5 PTAT 电流的温度特性 ▶

10.5.1 特性描述

由于 MOS 管载流子迁移率与温度成反比,则由 $g_\mathrm{m} = \sqrt{2\,\mu_\mathrm{n}\,C_\mathrm{ox}\,\dfrac{W}{L}\,I_\mathrm{D}}$ 可知,只有 MOS 电流 I_D 与温度成正比时,MOS 管的跨导才相对恒定。MOS 管的跨导恒定,是很多电路的内在需求,例如放大器。与温度成正比的电流中,PTAT 电流是最常见,也是最容易产生的一种。

PTAT 电流的温度特性-视频

图 10-17 中,带隙基准源电路中,运放会调节图中的电流 I_0,即

$$I_0 = I_1 + I_2 = \left(1 + \frac{R_2}{R_1 + R_4}\right)\frac{1}{R_3}\,V_\mathrm{T}\ln\left(N\,\frac{R_2}{R_1 + R_4}\right) \tag{10-18}$$

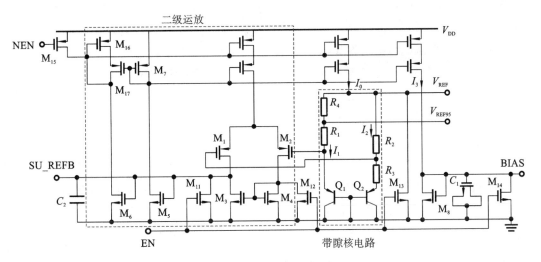

图 10-17 基准源模块电路图

V_T 由两个晶体管之间的 ΔV_BE 产生,是 PTAT 电压。从而式(10-18)也是一个 PTAT 电流。注意:由于 R_3 以绝对值出现在式中,从而会对电流的温度特性带来一定的影响。但总体而言,可以认为式(10-18)是一个 PTAT 电流。

图 10-17 中,电流 I_3 和 I_0 是同源镜像,温度特性一致,而输出电压 BIAS,则是由 I_3 产生,从而基于 BIAS 电压,可以镜像产生系列 PTAT 的偏置电流。

10.5.2 仿真实验

PTAT 电流的温度特性-案例

本例仿真在各种不同情况下的 PTAT 电流温度特性。仿真电路图继续使用图 10-11,观察 I_3 和 BIAS 两个信号,仿真波形如图 10-18 所示。

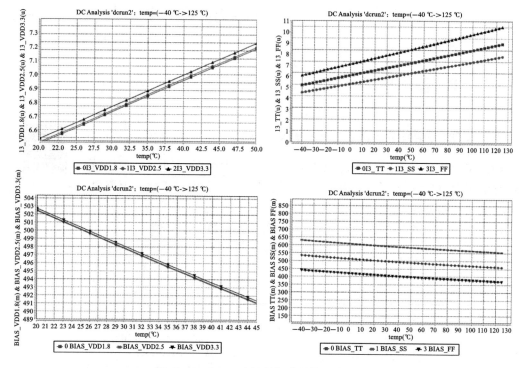

图 10-18　PTAT 电流的温度特性仿真波形

10.5.3　互动与思考

请读者自行按照表 10-4 中的仿真组合,完成 PTAT 电流的温度特性扫描仿真,并思考,PTAT 电流受什么因素的影响是最大的?

表 10-4　PTAT 电流在不同的电压和模型下的仿真数据

单位:μA

V_{CC}	Model									
	TT		SS		FF		FS		SF	
	$I_{PTATmax}$	$I_{PTATmin}$	$I_{PTATmax}$	$I_{PTATmin}$	$I_{PTATmax}$	$I_{PTATmin}$	$I_{PTATmax}$	$I_{PTATmin}$	$I_{PTATmax}$	$I_{PTATmin}$
1.5										
2										
3.3										

10.6　带隙基准源的环路稳定性

10.6.1　特性描述

在 10.1 节讲述带隙基准源的组成原理时,我们要求差分放大器的两个输入端电压是如何保证相等或者基本相等的呢?为方便叙述,此处再次给出基准源的闭环电路图,如图 10-19 所示。由 $M_1 \sim M_4$ 组成的第一级放大器,实现差分信号的误差放大。第二级放大器是由 M_6 作为输入管,而 M_{16} 作为二极管连接负载的共源极放大器。第二级放大器的输出信号控制了带隙核心电路的电流 I_0。而运放的输出最终反馈到了放大器的差分输入端。

带隙基准源的环路稳定性-视频

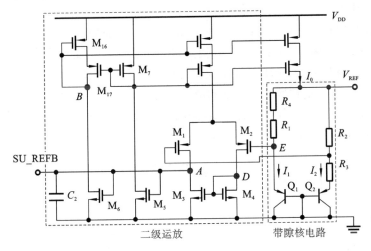

图 10-19　基准源闭环回路电路图

明显的,这需要电路工作在负反馈的机制下。当闭环系统达到深度负反馈的稳定状态时,误差放大器的输入端电压相同。对于两级放大器组成的负反馈电路,我们必须关注其稳定性问题。分析稳定性,最常用的方法是分析其环路增益的幅频响应和相频响应,根据巴克豪森准则来判断。

本电路中的第一级运放是一个有源电流镜负载的差分放大器,具有两个极点和一个零点;第二级放大器具有一个极点,另外,第一级放大器的输入端,也存在一个极点。

由 M_1、M_2、M_3 和 M_4 组成的有源电流镜差分放大器中,存在两个极点(分别位于图中 A 点和 D 点)一个零点。增益表达式为

$$A_V = A_0 \cdot \frac{1 + s/\omega_{Z1}}{(1 + s/\omega_{p1})(1 + s/\omega_{p2})} \tag{10-19}$$

式中:A_0 为低频增益,A 点为低频极点,$\omega_{p1} = \dfrac{1}{C_A(r_{o1} \parallel r_{o3})}$;D 点为高频极点,$\omega_{p1} = g_{m4}/C_D$;零点频率为 $\omega_{Z1} = 2g_{m4}/C_D$。此处 C_A 为 A 点总的寄生电容,以及 M_6 的密勒等效输

入电容。C_D 表示 D 点总的寄生电容。

第二级放大器在输出端 B 点有一个极点,极点的大小为 $\omega_{p3} = g_{m16} / C_B$,$C_B$ 代表 B 点到地的总电容。

另外,第一级运放的输入节点 E 点也存在一个极点,该点电容包括差分输入对的密勒电容,以及栅极到地的寄生电容,该点的电阻则大约为 Q_1 的小信号输入电阻。

上述四个极点和一个零点中,A 点极点频率最低,E 点其次,D 点和 B 点的极点频率很高。在这样的反馈系统中,显然无法使用极点分裂法,将 A 点和 E 点的两个极点频率"分开"。因为极点分裂法是把输入的极点频率拉低,而把输出的极点频率推高。

如果在第二级放大器的输入 A 点和输出 B 点接入一个密勒电容,固然可以降低 A 点极点频率,但发现效果并不好,因为第二级运放的小信号增益大约为 $- g_{m6} / g_{m16}$。而且,本电路存在启动问题,我们额外还需要增加软启动电路。从而,为了改善环路稳定性,本电路采用降低主极点频率的方法,直接在 A 点与地之间并联大电容 C_2。

C_2 除了能降低主极点频率从而提高相位裕度之外,还是软启动电路的充电电容,让A 点电压缓慢上升,让电路正常启动。

首先我们对电路做仿真分析,可以得到电路的环路增益为 41 dB,电路的次主极点位于图中 E 点,频率是一个相对不变的值。我们直接对电路进行交流分析也可以得到次主极点频率的值,仿真结果为 4.12 MHz。如果我们想要达到 75° 以上的相位裕度,次主极点的频率至少要大于 4 倍的单位增益频率。幅频响应经过主极点后以 20 dB/十倍频下降,因此可以列出关系式。因为 A 点的 MOS 管寄生电容较小,此处忽略,则该点的总电容基本为并联的频率补偿电容C_2,从而

$$\omega_{p1} = \frac{1}{C_2 (r_{o1} \parallel r_{o3})} \tag{10-20}$$

$$4.12\ \text{MHz} > 4 \times 10^{\frac{41}{20}} \times \frac{\omega_{p1}}{2\pi} \tag{10-21}$$

可以解出 C_2 至少为 8.8 pF,为留有一定的裕量和考虑其他节点寄生电容对频率的影响,补偿电容这里取值 10 pF,通过交流分析发现补偿后的电路相位裕度为 70°,满足稳定性要求。

10.6.2 仿真实验

带隙基准源的环路稳定性-案例

为了仿真环路增益的频率响应,可在第一级放大器和第二级放大器之间将环路断开。交流信号通过一个小电阻耦合到第二级放大器的输入端。环路断开的第一种方式是接一个电感 L,利用电感传递直流信号阻断交流信号的特性,将第一级放大器的输出直流量传递到第二级放大器,交流信号则不会传递到第二级放大器。环路断开的第二种方式是确定好第一级放大器的输出电压的直流电平,断开后将第二级输入的直流电平直接设置为该值,然后在直流电平上加上 AC=1 V 的交流信号。如图 10-20 所示的仿真电路采用了第二种方法。仿真时,请注意不同工艺角下的频率响应特性的差异。仿真波形如图 10-21 所示。

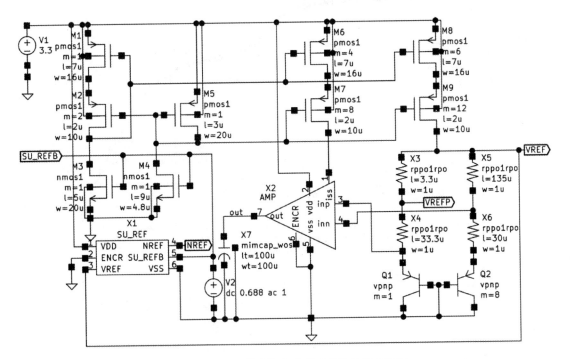

图 10-20　带隙基准源电路频率特性仿真电路图

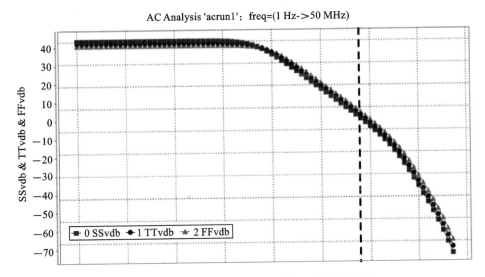

图 10-21　带隙基准源电路环路增益波特图仿真曲线

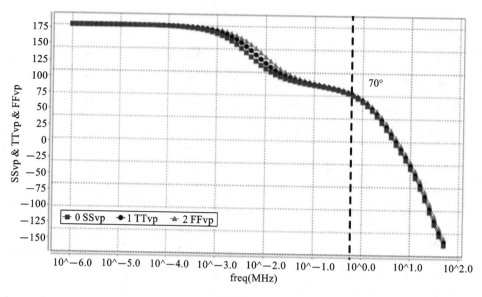

续图 10-21

10.6.3 互动与思考

本例仿真了典型电源电压和典型温度下的频率响应特性曲线,从曲线中可以读出环路增益的相位裕度,以此来判断环路稳定性。为保证电路的鲁棒性,还需仿真不同电源电压、不同温度下的频率响应特性。请读者自行仿真,并完成表 10-5。

请问,本例设计的带隙基准源稳定性如何?

表 10-5 基准内部放大器的增益和相位裕度数据表

单位:GAIN:dB 相位裕度 PM:°

V_{CC}	TEMP	Model									
		TT		SS		FF		FS		SF	
		GAIN	PM	GAIN	PM	GAIN	PM	GAIN	PM	GAIN	PM
1.5 V	−40 ℃										
	25 ℃										
	125 ℃										
2.0 V	−40 ℃										
	25 ℃										
	125 ℃										
3.3 V	−40℃										
	25 ℃										
	125 ℃										

◀ 10.7 带隙基准源的电源抑制比 ▶

10.7.1 特性描述

相对于运算放大器而言,基准源的电源抑制比的定义稍有差异。基准源的 PSRR 定义为,在所有频率范围内,输出电压变化量(即纹波)与电源电压变化量(纹波)的比值,也可定义为从输入电源端到输出端的小信号增益。对于基准源电路而言,其电源电压即为输入电压。因此,电源抑制比常用分贝(dB)表示为

带隙基准源的电
源抑制比-视频

$$PSRR = 20\lg \frac{\Delta V_O}{\Delta V_I} \tag{10-22}$$

通过电源抑制比,可以评估基准源电路抑制电源线引入噪声的能力。电源抑制比的仿真比较简单,只需在电源线(VDD 和 GND)上分别使用 AC 电源即可。

10.7.2 仿真实验

仿真 $PSRR^+$ 的电路如图 10-22 所示。图中,为了保证输出电压稳定,在输出端增加了一个额外的大电阻和旁路电容(如取 10 nF)。在进行 AC 分析时,可以改变电源电压、工艺角,以及温度。得到仿真波形如图 10-23 所示。

带隙基准源的电
源抑制比-案例

10.7.3 互动与思考

请读者思考:

(1)带隙基准的电源抑制比与哪些因素有关? 如何提高本例电路的低频电源抑制比?

(2)为什么增加旁路电容能改善高频的电源抑制比? 实际电路设计中,旁路电容如何添加?

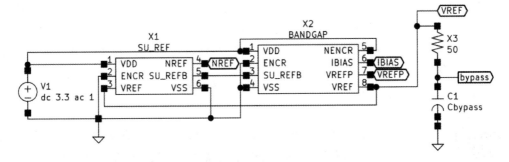

图 10-22 带隙基准源电路 $PSRR^+$ 的仿真电路图

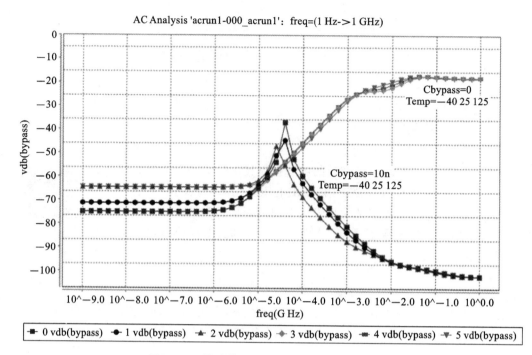

图 10-23　带隙基准源电路PSRR$^+$的仿真波形图

◀　10.8　带隙基准源的启动时间　▶

10.8.1　特性描述

带隙基准源的启
动时间-视频

本书10.2节解决了带隙基准源电路的软启动问题。下面我们来研究总的启动时间。

图10-7中,在电路使能信号 EN 和 NEN 均有效的前提下,软启动电路依靠低电平的 V_{REF} 信号来开启 M_1 管,从而给图10-1中的 C_2 充电,以此保证带隙核心电路离开电流为 0 的稳定状态。然而,为提高电源抑制比和减小噪声,V_{REF} 端口通常都需要驱动旁路电容 C_{BYPASS},在启动阶段,给 C_{BYPASS} 充电的电流很小,而且 V_{REF} 端的输出电阻很大,从而该 RC 网络中 C 的电压建立过程较为缓慢,即带隙基准源的启动时间很长。

如果令 C_{BYPASS} 为 0,将有效缩短启动时间。然而,这带来了 V_{REF} 过冲、低 PSRR 等问题。

10.8.2　仿真实验

带隙基准源的启
动时间-案例

本例将要仿真整个带隙基准源的启动时间,仿真电路图和波形图如图10-24、图10-25所示。图中,我们让电源电压在某一时刻从 0 变到 V_{CC}。为了简化,我们直接让带隙核心电路和软启动电容的使能信号一直有效。实际电路中,使能信号产生电路可能也需要带隙电路正常工作后提供的输出偏置电流 BIAS。为了便于比较旁路电容的作用,可以仿真两种情况的启动时间,分别是旁路电容为 0 和 10 nF。

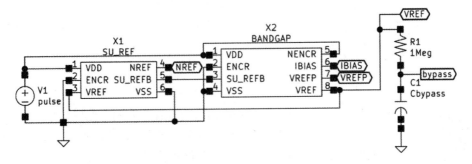

图 10-24 带隙基准源启动时间仿真电路图

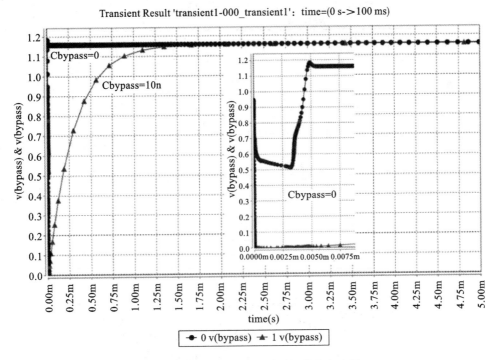

图 10-25 带隙基准源启动时间仿真电路图

10.8.3 互动与思考

读者可以改变温度、工艺角和电源电压,看看旁路电容分别为 0 和 10 nF 情况的启动时间是否有变化。

请读者思考:当旁路电容为 10 nF 时,如何能缩短启动时间?

◀ 10.9 带隙基准源的快速启动电路 ▶

10.9.1 特性描述

前例仿真结果表明,带隙电路的启动过程中有两个电容需要充电,因而启动时间较慢,大致在毫秒级别。增大电容的充电电流,即可缩短启动时间。

快速启动电路如图 10-26 所示,其简化等效电路如图 10-27 所示。

快速启动电路的工作原理是:

(1)系统上电后,V_{REF} 和 V_{REFP} 很快启动并达到稳定值,而电容 C_{BYPASS} 上的

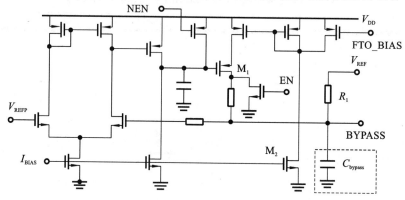

图 10-26 带隙基准源快速启动电路

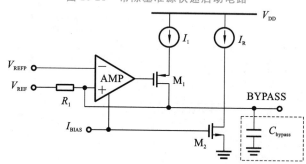

图 10-27 带隙基准源快速启动电路简化示意图

初始电压为零,则图中比较器输出低电平,致使 M_1 饱和导通,电流源 I_1 给电容 C_{BYPASS} 恒流充电,BYPASS 电压快速上升;

(2)当 BYPASS 电压升高到 V_{REFP} 时,比较器输出高电平,M_1 截止,I_1 停止对电容 C_{BYPASS} 充电;

(3)随后由 V_{REF} 通过 R_1 继续给电容充电,直到 BYPASS 电压等于 V_{REF}。

显然,如果没有此处设计的快速启动电路,则 BYPASS 节点的电压由 V_{REF},通过大电阻给 C_{BYPASS} 充电,速度要慢许多。

10.9.2　仿真实验

带隙基准源的快速启动电路-案例

带隙基准源电路快速启动电路的仿真电路如图 10-28 所示，BYPASS 端电压的变化波形如图 10-29 所示。

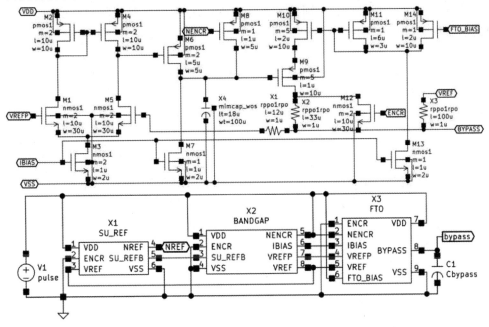

图 10-28　带隙基准源快速启动仿真电路图

Transient Result 'transient1'：time=(0 s->10 ms)

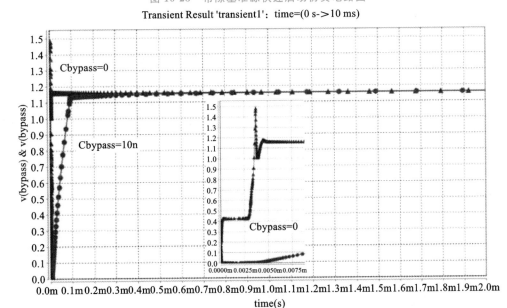

图 10-29　带隙基准源快速启动仿真波形图

10.9.3　互动与思考

　　读者可以将本例仿真结果与前例仿真结果进行比较,看看在有无快速启动电路时 BYPASS 端电压建立速度。

　　另外,读者也可以通过设置不同的工艺角、不同的电源电压和不同的温度,看看快速启动电路的启动时间是否有变化。

参 考 文 献

[1] 毕查德.拉扎维.模拟 CMOS 集成电路设计[M].陈贵灿,程军,张瑞智,等译.西安:西安交通大学出版社,2014.

[2] 艾伦.CMOS 模拟集成电路设计(第二版)[M].冯军,等译.北京:电子工业出版社,2005.

[3] R.JacobBaker.CMOS 集成电路设计手册(第 3 版·模拟电路篇)[M].张雅丽,朱万经,张徐亮,等译.北京:人民邮电出版社,2014.

[4] 格雷.模拟集成电路的分析与设计(第 4 版)[M].张晓林,等译.北京:高等教育出版社,2005.

[5] 邹志革.深入浅出学习 CMOS 模拟集成电路[M].北京:机械工业出版社,2018.

[6] 桑森.模拟集成电路设计精粹(配光盘)[M].陈莹梅,译.北京:清华大学出版社,2008.

[7] 约翰斯.模拟集成电路设计[M].曾朝阳,赵阳,等译.北京:机械工业出版社,2005.

[8] 池保勇.模拟集成电路与系统[M].北京:清华大学出版社,2009.

[9] 林康-莫莱.模拟集成电路设计——以 LDO 设计为例(原书第二版)[M].陈晓飞,邹望辉,刘政林,邹雪城,等译.北京:机械工业出版社,2016.